深度强化学习图解

[美] 米格尔·莫拉莱斯(Miguel Morales)　著
郭　涛　译

清華大學出版社
北　京

北京市版权局著作权合同登记号 图字：01-2021-4871
Grokking Deep Reinforcement Learning
Miguel Morales
EISBN: 978-1-61729-545-4

图书在版编目 (CIP) 数据

深度强化学习图解 / (美) 米格尔 • 莫拉莱斯(Miguel Morales) 著；郭涛译. —北京：清华大学出版社，2022.5（2023.12 重印）
书名原文：Grokking Deep Reinforcement Learning
ISBN 978-7-302-60546-1

Ⅰ. ①深… Ⅱ. ①米… ②郭… Ⅲ. ①机器学习—图解 Ⅳ. ① TP181-64

中国版本图书馆 CIP 数据核字 (2022) 第 062675 号

责任编辑：王 军
装帧设计：孔祥峰
责任校对：成凤进
责任印制：刘海龙

出版发行：清华大学出版社
网 址：https://www.tup.com.cn, https://www.wqxuetang.com
地 址：北京清华大学学研大厦A座 邮 编：100084
社 总 机：010-83470000 邮 购：010-62786544
投稿与读者服务：010-62776969，c-service@tup.tsinghua.edu.cn
质 量 反 馈：010-62772015，zhiliang@tup.tsinghua.edu.cn
印 装 者：三河市龙大印装有限公司
经 销：全国新华书店
开 本：170mm×240mm 印 张：27.25 字 数：534千字
版 次：2022年7月第1版 印 次：2023年12月第3次印刷
定 价：139.00元

产品编号：089967-01

专家推荐

AlphaGo 战胜韩国顶尖棋手李世石已成为人工智能领域里程碑式的事件。AlphaGo 核心技术便是深度强化学习。深度强化学习结合了强化学习的决策能力和深度学习的复杂函数表示能力，有望在自动驾驶、新材料研发和机器人控制领域发挥更大作用。然而无论是深度学习、强化学习还是深度强化学习，对于初学者而言学习门槛都很高。本书是一本不可多得的对初学者友好的深度强化学习图书。通过大量的插图和生动有趣的例子，不仅有利于初学者入门，专业读者也能从中受益。

——欧高炎，

北京大数据研究院研究员

本书以图解方式将深度强化学习基础、重要算法和前沿技术进行详尽讲解，降低了学习门槛，拉近了内容与读者的距离，可让读者快速上手。如果你想钻研深度强化学习，请研读本书！

——董豪，

北京大学计算机学院助理教授

2015 年以来，随着深度学习在工业领域的稳步落地，强化学习插上深度学习的翅膀。DeepMind 公司的 AlphaGo 在机器打败人类顶级棋手和电竞选手时风靡全球，其跟踪研究长期霸榜近年来的计算机学术界顶级会议。随后，每年一届的“腾讯开悟多智能体强化学习大赛”在全球顶尖高校院所办得风风火火，世界著名电竞游戏《王者荣耀》团队和腾讯 AI Lab 近年来向学术界开放其深度强化学习研究经验及测试资源，刘渝教授带领优秀大学生获得第二届决赛前十名；整个过程精彩纷呈，影响深远，促进了深度强化学习在广袤无垠的前沿议题的进展，例如通过深度强化学习能近乎 100% 在癌症早期帮助高效检查出患者的恶性肿瘤，其检测准确率和效率已远高于专业医师；通过深度强化学习，L4 级别自动驾驶高阶方案也正在落地。

本书的译者和作者长期致力于人工智能和成果转化产研一线，其追索真知的热情和慎思明辨的推敲跃然纸上，给读者带来了公式概化的数学之美和代码凝练的无缝验证，行文严密又不失风趣，连配图都精巧悦目，相信有缘分的读者一定不愿错过这趟探索深度强化学习的奥秘的美好旅程，尽享理论和实践完美结合的沿途风景。

——张东映博士，

华中科技大学土木与水利工程学院，

武汉光电国家研究中心智能存储实验室

本书从深度强化学习的基础理论知识，到代码技术实现做了深入浅出的讲解，经典算法与案例实战教学贯穿始终。此书对深度强化学习爱好者及科研教学人员是非常好的学习材料。

——席武宝，

泰迪科技北京分公司总经理

译 者 序

强化学习是机器学习范式和方法论之一，智能体主要通过不断与环境交互进行自我学习来达到回报最大化，从而解决特定领域的问题。强化学习主要用于智能机器控制、计算机视觉和博弈论等领域。在以往的研究中，强化学习在理论方面遇到一系列挑战，例如探索 - 利用困境、策略优化过程、策略评估等方面的问题。为解决这一系列问题，深度学习的理论和产业界的一些突破性成果为强化学习提供了一种新思路。学者以一种通用的形式将深度学习的感知能力和强化学习的决策能力相结合，并通过端到端的学习方式实现从原始输入到输出的直接控制。由于强化学习仍有不足，新的理论进一步推动深度强化学习的发展，在弥补缺陷的同时扩展了强化学习的研究领域，延伸出模仿学习、分层强化学习和元学习等新的研究方向。

深度强化学习 (Deep Reinforcement Learning，DRL) 是深度学习和强化学习的巧妙结合，是一种新兴的通用人工智能技术，是人工智能迈向智能决策的重要一步，是机器学习的热点，潜力无限，典型的成功案例是 DeepMind AlphaGo 和 OpenAI Five。深度强化学习可看作在深度学习非线性函数超强拟合能力下，构成的一种新增强算法。目前就深度强化学习而言，需要从三个方面进行积累：第一，深度强化学习的理论基础；第二，深度强化学习的仿真平台；第三，产业落地的项目和产品。从深度强化学习库以及框架看，学术界 PyTorch 和工业界 Tensor Flow 深度学习框架都将前沿成果集成进来。目前已有一些经典的深度强化学习文献和著作，但将深度强化学习理论、工具和实战相结合的著作还是很少，本书的出版恰好填补了这方面的空白。

本书图文并茂地对晦涩难懂的深度强化学习理论进行描述，并结合大量的案例和应用程序，引导读者边思考边实践，从而逐步加深对深度强化学习的理解，并将这些新方法、新理论和新思想用于自己的研究。本书可作为从事智能机器人控制、计算机视觉、自然语言处理和自动驾驶系统 / 无人车等领域研究工作的工程师、计算机科学家和统计学家的参考书。

在翻译本书的过程中，我得到了很多人的帮助。首都师范大学朱琳教授，中国交通通信信息中心孙云华博士，南京大学的王小平博士，吉林大学外国语学院研究生吴禹林，吉林财经大学外国语学院研究生张煜琪、许瀚、王耀珩、张潆予和艾俊等对本书进行了技术审核和校对工作，感谢他们所做的工作。最后，感谢清华大学出版社的编辑，他们做了大量的编辑与校对工作，保证了本书的质量，使得符合出版要求。在此深表谢意。

由于本书涉及的广度和深度较大，加上译者翻译水平有限，在翻译过程中难免有不足之处，若各位读者在阅读过程中发现问题，欢迎批评指正。

译者简介

郭涛，主要从事模式识别、人工智能、智能机器人、软件工程、地理人工智能 (GeoAI) 、时空大数据挖掘与分析等前沿交叉研究。担任《复杂性思考：复杂性科学与计算模型(第2版)》《神经网络设计与实现》和《概率图模型及计算机视觉应用》等畅销书的译者。

推 荐 序

本书是关于强化学习的介绍。出于众多原因，这一主题既不易学习，也不易于教学。首先，这是个相当有技术性的话题。它需要大量的数学知识和理论作为支撑。涉及适量的相关背景而不全然沉浸其中，这本身也是个挑战。

其次，强化学习(Reinforcement Learning，RL)会导致一种概念上的错误。强化学习是一种决策问题的思维方式，也是解决这些问题的工具。我们将RL称为“一种思维方式”，是因为RL提供了一个决策框架，涉及状态和奖励信号等细节。将其称为“一套工具”，是因为我们在讨论RL时，会使用像马尔可夫决策过程(Markov Decision Processes，MDP)和贝尔曼更新(Bellman Update)这样的术语。但当我们用数学工具来验证RL思维方式时，我们的思维方式很容易被混淆。

最后，RL可通过多种方式得以实现。由于RL是一种思维方式，我们可通过尝试以一种非常抽象的方式构成框架来讨论它，或将其放入代码中，或将其放入神经元中。你所选择的基板(实现方式)将产生两个难题甚至更多挑战——这便把我们带入深度强化学习中。

专注于深度强化学习会很好地一次性整合所有问题，这便是RL和深度神经网络的背景。两者都值得以各种方式研究和开发，但解答如何在开发工具的背景下解释这两者并非易事。同时不要忘记，理解RL不仅需要理解深度网络中工具实现本身及应用，也要理解RL的思维方式；否则，将不能越过直接研究的例子进行概括。讲授RL也很难，深度强化学习的教学方式中也有很多错误——这便将我们带到了Miguel Morales写的这本书。

本书的优势在于用地道的技术语言清晰地解释什么是机器学习、深度学习以及强化学习；也让读者了解该领域的大背景、深度强化学习技术的用处，以及ML、RL和深度强化学习所体现的思维方式。本书的讲解简洁明了，既是学习指南也是学习参考书，至少对于我们来说，是灵感的来源。

对于这一切，我不感到惊讶，我与 Miguel 相识多年。他曾经是机器学习课程的学习者，后来成为一名教师。我曾在佐治亚理工学院的理科硕士在线课程中，讲授了多个学期的强化学习和决策课程，他一直都是首席教学助理；那段时间，他接触到成千上万的学生。我看着他逐步成长为一名从业者、研究者和教育者。在他的帮助下，佐治亚理工学院的 RL 课程取得了进步。我写推荐序，意在加深学生对强化学习的体会。在此期间，他的帮助也从未停止，他是个天生的老师。

本书展现了他的才华。很高兴能和他一起工作，也很高兴他能写这本书。享受本书吧。我从中学到很多，希望你们也是。

Charles Isbell 教授
佐治亚理工学院计算机系主任

关于作者

Miguel Morales 任职于科罗拉多州丹佛市的 Lockheed Martin 公司导弹和火控自动系统部门，从事强化学习工作。他是佐治亚理工学院强化学习和决策课程的兼职教学助理。Miguel 曾是优达学城机器学习项目的评审人，自动驾驶汽车纳米学位导师，以及深度强化学习纳米学位内容开发人员。他毕业于佐治亚理工学院，主修交互人工智能。

自　　序

强化学习是一个令人兴奋的领域，在人类历史上有可能产生深远的影响。一些技术已经影响了世界，改变了人类发展进程，从火到交通、电，再到互联网，每项技术的发明都以复合的方式推动着下一项技术的出现。没有电，个人计算机就不会诞生；没有电，互联网就不会存在；没有电，搜索引擎就不会出现。

对我而言，RL 和人工智能最让人兴奋的方面通常不仅是身边让人激动不已的智能体，而是智能体的出现所产生的深远影响。相信强化学习是一个能自主优化特定任务的强大框架，它有着改变世界的潜力。除了任务自动化，智能机器的创造还将人类智能延伸到未知之地。可以说，如果能确定如何为每个问题找到最优决策，便能理解那些找到最优决策的算法。我能感受到，智能体的出现会使人类的生活变得更加智能。

但现实中，这样的智能体仍遥不可及，为了实现这些疯狂的梦想，我们需要在工作中引入更多思维方式。强化学习当前处于初级阶段，因此一段时间内还有很多工作要做。写这本书的目的是让更多人了解深度 RL 和通用 RL，并为这个领域做出贡献。

尽管 RL 框架很直观，但对新手来说，大多数资源还不能理解。我的目标不是写一本只提供代码例子的书，更不是创建一个讲授强化学习理论的资源，而是创建一种能够弥补理论与实践之间空白的资源。如你所见，我并不回避公式：如果想了解一个研究领域，它是必不可少的。即使有建立高质量的 RL 解决方案这般实践性的目标，仍然需要理论基础。然而，我也不完全依赖公式。不是所有对 RL 感兴趣的人都喜欢数学，有些人则更喜欢代码和实际例子，所以本书在这个奇妙的领域提供了应用实践。

在这个为期三年的项目中，我大部分的努力都是为了弥补空白。我从不避讳从直观解释理论出发，也并不会简单地给出代码示例。对于这两者，我都非常详细地去描写。理解教材和课程对于一些人来说很难，但他们可以轻松理解顶级研究人员使用的词汇：为何是这些特定的词，而不是其他的词。还有一些人，他们知道这些词的意思，喜欢阅读公式，却难以理解用代码表示的公式以及公式之间的联系，虽然他们可以轻易理解强化学习应用方面的知识。

最后，我希望你能喜欢本书，更希望它能实现自身的价值，为你助力。我希望你能在了解深度强化学习的过程中学有所得，为这个奇妙的领域做出贡献。如前所述，如果没有大量的现代科技创新，你就没有机会读到本书，但读完本书之后会发生什么，全由你来决定。所以大胆探索吧，去震撼这个世界。

致　谢

我要感谢佐治亚理工学院的人们，是他们冒着风险为全世界所有人提供了第一个计算机科学硕士在线课程，让大家可以接受高质量的研究生教育。如果不是这些人，我可能就不会撰写本书。

我要感谢院长 Charles Isbell 教授和 Michael Littman 教授，他们整合了一门优秀的强化学习课程。尤其感激 Isbell 教授，他让我成长，给了我很多学习 RL 的机会。同时，师从 Littman 教授，我学会了强化学习的教学方式——把问题分解成三种类型。能得到这两位资深教授的指导，我万分荣幸。

我要感谢佐治亚理工学院 CS 7642 充满活力的老师们，他们与我探讨如何帮助学生学到更多知识，我很享受与他们共度的时光。特别感谢 Tim Bail、Pushkar Kolhe、Chris Serrano、Farrukh Rahman、Vahe Hagopian、Quinn Lee、Taka Hasegawa、Tianhang Zhu 和 Don Jacob 老师，你们都是很棒的队友。我还要感谢之前为这门课程做出巨大贡献的人们，从与你们的交流学习中我也受益匪浅：Alec Feuerstein、Valkyrie Felso、Adrien Ecoffet、Kaushik Subramanian 和 Ashley Edwards。感谢学生们的提问，帮助我发现了那些尝试学习 RL 的人在知识上的差距。在此，我要特别感谢一位匿名的学生，是他把我推荐给 Manning 出版社，建议我写这本书。我撰写本书时常会想起你，感谢你。

我要感谢 Lockheed Martin 公司的员工，感谢他们在我撰写本书时给予的反馈和互动。特别感谢 Chris Aasted、Julia Kwok、Taylor Lopez 和 John Haddon。John 是第一个审阅初稿的人，他的反馈帮助我把写作水平提升到一个新层次。

我要感谢 Manning 提供了框架，让本书顺利付梓。我要感谢 Brian Sawyer 伸出援手，让我打开写作的大门。感谢 Bert Bates 的早期指引，帮助我专注于教学。感谢 Candace West 帮助我从默默无闻到小有成就。感谢 Susanna Kline 帮我紧跟时代的步伐。感谢 Jennifer Stout 在最后阶段为我加油打气。感谢 Rebecca Rinehart 的帮助。

感谢 AI Krinker 提供的反馈，让我在评论中分离出有价值的信息。Matko Hrvatin 一直在关注 MEAP 的发布，并给了我继续写作的额外动力。感谢 Candace Gillhooley 和 Stjepan Jurekovic 帮助我完成本书。感谢 Ivan Martinovic 提供了急需的关于润色文字的反馈。感谢 Lori Weidert 在本书出版前所做的两次调整。感谢 Jennifer Houle 耐心地修改、设计。感谢 Katie Petito 耐心地处理细节。感谢 Katie Tennant 的一丝不苟和最后的润色。还要感谢那些我没提到的幕后人员，是他们让本书的出版成为可能。还有很多需要感谢的人，谢谢大家的辛勤工作。

致所有评论者——Al Rahimi、Alain Couniot、Alberto Ciarlanti、David Finton、Doniyor Ulmasov、Edisson Reinozo、Ezra Joel Schroeder、Hank Meisse、Hao Liu、Ike Okonkwo、Jie Mei、Julien Pohie、Kim Falk Jørgensen、Marc-Philippe Huget、Michael Haller、Michel Klomp、Nacho Ormeño、Rob Pacheco、Sebastian Maier、Sebastian Zaba、Swaminathan Subramanian、Tyler Kowallis、Ursin Stauss 和 Xiaohu Zhu，感谢你们的建议让这本书更加精彩。

感谢优达学城让我与学生分享我对这个领域的热情，并录制 actor-critic 算法的讲座。特别感谢 Alexis Cook、Mat Leonard 和 Luis Serrano。

感谢 RL 社区的人们帮我完善内容，加深我对这一领域的理解。特别感谢 David Silver、Sergey Levine、Hado van Hasselt、Pascal Poupart、John Schulman、Pieter Abbeel、Chelsea Finn、Vlad Mnih 的讲座；感谢 Rich Sutton 提供这个领域的“黄金副本”(他的教科书)；感谢 James MacGlashan 和 Joshua Achiam 的代码库、线上资源以及当我无处寻求答案时所给予的指导；感谢 David Ha 为我指明前进的道路。

特别感谢 Silvia Mora 帮我塑造了书中所有的人物，并帮我完成几乎每一个项目。

最后，我想感谢我的家人，他们是这个项目的后盾。我认为写书很有挑战性，事实也如此。无论如何，我的妻儿都在陪伴我。谢谢你，Solo，在撰写本书的过程中点亮了我的生活。谢谢你，Rosie，谢谢你给予的爱。谢谢妻子 Danelle，谢谢你所做的一切。有趣的人生中，你们是我完美的队友，我很高兴能遇见你们。

前 言

本书是深度强化学习理论与实践的桥梁。本书内容适用于熟悉机器学习技术，想要学习强化学习的读者。本书开篇将介绍深度强化学习的基础知识。随后深入探索深度强化学习的算法和技术，最后会提供一份具有潜在影响力的先进技术调查。

本书适用对象

熟悉深度强化学习领域、Python 代码、一些数学知识，能够运用大量直观解释和有趣而具体的例子来推动学习的人，会喜欢本书。此外，任何熟悉 Python 的人都能学习到很多知识。即使 DL 知识不扎实，本书也能帮助读者对神经网络和反向传播及相关技术进行简单复习。最重要的是，本书不依赖于其他书，任何想简单了解 AI 智能体和深度强化学习的读者都能通过阅读本书达到目的。

本书结构

本书共 13 章，大致可分为两部分，前一部分包括 1 ～ 5 章，后一部分包括 6 ～ 13 章。

第 1 章是深度强化学习导论，介绍深度强化学习的概念，讲述本书的最佳使用方式。第 2 章涵盖强化学习的概念、数学基础和多智能体强化学习框架等内容。第 3 章通过最佳行为策略算法来解决惯序决策问题，学习妥善平衡短期目标与长期目标的方法。第 4 章以多臂老虎机为例，探索策略，来解决未知转换函数与奖励信号的问题，合理权衡信息收集与信息运用。第 5 章评估智能体的行为。第 6 章介绍在转换函数和奖励函数未知的情况下，构造强化学习环境中的优化策略，训练优化的智能体行为。第 7 章讲述如何基于动态规划思想来优化强化学习，从而获得更高效的实现目标。第 8 章介绍基于价值的深度强化学习。第 9 章探索函数逼近和基于价值的深度强化学习。第 10 章探索高效抽样的价值深度强化学习方法。第 11 章探索策略梯度和 actor-critic 方法。第 12 章探索高级 actor-critic 方法。第 13 章讨论通用人工智能的未来发展方向。

关于代码

本书在“Python 讲解”栏目中列举了许多源代码示例。源代码使用等宽字体进行格式化，这样就可与普通文本区分开，并添加有序的高亮突出显示，这样能使它更易于阅读。

大多数情况下，原始源代码已被重新格式化，本书添加了换行符、重命名变量并重新调整了缩进，以适应书中可用的页面空间。即使如此，在极少数情况下页面空间也还不够，Python 中包括行连续操作符代码，即反斜杠(\)，指示语句在下一行继续。

此外，源代码中的注释经常会被删除，文本仅描述代码。代码注释指出重要的概念。

可扫描封底二维码下载本书的示例代码。

目　　录

第10章　高效抽样的基于价值学习方法　285

第11章　策略梯度与actor-critic方法　313

第12章 高级actor-critic方法 349

第1章 深度强化学习导论

本章内容：

- 了解深度强化学习的概念，以及它与其他机器学习法的不同之处。
- 了解深度强化学习的最新进展，以及它在解决各类问题时的作用。
- 了解本书的主要内容，以及如何最大化利用本书中的知识。

> “我能想象到有一天我们之于机器人就如同狗之于人类，我为机器应援。”
>
> ——Claude Shannon
>
> 信息时代之父与人工智能领域贡献者

追求幸福是人类的天性。从挑选食物到推进事业，我们所做的每一个选择都源于我们想要体验生活中有益的时刻的欲望。无论这些时刻是为了个人的快乐还是更宏大的追求，无论带来的是当下的满足还是长久的成功，它们都是我们对自己重要性和价值的认知。在某种程度上，这些时刻就是我们存在的理由。

实现这些珍贵时刻的能力似乎与智能有关，“智能”定义为获取、应用知识和技能的能力。社会公认的聪明人，不仅能用当下的满足来换取长远目标的实现，而且能用美好的、已确定的未来去换取或许更好的未来，即使后者具有不确定性。需要较长时间才能实现的目标以及长期价值未知的目标通常是最难实现的，而那些能经受住此过程中的挑战的人们是例外，他们是领导者，是社会中的知识分子。

在本书中，你将了解到一种被称为深度强化学习的方法，该方法涉及创建能实现智能目标的计算机程序。本章将介绍深度强化学习，并给出一些建议，让你从本书中得到最大收获。

1.1 深度强化学习概念

深度强化学习(Deep Reinforcement Learning，DRL)是一种人工智能的机器学习方法，着重于创建计算机程序以解决智能问题。DRL 程序的独特属性在于通过试错从反馈中学习，这些反馈通过强大的非线性函数逼近进行抽样，同时具有惯序性和评估性。

下面逐步为你解读这个定义。不要太过于纠结细节，因为我将用整本书来让你理解深度强化学习。以下是对本书内容的介绍，后续章节会反复对其进行详解。

如果我能成功完成本书的目标，那么你在读完后，将能准确地理解这一定义。你将能理解我选用这些词语的原因，以及为何我没有使用更多或更少的文字来定义它。但对于本章而言，你只需要仔细通读一遍。

1.1.1 深度强化学习: 人工智能的机器学习法

人工智能(Artificial Intelligence，AI)是计算机科学的一个分支，涉及创建智能的计算机程序。传统上，任何表现认知能力(如感知、搜索、规划和学习)的软件都属于AI的一部分。AI软件的功能示例如下：

- 搜索引擎的返回页面功能
- GPS 应用程序的路线生成功能
- 智能助手软件的语音识别功能与合成语音功能
- 电子商务网站的产品推荐功能
- 无人机的跟随功能

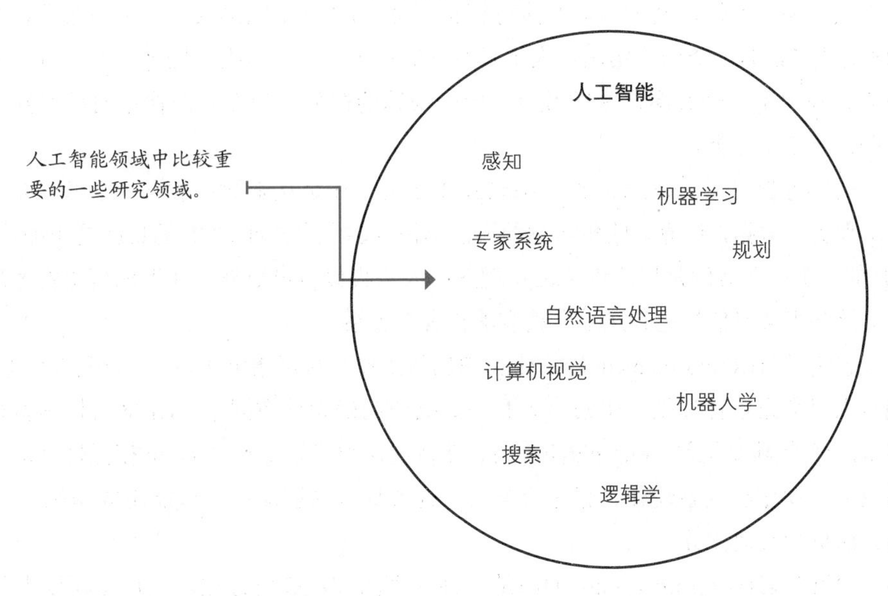

所有表现智能的计算机程序都被认为是人工智能，但并不是所有的人工智能都具有学习能力。机器学习(Machine Learning，ML)是人工智能的一个领域，专注于创建计算机程序，通过从数据中学习的方法解决智能问题。ML 有三个主要分支：监督学习、无监督学习和强化学习。

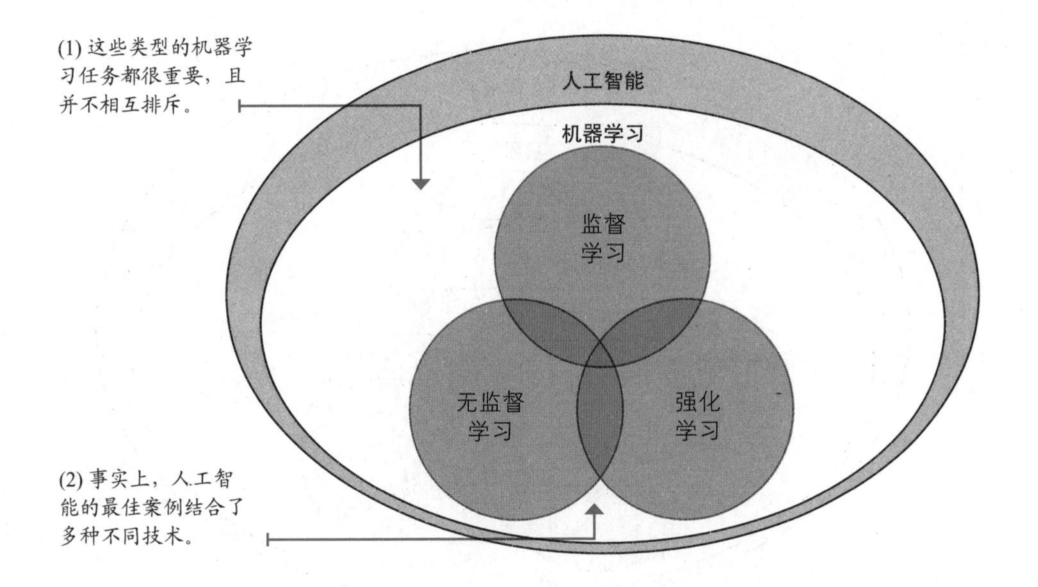

监督学习(Supervised Learning，SL)的工作是从标记数据中学习。在SL中，由人决定收集哪些数据以及如何对其进行标记。SL的目标是归纳数据。手写数据识别应用程序是SL的一个经典案例：人工收集并标记带有手写数据的图像，并训练一个模型来正确识别和分类图像中的数字。经过训练的模型有望在新图像中对手写数字进行归纳和正确分类。

无监督学习(Unsupervised Learning，UL)的工作是从未标记数据中学习。即使不再需要标记数据，计算机收集数据的方法仍需要由人类设计。UL的目标是压缩数据。UL的一个经典案例是用户细分应用程序：人工收集客户数据，并训练模型将客户聚类。这些聚类对信息进行压缩，揭露潜在客户关系。

强化学习(Reinforcement Learning，RL)的工作是从试错中学习。在该类型任务中，没有人对数据进行标记，也没有人收集数据或明确设计数据集。RL的目标是执行。RL的一个经典案例是Pong-playing的智能体；该智能体反复与Pong模拟器互动，并通过采取动作和观察动作效果进行学习。经过训练的智能体应该能用成功执行Pong的方法执行其他任务。

深度学习(Deep Learning，DL)是一种强大的ML最新方法，使用多层次非线性函数逼近，通常是为神经网络。DL并不是ML的一个独立分支，所以与前述的那些任务并无不同。DL是技术和方法的集合，使用神经网络完成包括SL、UL和RL在内的ML任务；而DRL只是使用DL完成RL任务。

深度学习是一个强大的工具箱

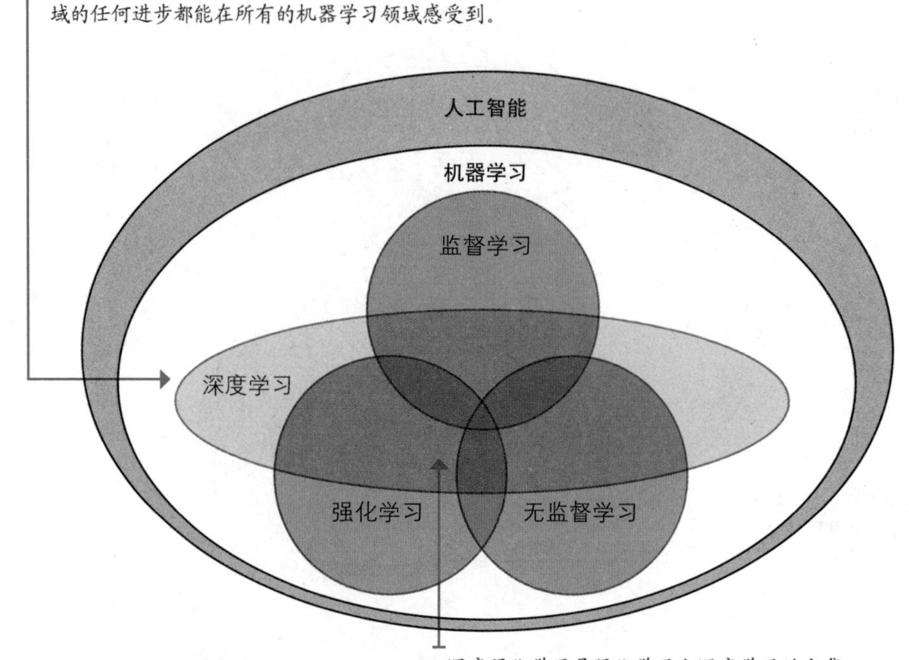

最重要的是 DRL 是解决某种问题的方法。人工智能领域定义这个问题为：创造智能机器。DRL 是解决该问题的方法之一。你会在本书中看到 RL 和其他 ML 方法的对比，但仅会在本章中看到 AI 的定义和历史概述。需要注意的是，RL 领域包含 DRL 领域，因此，尽管我在必要时对二者进行了区分，但当我提到 RL 时，请记住 DRL 也包括在内。

1.1.2 深度强化学习着重创建计算机程序

DRL 的核心在于不确定性条件下复杂的惯序决策问题，但这也是很多领域都感兴趣的话题。例如，控制理论(Control Theory，CT)研究的是控制复杂的已知动态系统的方法。在 CT 中，我们试图控制的系统动态往往是已知的。运筹学(Operations Research，OR)也研究不确定性下的决策问题，但相对于 DRL 中常见的问题，该领域研究的问题往往具有更大的动作空间。心理学研究的是人类行为，在一定程度上，这与“不确定性条件下复杂的惯序决策”问题相同。

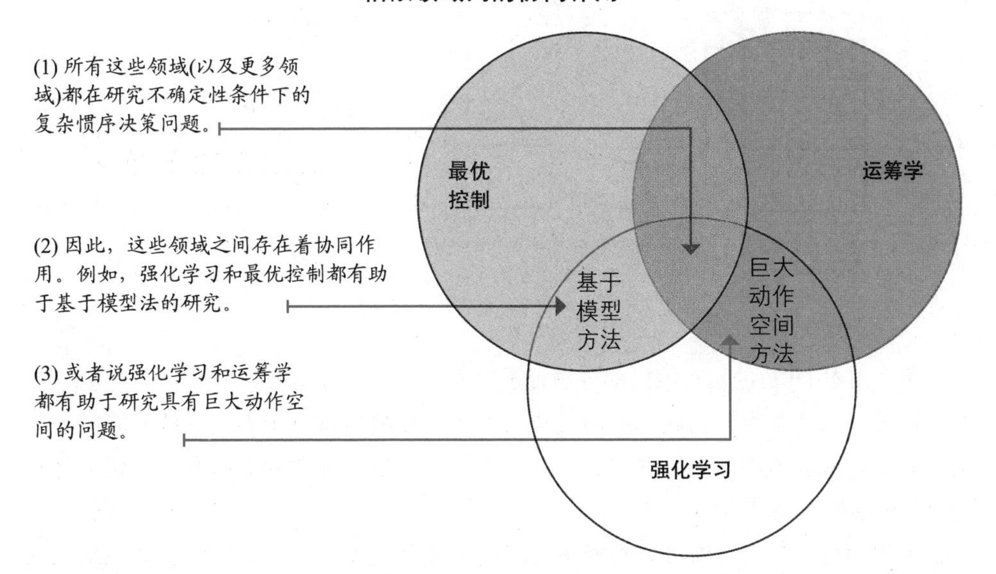

最重要的是，一个领域会受到其他各个领域的影响。虽然这是好事，但也带来了术语、符号等方面的不一致。我采用计算机科学的方法来解决这一问题，所以这本书的主要内容是构建计算机程序，以解决不确定性条件下的复杂决策问题，同时，本书也会提供代码示例。

DRL 构建的计算机程序被称为智能体。智能体只做决策，别无其他功能。这意味着，如果你训练机器人捡物，那么机械臂并不是智能体的一部分。只有做出决策的代码才被称为智能体。

1.1.3 智能体解决智能问题

与智能体相对的是环境。环境指的是智能体之外的一切，是智能体无法完全控制的一切。再次，以训练机器人捡起物体为例。要捡起的物体、放置物体的容器、吹过的风以及决策者之外的一切都是环境的一部分。这意味着机械臂也属于环境，因为它并不是智能体。而即使智能体可以控制移动机械臂，实际的机械臂移动却是嘈杂的，因此机械臂也是环境的一部分。

这种智能体和环境之间的严格界线，乍一看有悖于常理；但决策者(即智能体)有且只能有一个任务：做出决定。决策之后的一切都属于“环境”。

智能体与环境的界线

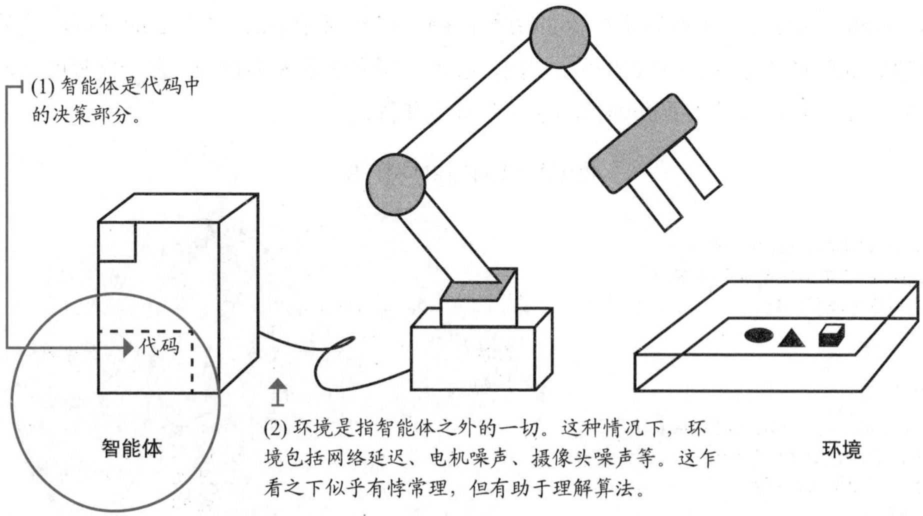

(1) 智能体是代码中的决策部分。

代码

智能体

(2) 环境是指智能体之外的一切。这种情况下，环境包括网络延迟、电机噪声、摄像头噪声等。这乍看之下似乎有悖常理，但有助于理解算法。

环境

第 2 章对 DRL 的所有组成部分进行了深入调查。以下是第 2 章内容的预览。

环境表示为一组与问题相关的变量。例如，在机械臂例子中，机械臂的位置和速度就是构成环境的变量。这组变量与所有可能的取值被称为状态空间。状态是状态空间的实例，是变量的一组取值。

有趣的是，智能体通常并不能访问环境的实际完整状态。智能体能够观察到的状态被称为观察值。观察值取决于状态，但能为智能体所见。例如，在机械臂案例中，智能体可能只可访问相机图像。虽然存在每个物体的确切位置，但智能体并不能访问这一具体状态。相反，智能体所得的观察值由这些状态衍生。你经常能在文献中看到“观察”和“状态”交替使用，本书亦然。我提前为不一致之处道歉。你只需要知道它们之间的区别，并注意用词，这才是最重要的。

状态与观察

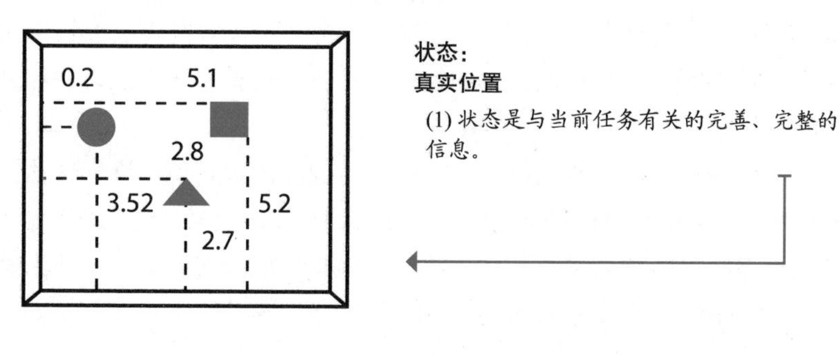

每种状态下，环境都会提供一组动作供智能体选择。智能体就是通过这些动作影响环境的。环境可能会改变状态，回应智能体的动作。进行这种映射的函数称为转换函数。环境也可能发出奖励信号作为对智能体动作的回应。进行这种映射的函数称为回报函数。转换函数和回报函数的集合被称为环境模型。

强化学习循环

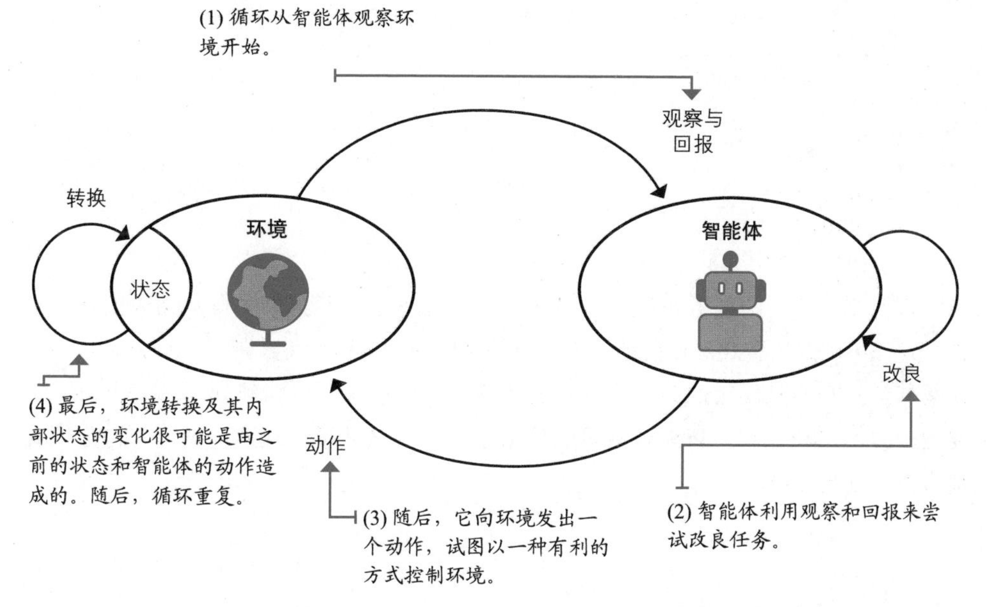

环境的任务通常是确定的，且任务目标由回报函数决定。回报函数的信号可以同时具有惯序性、评估性和抽样性。为了实现任务目标，智能体需要展示出智能，或者至少要展示出常见的与智能有关的认知能力，例如长期思考能力、信息收集能力和概括能力。

智能体的流程有三步：智能体与环境交互、智能体对其动作进行评估、智能体改进其响应速度。智能体可以设计为学习从观察到动作的映射，这种映射称为策略；可以设计为学习映射环境的模型，这种映射称为有模型学习；可以设计为学习评估回报-累计奖励映射，这种映射称为值函数。

1.1.4 智能体通过试错提高性能

智能体和环境之间的交互会持续几个周期。每个周期称为时间步长。每个时间步里，智能体观测环境，采取动作，并得到新的观察和回报。状态、动作、回报和新状态组成的集合称为经验。每一次经验都有机会学习和提高性能。

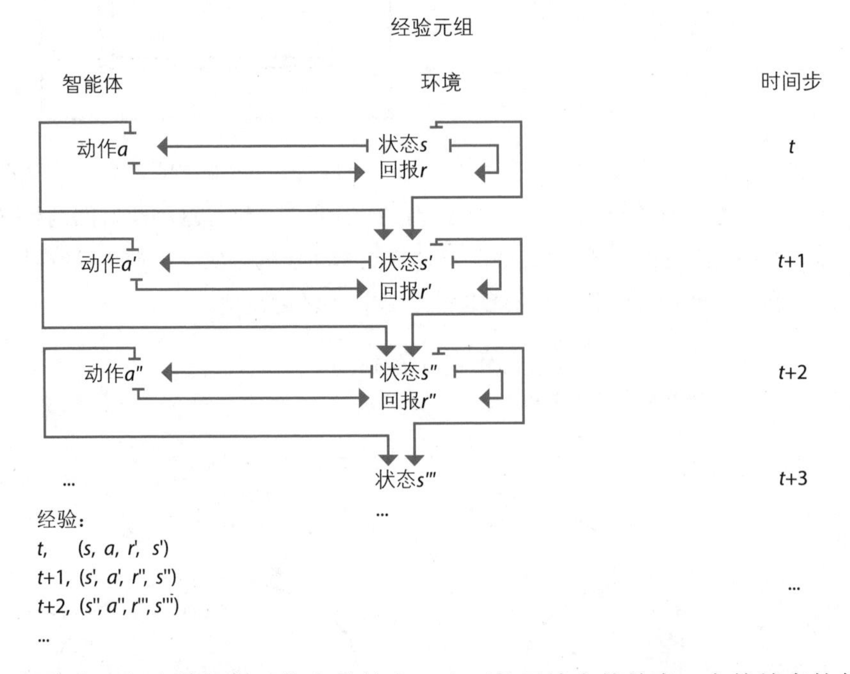

智能体要解决的任务可能自然结束，也可能无法自然结束。自然结束的任务称为偶发任务，例如游戏。相反地，无法自然结束的任务称为持续任务，如学习进步。偶发任务从开始到结束的时间步序列称为迭代。智能体要学习解决一个任务可能需要数个时间步和迭代。智能体通过试错来学习：尝试某事，观察，学习，再尝试其他事情，以此类推。

你将在第 4 章开始学习更多关于周期的内容，其中包括每个场景只有一个时间步的环境。从第 5 章开始，你将学会处理每个场景需要不止一个交互周期的环境。

1.1.5 智能体从惯序性反馈中学习

智能体采取的动作可能造成后果延迟。回报可能是稀少的，并且只有在几个时间步之后才表现出来。因此，智能体必须能够从惯序性反馈中学习。惯序性反馈引出了一个问题，被称为临时信用分配问题。临时信用分配问题是一个挑战：它确定哪个状态及/或动作负责回报。当某一问题具有临时成分，并且动作有延迟后果时，将信用分配给回报就变得非常具有挑战性。

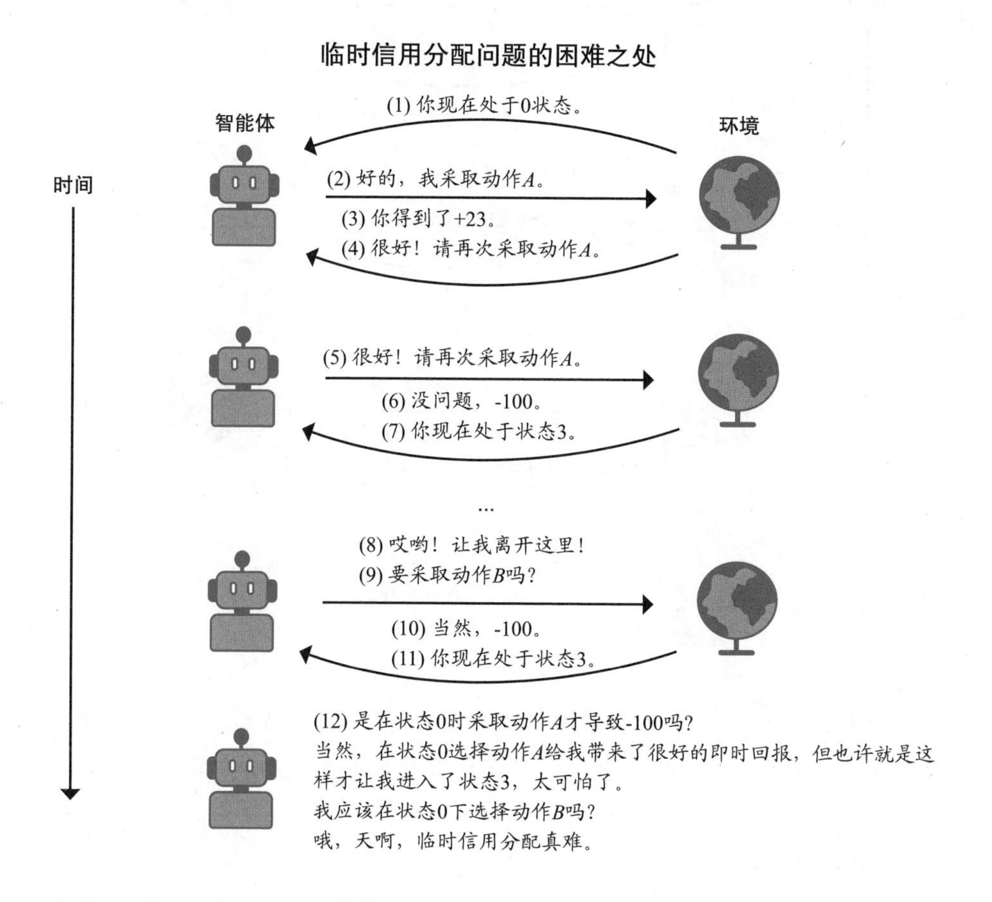

在第 3 章中，我们将单独对惯序性反馈进行详细研究。也就是说，你的程序可以从同时具有惯序性、监督性(而非评估性)和详尽性(而非抽样性)的反馈中学习。

1.1.6 智能体从评估性反馈中学习

智能体得到的回报可能很微弱，即它可能无法做出监督。回报可能表现出良好性而不是正确性，这意味着它可能不包含其他潜在回报的信息。因此，智能体必须能够从评估性反馈中学习。评估性反馈使得有必要进行探索。智能体必须有能力平衡信息收集和对当前信息的利用，这也被称为权衡探索与利用。

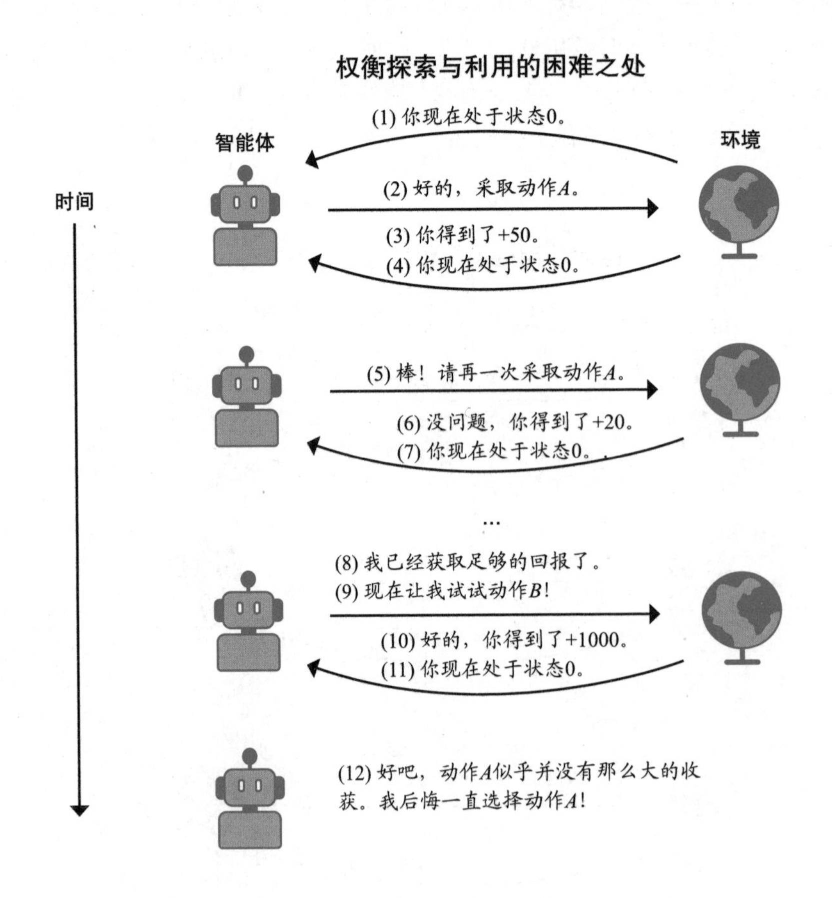

在第 4 章，我们将单独对评估性反馈进行详细研究。也就是说，你的程序将从同时具有一次性(而非惯序性)、评估性和详尽性(而非抽样性)的反馈中学习。

1.1.7 智能体从抽样性反馈中学习

智能体收到的回报只是一个样本，且智能体无法获得回报函数。此外，由于状态和动作空间通常很大，甚至是无限大，尝试从稀疏和微弱的抽样性反馈中学习就变得更困难。因此，智能体必须能从抽样性反馈中学习，并且必须能对其进行泛化。

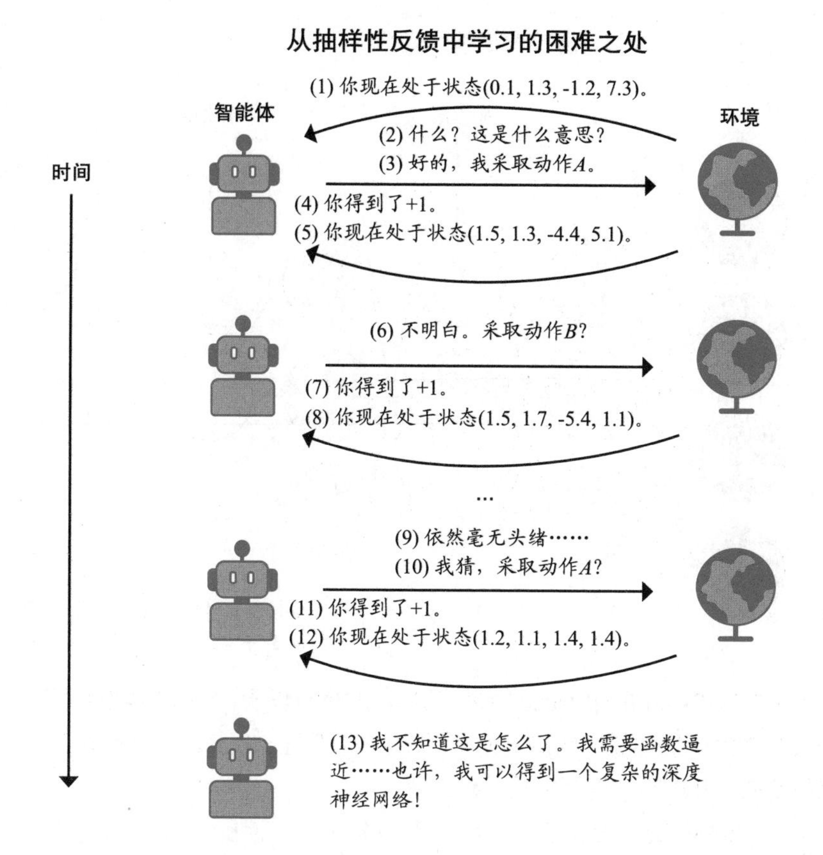

用于逼近策略的智能体称为基于策略学习；用于逼近值函数的智能体称为基于价值学习；用于逼近模型的智能体称为有模型智能体；用于同时逼近策略和值函数的智能体称为 actor-critic。智能体可以接近这些类型中的一个或多个。

1.1.8 智能体使用强大的非线性函数逼近

智能体可以使用从决策树到 SVM，再到神经网络等多种 ML 方法和技术来逼近函数。但本书只使用神经网络，毕竟神经网络就是深度强化学习的“深度”所指。神经网络不一定是解决所有问题的最佳方案，需要谨记神经网络需要大量的数据，且很难解释。然而，神经网络是目前最有效的函数逼近法之一，其性能往往是最好的。

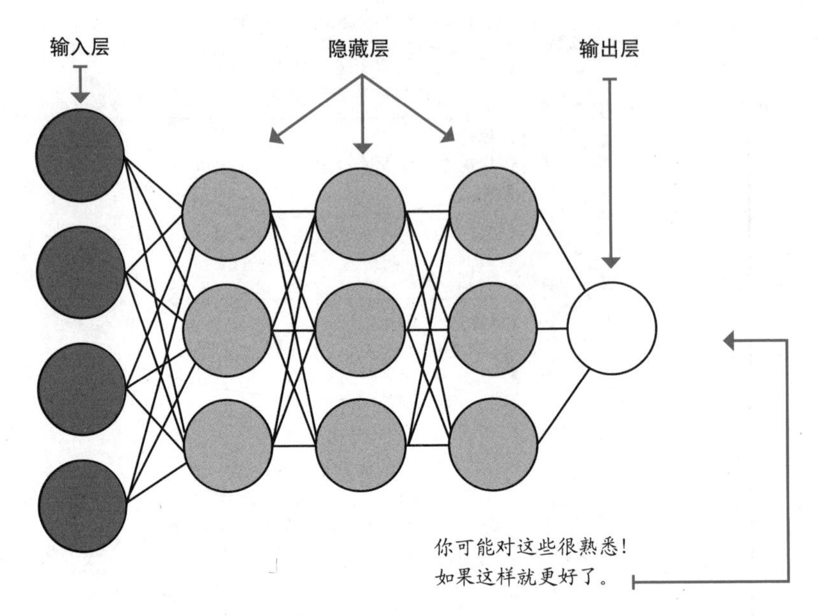

人工神经网络(Artificial Neural Networks，ANN)是一种多层非线性函数逼近器，受动物大脑中的生物神经网络启发而来。ANN 并不是一种算法，而是由多层数学转换组成的结构，其中数学转换应用于输入值。

第 3 ～ 7 章只研究智能体从详尽性反馈(相对于抽样性反馈)中学习。第 8 章开始，研究完整的 DRL 问题，即使用深度神经网络使得智能体可以从抽样性反馈中学习。需要牢记，DRL 智能体从同时具有惯序性、评估性和抽样性的反馈中学习。

1.2 深度强化学习的过去、现在与未来

历史并不是获取技能的必要条件，但它可以让你了解一个主题的背景，进而帮助你获得动力，从而获取技能。AI和DRL的历史应该能够帮助你明确对这项强大技术未来发展的期望。有时，我觉得关于AI的炒作其实是有成效的，人们变得对 AI 感兴趣。但在此之后，当投入工作时，炒作已然无济于事，这是个问题。虽然我想对 AI 保持兴奋，但还是需要设置切合实际的期望。

1.2.1 人工智能和深度强化学习的发展简史

DRL 的起源可以追溯到很多年前，因为自古以来，人类就对是否存在人类以外的智能生物感到好奇。艾伦 • 图灵在 20 世纪 30—50 年代的工作可能是一个良好开端，这些工作为后来的科学家们提供了关键的理论基础，为现代计算机科学和 AI 铺平了

道路。

这些工作中最著名的是图灵测试，它为衡量机器智能提供了一套标准：如果在聊天问答中，人类审问者无法将一台机器与另一个人区分开来，那么这台计算机就是智能的。虽然图灵测试还很初级，但它使得一代又一代人通过设定一个研究人员可以追求的目标来思考创造智能机器的可能性。

AI 作为一门学术学科的正式起步，可以归功于 John McCarthy，他是一位颇具影响力的 AI 研究者，为该领域做出了诸多显著的贡献。例如，McCarthy 在 1955 年创造了“人工智能”一词，在 1956 年领导了第一次 AI 会议，在 1958 年发明了 Lisp 编程语言，在 1959 年共同创立了麻省理工学院 AI 实验室，并在几十年间为 AI 领域的发展贡献了重要论文。

1.2.2 人工智能的寒冬

早期 AI 的所有工作和进展都让人感到非常兴奋，但也遭遇过重大挫折。著名 AI 研究人员曾提出，我们将在数年内创造出类人的机器智能，但这并未得以实现。一位名叫 James Lighthill 的著名研究人员编写了一份报告，批评 AI 的学术研究状况，情况就变得更糟了。所有这些发展都导致了长期以来 AI 研究经费和研究兴趣的减少，这被称为第一个 AI 寒冬。

AI 领域多年来一直延续着这种模式：研究人员取得进展，人们变得过于乐观，然后高估 AI 领域，导致政府和行业合作伙伴减少资助。

多年来的AI供资模式

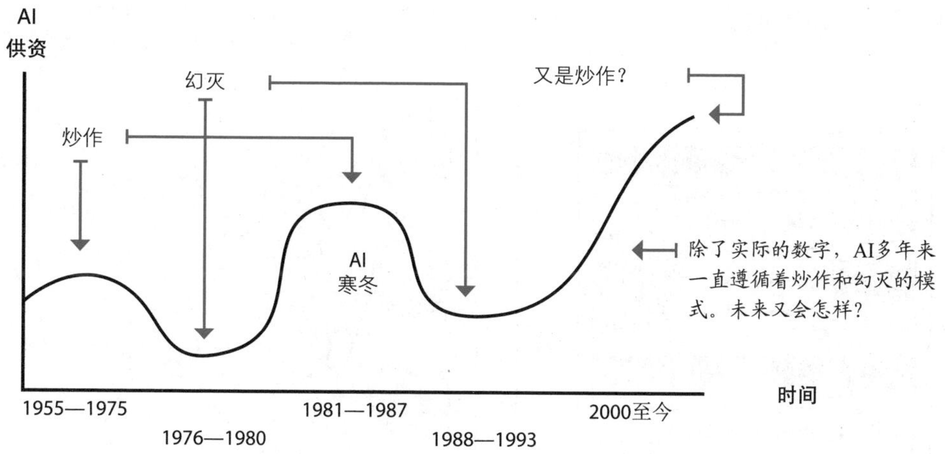

1.2.3 人工智能现状

我们目前很可能正处在 AI 历史上又一个高度乐观的时期，所以必须加以小心。

从业者清楚 AI 是一个强大工具，但有些人认为 AI 是一个神奇的黑匣子，它可以解决任何问题，并得出最佳解决方案。没有什么比这更离谱了。还有人甚至担心人工智能会获得意识，似乎这二者是相关的，正如 Edsger W. Dijkstra 的名言一般：“计算机能否思考的问题还没有潜艇能否游泳有趣。”

但是，抛开这种关于 AI 的美好愿景不谈，我们可以为该领域的最新进展感到兴奋。如今，世界上最具影响力的公司都对 AI 研究进行了最大量的投资。Google、Facebook、Microsoft、Amazon 和 Apple 等公司都在 AI 研究方面进行了投资，并在一定程度上得益于 AI 系统，赚取了高额利润。这些公司大量且稳定的投资为当前 AI 研究营造了良好的环境。当代研究人员拥有最好的计算能力和大量的研究数据，顶尖研究团队在同一时间、同一地点，就同一问题展开合作。当前的 AI 研究已变得更加稳定且富有成效。我们见证了一个又一个 AI 研究的成功，而且这种成功似乎不会很快停止。

1.2.4 深度强化学习进展

使用人工神经网络解决 RL 问题始于 20 世纪 90 年代。经典案例之一是由 Gerald Tesauro 等人创建的双陆棋计算机程序 TD-Gammon。TD-Gammon 通过 RL 学习评估桌位，进而学会了玩西洋双陆棋。尽管所实施的技术并没有被完全认定为 DRL，但 TD-Gammon 是最早受到广泛报道的使用 ANN 解决复杂 RL 问题的成功案例之一。

TD-Gammon架构

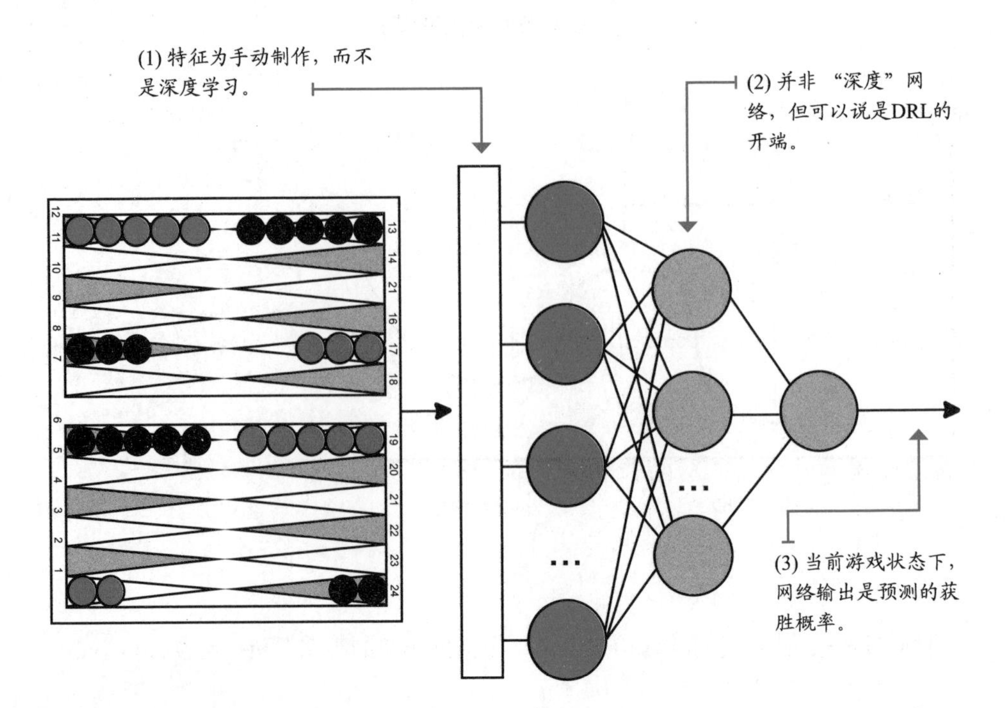

2004 年，Andrew Ng 等人研制了一种自主直升机，这种直升机通过对人类专家的飞行进行数小时的观察来自学飞行特技。他们使用的技术被称为反向强化学习技术，即智能体从专家演示中学习技术。同年，Nate Kohl 和 Peter Stone 使用了一类称为策略梯度法的 DRL 方法，为 RoboCup 锦标赛研制了一种足球机器人。他们使用 RL 来教智能体向前移动。仅仅经过三小时的训练，这个机器人就达到了所有硬件相同的机器人中最快的前进速度。

21 世纪，AI 领域还取得了其他成就，但直到 2010 年左右 DL 领域迅速发展后，DRL 领域才真正开始发展。2013 年和 2015 年，Mnih 等人发表了几篇论文，介绍了 DQN 算法。DQN 从原始像素中学习玩 Atari 游戏。DQN 使用卷积神经网络(Convolutional Neural Network，CNN)和一组超参数，在 49 个游戏中的 22 个里都表现得比专业的人类玩家更好。

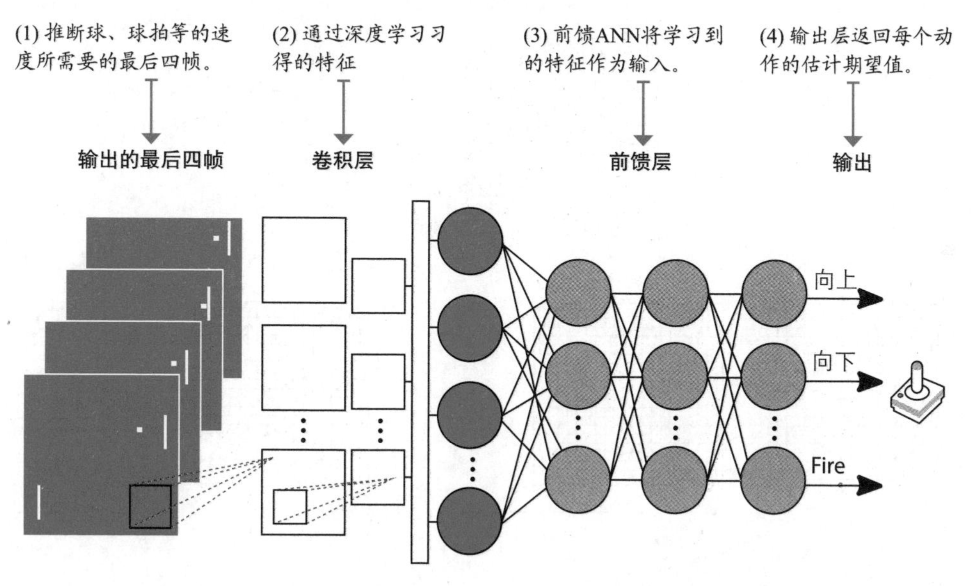

这一成就在 DRL 界掀起一场革命：2014 年，Silver 等人开创了确定性策略梯度(Deterministic Policy Gradient，DPG)算法，一年后，Lillicrap 等人用深度确定性策略梯度(Deep Deterministic Policy Gradient，DDPG)算法对其进行了改进。2016 年，Schulman 等人发布了信任区域策略优化(Trust Region Policy Optimization，TRPO)方法和广义优势估计(Generalized Advantage Estimation，GAE)，Sergey Levine 等人发布了引导策略搜索(Guided Policy Search，GPS)方法，Silver 等人演示了 AlphaGo。次年，Silver 等人展示了 AlphaZero。这几年还发布了许多其他算法：双重深度 *Q* 网络(Double Deep *Q*-networks，DDQN)、优先级经验回放(Prioritized Experience Replay，PER)、近端策略优化(Proximal Policy Optimization，PPO)、体验重放评估

器(actor-critic with Experience Replay，ACER)、异步优势 actor-critic(Asynchronous Advantage actor-critic，A3C)、优势 actor-critic(Advantage Actor-Critic，A2C)、克罗内克因子信任区域(Actor-Critic Using Kronecker-factored Trust Region，ACKTR)、彩虹(Rainbow)、独角兽(Unicorn) 等。2019 年，Oriol Vinyals 等人展示了 AlphaStar 智能体在《星际争霸 2》游戏中击败职业玩家的画面。几个月后，Jakub Pachocki 等人的 Dota-2 游戏机器人团队 Five 成为第一个在电子竞技游戏中击败世界冠军的 AI。

得益于 DRL 的进步，我们用了 20 年的时间，从解答包含 10^{20} 个完全信息状态的西洋双步棋问题，发展到解答包含 10^{170} 个完全信息状态的围棋问题，甚至可以解答包含 10^{270} 个不完全信息状态的《星际争霸 2》。很难想象会有进入这一领域的更好时机。你能想象未来二十年会有什么发展吗？你愿意加入这一领域吗？ DRL 领域蓬勃发展，我希望它的发展速度会保持下去。

围棋：大量分支因素

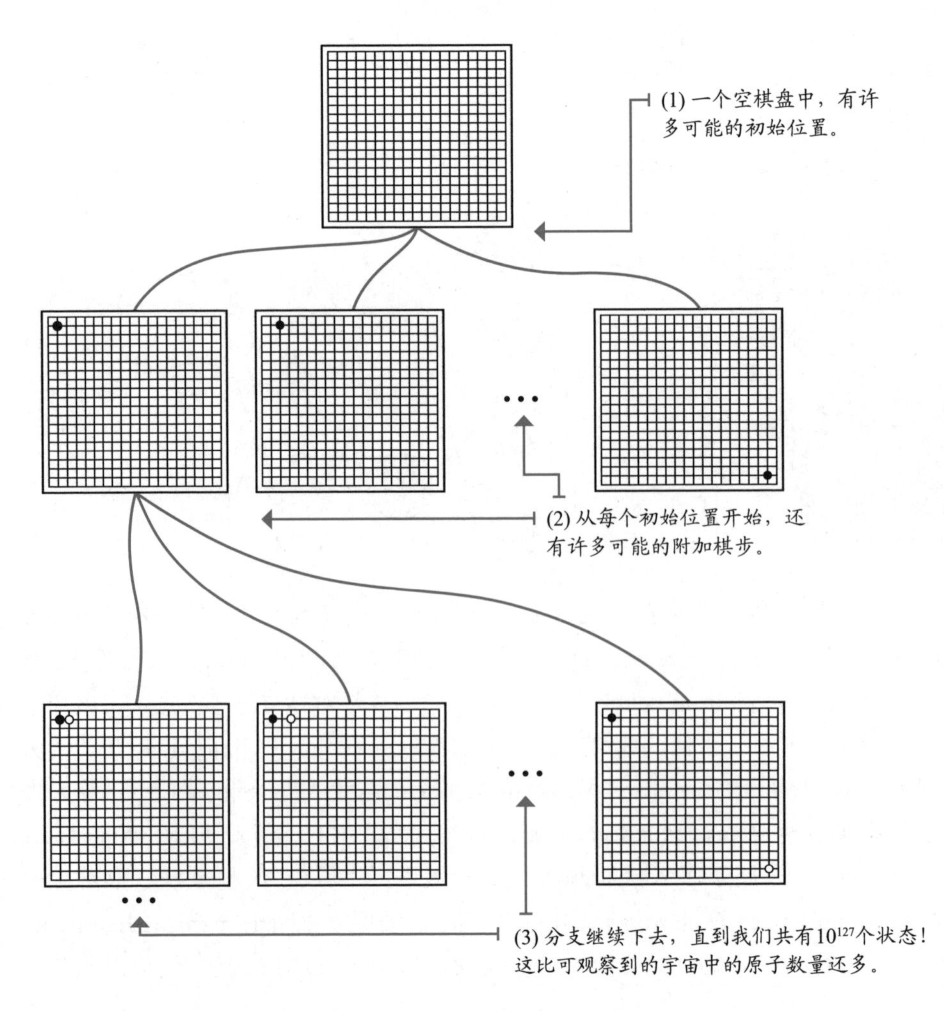

1.2.5 未来的机遇

我相信人工智能是一个具有无限潜力的领域，无论恐惧论者怎么说，它都能向着积极之处转变。早在 18 世纪 50 年代，工业革命的兴起搅动了一江春水。强大的机器取代重复的体力劳动，无情地代替了人类。每个人都在担心：机器可以比人类更快、更有效、更廉价地工作吗？这些机器将抢走我们所有的工作！我们现在要做什么谋生呢？这样的事情确实发生了。但事实上，许多这样的工作不仅不能带来成就感，而且非常危险。

工业革命一百年后，这些变化的长期影响使这一领域受益匪浅。那些通常只拥有几件衬衫和一条裤子的人可以花很少的钱获得更多东西。的确，变革并非易事，但其长期影响将使整个世界从中受益。

20 世纪 70 年代，个人计算机的问世开启了数字革命。随后，互联网改变了我们做事的方式。互联网为我们带来大数据和云计算。ML 在这块沃土上生根发芽，造就了今日的发展。未来几十年，或许 AI 对社会的改变和影响在一开始让人难以接受，但长久的影响将远胜于沿途的任何挫折。我认为几十年后，人类甚至不需要为衣食住行而劳作，这些东西将由人工智能自动生产。社会将变得繁荣富足。

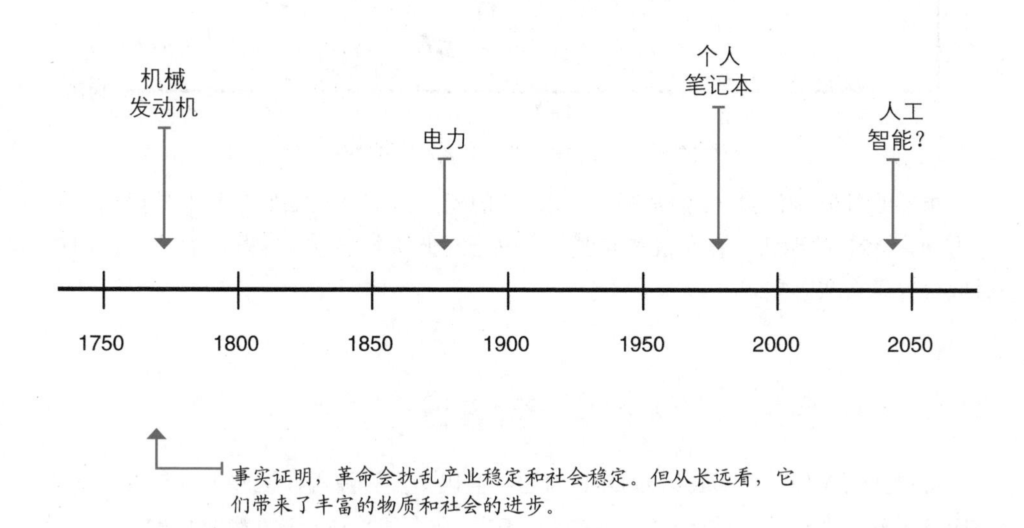

随着我们不断将机器的智能推向更高水平，一些 AI 研究人员认为，我们可能创造出比人类自己更智能的 AI。此时，我们见证了一个被称为奇点的现象产生：若比人类更智能的 AI 在进行自我完善时不受人类阻碍，它将大大加快 AI 的发展速度。但我们必须谨慎，因为这更多的是理想而非实际方面的担忧。

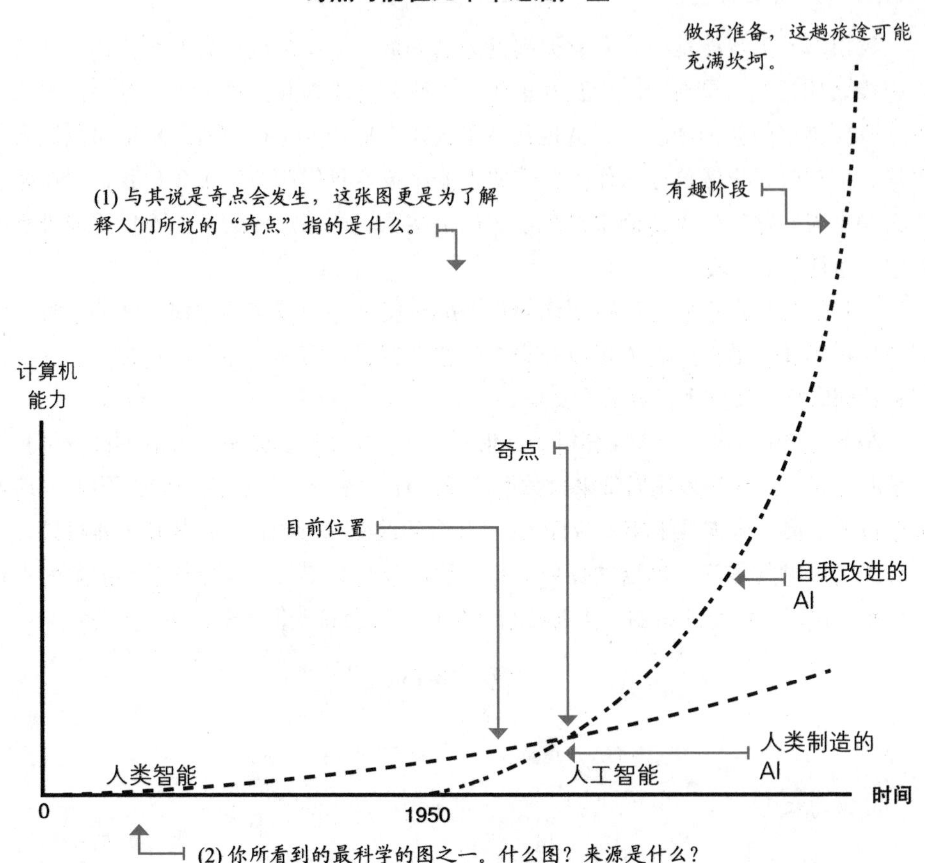

虽然必须时刻注意 AI 的影响，力求 AI 的安全，但奇点在如今并不是问题。另一方面，DRL 的现状也存在很多问题，本书会对此进行展示。这些问题值得我们花时间进行思考和研究。

1.3 深度强化学习的适用性

可将任何 ML 问题都表述为 DRL 问题，但出于多种原因，这并不总是很合适。你应该了解使用 DRL 的利与弊，并能确定 DRL 适合和不适合解决哪种问题。

1.3.1 利弊分析

除了技术上的比较，我希望你能思考在下个项目中使用 DRL 的内在优势和劣势。你会发现，每一个突出点都可能是优点，也可能是缺点，这取决于你想解决什么样的问题。例如，这一领域是让机器做决定的。这是好是坏？你同意让计算机为你做决定吗？DRL 研究环境的选择是一场博弈，这是有原因的：让智能体直接在现实世界中接受训练不仅花费高昂而且危险。你能想象到一个自动驾驶汽车的智能体是通过撞车来学习不撞车的吗？在 DRL 中，智能体不得不犯错误。你能承担得起这些错误带来的后果吗？你愿意承担智能体给人类带来的负面后果甚至是实际伤害的风险吗？在开始下一个 DRL 项目之前，请好好考虑这些问题。

深度强化学习智能体将不停地探讨！

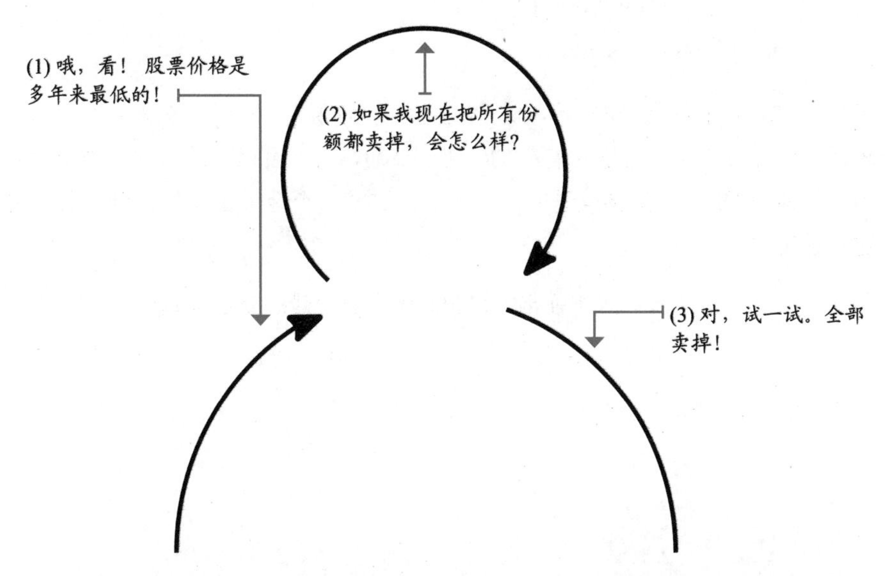

你还需要考虑智能体探索环境的方式。例如，大多数价值导向的方法都是通过随机选择一个动作来探索环境。但其他方法可以有更具战略性的探索策略。每种方法各有利弊，需要熟练权衡。

最后，每次都从头开始训练会令人畏缩，这既浪费时间又耗费大量资源。然而，有几个领域研究如何最大化利用以前获得的知识。首先，转移学习，即把在任务中获得的知识转移到新任务中。例如，如果你想教机器人使用锤子和螺丝刀，你可以重复使用在“拿起锤子”任务中学到的低级动作，并应用这些知识开始学习“拿起螺丝刀”任务。你应该对此有直观感受，因为人类并不需要在每次学习新任务时都重新学习低级动作。人类在学习过程中似乎会形成动作的层次结构。层次强化学习领域试图在 DRL 智能体中复制这一点。

1.3.2 深度强化学习之利

DRL 以掌握特定任务为主要内容。与以泛化为目标的 SL 不同，RL 擅长处理具体、明确的任务。例如，每款 Atari 游戏都有一个特定任务。DRL 智能体不擅长将不同任务中的行为泛化；训练智能体学会玩 Pong 并不意味着它也能玩 Breakout。如果你天真地试图同时教智能体玩 Pong 和 Breakout，智能体很可能最终两者都不擅长。另外，SL 很擅长同时对多个目标进行分类。关键在于，DRL 擅长的是定义明确的单项任务。

DRL 使用泛化技术，直接从原始感官输入中学习简单技能。近年来得到改进的方面包括泛化技术的性能、新的技巧和训练更深层网络的窍门等。幸运的是，大多数 DL 的进步直接实现了新的 DRL 研究路径。

1.3.3 深度强化学习之弊

当然，DRL 并不是完美的。你会发现最重要的问题之一在于，在大多数问题中，智能体需要数百万个样本来学习有效的策略。然而，人类可以仅从少数互动中学习。样本效率可能是 DRL 最需要改进的地方之一。这是一个至关重要的话题，我们将分几章进行讨论。

深度强化学习智能体需要大量的交互样本！

DRL 的另一个问题在于回报函数以及对回报的含义的理解。如果人类专家定义的回报就是智能体试图最大化的回报，是否意味着我们在某种程度上“监视”这个智能体？这是好事吗？回报应该尽可能密集，从而使得智能体学习得更快吗？还是应该尽可能稀疏，从而使解决方案更令人兴奋和独特呢？

作为人类，我们似乎没有明确定义回报。通常，同一个人只要改变观点，就会改变对某一事物是积极还是消极的判断。此外，对于行走这样的任务，其回报函数并不是直接设计的。目标应该设置为向前走，还是不摔倒？对人类行走而言的完美回报函数又是什么？

关于回报信号的有趣研究持续进行中。我特别感兴趣的一项研究是内在动机。内在动机允许智能体出于好奇而探索新行为。使用内在动机的智能体在回报稀少的环境中表现出更好的学习性能，这意味着我们可以得到令人兴奋且独特的解决方案。重要的是，处理一个尚未建模或没有明显回报函数的任务，将面临各种挑战。

1.4 设定明确的双向预期

现在我们来谈谈今后的另一个重要问题，我们应该期望什么？说实话，这一问题对我而言非常重要。首先，我想要你知道本书能为你带来什么，这样在之后的阅读中你就不会感到惊讶。我不想让人们以为，他们可以借助本书做出一个帮助他们发家致富的交易智能体。很抱歉，我不会写如此简单的书。我同样希望那些渴望学习的人可以投入必要的努力。事实上，学习既需要我努力让概念易于理解，也需要你努力理解概念。我的确为让概念易于理解而付出了努力。但是，如果你决定跳过一个你认为不必要的部分，我们将满盘皆输。

1.4.1 本书的预期

本书的目标是让ML爱好者从毫无 DRL 经验变得能开发最先进的 DRL 算法。为此，从第 3 章到第 7 章，你将先独立学习，再在互动中研究能从惯序性和评估性反馈中学习的智能体。从第 8 章到第 12 章，你将深入学习 DRL 核心算法、方法和技术。第 1 章和第 2 章讲述大体上适用于 DRL 的入门概念，第 13 章是结语。

第 3 ~ 7 章的目标是让你理解“表格”RL。“表格”RL 是指可以完全抽样的 RL 问题，这些问题不需要使用神经网络或任何形式的函数逼近。第 3 章讲述 RL 的惯序性和临时信用分配问题。随后，我们在第 4 章独立研究从评估反馈中学习将面临的挑战，以及探索与利用的权衡问题。最后，你将学习可以同时处理这两种挑战的方法。在第 5 章中，你将学习评估固定行为结果的智能体。第 6 章讨论学习如何改善行为，第 7 章向你展示使得 RL 更有力、更高效的技巧。

第 8 ~ 12 章的目标是让你掌握核心 DRL 算法的细节。你可以确信，我们会深入研究细节。你将了解许多不同类型的智能体，应用从基于价值学习和基于策略学习到 actor-critic 等不同方法。从第 8 章到第 10 章，我们将深入学习基于价值的 DRL。在第 11 章，你将学习基于策略的 DRL 和 actor-critic，第 12 章将介绍 DPG、SAC和 PPO。

这些章节中列举的例子会被重复用在同一类型的智能体中，以便对智能体进行对比，使其更容易理解。从小型的惯序状态空间到图像型的状态空间，从离散动作空间到惯序动作空间，你仍然在探索本质不同的各种问题。但本书的重点不是建模问题，而在于处理已经建模的环境。

比较深度强化学习不同算法

低样本效率 高样本效率

低计算成本 高计算成本

少量直接学习 大量直接学习

更直接使用学习函数 较少直接使用学习函数

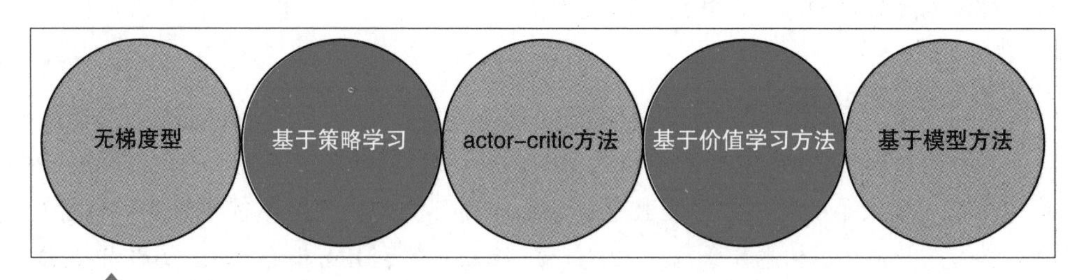

本书中，你可以了解到所有这些深度强化学习的算法。其实在我看来，算法才是重点，而不是那些问题。为什么呢？因为在DRL中，一旦你知道了算法，你就可以用超参数调整，将同样的算法应用到类似问题中。学习算法才是你最需要花时间的地方。

1.4.2 本书的最佳使用方式

想要充分理解深入强化学习，你需要事先了解 ML 和 DL 的基本知识，熟悉 Python 代码和具备数学基础。最重要的是，你必须愿意付出精力，用心学习。

读者应对 ML 有扎实的基本理解。除了本章所讲内容外，你应该知道什么是 ML；应该了解如何训练简单的 SL 模型，例如 Iris 数据集或 Titanic 数据集；你应该熟悉张量和矩阵等 DL 概念；至少训练过一个 DL 模型，例如 MNIST 数据集的卷积神经网络。

本书的重点是 DRL 主题，不会单独介绍 DL。可供使用的有用资源有很多。但是同样，你需要了解基本知识；如果你以前曾训练过 CNN，就没有问题。否则，我强烈建议你先学习一些 DL 教程。

读者还应对 Python 代码很熟悉。Python 是一种较清晰的编程语言，很容易理解，不熟悉 Python 的人通常只需要阅读 Python 就会有所收获。现在，我认为你应该乐意使用 Python 代码，愿意并期待阅读代码。如果你不读代码，你会错过很多东西。

同样，本书中有许多数学公式，这是一件好事。数学是完美的语言，没有什么可以取代它。而我希望你们不排斥数学，愿意阅读数学，别无他求。我展示的公式都包含大量的注解，以便不懂数学的人也可以利用这些资源。

最后，你应当愿意付出精力，努力学习，也就是你应真正想学 DRL。如果你决定略过数学框、Python 代码片段、一节、一页或一章，或者其他任何内容，你会错过许多相关信息。为了充分利用这本书，我建议你从头至尾通读本书。由于格式不同，图表和侧边栏属于本书主要叙述的部分。

另外，请确保运行本书的源代码，并仔细编写和扩展你最感兴趣的代码。

1.4.3 深度强化学习的开发环境

随本书一起，你会得到一个完全测试过的环境和代码来重现我的成果。我创建了一个 Docker 镜像和几个 Jupyter Notebook，这样你就不必在安装包和配置软件，或者复制和粘贴代码上浪费时间。唯一的前提条件是 Docker。请继续按照 https://github.com/mimoralea/gdrl 上的指示运行代码。这很简单。

代码是用 Python 编写的，我使用了大量的 NumPy 和 PyTorch 来编写代码。我选择PyTorch而非Keras或TensorFlow，因为我发现PyTorch是一个具有Python特点的库。如果你用过 NumPy，那么使用 PyTorch 就会感觉很自然，不像 TensorFlow，后者感觉像是一个全新的编程范式。我并不意图开始一场 PyTorch 和 TensorFlow 的辩论。但是，根据我使用这两个学习库的经验，PyTorch 更适用于研究和教学。

DRL 关乎算法、方法、技巧、窍门等，所以重写 NumPy 或 PyTorch 库毫无意义。但在本书中，我们将从头开始编写 DRL 算法；我并不是教你如何使用 DRL 库(比如 Keras-RL、Baselines 或 RLlib)。我想让你学习 DRL，所以我们要编写 DRL 代码。在我教 RL 的这些年里，我发现编写 RL 代码的人更容易理解 RL。本书也不是一本关于 PyTorch 的书；书中没有单独的 PyTorch 回顾或者类似的内容，只有 PyTorch 代码，我会在以后的学习中解释。如果你对 DL 概念有几分了解，便能理解我在本书中使用的 PyTorch 代码。别担心，在读本书之前，你不需要单独的 PyTorch 资源。我将在之后的学习里进行详细解释。

我们使用流行的 OpenAI Gym 开发包和我为本书开发的其他一些资源库作为训练智能体的环境。但不会深入研究 Gym，只需要知道 Gym 是一个为训练 RL 智能体提供环境的程序库。除此之外，请记住，我们的重点是 RL 算法、解决方案，而不是环境或建模问题。当然，这些问题也很关键。

既然你熟悉 DL，我想你应该知道图形处理器(Graphics Processing Unit，GPU) 是什么。DRL 架构不需要 DL 模型中常见的计算级别。因此，使用 GPU 虽然是件好事，却并不必要。相反，与 DL 模型不同，有的 DRL 智能体大量使用中央处理器(Central Processing Unit，CPU) 和线程数。如果你打算入手一台机器，一定要考虑 CPU 的功率(从技术角度看，是核数，而不是速度)。正如你后面将会看到的，某些算法大量进行并行处理；这些情况下，CPU(而不是 GPU)将成为障碍。然而，无论 CPU 或 GPU，代码都可以在容器中正常运行。但是，如果硬件严重受限，我推荐你使用云平台。我了解到一些云平台(如 Google Colab)免费提供 DL 硬件。

1.5 小结

深度强化学习具有挑战性，因为智能体必须从同时具有惯序性、评估性和抽样性的反馈中学习。从惯序性反馈中学习使得智能体学会平衡近期目标与长期目标。从评估性反馈中学习使得智能体学会平衡信息的收集与利用。从抽样性反馈中学习使得智能体应用旧经验归纳总结出新经验。

人工智能是计算机科学的主要领域，且包含强化学习领域，是一门专注于创建能显示出类人智能的计算机程序的学科。其他许多学科也有同样目标，如控制理论和运筹学。机器学习是人工智能中最普遍、最成功的方法之一。强化学习是机器学习的三大分支之一，其他两大分支分别是监督学习和无监督学习。深度学习是机器学习的一种方法，并不与任何特定的分支挂钩，但它的力量有助于推动整个机器学习学科的发展。

深度强化学习利用多层次强大的函数逼近器，即神经网络(深度学习)来解决不确定性条件下的复杂惯序决策问题。深度强化学习在许多控制问题上都表现良好，但尽管如此，我们必须意识到，不能轻易释放人类对于关键决策的控制权。深度强化学习的几个核心需求在于提高算法的样本复杂度、提高探索策略的性能以及确保算法安全。

不过，深度强化学习的未来是光明的，随着技术的成熟，未来可能会有危险，但更重要的是，这个领域是具有潜力的，你应该感到兴奋，并迫不及待地拿出自己的最好状态，开启这段旅程。每隔好几代人才能有机会参与如此盛大的潜在变革。你应该庆幸自己生而逢时。现在，我们便要参与其中。

至此，你应当：

- 了解了深度强化学习的含义以及它与其他机器学习法的异同。
- 了解了深度强化学习领域的最新进展，并直观感受到它有可能应用于各种各样的问题。
- 对本书的内容以及最佳使用方法有了一定认识。

分享成果

独立学习，分享发现

在每章的最后，我会与你分享一些想法，告诉你如何将你所学的知识提升到新水平。如果你愿意，可以把你的研究结果分享出来，也一定要看看别人的成果。这是一个能够双赢的机会，希望你能把握住。

- #gdrl_ch01_tf01：监督学习、无监督学习和强化学习是机器学习的重要分支。尽管了解差异很重要，但了解相似之处同样重要。写一篇文章，比较这些不同的方法，分析如何将它们结合起来解决人工智能问题。所有分支都在追求同一目标：创造通用人工智能。更好地了解如何使用现有工具，对我们所有人而言，都至关重要。
- #gdrl_ch01_tf02：如果你没有机器学习或计算机科学的背景知识，但仍对本书的内容感兴趣，我也不会感到惊讶。该领域的一个重要贡献就是从研究决策的其他领域发布资源。你有运筹学背景吗？有心理学、哲学或神经科学背景吗？学过控制理论吗？学过经济学吗？你为何不创建一个包含各类资源、博客文章、YouTube 视频、书籍或任何其他媒介的列表，并与研究决策的同行分享呢？
- #gdrl_ch01_tf03：本章的部分内容所包含的信息，可以通过图形、表格和其他形式更好地解释出来。比如，本章提到了强化学习智能体的不同类型(基于价值学习方法、基于策略学习方法、基于 actor-critic 方法、有模型方法、无梯度型)。为什么不仔细研究那些密密麻麻的文字，提炼出知识，然后把你的总结分享出来呢？
- #gdrl_ch01_tf04：在每一章中，我都会将最后的标签作为一个概括性标签。欢迎用这个标签讨论与本章相关的任何其他内容。没有什么任务比为自己布置的任务更令人兴奋的了。一定要分享你的调查内容和结果。

用你的发现写一条推特，打上 @mimoralea 标签(我会转发)，并使用这个列表中的特定标签来帮助感兴趣的人看到你的成果。成果没有对错之分，你分享自己的发现并核对别人的发现。借此机会进行交流、做出贡献、有所进步！ 我们等你的好消息！

推特样例：

嘿，@mimoralea。我写了一篇博文，其中列出了研究深度强化学习的资源。请访问 <link>.#gdrl_ch01_tf01。

我一定会转发以帮助其他人看到你的成果。

第2章 强化学习数学基础

本章内容：

- 了解强化学习的核心组成部分。
- 学习使用一种名为马尔可夫决策过程的数学框架，将惯序决策问题表示为强化学习环境。
- 从零开始构建环境，你所构建的环境将在后续章节中使用。

> “人类的历史是一场与敌对环境的斗争史。最终，我们达到了开始主宰环境的地步……一旦我们了解这一事实，在许多领域中，我们的数学兴趣就必然由描述性分析转向控制理论。”
>
> ——Richard Bellman
>
> 美国应用数学家、IEEE荣誉奖章获得者

尽管闲暇时间有限，你仍拿起这本书，决定再读一章。教练无视媒体的批评，在今晚的比赛中让他们最好的球员坐冷板凳。父母投入长期的努力和无限的耐心，来教导孩子良好的礼仪。这些都是不确定性条件下的复杂惯序决策的例子。

我想请大家注意“不确定性条件下的复杂惯序决策”这句话中的三个词。第一个词是“复杂”，指的是智能体可能需要在状态广阔且动作空间巨大的环境中学习。在教练一例中，你发现最好的球员每隔一段时间就需要休息，也许让他们在与特定对手的比赛中休息会比让他们在与其他对手的比赛中表现更好。准确泛化是很有挑战性的，因为我们是从抽样性反馈中学习。

我使用的第二个词是“惯序”，指的是在许多问题中都有延迟的结果。再看教练一例，假设教练在赛季中期的一场看似不重要的比赛中，没有派出他们最好的球员。但是，如果这一行为使得球员士气减弱，决赛时发挥不佳呢？换句话说，如果真实结果被推延了呢？事实上，将功劳归于过去的决定是很有挑战性的，因为我们是从惯序性反馈中学习。

最后，“不确定性”一词指的是我们不知道世界的实际内部运作方式，从而无法理解我们的行为如何对其产生影响；一切都要靠我们自己理解。假设教练确实没有让最好的球员上场，但是他们在下一场比赛中受了伤，那么球员不在状态从而受伤是由教练的替补决定造成的吗？如果球员受伤成为整个赛季球队的动力，球队最终赢得了决赛呢？再问一次，替补决定是正确的吗？这种不确定性使得探索成为必要。在探索和利用之间寻求适当的平衡是一个挑战，因为我们是从评估性反馈中学习。

在本章中，你将学习使用一种名为马尔可夫决策过程 (Markov Decision Processes，MDP) 的数学框架来表示这类问题。MDP 的一般框架允许我们在不确定性下对几乎任何复杂的惯序决策问题进行建模，以便 RL 智能体能与之交互，并学习仅通过经验来解决问题的方式。

我们将在第 3 章深入探讨从惯序性反馈中学习的挑战，在第 4 章深入探讨从评估性反馈中学习的挑战，在第 5 ～ 7 章探讨从同时具有惯序性和评估性的反馈中学习的挑战，然后在第 8 ～ 12 章讨论更复杂的内容。

2.1 强化学习组成

RL 的两个核心部分是智能体和环境。智能体是决策者，是某一问题的解决方案。环境是问题的表现。RL 与其他 ML 方法的一个基本区别在于智能体和环境是交互的；智能体试图通过动作影响环境，而环境则对智能体的动作做出反应。

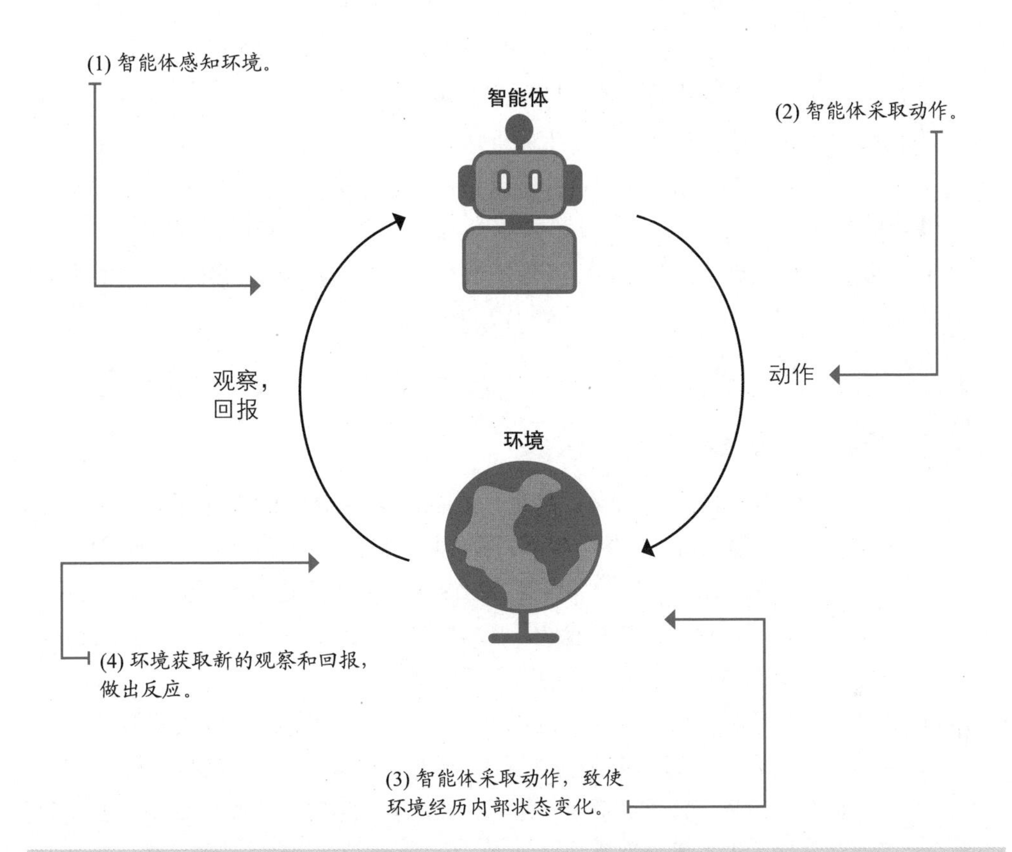

米格尔的类比

农夫的寓言故事

有一则寓言，体现了理解同时具有惯序性、评估性和抽样性的反馈是多么困难。寓言是这样的：

一个农夫得到一匹马，但不久就走失了。邻居说："事已至此，令人难过。真是件倒霉事。"农夫答道："是好是坏，谁能说清楚呢？"

后来，那匹马不仅自己回来了，还带回了另一匹马。邻居说："真有福气。是件好事呀。"农夫答道："是好是坏，谁能说清楚呢？"

农夫把第二匹马给了他的儿子。农夫的儿子骑马摔了一跤，摔断了腿。邻居说："真替你儿子感到难过。这的确是件坏事。"农夫又答："是好是坏，谁能说清楚呢？"

一个星期后，皇帝派来手下，把所有健壮的年轻小伙子都抓去打仗，农夫的儿子因伤未从军，从而幸免于难。

所以说，一件事是好是坏，谁能说清楚呢？

这个寓言有趣吧？生活中，我们很难准确了解事件和举措导致的长期后果是什么。通常，我们发现不幸带来了后期的好运，或者好运导致了后期的不幸。

尽管这个故事可以理解为“美丽只存在于欣赏者眼中”，但在强化学习中，我们认为我们所采取的动作和世界上发生的事情之间是有关联的。只是想要理解这些联系太难了，人类很难有把握地把这些点联系起来。但是，也许计算机可以帮助我们解决这些问题。是不是很令人兴奋？

要知道，当反馈同时具有评估性、惯序性和抽样性时，从中学习就非常困难。而深度强化学习就是学习这类问题的一种计算方法。

欢迎来到深度强化学习的世界！

2.1.1 问题、智能体和环境的示例

下面列举关于 RL 问题、智能体、环境、可能动作和观察的简单例子。

- **示例 1**——问题：训练你的狗坐下。智能体：你大脑中做决定的部分。环境：你的狗、食物、狗爪、吵闹的邻居等。动作：给你的狗下达指令，等待狗的反应，移动手部，展示食物，投喂食物，抚摸狗狗。观察：狗在关注你，你的狗越来越累了，你的狗要走了，你的狗听话地蹲下。
- **示例 2**——问题：你的狗想要吃食物。智能体：狗大脑中做决定的部分。环境：你、食物、狗爪、吵闹的邻居等。动作：盯着主人看，吠叫，扑向主人，试着偷吃，跑离，蹲下。观察：主人一直对狗大吼，主人拿出食物，主人把食物藏起来，主人投喂狗狗。
- **示例 3**——问题：交易智能体投资股票市场。智能体：在内存和 CPU 中运行的 DRL 代码。环境：网络连接、运行代码的机器、股票价格、地缘政治的不确定性、其他投资者、交易员等。动作：出售 y 公司的 n 只股票，买入 y 公司的n只股票，持有股票。观察：市场正在上涨，市场在下跌，两个强国之间经济关系紧张，流行病正在全球肆虐。
- **示例 4**——问题：你在开车。智能体：你的大脑中做决定的部分。环境：你的车的品牌和型号，其他车辆，其他司机，天气情况，道路情况，轮胎情况，等等。动作：转向 x，加速 y，z 失灵，打开前照灯，车窗除雾，播放音乐。观察：你正在接近目的地，主路堵车，旁侧车辆乱开，开始下雨，有警察出现在你面前。

如你所见，问题可以有多种形式：从需要长期思考和需要具有广泛常识的高级决策问题 (例如投资股市)到紧张的地缘政治似乎不起直接作用的低级控制问题(例如开车)，多种多样。

此外，还可以从多个智能体的角度表示问题。在训狗例子中，实际上有两个智能体，每个智能体对不同的目标感兴趣，并试图解决不同的问题。

我们将对这些组成部分中的每一个进行单独研究。

2.1.2 智能体：决策者

正如我在第1章提到的，整本书都与智能体有关，但本章除外，本章是关于环境的。从第3章开始，你将深入了解智能体的内部工作方式、组成、流程以及创建高效智能体的技术。

目前，关于智能体，你需要知道的唯一重要之处是，智能体是RL大局中的决策者。智能体有独自的内部组件和流程，这正是其独特之处，也是其擅长解决具体问题的原因。

如果放大看，就会发现大多数智能体都有一个“三步走”流程：所有智能体都有一个交互组件，这是一种收集数据以便学习的方式；所有智能体都会评估它们当前的行为；所有智能体都会改进其内部组件中的一些部分，使其能改善(或至少试图改善)总体性能。

所有强化学习智能体都要经历的三个内部步骤

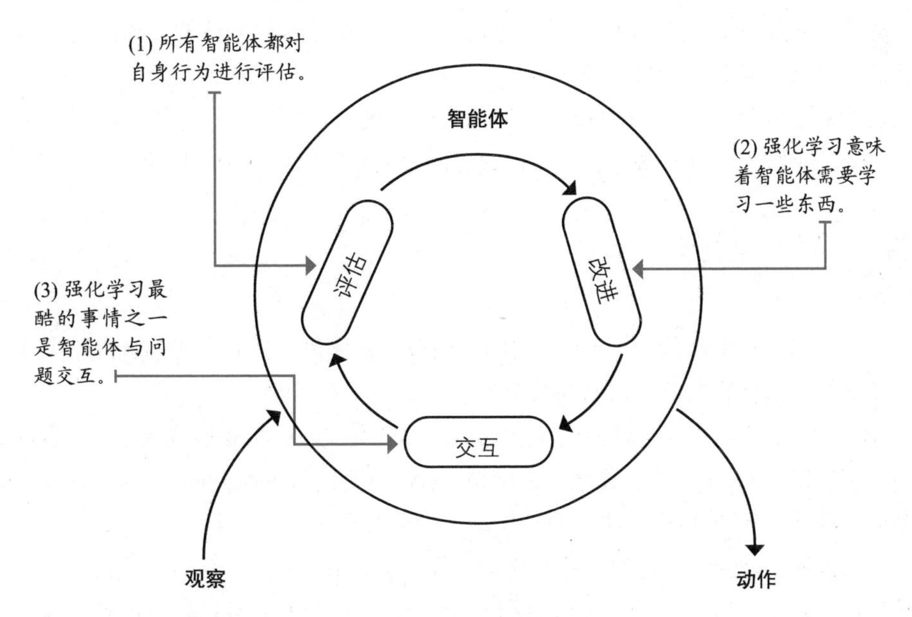

我们将从下一章开始继续讨论智能体的内部运作。现在，我们将讨论表示环境的方法，它们的表现形式，以及应当如何对它们进行建模，这就是本章的目标。

2.1.3 环境：其余一切

大多数现实世界中的决策问题可表示为RL环境。在RL中表现决策过程的一种常用方法是使用一种名为马尔可夫决策过程(Markov Decision Processes，MDP)的数学框架对问题进行建模。在RL中，我们假设所有环境都有一个MDP在后台运行。无论是雅达利游戏、股市、自动驾驶汽车还是你的另一半，你能想到的所有问题都有一个MDP在后台运行(至少在RL中是这样，无论是对还是错)。

环境由一组与问题相关的变量表示。这组变量可取的所有可能值的组合称为状态空间。状态是变量在任何给定时间所取的一组特定值。

智能体可能有机会也可能没有机会接触到实际环境的状态，但可通过某种方式从环境中观察到一些东西。智能体在任何给定时间感知到的组合变量称为观察。

这些变量可取的所有可能值的组合就是观察空间。注意，“状态”和“观察”这两个术语在RL领域中可互换使用。这是因为智能体通常有权查看环境的内部状态，但情况并非总是如此。本书中，我也会互换使用状态和观察这两个词。但是你需要知道，尽管RL领域经常互换使用这些术语，状态和观测值之间依然可能存在差异。

在每个状态下，环境都提供一组动作，供智能体选择。通常情况下，所有状态下的动作集合都相同，但也未必如此。所有状态下的所有动作集合称为动作空间。

智能体试图通过这些动作来影响环境。环境可能根据智能体的动作改变状态。负责这种转换的函数称为转换函数。

转换后，环境会发出新的观察结果，也可能提供一个奖励信号作为回应。负责这一映射的函数称为回报函数。转换函数和回报函数的集合称为环境模型。

具体案例

BW环境

让我们用本书中的第一个RL环境将这些概念具体化。我为本书创建了一个非常简单的环境，我称它为Bandit Walk(BW)。

BW是一个简单的网格世界(Grid-World，GW)环境。GW是研究RL算法的常见环境类型，RL算法可以是任意大小的网格。GW可拥有你能想到的任何模型(转换函数和回报函数)，可使用任何类型的动作。

但它们通常都会让智能体可执行移动动作：左、下、右、上(或西、南、东、北，这种方向更精确，因为智能体无法感知方向，通常看不到整个网格)。当然，每个动作都与其逻辑转换相互对应：左即向左，右即向右。另外，它们往往有一个完全可观察的离散状态和观察空间(即状态等同于观察)，用整数代表智能体的单元格识别位置。“行进”是单行网格世界环境的一种特殊情况。实际上，我所说的“行进”更多指的是“过道”。但在本书中，我用“行进”一词来表示所有的单行网格世界环境。

BW 是一种具有三种状态的行进，但三种状态中只有一种状态是非终端状态。具有一种非终端状态的环境称为“强盗”环境。这里的“强盗”与老虎机有相似之处。老虎机也被称为“独臂强盗”，它们只有一只机械臂，如果你喜欢赌博，老虎机可让你倾家荡产，就像强盗一样。

BW 环境中只有两个动作可供选择：一个是左动作(动作 0)，一个是右动作(动作1)。BW 有一个确定性的转换函数：左动作总是将智能体向左移动，右动作总是将智能体向右移动。当智能体落在最右边的单元格时，奖励信号为 +1，否则为 0。智能体初始位置位于中间的单元格。

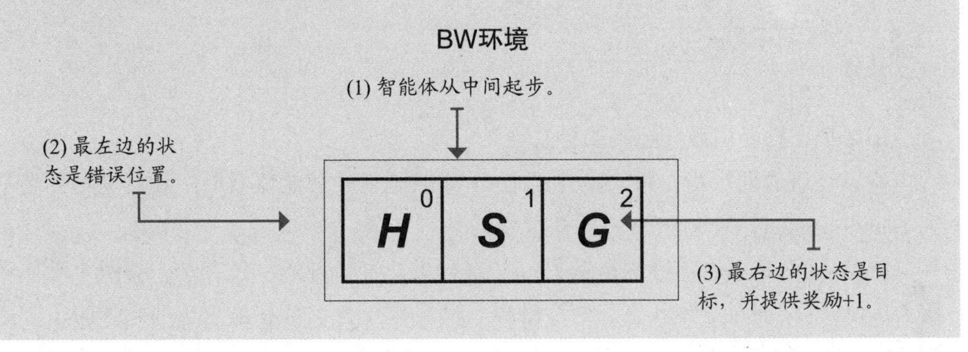

BW 环境的图像表示如下。

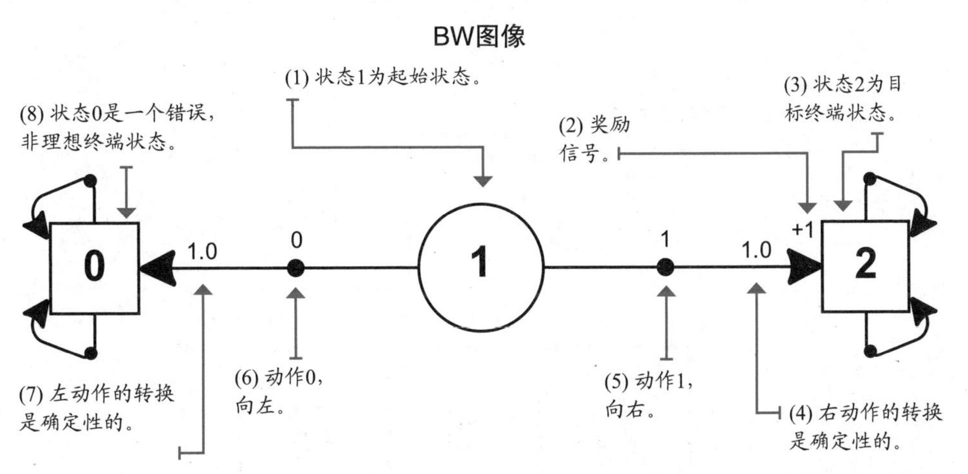

我希望这能引发几个问题，但你会在本章找到答案。例如，为什么终端状态有向自身转换的动作。似乎很浪费，不是吗？还有其他问题吗？比如，如果环境是随机的呢？到底什么是“随机”环境？请往下看。

也可用表格形式来表示这种环境。

状态	动作	下一状态	转换概率	奖励信号
0 (空洞)	0 (向左)	0 (空洞)	1.0	0
0 (空洞)	1 (向右)	0 (空洞)	1.0	0
1 (起始)	0 (向左)	0 (空洞)	1.0	0
1 (起始)	1 (向右)	2 (目标)	1.0	+1
2 (目标)	0 (向左)	2 (目标)	1.0	0
2 (目标)	1 (向右)	2 (目标)	1.0	0

有趣吧？来看看另一简单示例。

具体案例

BSW环境

那么把这种环境做成随机的会怎样？

假设行进表面很滑，每个动作都有 20% 的概率让智能体后退。我将这种环境称为 Bandit Slippery Walk(BSW，强盗滑步)。

BSW 仍然是一个单行网格世界，一次行进，一个过道，只有左、右两个动作可用。BSW 同样拥有三种状态、两个动作。奖励同上，当落在最右边的状态时，奖励为 +1(除非起始点在最右——其自身)，否则奖励为 0。

然而，转换函数并不相同：智能体 80% 的时间能移动到预定单元，20% 的时间移动到相反方向。

BSW 环境描述如下。

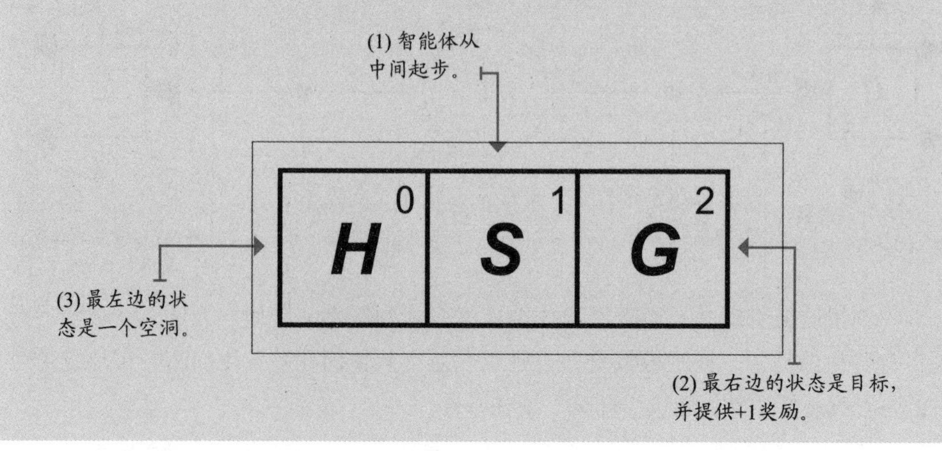

与 BW 环境相同，十分有趣！

如何知道动作效果是随机的？如何表示这种问题的“光滑”部分？图像表示和表格表示可以解决这个问题。

BSW 环境图像表示如下。

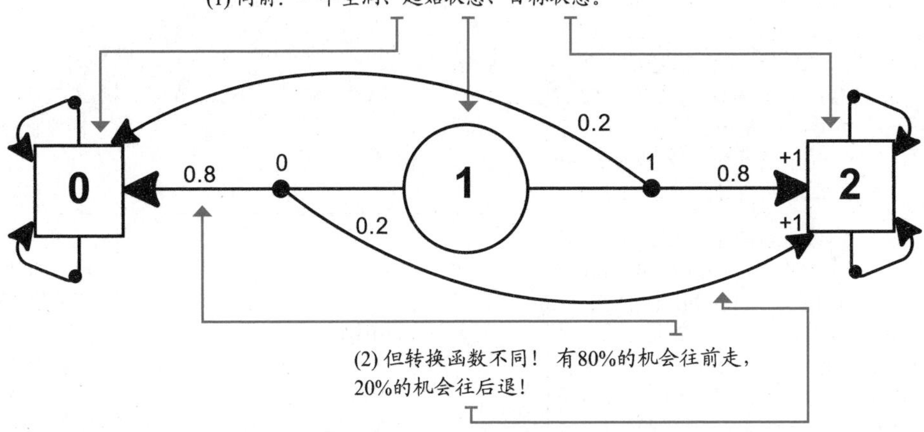

看到转换函数的不同之处了吗？BSW 环境有一个随机的转换函数。现在，我们将用表格形式表示这个环境。

状态	动作	下一状态	转换概率	奖励信号
0 (空洞)	0 (向左)	0 (空洞)	1.0	0
0 (空洞)	1 (向右)	0 (空洞)	1.0	0
1 (起始)	0 (向左)	0 (空洞)	0.8	0
1 (起始)	0 (向左)	2 (目标)	0.2	+1
1 (起始)	1 (向右)	2 (目标)	0.8	+1
1 (起始)	1 (向右)	0 (空洞)	0.2	0
2 (目标)	0 (向左)	2 (目标)	1.0	0
2 (目标)	1 (向右)	2 (目标)	1.0	0

同时，我们不必局限于思考具有离散状态和动作空间的环境，甚至不必局限于思考具有行进(过道)、强盗(第 3 章深入讨论) 或网格世界的环境。将环境表示为 MDP 是一种非常强大而直接的方法，可对不确定性下的复杂惯序决策问题进行建模。

以下列举一些由基础 MDP 驱动的环境示例。

描述	观察空间	观察样本	动作空间	动作样本	回报函数
冰火：使用提示猜测一个随机选择的数字	整数范围0～3。0表示尚未提交猜测，1表示猜测低于目标，2表示猜测等于目标，3表示猜测高于目标	2	智能体所猜测的浮点型范围为-2000.0～2000.0。	-909.37	奖励(或回报)是智能体向目标猜测方式的平方百分比
Cart-pole：平衡车杆	四元素向量，范围为从[-4.8，-Inf，-4.2，-Inf]到[4.8，Inf，4.2，Inf]。第一个元素是车的位置，第二个元素是车的速度，第三个元素是杆的角度(弧度)，第四个元素是杆的顶端速度	[-0.16, -1.61, 0.17, 2.44]	Int范围为0～1。0表示向左推车，1表示向右推车	0	每走一步，奖励为1，包括终止步
lunar lander：导航着陆器至着陆台	八元素向量，范围从[-Inf, -Inf, -Inf, -Inf, -Inf, -Inf, 0, 0]到[Inf, Inf, Inf, Inf, Inf, Inf, 1，1]。第一个元素是x位置，第二个元素是y位置，第三个元素是x速度，第四个元素是y速度，第五个元素是着陆器角度，第六个元素是角速度，最后两个元素是表示着陆器支撑腿与地面接触的布尔值	[0.36 , 0.23, -0.63, -0.10, -0.97, -1.73, 1.0, 0.0]	Int范围为0～3。无操作(什么都不做)，启动左引擎，启动主引擎，启动右引擎	2	落地奖励为200。从顶部坠落或停稳至着陆台可获得奖励，每条支撑腿接触地面可获得奖励，启动引擎也可获得奖励
Pong：把球弹给对手，避免让对手把球传给你	外形为210、160、3的张量，数值范围为0～255。代表游戏画面图像	[[[246, 217, 64], [55, 184, 230], [46, 231, 179], . . ., [28, 104, 249], [25, 5, 22], [173, 186, 1], . . .]]	整型范围0～5。动作0为无操作，1为击打，2为上，3为右，4为左，5为下。注意有些动作对游戏没有任何影响。在现实中，球拍只能向上或向下移动，或者不移动	3	当对手没有接到球时，奖励为1，当智能体球拍没打中球时，奖励为-1
仿生人：让机器人尽可能跑快且不要摔倒	一个44元素(或更多)的向量，数值范围从-Inf到Inf。代表机器人关节的位置和速度	[0.6, 0.08, 0.9, 0. 0, 0.0, 0.0, 0.0, 0.0, 0.045, 0.0, 0.47, . . . , 0.32, 0.0, -0.22, . . . , 0.]	一个17元素的向量，数值范围从-Inf到Inf。代表施加在机器人关节上的力	[-0.9, -0.06, 0.6, 0.6, 0.6, -0.06, -0.4, -0.9, 0.5, -0.2, 0.7, -0.9, 0.4, -0.8, -0.1, 0.8, -0.03]	奖励是根据前进运动计算的，且有一个小惩罚，以鼓励自然步态

注意，我没有将转换函数添加到此表中。这是因为，虽然你可查看某些环境的动力学实现代码，但其他实现代码却很难获得。例如，Cart-pole 环境的转换函数是一个小型 Python文件，定义了车和杆的质量，并实现了基本物理方程，而雅达利游戏的动力学(如 Pong 游戏)则隐藏在雅达利模拟器和相应的游戏专用 ROM 文件中。

请注意，我们在这里试图表示的是这样一种事实——环境以某种方式对智能体的动作做出反应，该方式甚至可忽略智能体动作。但归根结蒂，仍有一个内部过程是不确定的(除了在本章和下一章)。为了在 MDP 中表示与环境交互的能力，我们需要状态、观察、动作、转换函数和回报函数。

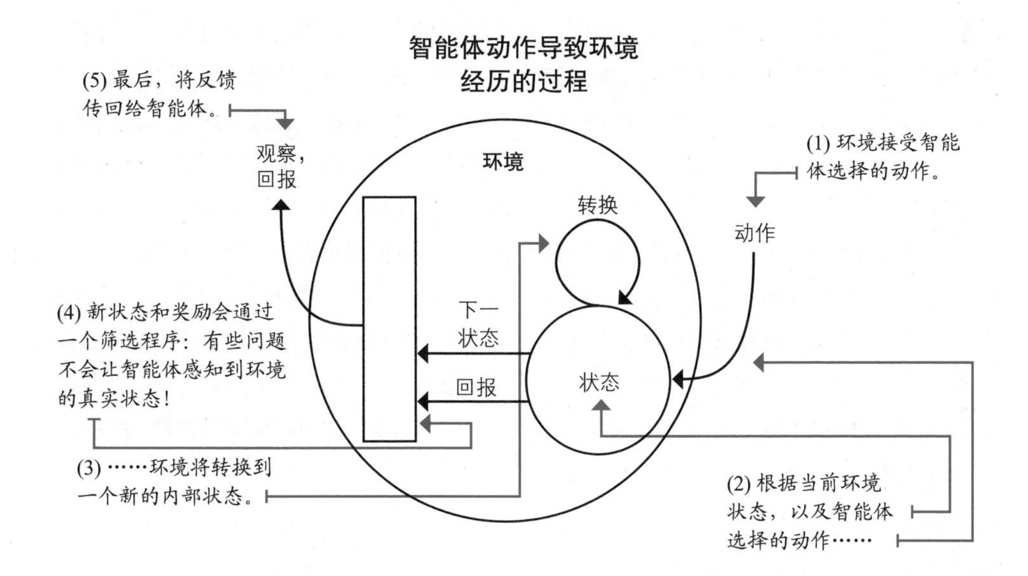

2.1.4 智能体与环境交互循环

环境通常有一个明确的任务，任务的目标是通过奖励信号定义的。奖励信号可以是密集的，可以是稀疏的，也可以介于两者之间。设计环境时，奖励信号按照你想要的方式训练智能体。奖励信号越密集，智能体受到的监督越多，学习速度越快，但你给智能体输入的偏置也越多，智能体出现意外行为的可能性也越小。奖励信号越稀疏，智能体所受的监督越少，因此，智能体出现新行为的概率越高，但智能体的学习时间也越长。

智能体和环境之间的交互将持续几个周期。每个周期称为一个时间步。时间步是一个时间单位，可以是 1 毫秒、1 秒、1.2563 秒、1 分钟、1 天或其他任何时长。

在每个时间步，智能体观察环境、采取动作，并获得新的观察和奖励。注意，尽管奖励可以是负值，但在 RL 领域，它们仍然被称为奖励。观察(或状态)、动作、奖励和新观察(或新状态)的集合称为经验元组。

智能体要解决的任务可能自然结束，也可能无法自然结束。自然结束的任务称为偶发任务，例如游戏。无法自然结束的任务称为持续任务，如学习前进。偶发任务从开始到结束的时间步序列称为迭代。智能体学习解决一个任务可能需要数个时间步和迭代。单个迭代中收集的奖励总数称为回报。智能体的设计通常是为了使回报最大化。通常会对持续任务增加时间步长限制，这些任务从而会成为偶发任务，而智能体可以最大化回报。

每个经验元组都有学习和提高性能的机会。智能体可以有一个或多个组件来辅助学习。智能体可以设计为学习从观察到动作的映射，这种映射称为策略；可以设计为学习从观察到新观察和(或)奖励的映射，这种映射称为有模型学习；可以设计为学习从观察(可能是动作)到奖励评估 (奖励的一部分)的映射，这种映射称为值函数。

在本章的其余部分，我们不再关注智能体和交互作用，而是深入研究环境和内部 MDP。在第 3 章，我们将重新开始研究智能体，但不会研究交互作用，因为智能体将有权访问 MDP 而不需要交互。在第 4 章，我们将取消智能体对 MDP 的访问权，并将交互作用重新加入方程中，但这将会在单一状态环境(强盗环境)中进行。第 5 章研究当智能体无法访问 MDP 时，在多状态环境中学习估计收益。第 6 章和第 7 章研究优化行为，即完全强化学习问题。第 5 章、第 6 章、第 7 章研究智能体在不需要函数逼近的环境中学习。之后，本书的其余部分都在研究智能体使用神经网络进行学习的问题。

2.2 MDP: 环境的引擎

在了解 MDP 组件时为一些环境构建 MDP。我们将根据问题的描述创建表示 MDP 的 Python 字典。在下一章，我们将学习在 MDP 上进行规划的算法。这些方法可设计出 MDP 的解决方案，并使我们找到本章所有问题的最优解。

自己构建环境的能力非常重要。然而，你经常会发现别人已经创建了 MDP 环境。此外，环境的动态往往隐藏于模拟引擎之后，且过于复杂以至于无法详细研究；某些动态甚至隐藏在现实世界的背后，无法访问。实际上，RL 智能体不需要知道问题的精确 MDP 来学习稳健的行为，但通常了解 MDP 是至关重要的，因为智能体的设计通常假设有一个 MDP(即使不可访问)在引擎盖下运行。

具体案例

冻湖环境

这是另一个更具挑战性的问题，我们将在本章为其构建 MDP。这种环境被称为 FL(frozen lake，冻湖)。

FL 是一个简单的 GW 环境，也具有离散状态和动作空间。不同的是这一环境有四个可选动作：向左、向下、向右或向上。

FL 环境中的任务与 BW 环境和 BSW 环境中的任务类似：从起始位置移动到目标位置，同时避免掉进洞里。该环境的挑战与 BSW 类似，FL 环境的表面很滑，毕竟是冰冻的湖面，但 FL 环境本身较大。来看看对 FL 的描述。

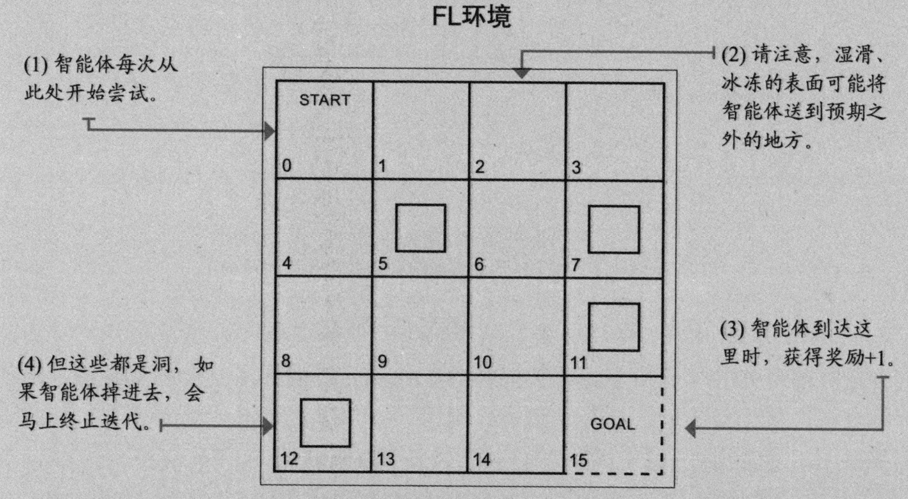

FL 是 4×4 网格(它有 16 个单元格，坐标 0 ~ 15)。智能体在每次迭代中都会出现在起始格。到达目标格将得到奖励 a+1；到达其他任何一处都得到奖励 0。由于表面很滑，智能体只在三分之一的时间按计划移动，其余的三分之二时间在正交方向均匀分配移动。例如，如果智能体选择向下移动，则下移的概率为 33.3%，向左移动的概率为 33.3%，向右移动的概率为 33.3%。湖周围有栅栏，因此如果智能体试图移出网格世界，它将反弹回上一单元格。湖面上有四个洞，如果智能体掉进其中一个洞，则游戏结束。

做好准备开始构建这些动态表示了吗？我们需要一个表示 MDP 的 Python 字典，如上所述。开始构建 MDP 吧。

2.2.1 状态：环境的特定配置

状态是问题唯一且自足的配置。所有可能状态的集合即状态空间，为集合 S。状态空间可以是有限的，也可以是无限的。但请注意，状态空间与组成单一状态的变量集不同，这种变量集必须是有限的，并且从一个状态到另一个状态的大小是恒定的。最后，状态空间是集合的集合。内集的大小必须相等且有限，因为它包含了表示状态的变量数；但外集可以是无限的，具体取决于内集的元素类型。

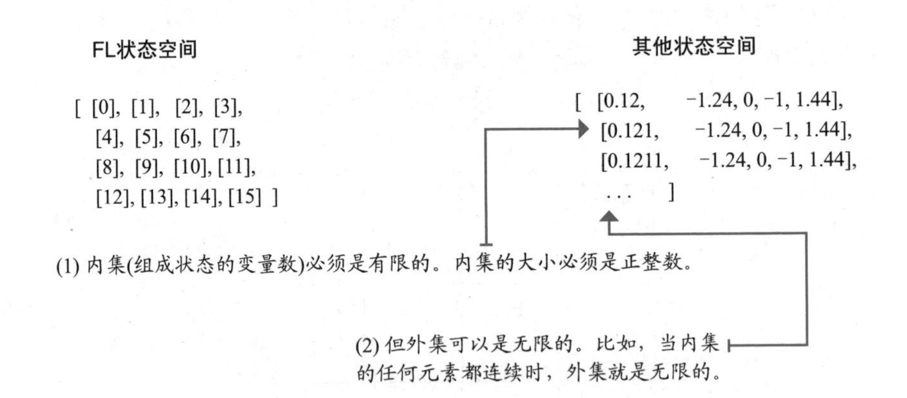

对于 BW、BSW 和 FL 环境而言，状态由单一变量组成，该变量包含智能体在任何给定时间所处的单元格坐标。智能体的位置单元格坐标是一个离散变量。但是状态变量可以是任何类型，且变量集可以大于一个。可以是有连续变量和无限状态空间的欧几里得距离，如 2.124、2.12456、5.1、5.1239458 等；也可以是多个定义状态的变量，例如在 x 轴和 y 轴上远离目标的单元格数，这将是由两个变量代表一个状态。这两个变量都是离散的，因此，状态空间是有限的。然而，也可使用混合类型的变量；例如，一个变量是离散的，一个变量是连续的，另一个变量是布尔型的。

用这种状态表示 BW、BSW 和 FL 环境，三者状态空间的大小分别是 3、3 和 16。假设我们有 3 个、3 个或 16 个单元格，智能体可以处于任何给定的时间，那么状态空间中就有 3 个、3 个和 16 个可能的状态。我们可以从 0 开始，从左到右，从上到下，设置每个单元的坐标。

在 FL 中，我们将从 0 到 15、从左到右、从上到下设置坐标。你可以用任何其他方式设置坐标：以随机顺序，或按邻近性对单元格进行分组，或其他任何方式，你自己做决定；只要你在整个训练过程中保持其一致性，它就会起作用。但这种表示方法已经足够了，而且效果很好，所以我们就采用这种方式。

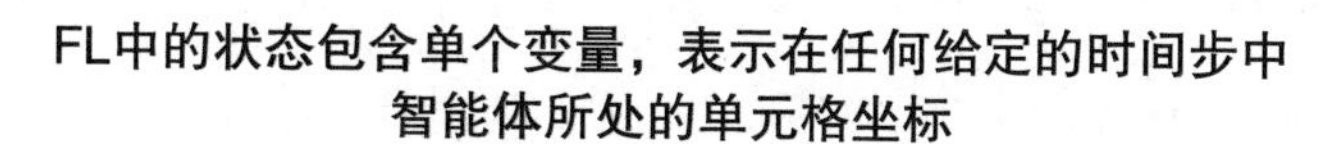

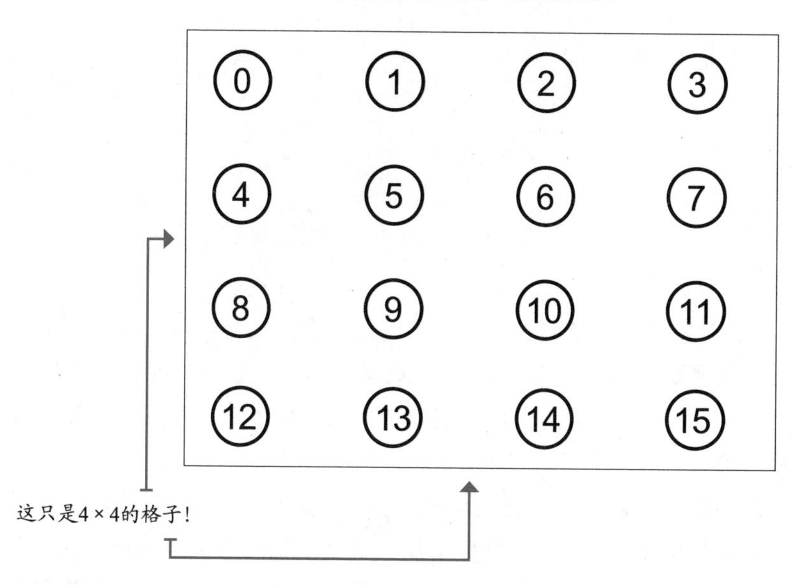

在 MDP 情况下，状态是完全可观察的：我们在每个时间步都可以看到环境的内部状态，即观察值和状态是相同的。部分可观察马尔可夫决策过程(Partially Observable Markov Decision Processes，POMDP)是一种更通用的环境建模框架；在这种框架中，智能体能看到的唯一事物是观测(仍然依赖于环境的内部状态)，而不是状态。注意，对于 BW、BSW 和 FL 环境，我们正在创建一个 MDP，因此智能体将能观察环境的内部状态。

状态必须包含使其独立于所有其他状态所需的全部变量。在 FL 环境中，你只需要知道智能体的当前状态，就可以判断其下一可能状态。也就是说，你不需要智能体的状态访问历史。你知道智能体从状态 2 只能转换到状态 1、状态 3、状态 6 或状态 2，无论智能体之前的状态是状态 1、状态 3、状态 6 还是状态 2，都是如此。

给定当前状态和动作时，下一个状态的概率与交互历史无关。MDP 这种无记忆特性称为马尔可夫特性：给定相同动作 a，在两个不同场合，从一个状态(s)到另一个状态的概率是相同的，不受此外遇到的所有状态或动作的影响。

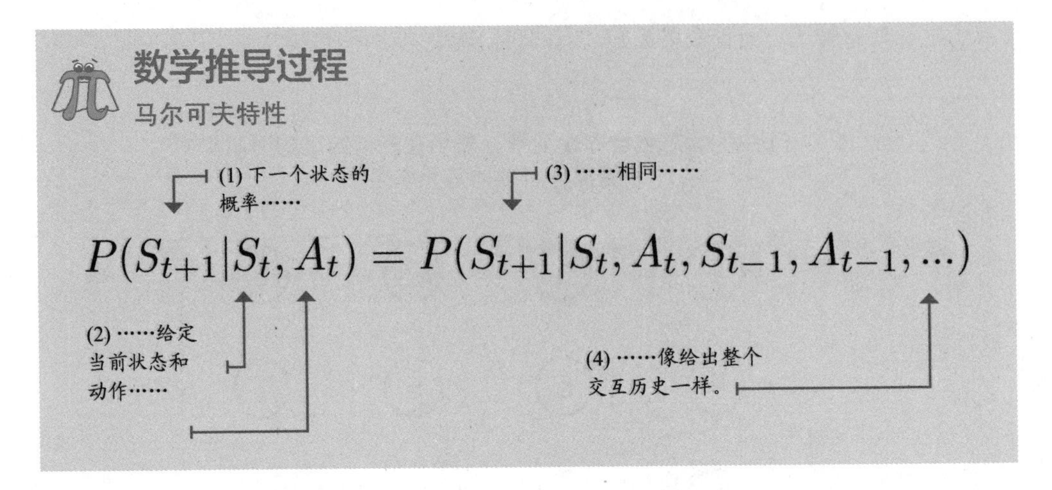

但是你为什么要关心这个问题呢？在我们目前探索的环境中，这一问题并不明显，也不是那么重要。但是，由于大多数 RL 和 DRL 智能体都是为了利用马尔可夫假设而设计的，所以你必须确保向智能体提供必要的变量，使其尽可能地保持紧密(完全保持马尔可夫假设是不切实际的，也许是不可能的)。

例如，如果你正在设计一个智能体来学习航天器如何着陆，那么该智能体必须接收表示速度及位置的所有变量。单靠位置不足以使航天器安全着陆，且由于你必须假设智能体没有记忆，因此你需要向智能体提供更多信息，而不仅仅是它距离着陆台的 x、y、z 坐标。

但是，你可能知道，加速度之于速度，就像速度之于位置：二者呈导数关系。你可能也知道，你可以在加速度之外继续求导数。要使 MDP 完全马尔可夫化，需要深入到什么程度呢？与其说这是一门科学，不如说这是一门艺术：你添加的变量越多，训练智能体所需的时间就越长，但变量越少，反馈给智能体的信息不充分的可能性就越大，也就越难学到有用的东西。以航天器为例，通常有位置和速度就足够了，而对于网格世界环境而言，只有智能体的状态坐标位置就足够了。

MDP 中所有状态的集合表示为 S^+。S^+ 有一个子集，称为起始状态集或初始状态集，表示为 S^i。为开始与 MDP 交互，我们从概率分布中提取一个 S^i 状态。这个分布可以是任何形式，但在整个训练过程中必须是固定的，也就是说，从训练的第一次迭代到最后一次迭代，以及对于智能体评估来说，概率必须是相同的。

有一种独特的状态称为吸收状态或终端状态，所有非终端状态的集合都表示为 S。现在，虽然通常的做法是创建单个终端状态(终了状态)，所有的终端转换都会进入这一状态，但这样并不总是能够得以实现。你会经常看到多个终端状态，这没关系。如果你让所有的终端状态都按预期运行，后台就并不重要。

按照预期？是的。终端状态是一个特殊状态：所有可用的动作以概率 1 转换到自己，且这些转换不能提供任何奖励。注意，我指的是从终端状态起始的转换，而不是转向终端状态的转换。

通常情况下，迭代结束时会提供非零奖励。例如，在国际象棋比赛中，你会赢得比赛、输掉比赛，或比赛平局。逻辑奖励信号将分别为+1、-1和0。但这是一个兼容性约定，允许所有算法收敛到同一解决方案，以使终端状态下的所有动作都能从该终端状态转换到自己身上，概率为1，奖励为0。否则，将面临“无限和”以及算法可无法完全工作的风险。还记得BW环境和BSW环境是如何拥有这些终端状态的吗？

例如，FL环境只有一个起始状态(即状态0)和五个终端状态(或五个转换到单个终端状态的状态，以你喜欢的为准)。为清晰起见，我按照惯例在图示和代码中使用了多个终端状态(5、7、11、12和15)；同样，每个终端状态都是一个独立的终端状态。

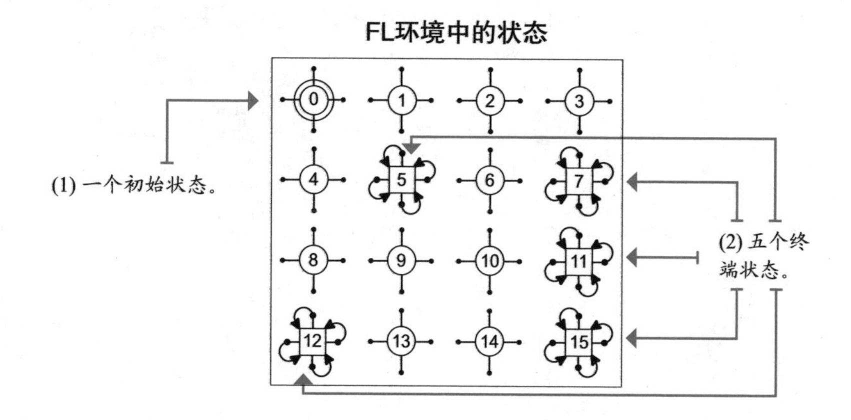

2.2.2 动作：影响环境的机制

MDP提供了一组依赖于状态的动作A，以供使用。也就是说，在一个状态中可能存在不允许的动作，事实上，A是一个以状态为参数的函数，即$A(s)$。该函数返回状态s的可用动作集。如有必要，可将这个集合定义为整个状态空间的常量，也就是说，所有动作在每个状态下都可用。若要拒绝给定状态下的动作，可将状态-动作对的所有转换设置为零，也可将所有从状态s和动作a到相同状态s的转换设置为无干预或无操作动作，来表示动作a。

与状态一样，动作空间可以是有限的，也可以是无限的，单个动作的变量集可能包含多个元素，并且必须是有限的。但是，与状态变量的数量不同，组成动作的变量数量可能不是常数。状态中的可用动作可能根据该状态而改变。为简单起见，大多数环境在所有状态下的动作数都是相同的。

环境可以使得所有可用动作的集合提前已知。智能体可以确定或随机选择动作。这不等同于环境对智能体动作的反应是确定的或随机的。两种说法都是正确的，但该处指的是智能体既可从查找表中选择动作，也可从每个状态的概率分布中选择动作。

在 BW、BSW 和 FL 环境中，动作是代表智能体尝试移动方向的单例。在 FL 中，所有状态都有四个可用动作：向上、向下、向右、向左。每个动作有一个变量，动作空间的大小为 4。

FL环境有四个简单的移动动作

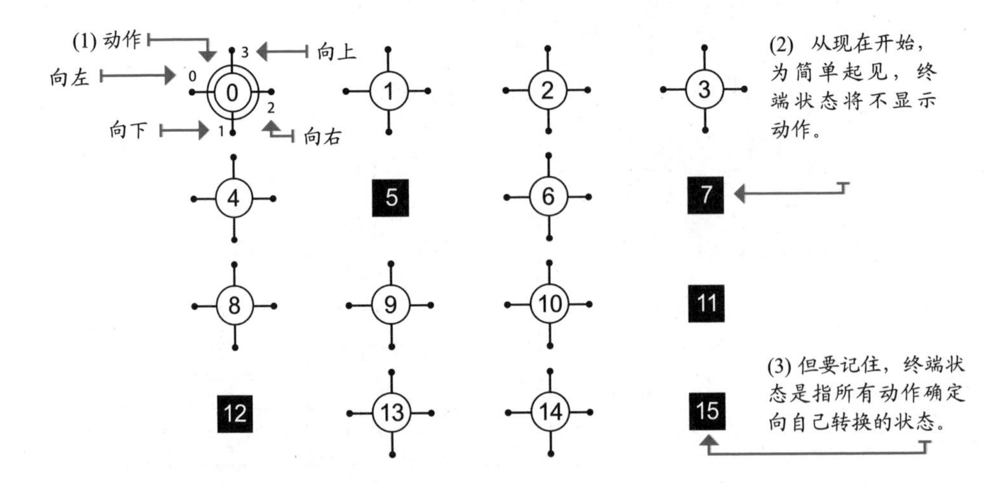

2.2.3 转换函数：智能体行为的后果

环境对动作的响应变化方式被称为状态-转换概率，即转换函数，表示为 $T(s, a, s')$。转换函数 T 将转换元组 s, a, s' 映射为一个概率，也就是说，传入一个状态 s、一个动作 a 和下一个状态 s'。当采取动作 a 时，它会返回相应的从状态 s 到状态 s' 的转换概率。也可将它表示为 $T(s, a)$，并返回字典，其中键为下一个状态，值为概率。

注意，T 还描述了一个概率分布 $p(\cdot \mid s, a)$，该概率分布决定了在交互循环中，系统从状态中选择动作 a 的演化方式。当集成到下一状态 s' 时，作为任何概率分布，这些概率之和必须等于 1。

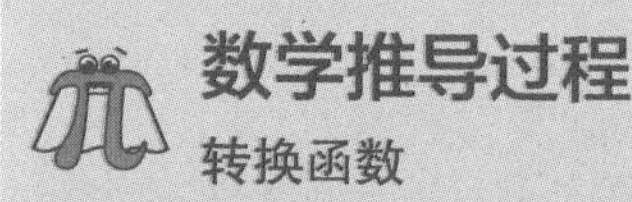

(1) 转换函数定义为……

(2) ……作为在时间步t转换到状态s的概率……

(3) ……给定动作a在前一时间步t-1中被选入状态s……

$$p(s'|s,a) = P(S_t = s'|S_{t-1} = s, A_{t-1} = a)$$

(4) 鉴于这些都是概率，我们期望所有可能的下一状态的概率之和为1。

$$\sum_{s' \in S} p(s'|s,a) = 1, \forall s \in S, \forall a \in A(s)$$

(5) 对于状态s集合中的所有状态，以及状态s中可用的动作集合中的所有动作a，都是如此。

BW 环境是确定性的；在当前状态 s 和动作 a 的情况下，下一状态 s' 的概率总是 1。单个下一可能状态 s' 总是存在。BSW 环境和 FL 环境是随机的；也就是说，给定当前状态 s 和动作 a，下一状态 s' 的概率小于 1，存在多个可能的下一个状态 s。

许多 RL(和DRL)算法的一个关键假设在于这种分布是平稳的。也就是说，虽然高度随机的转换可能存在，但是在训练或评估过程中，概率分布可能不会改变。与马尔可夫假设一样，平稳性假设通常会被放宽至一定程度。然而，对于大多数智能体来说，与至少看起来静止的环境交互非常重要。

在 FL 环境中，我们知道有 33.3% 的概率会转换到预期单元格(状态)，66.6% 的概率会转换到正交方向。如果靠近围墙，则也可能反弹回上一状态。

为简单起见，我在下图中只添加了 FL 环境中状态 0、2、5、7、11、12、13 和 15 的所有动作的转换函数。这个状态子集可以说明所有可能的转换，且不会太杂乱。

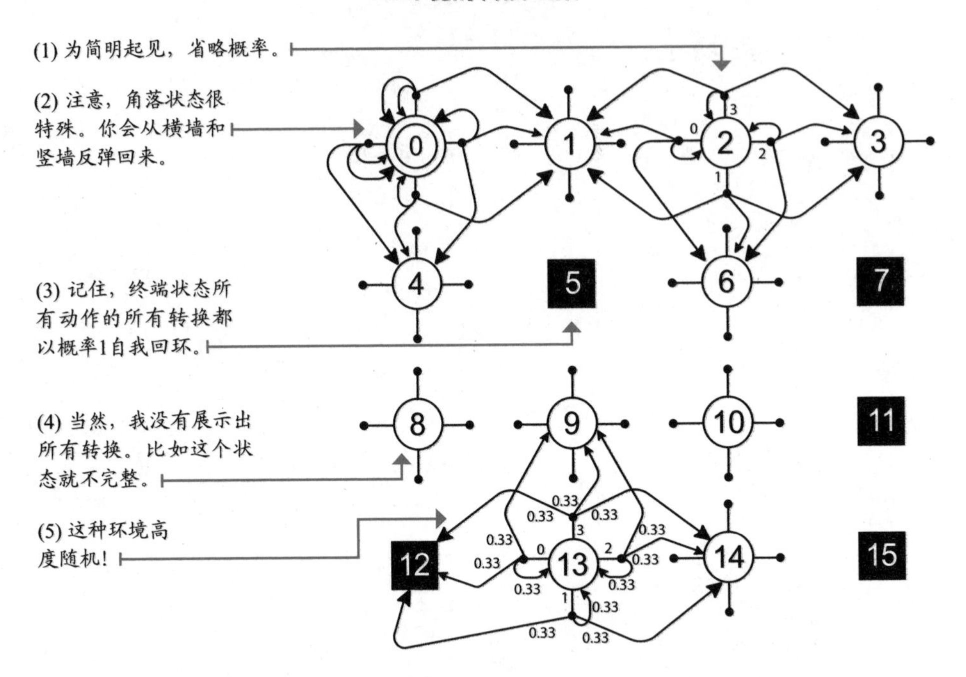

这可能还是有点混乱，但可以这样理解：为保持一致，非终端状态下的每个动作都有三个独立的转换(角落状态下的某些动作可以只用两个来表示，但同样要保持一致)：一个到目标单元格，两个到正交方向单元格。

2.2.4 奖励信号：胡萝卜和棍棒

回报函数 R 将转换元组 s, a, s' 映射到一个标量上。奖励函数给转换提供了一个良好的数字信号，当信号为正值时，可以把奖励看作收入或奖励。大多数问题有至少一个正信号；例如，赢得棋赛或者到达理想目的地。但是，奖励也可以是负值，可以把这些看作成本、惩罚或罚金。在机器人技术中，增加时间步成本是一种常见的做法，因为我们通常希望在一定的时间步长内达到目标。需要说明的一点是，不管是正值还是负值，回报函数产生的标量总是被称为奖励。做 RL 研究的人都是快乐的人。

同样需要强调的是，虽然回报函数可用 $R(s, a, s')$明确表示，但我们也可以根据需要，使用 $R(s, a)$，甚至 $R(s)$来表示。有时，我们需要根据状态来奖励智能体；有时，使用动作和状态则更有意义。然而，表示回报函数的最明确方式是使用状态、动作和下一个状态这三者为一组。通过这种方法，我们就可计算 $R(s, a, s')$ 中下一状态的边际化，得到 $R(s, a)$；在 $R(s, a)$中，计算动作的边际化，得到 $R(s)$。但一旦处于

$R(s)$中，就不能恢复 $R(s, a)$和$R(s, a, s')$；一旦处于 $R(s, a)$，就不能恢复 $R(s, a, s')$。

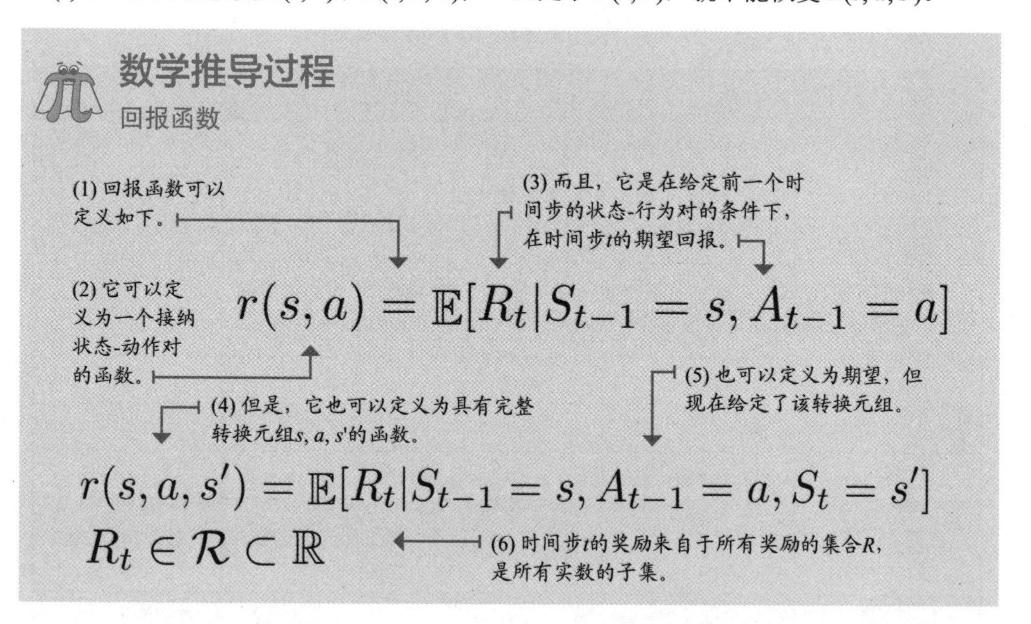

$$r(s,a) = \mathbb{E}[R_t | S_{t-1} = s, A_{t-1} = a]$$

$$r(s,a,s') = \mathbb{E}[R_t | S_{t-1} = s, A_{t-1} = a, S_t = s']$$

$$R_t \in \mathcal{R} \subset \mathbb{R}$$

在 FL 环境中，状态 15 的回报函数为+1，否则为 0。同样，为使下面的图更清晰，我只在提供非零奖励的转换中添加了奖励信号，即到达最终状态(状态15)。

到达状态 15 的方法只有三种。一种在状态 14 中选择向右的动作，会使智能体有 33.3% 的机会转换到那里(33.3% 的机会转换到状态 10，33.3% 的机会返回到状态 14)。但是，另外两种从状态 14 中选择向上和向下的动作，也会无意中各自以 33.3% 的概率将智能体转换到那里。看到动作和转换之间的区别了吗？了解随机性是如何使事情变得复杂的，很有趣吧！

非零奖励转换状态的奖励信号

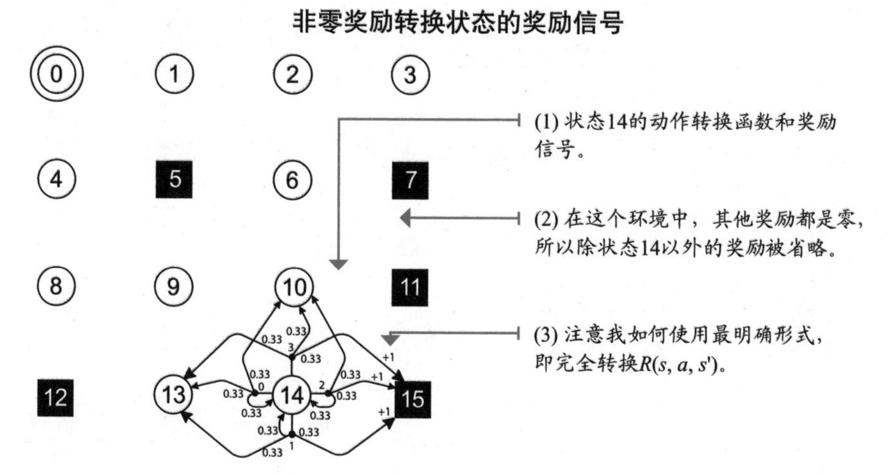

将转换函数和回报函数扩展为表格形式也很实用。以下是我推荐的解决大多数

问题使用的格式。注意，只向表中添加了转换子集(行)来演示这个练习。还需要注意，这是显式的，其中一些转换可以分组和重构(例如角落单元格)。

状态	动作	下一状态	转换概率	奖励信号
0	向左	0	0.33	0
0	向左	0	0.33	0
0	向左	4	0.33	0
0	向下	0	0.33	0
0	向下	4	0.33	0
0	向下	1	0.33	0
0	向右	4	0.33	0
0	向右	1	0.33	0
0	向右	0	0.33	0
0	向上	1	0.33	0
0	向上	0	0.33	0
0	向上	0	0.33	0
1	向左	1	0.33	0
1	向左	0	0.33	0
1	向左	5	0.33	0
1	向下	0	0.33	0
1	向下	5	0.33	0
1	向下	2	0.33	0
1	向右	5	0.33	0
1	向右	2	0.33	0
1	向右	1	0.33	0
2	向左	1	0.33	0
2	向左	2	0.33	0
2	向左	6	0.33	0
2	向下	1	0.33	0
...	...	...	...	...
14	向下	14	0.33	0
14	向下	15	0.33	1

(续表)

状态	动作	下一状态	转换概率	奖励信号
14	向右	14	0.33	0
14	向右	15	0.33	1
14	向右	10	0.33	0
14	向上	15	0.33	1
14	向上	10	0.33	0
...	...	...	...	...
15	向左	15	1.0	0
15	向下	15	1.0	0
15	向右	15	1.0	0
15	向上	15	1.0	0

2.2.5 视界：时间改变最佳选择

我们也可用MDP来表示时间。时间步，也称为纪元、周期、迭代，甚至是交互，是一个全局性时钟，同步各方，将时间差异化。有了时钟，就会产生几种可能的任务类型。偶发任务是指因为时钟停止，或因为智能体达到终端状态而导致时间步数有限的任务。持续任务是永远持续下去的任务；没有终端状态，所以持续任务有无限的时间步数。在这类任务中，必须手动停止智能体。

偶发任务和持续任务也可从智能体的角度来定义，我们称之为规划边界。一方面，有限边界是指智能体知道任务将在有限时间步数内终止的规划边界；例如，如果我们强迫智能体在15步内完成FL环境，这就是一个有限边界。这种规划边界的一种特殊情况称为贪婪边界，规划边界就是其中之一。BW和BSW都有一个贪婪规划边界：一次交互后，迭代立即终止。实际上，所有强盗环境都有贪婪边界。

另一方面，无限边界是指智能体没有预定时间步数限制，因此其规划的时间步数是无限的。这样的任务仍然可能是偶发的，因此会终止，但从智能体角度看，它的规划边界是无限的。我们把这类无限规划边界任务称为无限边界任务。智能体的规划是无限的，但交互可能随时被环境停止。

对于智能体很可能陷入循环而永远不会终止的任务，通常的做法是根据时间步长添加一个人为终端状态：使用转换函数进行硬性时间步长限制。这些情况需要对时间步长限制的终端状态进行特殊处理。第8、9、10章的环境，即Cart-pole环境，就有这种人工终端步，你将在这几章中学习处理这种特殊情况。

BW、BSW 和 FL 环境都是偶发任务，因为存在终端状态；且有明确的目标和失败状态。FL 是一个不确定的计划视界；智能体计划的步数是无限的，但交互可能在任何时候停止。我们不会给 FL 环境添加时间步限制，因为智能体很可能自然终止；这个环境高度随机。这种任务在 RL 中最常见。

我们把一个偶发任务从开始到结束的连续时间步序列称为迭代、试验、时期或阶段。在不确定的计划范围内，迭代包含初始状态和终端状态之间的所有交互。

2.2.6 折扣: 未来是不确定的, 别太看重它

由于在无限边界任务中可能存在无限的时间步序列，因此我们需要一种方法来随着时间的推移而将奖励价值打折扣；也就是说，我们需要一种方法来告诉智能体，早得到奖励 +1 比晚得到好。未来奖励通常是呈指数递减的，且是小于 1 的正值。我们在未来获得奖励越晚，它的现有价值就越低。

这个数字被称为折扣系数，即 γ。折扣系数会随着时间的推移而调整奖励的重要性。获得奖励的时间越晚，奖励对当前计算就越没有用处。另一个广泛使用折扣系数的重要原因在于它减少了收益估计的方差。考虑到未来是不确定的，且拖得越久，积累的随机性就越大，价值估计的方差也就越大，折扣系数有助于降低未来奖励对值函数估计的影响程度，从而使大多数智能体的学习保持稳定。

折扣系数和时间对奖励价值的影响

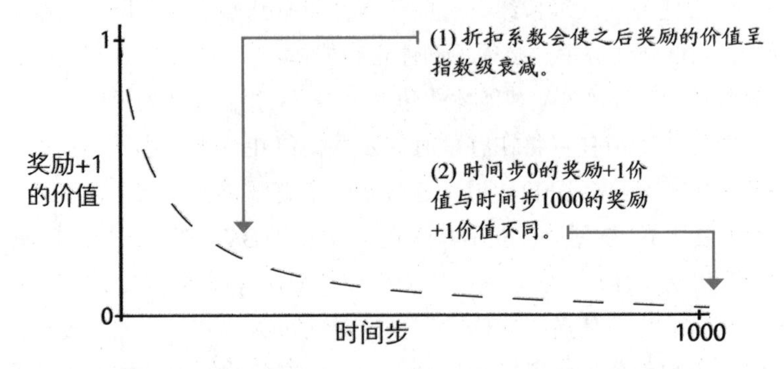

有趣的是，γ 是 MDP 定义的一部分：是问题，而不是智能体。然而，你经常会发现没有任何关于给定环境下使用 γ 的正确值的指导。同样，这是因为 γ 也被用作减少方差的超参数，因此被留给智能体做调整。

也可将 γ 作为一种给智能体施压的方式。想象一下，我告诉你，只要你读完这本书，我就会给你 1000 美元，但我每天会把这个奖励打五折(γ)，这意味着每天我都会把付出的价值减半。你可能今天就会读完这本书。如果我说 γ 是 1，那么不管你什么时候看完，你仍然可以得到全额奖励。

在 BW 和 BSW 环境下，γ 为 1 是合适的；但在 FL 环境下，0.99 是常用的 γ 数值。

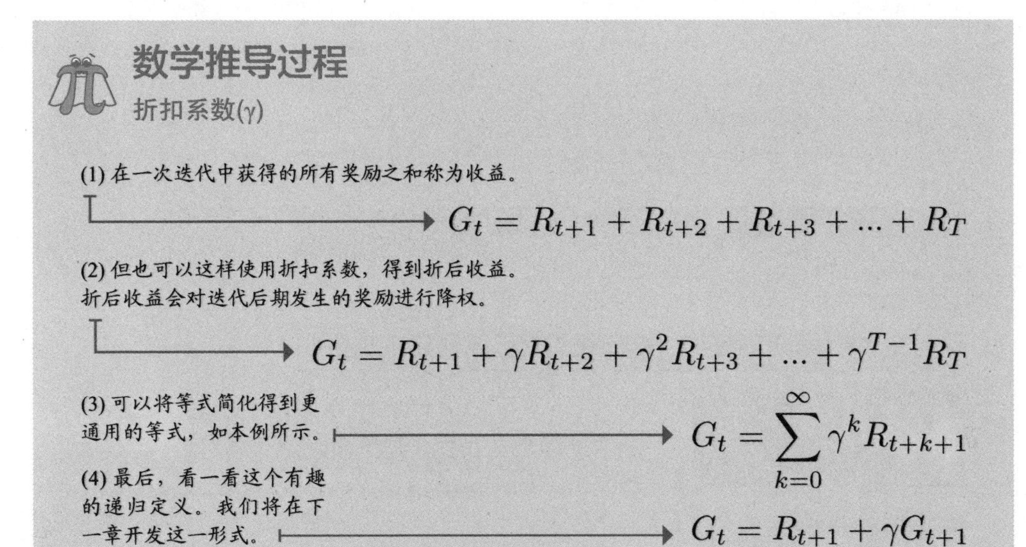

2.2.7 MDP扩展

正如我们所讨论的那样，MDP 框架有许多扩展。这些 MDP 扩展使我们能够针对稍微不同的 RL 问题。以下列表并不全面，但它可以让你了解这一领域有多广。要知道，MDP 这个缩写常用来指代所有类型的 MDP。我们目前看到的只是冰山一角。

- 部分可观测马尔可夫决策过程 (POMDP)：智能体不能完全观测到环境状态。
- 因子马尔可夫决策过程(Factored Markov Decision Process，FMDP)：更紧凑地表示转换函数和回报函数，以便表示大型 MDP。
- 连续[时间 | 动作 | 状态]马尔可夫决策过程：时间、动作、状态或其任何组合都连续。
- 关系马尔可夫决策过程(Relational Markov Decision Process，RMDP)：将概率性知识和关系性知识结合。
- 半马尔可夫决策过程(Semi-Markov Decision Process，SMDP)：包含可采取多个时间步完成的抽象动作。
- 多智能体马尔可夫决策过程(Multi-agent Markov Decision Process，MMDP)：在同一环境中包含多个智能体。
- 分散式马尔可夫决策过程(Decentralized Markov Decision Process，Dec-MDP)：多个智能体协作并最大化共同回报。

Python讲解

BW MDP

```
P = {
    0: {
        0: [(1.0, 0, 0.0, True)],
        1: [(1.0, 0, 0.0, True)]
    },
    1: {
        0: [(1.0, 0, 0.0, True)],
        1: [(1.0, 2, 1.0, True)]
    },
    2: {
        0: [(1.0, 2, 0.0, True)],
        1: [(1.0, 2, 0.0, True)]
    }
}

# import gym, gym_walk
# P = gym.make('BanditWalk-v0').env.P
```

(1) 外字典键是状态。

(2) 内字典键是动作。

(3) 内字典的值是一个列表，包含该状态-动作对的所有可能转换。

(4) 对于该状态-动作对来说，转换元组有四个值：转换概率、下一状态、奖励和表示下一状态是否为终端状态的标志。

(5)也可以这样加载MDP。

Python讲解

BSW MDP

```
P = {
    0: {
        0: [(1.0, 0, 0.0, True)],
        1: [(1.0, 0, 0.0, True)]
    },
    1: {
        0: [(0.8, 0, 0.0, True), (0.2, 2, 1.0, True)],
        1: [(0.8, 2, 1.0, True), (0.2, 0, 0.0, True)]
    },
    2: {
        0: [(1.0, 2, 0.0, True)],
        1: [(1.0, 2, 0.0, True)]
    }
}
# import gym, gym_walk
# P = gym.make('BanditSlipperyWalk-v0').env.P
```

(1) 看终端状态。状态0和状态2是终端状态。

(2) 建立随机转换的方法。这是状态1，动作0。

(3) 状态1中取动作1后的转换。

(4) 在笔记中加载BSW环境的方法，一定要检验！

Python讲解

FL MDP

```
P = {
    0: {
        0: [(0.6666666666666666, 0, 0.0, False),
            (0.3333333333333333, 4, 0.0, False)
        ],
        <...>
        3: [(0.3333333333333333, 1, 0.0, False),
            (0.3333333333333333, 0, 0.0, False),
            (0.3333333333333333, 0, 0.0, False)
        ]
    },
    <...>
    14: {
        <...>
        1: [(0.3333333333333333, 13, 0.0, False),
            (0.3333333333333333, 14, 0.0, False),
            (0.3333333333333333, 15, 1.0, True)
        ],
        2: [(0.3333333333333333, 14, 0.0, False),
            (0.3333333333333333, 15, 1.0, True),
            (0.3333333333333333, 10, 0.0, False)
        ],
        3: [(0.3333333333333333, 15, 1.0, True),
            (0.3333333333333333, 10, 0.0, False),
            (0.3333333333333333, 13, 0.0, False)
        ]
    },
    15: {
        0: [(1.0, 15, 0, True)],
        1: [(1.0, 15, 0, True)],
        2: [(1.0, 15, 0, True)],
        3: [(1.0, 15, 0, True)]
    }
}

# import gym
# P = gym.make('FrozenLake-v0').env.P
```

(1) 在状态0选择动作0时，抵达状态0的概率。

(2) 在状态0选择动作0时，抵达状态4的概率。

(3) 可将概率分组，如这一行所示。

(4) 可以明确一点，如这两行所示。两种方式都可以。

(5) 为清晰起见，本例删除了很多内容。

(6) 在笔记中查看完整FL MDP。

(7) 状态14是唯一提供非零奖励的状态。四个动作中，有三个动作有单一转换，可转至状态15。抵达状态15上可提供奖励+1。

(8) 状态15为终端状态。

(9) 同样，可以这样加载MDP。

2.2.8 总体回顾

遗憾的是，当你进入现实世界，你会发现 MDP 有很多不同的定义方式。此外，某些资料来源在没有完全披露的情况下描述了 POMDP，并将其称为 MDP。所有这些都会让初学者困惑，所以我有几点需要澄清，以便让你继续学习下去。首先，你之前看到的 Python 代码并不是一个完整 MDP，而只有转换函数和奖励信号。我们可轻易从这些推断出状态空间和动作空间。这些代码片段来自于我为本书开发的几个包含几个环境的 Python 包，FL 环境是第 1 章提到的 OpenAI Gym 包的一部分。上面字典中缺少 MDP 附加组件，比如来自初始状态集 S^i 的初始状态分布 S_θ，由 Gym 框架内部处理，此处没有展示。此外，折扣系数 γ 和视界 H 等其他组件在前面的字典中没有展示，OpenAI Gym 框架也没有提供。就如我所说，折扣系数无论好坏，通常都被认为是超参数。视界通常被认为是无限的。

但不必担心这个问题。首先，为计算本章所介绍的 MDP 最优策略，我们只需要前面所示的包含转换函数和奖励信号的字典；从这些字典中，我们可推断出状态空间和动作空间，我将提供折扣系数。将假设视野为无穷大，不需要初始状态分布。此外，本章最关键的部分是让你认识到 MDP 和 POMDP 的组成部分。记住，你不必像本章所做的那样构建更多 MDP。不过，让我给 MDP 和 POMDP 下个定义，这样我们就能同步进行了。

数学推导过程

MDP与POMDP

$$\mathcal{MDP}(\mathcal{S}, \mathcal{A}, \mathcal{T}, \mathcal{R}, \mathcal{S}_\theta, \gamma, \mathcal{H})$$

(1) MDP有状态空间S、动作空间A、转换函数T、奖励信号R，还有一组初始状态分布S_θ、折扣系数γ，以及视界H。

$$\mathcal{POMDP}(\mathcal{S}, \mathcal{A}, \mathcal{T}, \mathcal{R}, \mathcal{S}_\theta, \gamma, \mathcal{H}, \mathcal{O}, \mathcal{E})$$

(2) 要定义一个POMDP，你要加上观察空间O和发射概率E。

2.3 小结

好吧，我知道本章有很多新术语，但这是本章的教学目的。本章最好的总结是 MDP 的定义。再看看最后两个等式，试着记住每个字母的含义。只要你照做，就能从本章学到必要知识，以帮助你继续学习下去。

在最高层次上，强化学习问题是关于智能体及其所在环境之间的交互作用。这种设置可对大量问题进行建模。马尔可夫决策过程是描述不确定性条件下复杂决策问题的数学框架。

马尔可夫决策过程由一组系统状态、一组状态行为、一个转换函数、一个奖励信号、一个视界、一个折扣因子和一个初始状态分布组成。状态描述环境的配置，动作允许智能体与环境交互，转换函数体现环境的演化方式并对智能体动作做出反应。奖励信号对智能体要实现的目标进行编码。视界和折扣因子为交互添加时间概念。

状态空间是所有可能状态的集合，可以是无限的，也可以是有限的。但是，组成单个状态的变量数量必须是有限的。状态可以被完全观察，但 POMDP 是更一般的 MDP 情况，POMDP 状态只有部分可观察。这意味着智能体不能观察到系统的完整状态，但可观察到噪声状态，称为观察。

动作空间是一组动作，这些动作因状态而异。但惯例做法是对所有状态使用同一个集合。动作和状态一样，可由多个变量组成。动作变量可以是离散的，也可以是连续的。

转换函数链接一个状态(下一状态)与一个状态 - 动作对，并定义给定状态 - 动作对到达该未来状态的概率。奖励信号以更一般的形式，将转换元组 s, a, s' 映射为标量，表示转换的优良程度。转换函数和奖励信号都定义环境模型，且都被假定为是静止，意味概率始终保持不变。

至此，你已经达成了以下目标：

- 了解了强化学习问题的组成以及它们之间的交互方式。
- 了解了马尔可夫决策过程与其组成和工作方式。
- 可将惯序决策问题表示为 MDP。

分享成果

独立学习，分享发现

在每章的最后，我会与你分享一些想法，告诉你如何将你所学的知识提升到新水平。如果愿意，可把你的研究结果分享出来，也一定要看看别人的成果。这是一个能够双赢的机会，希望你能把握住。

- #gdrl_ch02_tf01：创建环境是一项至关重要的技能，值得有一本专门介绍创建环境的书。自己创建一个网格世界环境怎么样？看看本章中的行进环境(https://github.com/mimoralea/gym-walk)和其他一些网格世界环境(https://github.com/mimoralea/gym-aima、https://github.com/mimoralea/gym-bandits、https://github.com/openai /gym/tree/master/gym/envs/toy_text)的代码。现在，用一个新的网格世界环境创建一个 Python 包吧！不要局限于简单的移动动作，你可创建一个“传送”动作，或者其他任何动作。另外，也许可在环境中添加智能体以外的生物，可添加智能体需要避开的小怪物。发挥创造力吧，你可以做的事情太多了。

- #gdrl_ch02_tf02：另一个可以尝试的事情是为你选择的模拟引擎创建一个所谓的“Gym 环境”。首先，研究一下到底什么是“Gym 环境”。其次，探索以下 Python 包 (https://github.com/openai/mujoco-py、https://github.com/openai/atari-py、https://github.com/google-research/football以及https://github.com/openai/gym/blob/master/docs/environments.md)。然后，试着理解其他人是如何将模拟引擎公开为 Gym 环境的。最后，为自己选择的模拟引擎创建一个 Gym 环境。这是一个具有挑战性的问题！
- #gdrl_ch02_tf03：在每一章中，我都会将最后的标签作为一个概括性标签。欢迎用这个标签讨论与本章相关的任何其他内容。没有什么任务比为自己布置的任务更令人兴奋的了。一定要分享你的调查内容和结果。

用你的发现写一条推特，打上 @mimoralea 标签(我会转发)，并使用这个列表中的特定标签来帮助感兴趣的人看到你的成果。成果没有对错之分，你分享自己的发现并核对别人的发现。借此机会进行交流、做出贡献、有所进步！ 我们等你的好消息！

推特样例：

嘿，@mimoralea。我写了一篇博文，其中列出研究深度强化学习的资源。可单击 <link>.#gdrl_ch01_tf01。

我一定会转发以帮助其他人看到你的成果。

第3章 平衡短期目标与长期目标

本章内容：

- 了解从惯序性反馈中学习的挑战，学习妥善平衡短期目标与长期目标。
- 开发能在 MDP 建模的惯序决策问题中找到最佳行为策略的算法。
- 为上一章中你为其构建 MDP 的所有环境寻找最佳策略。

“在备战中，我总发现计划无用，但规划必不可少。”

——Dwight D. Eisenhower
美国陆军五星上将、美国第34任总统

在上一章中，你为BW、BSW和FL环境构建了MDP。MDP是移动RL环境的引擎，它们对问题做出定义：MDP通过状态和动作空间描述智能体与环境的交互方式，通过回报函数描述智能体的目标，通过转换函数描述环境如何对智能体行为做出反应，以及通过折扣系数描述时间对行为的影响。

在本章中，你将学习求解MDP的算法。我们将首先讨论智能体的目标，以及为什么简单计划不足以解决MDP。然后，将讨论两种在动态规划技术下求解MDP的基本算法：价值迭代(Value Iteration，VI)和策略迭代(Policy Iteration，PI)。

你很快就会注意到这些方法在某种程度上欺骗了你：它们需要完全访问MDP，并且需要了解环境的动态，我们并不总能获得这些信息。但是，你将学习的基础知识对于学习更高级的算法仍然有用。最后，VI和PI是几乎所有其他RL和DRL算法的基础。

你还将注意到，当智能体可以完全访问MDP时，就不存在不确定性，因为你可以查看动态和奖励，并直接计算期望值。直接计算期望值意味着不需要探索，即不需要平衡探索和利用。没必要互动，所以没必要试错学习。所有这一切都是因为我们在本章中学习的不是评估性反馈，而是监督性反馈。

请记住，在DRL中，智能体从反馈中学习，这些反馈同时具有惯序性(而非一次性)、评估性(而非监督性)以及抽样性(而非详尽性)。本章所做的是消除从评估性反馈和抽样性反馈中学习所带来的复杂性，进而单独研究惯序性反馈。在本章中，我们从惯序、监督且详尽的反馈中学习。

3.1 决策智能体的目标

起初，智能体的目标似乎是找到一系列能使收益最大化的动作：收益即一次迭代或智能体的整个生命周期内，奖励的总和(已折扣或未经折扣，具体取决于γ值)，奖励根据任务而异。

下面将通过一个新环境来具体解释这些概念。

具体案例

五点滑行(Slippery Walk Five，SWF)环境

五点滑行(SWF)环境是一个单行网格世界环境(一次行进)，该环境是随机的，类似于 FL 环境，它只有五个非终端状态(如果算上两个终端状态，则共有七个状态)。

SWF环境

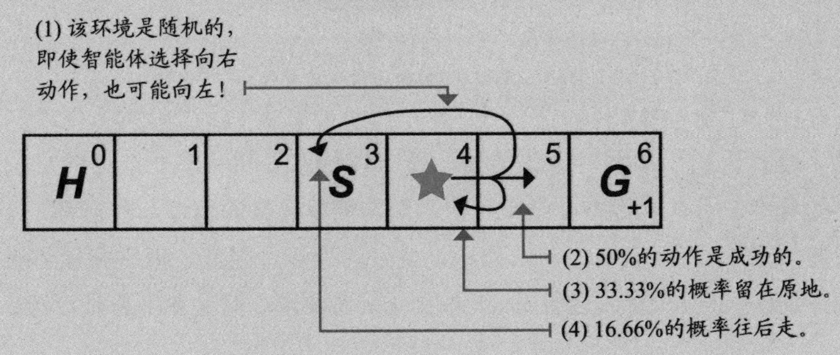

智能体由 S 出发，H 是一个空洞，G 是目标，提供奖励 +1。

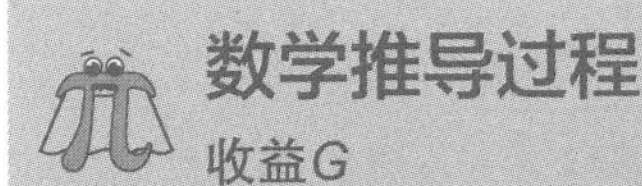

数学推导过程

收益G

(1) 收益是指从第 t 步开始，直到最后一步 T 所得到的奖励之和。

$$G_t = R_{t+1} + R_{t+2} + R_{t+3} + ... + R_T$$

(2) 正如在上一章提到的，可以用折扣系数 γ 结合收益和时间。这就是折现后的收益，优先考虑早期奖励。

$$G_t = R_{t+1} + \gamma R_{t+2} + \gamma^2 R_{t+3} + ... + \gamma^{T-1} R_T$$

(3) 可将方程简化得到一个更通用的方程，如本例。

$$G_t = \sum_{k=0}^{\infty} \gamma^k R_{t+k+1}$$

$$G_t = R_{t+1} + \gamma G_{t+1}$$

(4) 再看一看 G 的递归定义。

可将收益看作回溯——你从过去的时间步中“获得了多少”；但另一种方式是把收益看作“即将获得的奖励”——基本上是前瞻的。例如，假设 SWF 环境中的一次迭代是这样的：状态 3(0奖励)、状态 4(0奖励)、状态 5(0奖励)、状态 4(0奖励)、状态 5(0奖励)、状态 6(+1奖励)，可将其简化为 3/0、4/0、5/0、4/0、5/0、6/1。这个轨迹/迭代的收益是多少呢？

如果我们使用折扣，就会这样计算。

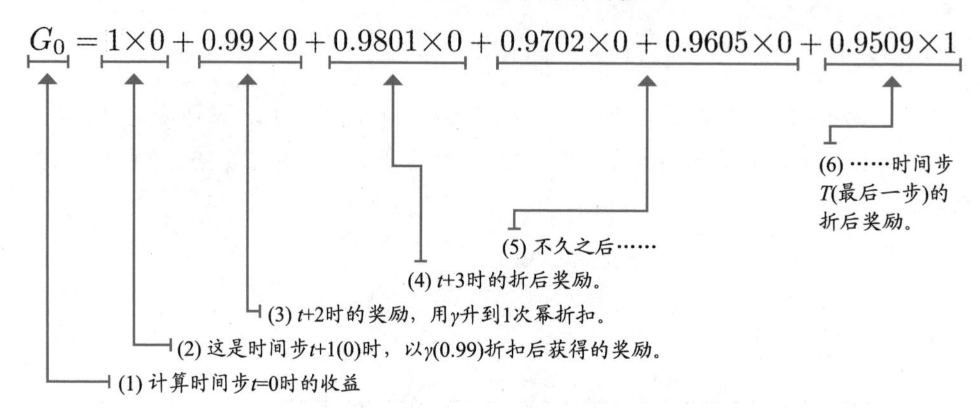

如果不进行折扣，那么对于该轨迹、所有以状态 6 和状态 0 结束的且位于最右侧单元格的轨迹、所有以状态 0 结束且位于最左侧单元格的轨迹，收益都是 1。

很明显，在 SWF 环境中，向右移动是最好的选择。因此，似乎智能体必须寻找到所谓的计划，即从开始状态到目标状态的一系列操作，但这并不总是可行。

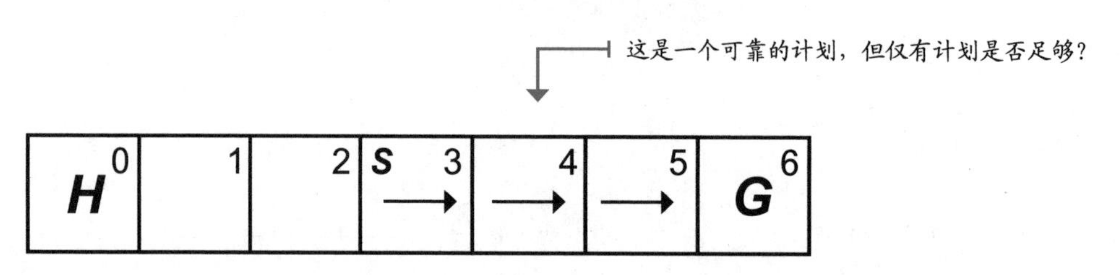

FL 环境中，计划应当运行如下：

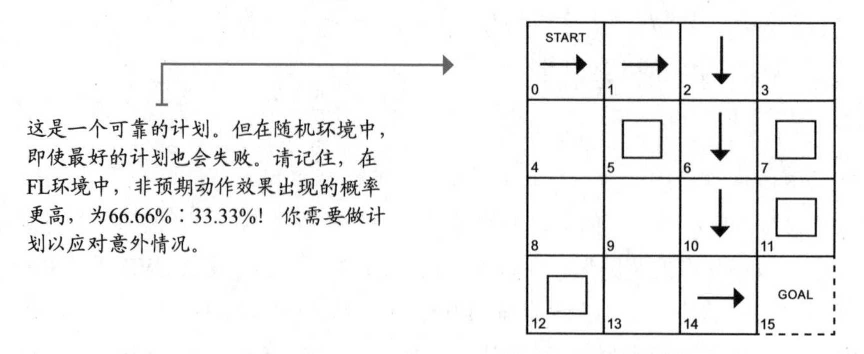

但这仍然不够！计划的问题在于它们没有考虑环境中的随机性，而 SWF 和 FL 都是随机的，这两种环境所采取的动作并不总是按照我们的意图工作。如果环境的随机性使得智能体落在一个计划范围之外的单元中，会发生什么？

计划中可能存在的漏洞

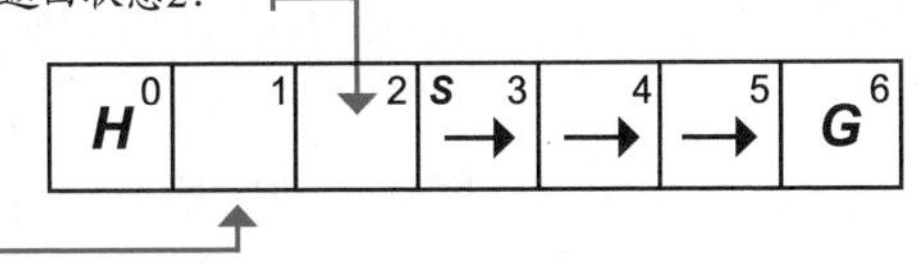

(1) 假设智能体按计划行事，但在第一次环境转换时，智能体被返回状态2！

(2) 现在怎么办？你没有为状态2计划动作。也许你需要B计划？或者*C*、*D*计划？

FL 环境中也会发生同样问题。

随机环境中计划永远不够用

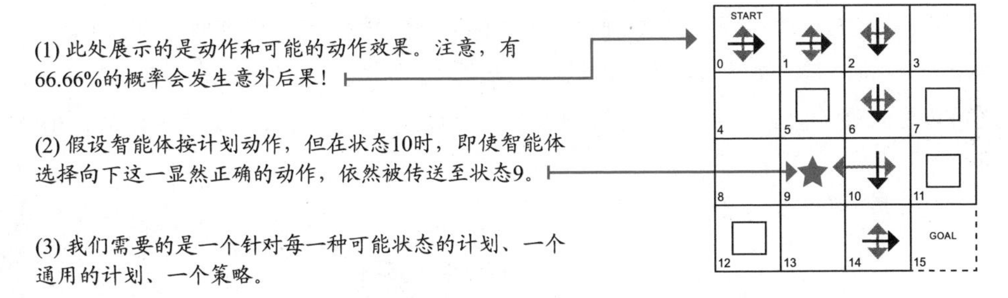

智能体需要提出的方案称为策略。策略是通用计划，涵盖所有的可能状态。我们需要为每一种可能状态制订计划。策略可以是随机的，也可以是确定的；可以返回动作概率分布，也可以返回给定状态(或观测)的单个动作。目前，我们正在使用确定性策略，确定性策略是一个将动作映射到状态的查找表。

在 SWF 环境中，对于每一个状态，最优策略总是向右。这样做很好，但仍有许多问题没有解答。例如，我应该期待从这一策略中获得多少奖励？因为即使我们知道如何以最佳方式动作，即使我们总是选择朝着目标前进，环境依然可能会把智能体送回到洞中。这就是回报并不足够的原因。智能体实际上是在寻求最大化预期回报，这意味着回报考虑了环境的随机性。

SWF环境中的最优策略

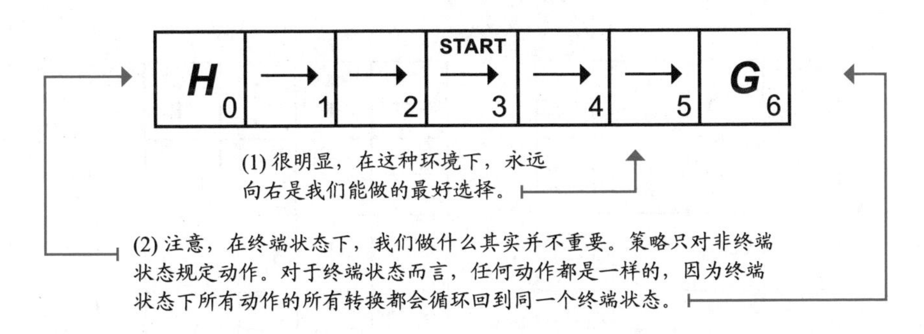

此外，我们还需要一种方法来自动找到最优策略，因为在 FL 示例中，最优策略非常不明显！

智能体内部有一些组件可以帮助它找到最优行为，即存在策略，给定环境可以有多个策略，实际上，在某些环境中，可能存在多个最优策略。此外，值函数也可以帮助跟踪收益估计。给定 MDP 有单个最优值函数，但通常而言可能存在多个值函数。

来看看强化学习智能体内部的所有组件，这些组件帮助智能体学习并找到最优策略。让我们通过具体示例学习所有这些组件。

3.1.1 策略：各状态动作指示

考虑到 FL 环境(以及大多数强化学习问题)的随机性，智能体需要寻找一个策略，表示为π。策略是一个函数，规定给定非终结状态下的动作。记住，策略可以是随机的：既可以是直接的动作，也可以是动作的概率分布。我们将在后续章节中详细介绍随机策略。

以下是一个策略示例。

随机生成策略

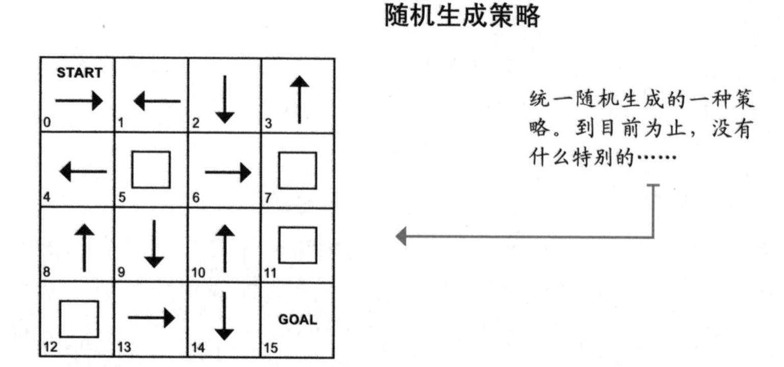

在审视一项策略时，一个直接问题是：这项策略有多好？如果我们找到一种给策略标号的方法，我们也可以问：这项策略与另一项策略相比，到底好多少？

如何比较策略

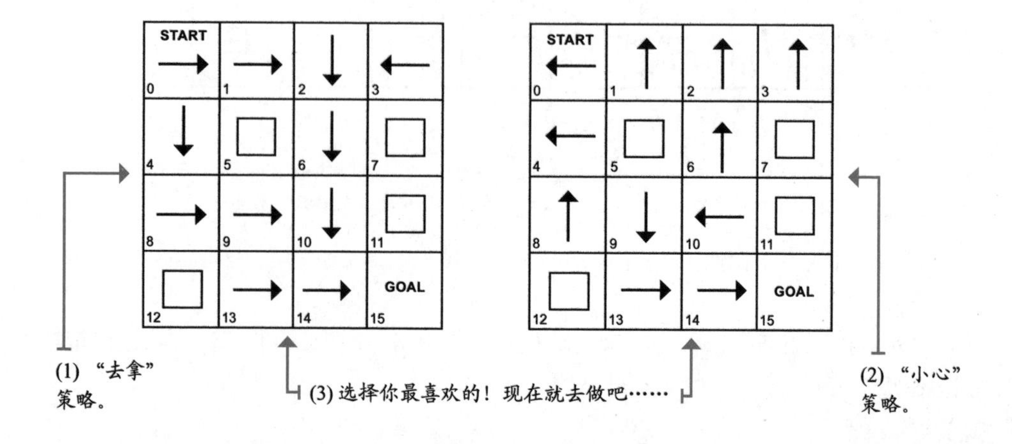

3.1.2 状态-值函数：有何期望

为给定策略的各状态标号有助于比较策略。也就是说，给定一个策略和MDP，我们应该能够计算从每个状态开始的预期收益(我们主要关心的就是开始状态)。如何计算处于某一状态的价值呢？例如，如果智能体处于状态14(目标左侧)，这比处于状态13(状态14左侧)好在哪里呢？具体好多少呢？更重要的是，我们在哪一策略下会有更好的结果，“去拿”策略还是“小心”策略？

让我们快速尝试一下“去拿”策略。“去拿”策略下的状态14有何价值？

“去拿”策略下的状态14有何价值

(1) 回忆“去拿”策略。

(2) 根据策略，智能体在状态14中选择动作向右。

(3) 那么，向右在状态14下的值是多少？是1吗？是0.33吗？确定吗？

(4) 获得正确的答案的方法，需要我用本章来解释。但看看这个！我们有三分之一的概率获得奖励+1，结束迭代；另外三分之一的概率，我们落在了状态10；最后三分之一的概率，我们回到了状态14。0.33只是答案的一部分，但我们需要考虑到另外三分之二的情况，这些情况下，智能体没有得到奖励+1。

好吧，所以，当遵循“去拿”策略时，计算状态14的值并没有那么简单，因为它依赖于其他状态的值(在这种情况下就是依赖于状态10和状态14的值)，而我们没有这些数据。这就像“先有鸡还是先有蛋”的问题。让我们继续往下看。

我们将收益定义为智能体从轨迹中获得的奖励之和。现在，收益可以在不关注智能体所遵循的策略的情况下计算出来：把所有获得的奖励加起来就可以了。但我们现在要求的数字是，我们遵循给定的策略 π 时，收益(在状态14下)的期望值。请记住，我们是在随机环境下，所以必须考虑到环境对策略的所有可能的反应方式！这就是期望值为我们带来的。

现在我们定义了状态 s 在遵循策略 π 时的价值：在策略 π 下状态 s 的价值就是智能体从状态 s 开始遵循策略 π 时的期望收益。对每一个状态进行计算，就会得到状态-值函数，或者说 V 函数或值函数。它表示从状态 s 开始遵循策略 π 时的期望收益。

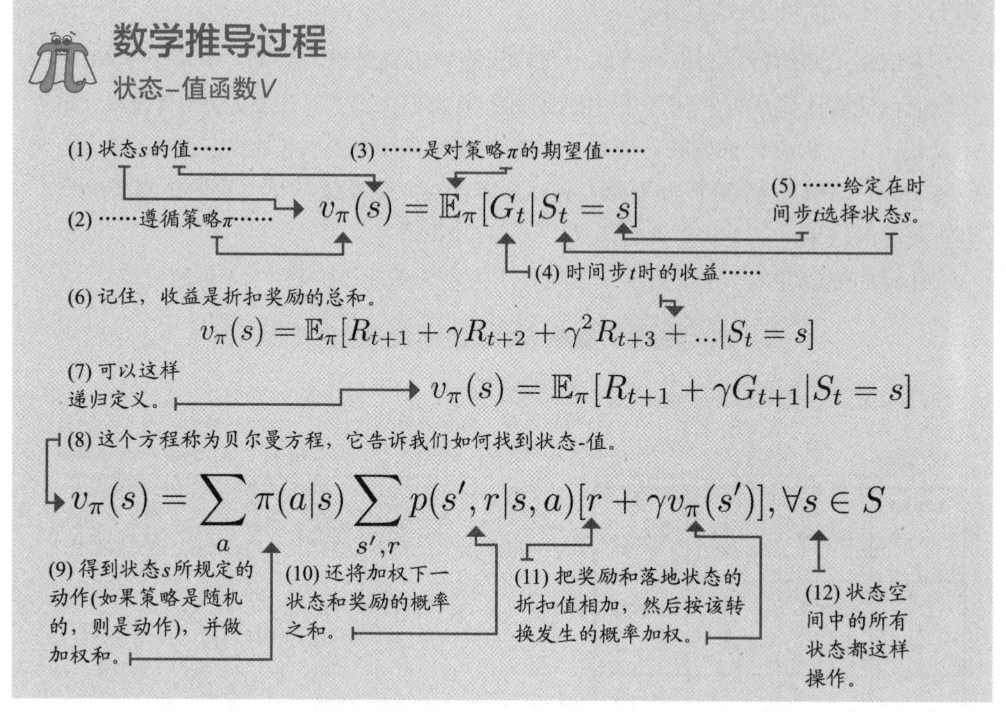

这些方程很有趣。考虑到递归的依赖性，这些方程有点混乱，但依然有趣。请注意，一个状态的值是如何递归依赖其他可能状态的值的，这些值也可能依赖于其他状态，包括原始状态。

状态和连续状态之间的递归关系将在下一节中再次出现，届时我们将研究能够迭代求解这些方程，并获得 FL 环境(或任何其他环境)中任何策略的状态-值函数的算法。

现在，让我们继续探索 RL 智能体中的其他常见组件。我们将在本章后面学习如何计算这些值。注意，状态-值函数通常被称为值函数，甚至被称为 V 函数，或者更简单地称为 $v_\pi(s)$。这可能会让人感到困惑，但你会习惯的。

3.1.3 动作-值函数：如果这样做，有何期望

需要经常考虑的另一个关键问题并不仅仅是关于状态价值，而是关于在状态 s 中采取动作 a 的价值。对这类问题的不同回答将有助于我们决定采取何种动作。

例如，注意到在状态 14 时，“去拿”策略选择向右，但“小心”策略却选择向下。但哪种动作更好？具体而言，在每种策略下，哪种动作更好？也就是说，选择向下而非向右，并遵循“去拿”策略的价值是什么？选择向右而非向下，并遵循“小心”策略的价值是什么？

通过比较同一策略下的不同动作，就可以选择更好的动作，从而改进策略。动作-值函数，也被称为 Q 函数或$q_\pi(s,a)$。动作-值函数精准把握住了当智能体在状态 s 下采取动作 a 之后遵循策略时的预期收益。

事实上，当我们关心改进策略(通常称为控制问题)时，我们就需要动作-值函数。想想看：如果没有 MDP，如何仅通过知道所有状态的值来决定要采取什么动作？V 函数不能捕捉环境的动态，但 Q 函数在某种程度上捕获了环境的动态，并使得你在不需要 MDP 的情况下改进策略。我们将在后续章节中详细介绍。

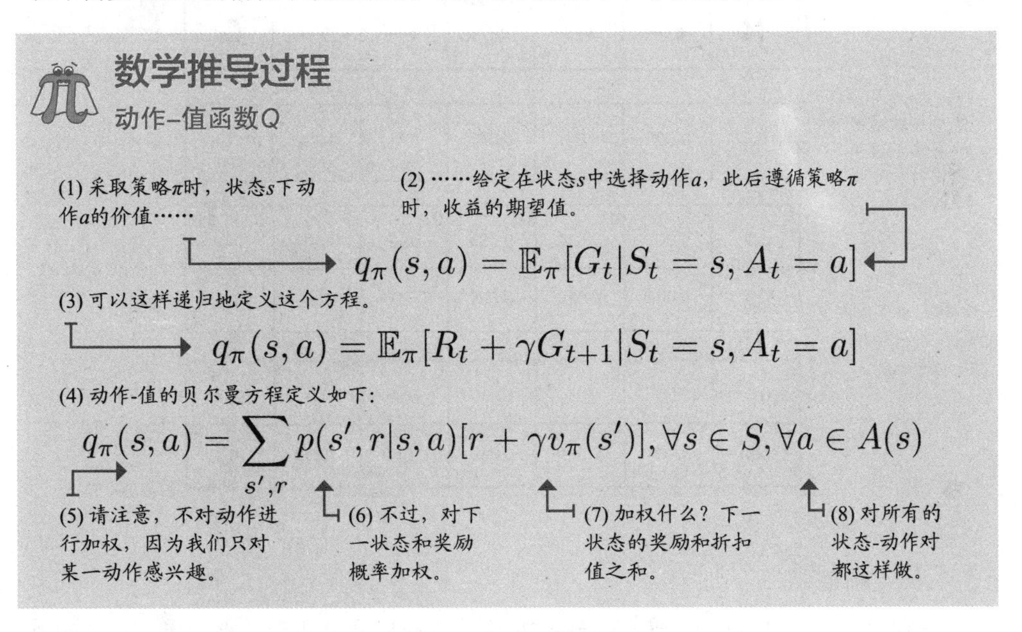

3.1.4 动作–优势函数：如果这样做，有何进步

另一种值函数由前两种值函数衍生而来。动作-优势函数又称优势函数、a 函数或$a_\pi(s,a)$，是指动作 a 在状态 s 中的动作-值函数与策略 π 下状态 s 的状态-值函数之差。

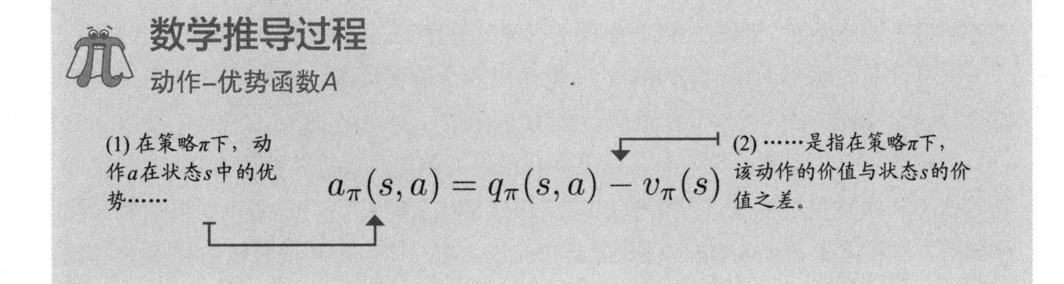

优势函数描述了采取动作 a 而非遵循策略 π 的好处，即选择动作 a 相较于默认动作的优势。

看看 SWF 环境中(非智能)策略的不同值函数。记住，这些值取决于策略。换言之，$q_\pi(s,a)$假设你将遵循策略 π(在下面的例子中总是向左)，并且在状态 s 中采取动作 a 后向右。

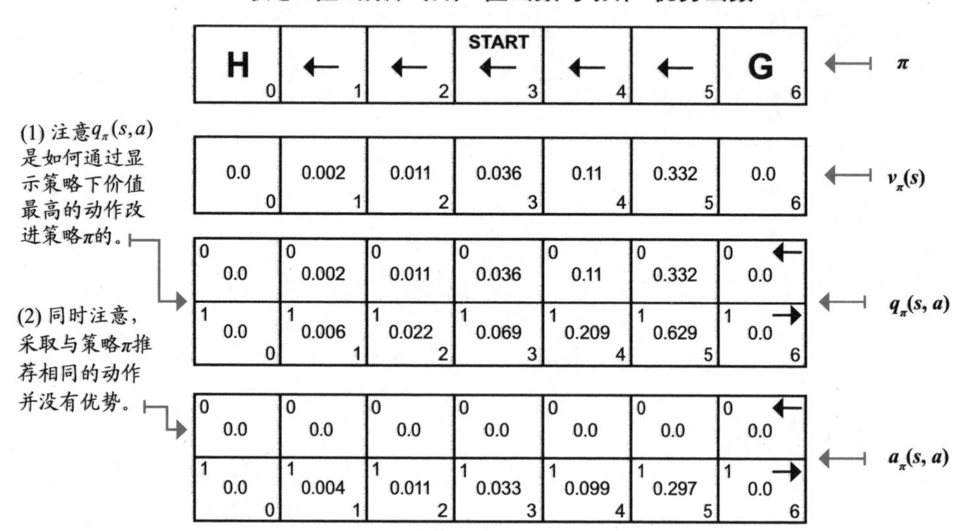

3.1.5 最优性

策略、状态-值函数、动作-值函数和动作-优势函数是我们用来描述、评估和改进行为的组件。当这些组件表现最好时，我们将其称为最优性。

最优策略是指每个状态下都能获得大于或等于任何其他策略的预期收益的策略。最优状态-值函数是在所有状态的所有策略中具有最大值的状态-值函数。同样，最优动作-值函数是指在所有状态-动作对的所有策略中都具有最大值的动作-值函数。最优动作-优势函数遵循类似模式，但请注意，对于所有状态-动作对而言，最优优势函数都将等于或小于零，因为任何动作都不可能从最优状态-值函数中获得任何优势。

另外注意，虽然对于给定 MDP 可能存在多个最优策略，但只能有一个最优状态-值函数、最优动作-值函数和最优动作-优势函数。

你可能还会注意到，一方面，如果拥有最优 V 函数，就可以使用 MDP 对最优 Q 函数进行一步到位的探索，然后利用它来构建最优策略。另一方面，如果拥有最优 Q 函数，则根本不需要 MDP。只要取动作的最大值，就可以利用最优 Q 函数来寻找最优 V 函数。通过动作的最大值参数，就可以利用最优 Q 函数得到最优策略。

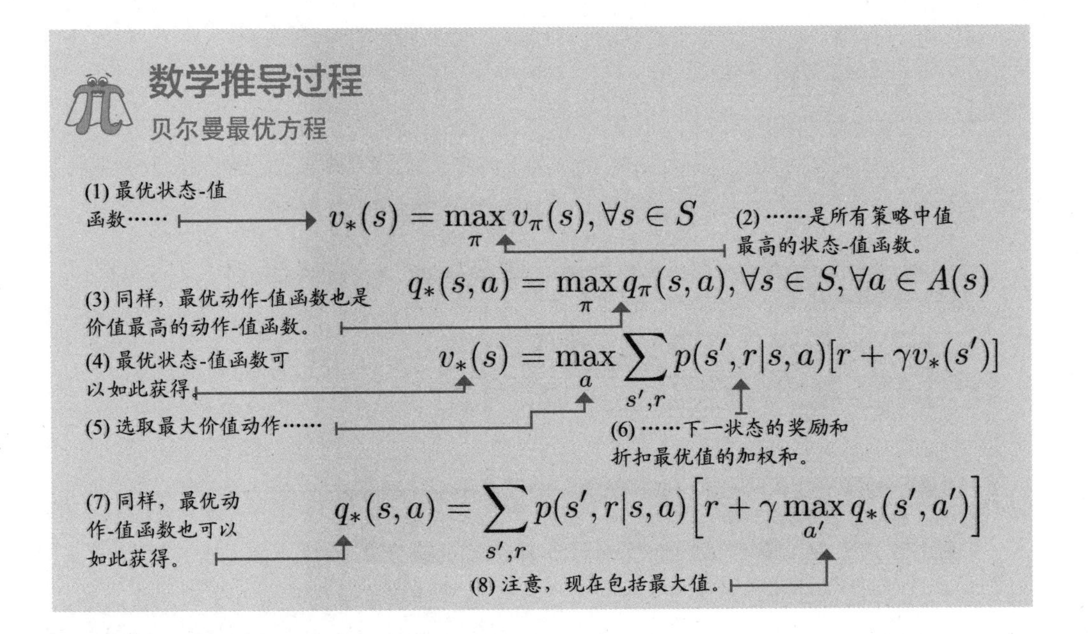

3.2 规划最优动作顺序

我们有状态-值函数来跟踪状态价值，有动作-值函数来跟踪状态-动作对的值，还有动作-优势函数来体现采取具体动作的“优势”。所有这些方程用来评估当前的策略，也就是说，评估策略-值函数，并计算并找到最优值函数，从而找到最优策略。

既然我们已经系统讨论了强化学习问题，并且定义了我们所追求的目标，那么现在就可以开始探索寻找目标的方法了。在已知环境动力学 MDP 的情况下，迭代计算上一节中给出的方程是解决强化学习问题和获得最优策略的最常用方法之一。下面分析这些方法。

3.2.1 策略评估：评级策略

我们在上一节谈到了策略的比较问题。我们创立了一种定义，即若所有状态下的预期收益都优于或等于策略 π'，策略 π 就优于策略 π' 或与策略 π' 表现相当。然而，在使用该定义前，我们必须设计一个算法来评估任意策略。这样的算法被称为迭代策略评估或策略评估。

策略评估算法包括通过遍历状态空间和迭代改进估计来计算给定策略的 V 函数。我们将接收策略并输出值函数的算法称为解决预测问题算法，即计算预定策略的值。

数学推导过程

策略评估方程

(1) 策略评估算法由被评估的策略的状态-值函数迭代逼近组成。当k接近无穷大时，算法收敛。

(2) 对s中的所有s任意初始化$v_0(s)$，如果s是终端，则初始化为0。然后增加k，按照下式反复改进估计值。

$$v_{k+1}(s)=\sum_a \pi(a|s)\sum_{s',r}p(s',r|s,a)\Big[r+\gamma v_k(s')\Big]$$

(3) 计算状态s的价值，作为下一状态s'的奖励和折扣估计值的加权和。

利用这一方程，我们可以迭代逼近任意策略的真实V函数。如果给定足够的迭代次数，具体而言就是当接近无穷大时，迭代策略评估算法保证收敛到策略的值函数。然而，在实践中，我们使用一个小的阈值来检查近似值函数的变化。一旦值函数的变化小于这一阈值就停止。

让我们来看看这个算法在 SWF 环境下，对于总是向左的策略是如何工作的。

策略评估初步计算

$$v_{k+1}(s)=\sum_a \pi(a|s)\sum_{s',r}p(s',r|s,a)\Big[r+\gamma v_k(s')\Big]$$

(1) 策略是确定的，所以该部分是1。

(2) 设置γ为1。

(3) 总是向左的策略。

π	H 0	← 1	← 2	START ← 3	← 4	← 5	G 6

State 5, Iteration 1 (initialized to 0 in iteration 0):

$$\begin{aligned} v_1^{\pi}(5) = {} & p(s'=4 \mid s=5, a=\text{Left}) * [\,R(5,\text{Left},4)+v_0^{\pi}(4)\,] + \\ & p(s'=5 \mid s=5, a=\text{Left}) * [\,R(5,\text{Left},5)+v_0^{\pi}(5)\,] + \\ & p(s'=6 \mid s=5, a=\text{Left}) * [\,R(5,\text{Left},6)+v_0^{\pi}(6)\,] \end{aligned}$$

$$v_1^{\pi}(5) = 0.50*(0+0) + 0.33*(0+0) + 0.166*(1+0) = 0.166$$

(4) 1次迭代后策略评估状态5的值($V_1^{\pi}(5)$)。

然后计算状态 0 至状态 6 的值，完成后转入下一次迭代。注意，要计算$V_2^{\pi}(s)$，则必须使用在上一迭代中获得的估计值$V_1^{\pi}(s)$。这种从估计值中计算估计值的方法被称为自助法，在 RL(包括 DRL)中广泛使用。

此外要注意，此处 k 是估算的迭代，但与环境没有交互。这些并不是智能体外出选择动作和观察环境的迭代，也不是时间步。相反，这些是策略评估算法的迭代。多做几次这样的估算。下表显示了你应该得到的结果。

k	$V^{\pi}(0)$	$V^{\pi}(1)$	$V^{\pi}(2)$	$V^{\pi}(3)$	$V^{\pi}(4)$	$V^{\pi}(5)$	$V^{\pi}(6)$
0	0	0	0	0	0	0	0
1	0	0	0	0	0	0.1667	0
2	0	0	0	0	0.0278	0.2222	0
3	0	0	0	0.0046	0.0463	0.2546	0
4	0	0	0.0008	0.0093	0.0602	0.2747	0
5	0	0.0001	0.0018	0.0135	0.0705	0.2883	0
6	0	0.0003	0.0029	0.0171	0.0783	0.2980	0
7	0	0.0006	0.0040	0.0202	0.0843	0.3052	0
8	0	0.0009	0.0050	0.0228	0.0891	0.3106	0
9	0	0.0011	0.0059	0.0249	0.0929	0.3147	0
10	0	0.0014	0.0067	0.0267	0.0959	0.318	0
...	...	...	...	...	...	...	...
104	0	0.0027	0.011	0.0357	0.1099	0.3324	0

该结果的状态-值函数对我们有什么启示呢？

首先，在这种环境下启动迭代，并且遵循总是向左的策略，我们得到的期望收益是 0.0357，这个值相当低。

其次，即使我们发现自己处于状态 1(最左侧的非终端状态)，我们仍然有机会(尽管不到概率 1%)最终进入目标单元格(状态 6)。准确地说，当我们处于状态 1 时，有 0.27% 的机会最终进入目标状态。而且我们一直都是向左选择！有趣吧。

同样有趣的是，由于这个环境的随机性，我们有 3.57% 的机会到达目标单元格(记住，这个环境有 50% 的概率动作成功，有 33.33% 的概率没有效果，有 16.66% 的概率落后)。同样，这种结果出现在总是向左的策略中。不过，向左的动作可能会让我们向右，再向右，或者向左，向右，向右，向右，向右等。

想想轨迹概率是如何结合的。此外，还要注意迭代，以及价值如何从奖励(从状态 5 到状态 6 的转换)一步一步地向后传播的。这种价值的反向传播是 RL 算法中的一个共同特征，并且会多次出现。

Python讲解

策略评估算法

```
def policy_evaluation(pi, P, gamma=1.0, theta=1e-10):
```

(1) 这是策略评估算法的完全实现。我们所需要的只是试图评估的策略和策略运行的MDP。默认折扣系数为1，θ数值很小，用来检查收敛性。

```
    prev_V = np.zeros(len(P))
```

(2) 此处将状态-值函数的初次迭代估计值初始化为零。

```
    while True:
```

(3) 首先“永远”循环……

```
        V = np.zeros(len(P))
```

(4) 将当前迭代的估计值也初始化为零。

```
        for s in range(len(P)):
```

(5) 然后在所有状态中循环，估计状态-值函数。

(6) 注意此处使用策略pi获得可能转换的方法。

```
            for prob, next_state, reward, done in P[s][pi(s)]:
```

(7) 每个转换元组都有概率、下一状态、奖励以及完成标志，以表示“下一状态”是否为终端状态。

(8) 将该转换的加权值相加，计算该状态的值。

```
                V[s] += prob * (reward + gamma * \
                                prev_V[next_state] * (not done))
```

(9) 注意如何使用“结束”标志来确保当落在终端状态时，下一状态-值为零。我们不希望出现无限相加的情况。

```
        if np.max(np.abs(prev_V - V)) < theta:
            break
```

(10) 在每次迭代(一次状态扫描)结束时，我们要确保状态-值函数在变化，否则，我们称之为收敛。

```
        prev_V = V.copy()
    return V
```

(11) 最后“复制”，为下一次迭代做好准备或返回最新的状态-值函数。

现在，对之前 FL 环境的随机生成策略进行策略评估。

回顾随机生成策略

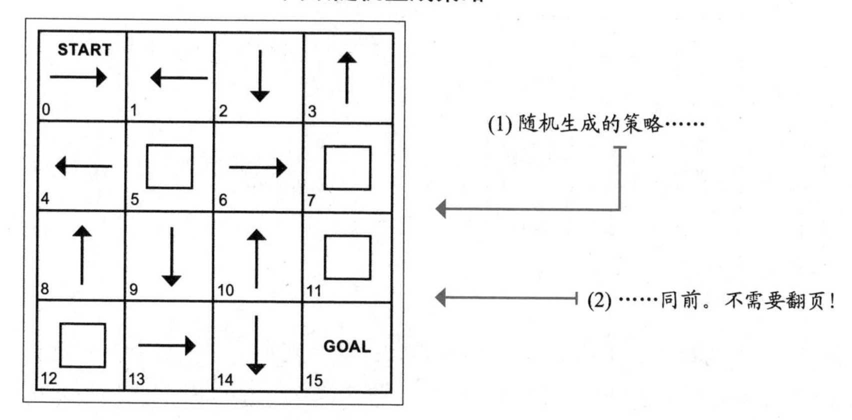

下面展示了策略评估在仅经过 8 次迭代后，就能准确估计随机生成策略的状态-值函数上取得的进展。

对FL环境下，随机生成的策略进行策略评估

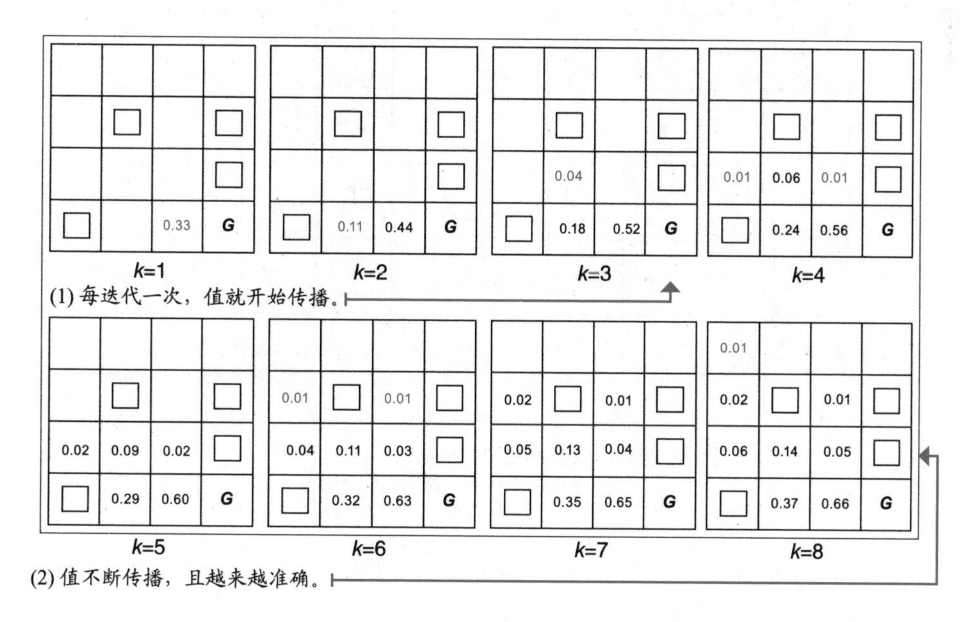

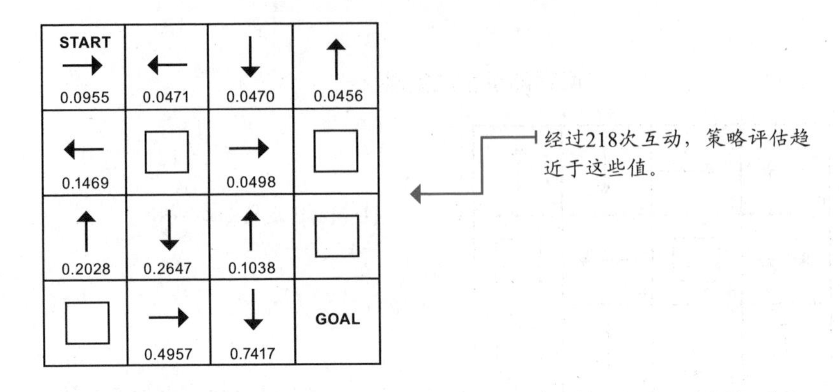

最终状态-值函数是此策略的状态-值函数。注意，我们处于离散状态和动作空间中，所以这仍然是一个估计值，但即使如此，当设置 γ 为 0.99 时，我们依然可以假设这是实际值函数。

如果你想知道前面介绍的两个策略的状态-值函数，下面是结果。

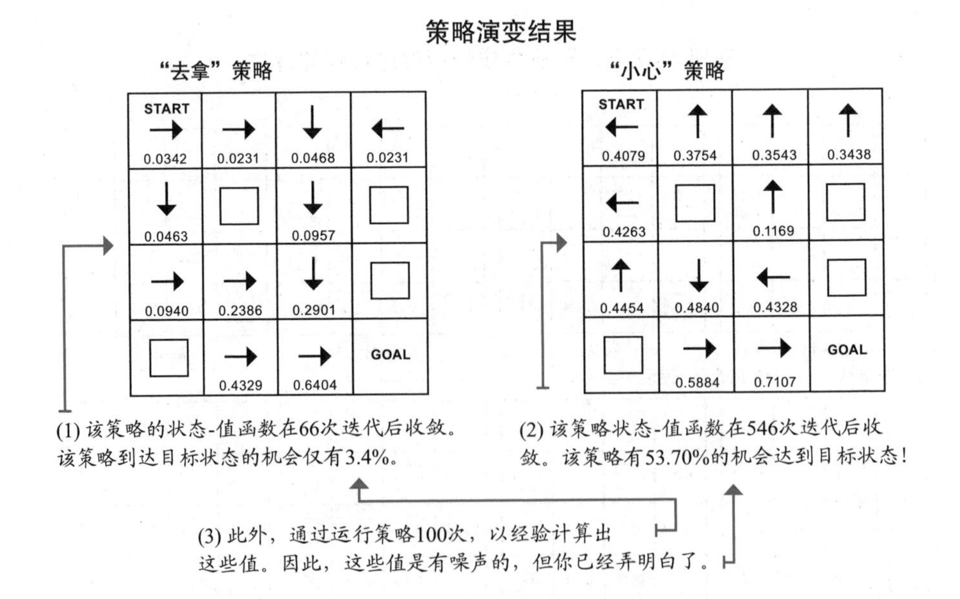

看来，在FL的环境中，“去拿”策略的回报并不理想！这一结果很有趣，不是吗？但有一个问题：在这种环境下，是否有更好的策略？

3.2.2 策略改进：利用评级得以改善

现在的动机很明确了。你有了一种可以评估任何策略的方法，这已经给了你一定程度的自由：你可以评估许多策略，并通过初始状态的状态-值函数对其排名。毕竟，这个数字表示了运行多次迭代后，相关策略将获得的预期累积奖励。很酷，对吧？

不对！这根本毫无意义。为什么要随机生成一堆策略并对其进行评估？首先，这完全是在浪费计算资源，更重要的是，它不能保证找到更好、更优秀的策略。一定有更好的方法。

解决这一问题的关键是动作-值函数，即 Q 函数。利用 V 函数和 MDP，可得到 Q 函数的估计值。Q 函数可以让你对所有状态所有操作的值有粗略的了解，而这些值反过来又提示如何改进策略。来看看“小心”策略的 Q 函数，以及改进这项策略的方法。

Q函数如何帮助我们改进策略

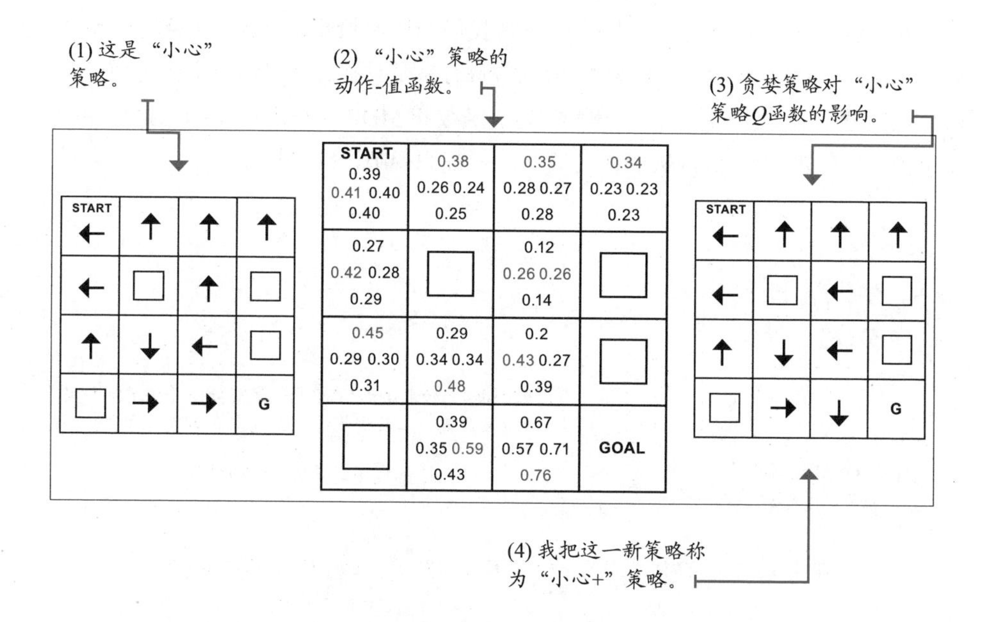

注意，如果对策略的 Q 函数采取贪婪动作，就会获得新的“小心 +”策略。这一策略更好吗？策略评估可告诉我们答案！让我们一起看看吧！

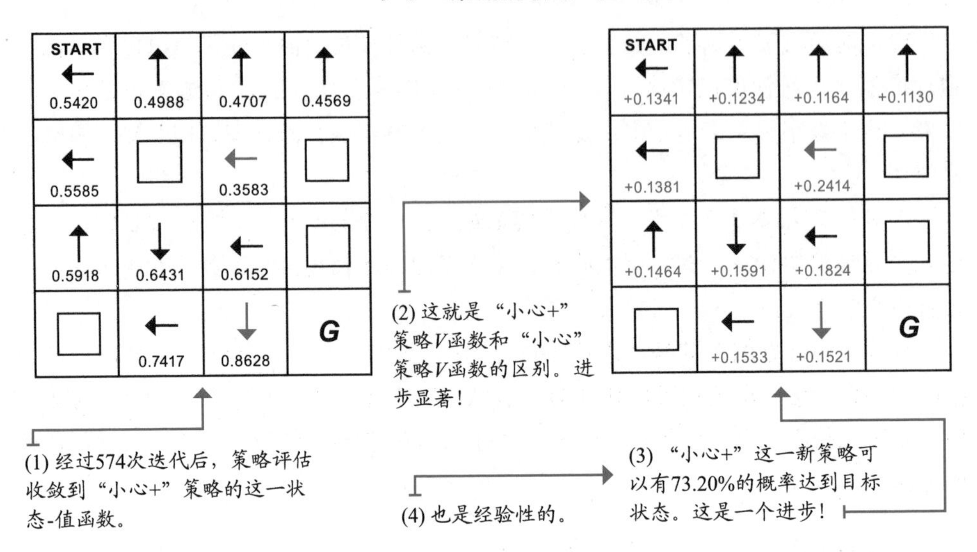

新策略比原策略更优秀。是件好事！我们利用原策略的状态-值函数和 MDP 计算其动作-值函数。然后，针对动作-值函数进行贪婪动作，就得到一个改进后的策略。这就是策略改进算法的作用：利用状态-值函数和 MDP 计算出动作-值函数，并返回一个关于原策略动作-值函数的贪婪策略。仔细想想吧，这很重要。

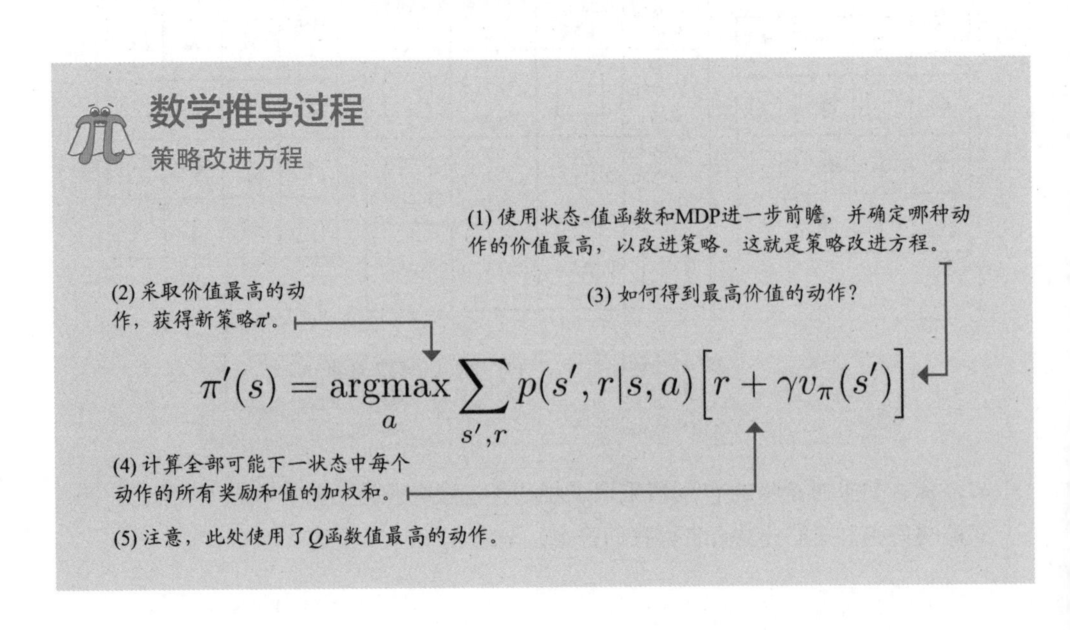

这就是 Python 中的策略改进算法。

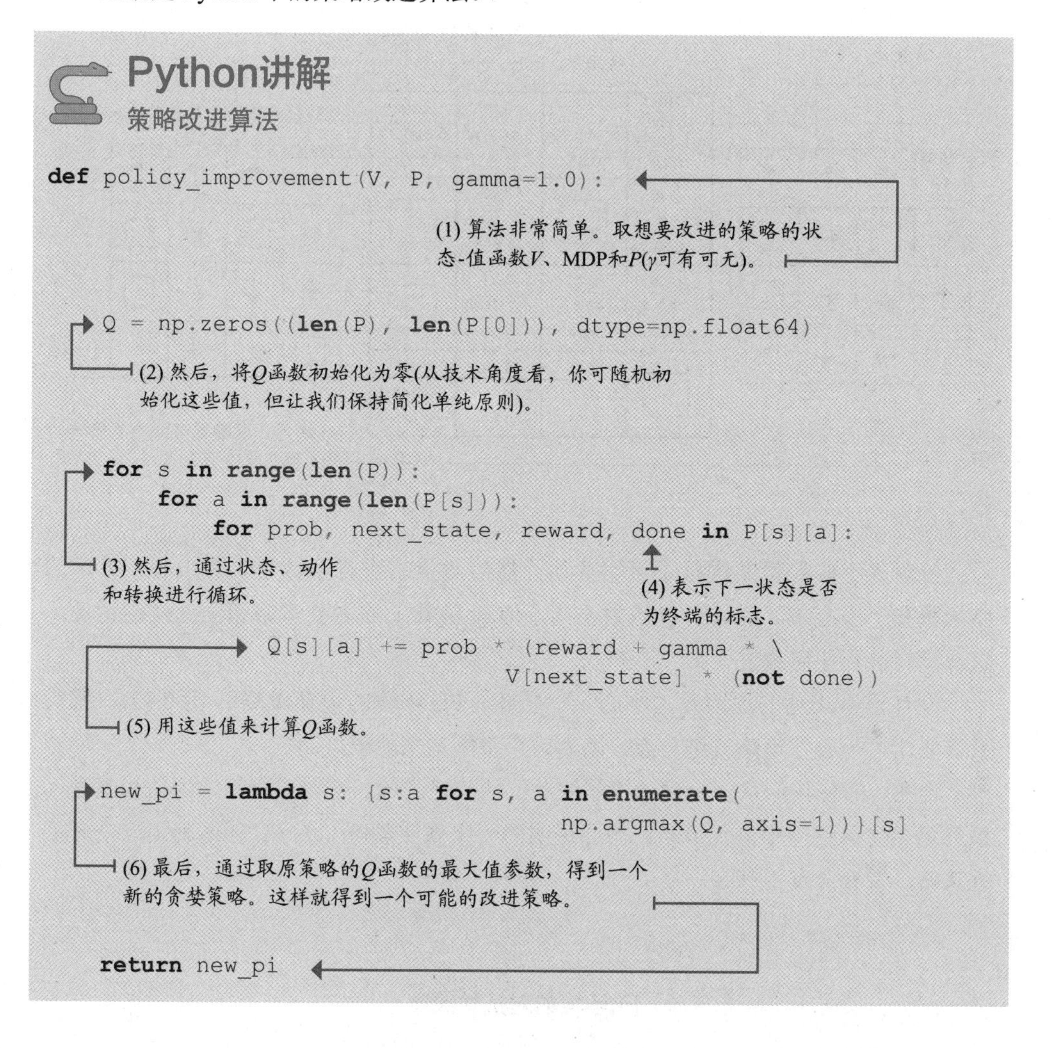

接下来的问题自然是：有没有比这更好的策略？能比“小心 +”策略做得更好吗？能评估“小心 +”策略，然后对其进行改进吗？也许可以！但只有一种方法可以找到答案。让我们试一试！

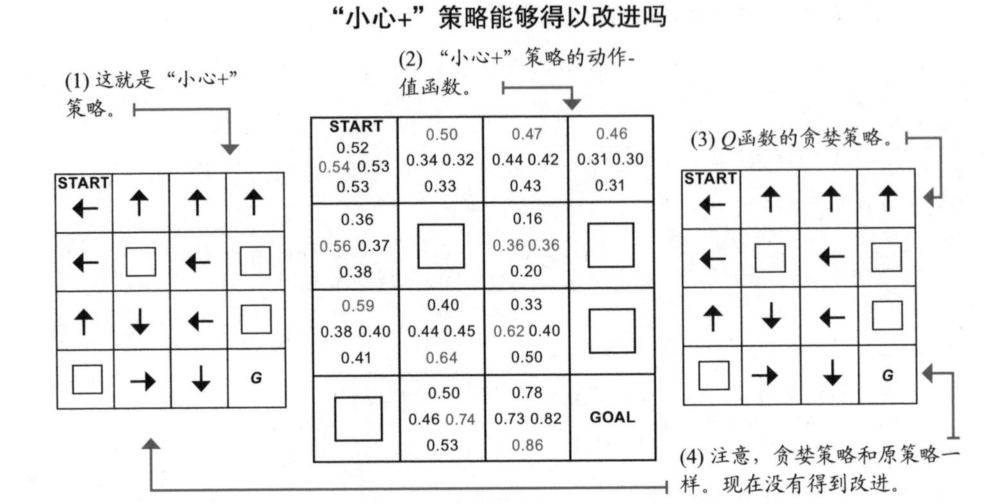

我对"小心"策略进行了策略评估，然后对策略进行了改进。"小心"策略的 Q 函数和"小心 +"策略的 Q 函数不同，但 Q 函数上的贪婪策略相同。换句话说，这次没有得到任何改进。

没有得以改进的原因是"小心 +"策略是 FL 环境的最佳策略 (γ 为 0.99)。我们只需要比"小心"策略改进一点，因为这个策略本来就很好。

现在，即使我们从一个设计很差的对抗性策略开始，交替进行策略评估和改进，最终仍然会得到一个最优策略。想要证明吗？来做实验吧！为 FL 环境制定一个对抗性策略，看看会发生什么。

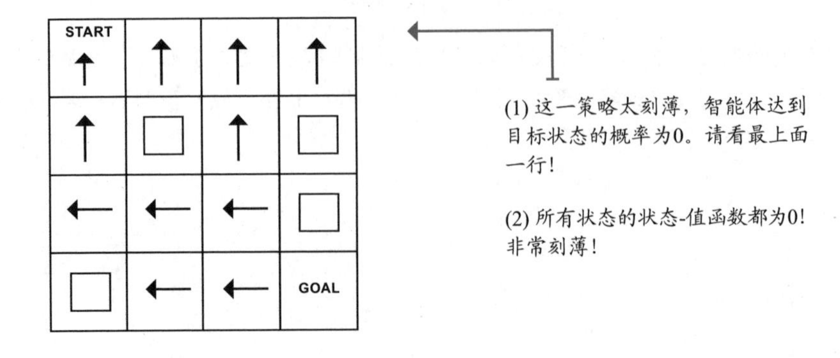

3.2.3 策略迭代：完善改进后的行为

这种对抗性策略的计划在策略评估和策略改进之间交替进行，直到从策略改进阶段输出的策略不再产生不同策略为止。实际上，如果不是从对抗性策略开始，而是从随机生成的策略开始，就是策略迭代算法的工作方式。

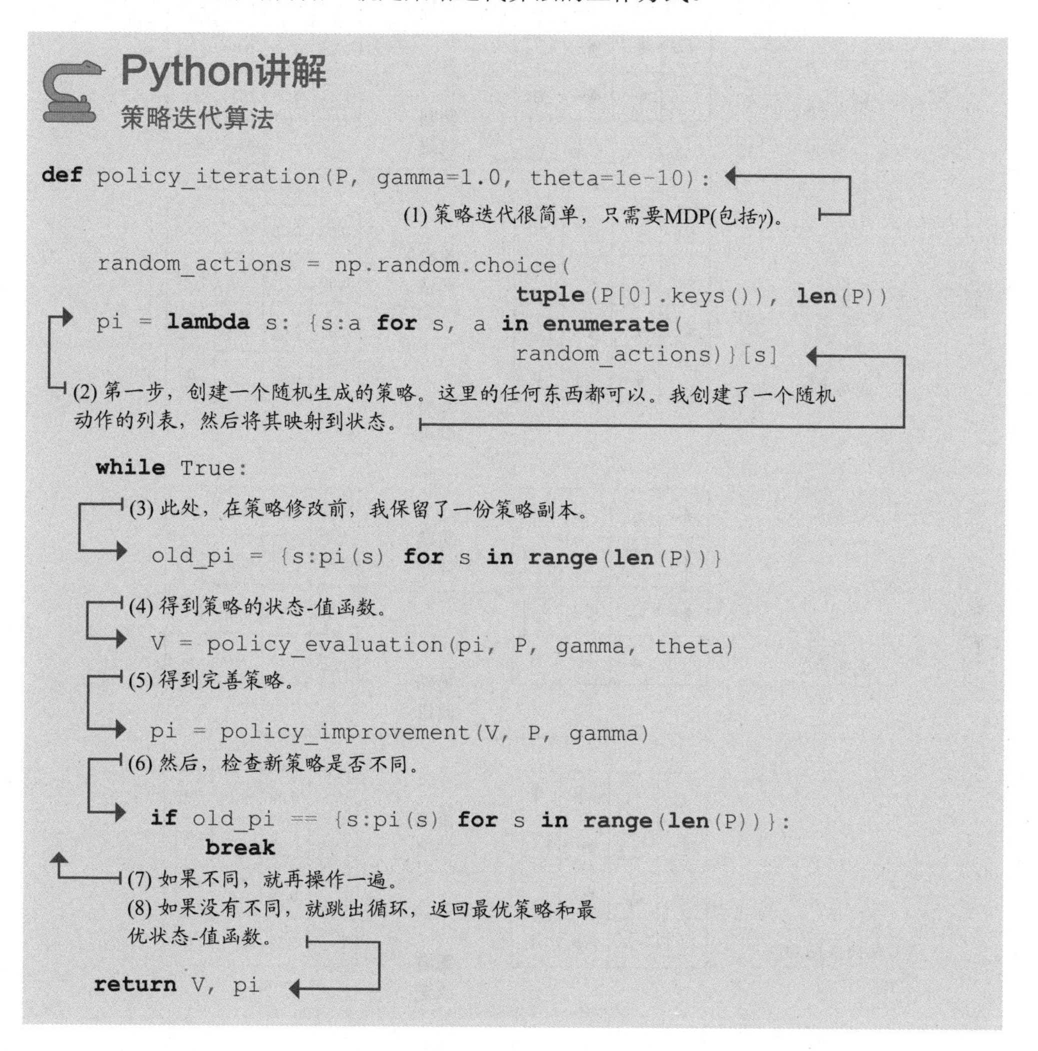

Python讲解

策略迭代算法

```
def policy_iteration(P, gamma=1.0, theta=1e-10):

    random_actions = np.random.choice(
                                tuple(P[0].keys()), len(P))
    pi = lambda s: {s:a for s, a in enumerate(
                                random_actions)}[s]

    while True:
        old_pi = {s:pi(s) for s in range(len(P))}
        V = policy_evaluation(pi, P, gamma, theta)
        pi = policy_improvement(V, P, gamma)
        if old_pi == {s:pi(s) for s in range(len(P))}:
            break

    return V, pi
```


很好！但是，让我们先从对抗性策略开始尝试，看看会发生什么。

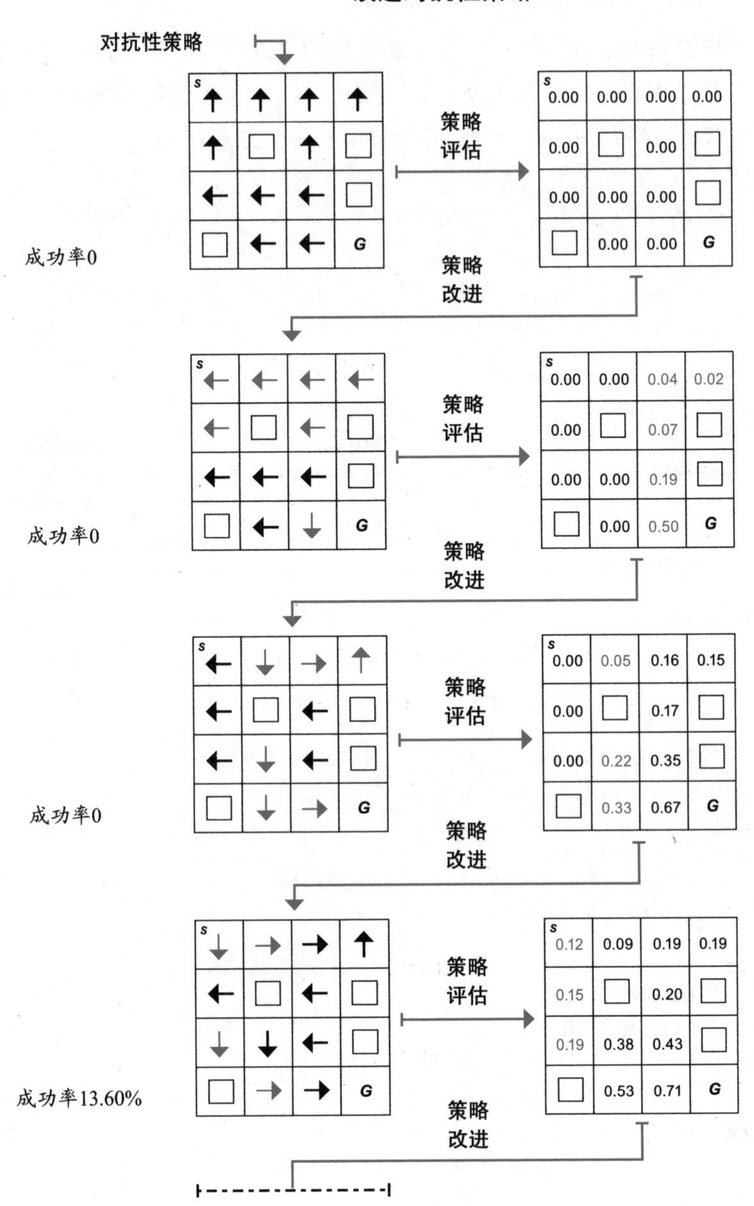
改进对抗性策略1/2
对抗性策略
策略
评估
策略
改进
成功率0
成功率0
成功率0
成功率13.60%
S
G
0.00
0.04
0.02
0.07
0.19
0.50
0.05
0.16
0.15
0.17
0.22
0.35
0.33
0.67
0.12
0.09
0.19
0.20
0.38
0.43
0.53
0.71

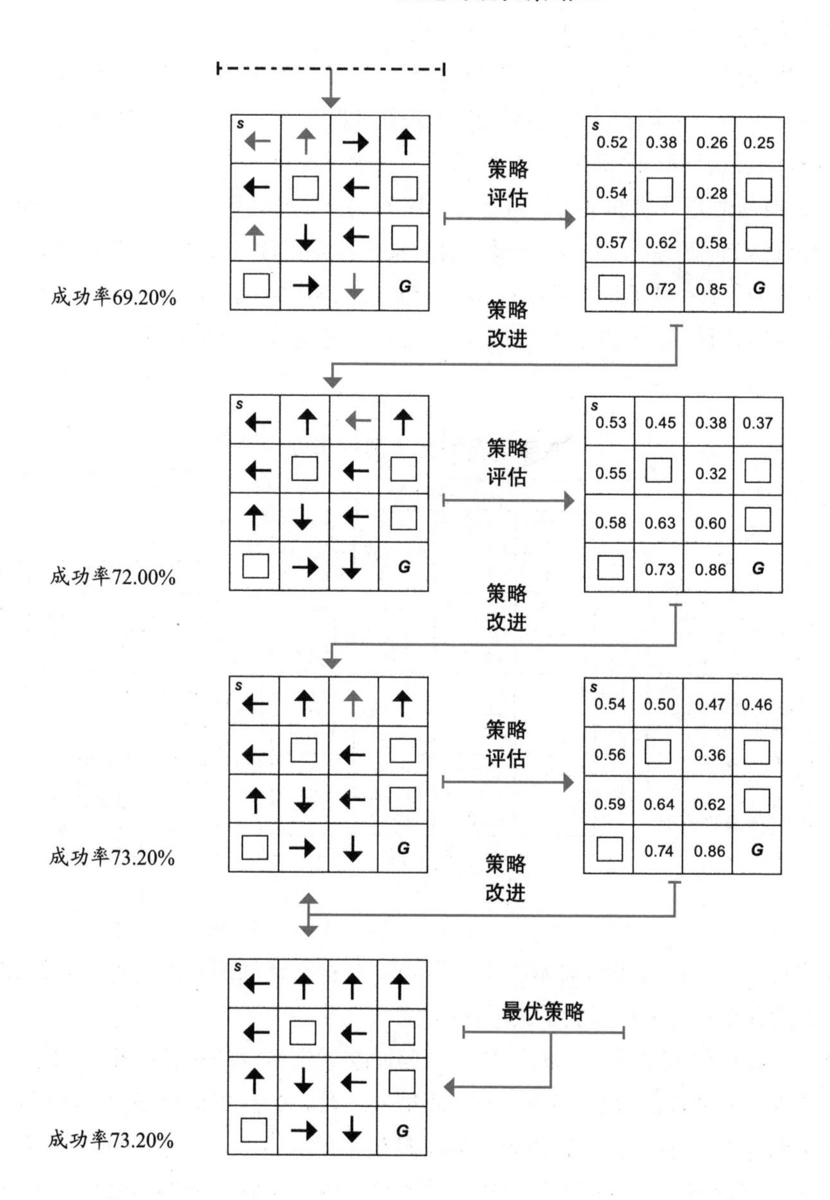
改进对抗性策略2/2
s
G
策略
评估
0.52 0.38 0.26 0.25
0.54 0.28
0.57 0.62 0.58
0.72 0.85
成功率69.20%
策略
改进
0.53 0.45 0.38 0.37
0.55 0.32
0.58 0.63 0.60
0.73 0.86
成功率72.00%
0.54 0.50 0.47 0.46
0.56 0.36
0.59 0.64 0.62
0.74 0.86
成功率73.20%
最优策略
成功率73.20%

如上所述，无论从哪种策略开始，交替进行策略评估和策略改进都会产生最优策略和最优状态-值函数。现在，关于这句话我想说几点。

注意我使用了“最优策略”，同时使用了 “最优状态-值函数”。这并非巧合，也不是用词不当；实际上，这也是我想再次强调的一个特点。一个 MDP 可以有多个最优策略，但只能有一个最优状态-值函数。这不难理解。

状态-值函数是数字的集合。数字可以精确到无穷小，因为它们是数字。MDP 只有一个最优状态-值函数(所有状态最大值的集合)。然而，状态-值函数可能有与给定状态等价值的动作；最优状态-值函数也可能如此。这种情况下，可能有多个最优策略，每个最优策略选择不同但价值相等的动作。FL 环境就是一个很好的例子。

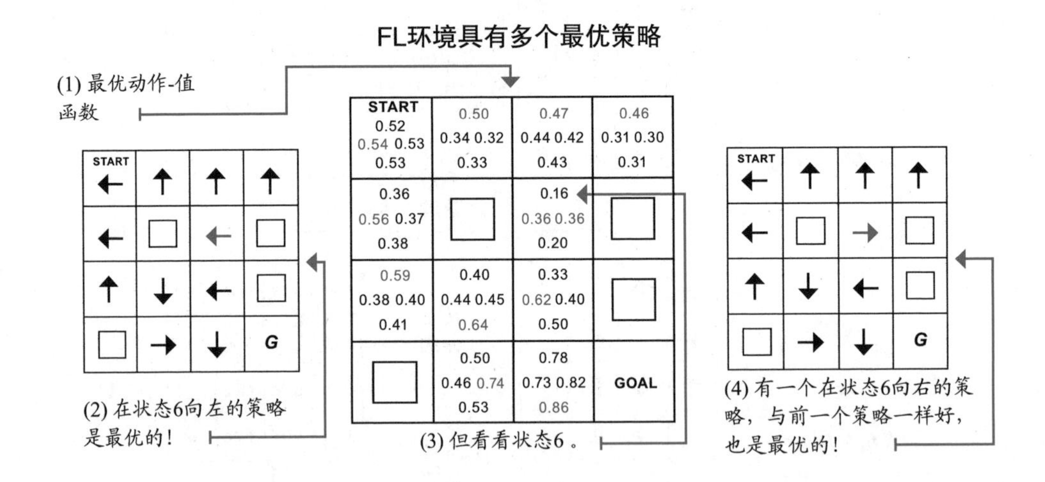

顺便说一下，这里没有显示出来，但是终端状态下的所有动作都有相同的值，即零。因此我在状态 6 中强调了类似问题。

最后，我想强调的是，策略迭代可以保证收敛到精确的最优策略：数学证明表明它不会卡在局部最优状态。然而，有一点需要注意。如果动作-值函数有平局 (例如，状态 6 中的向右 / 向左)，一定不可以随机打破平局。否则，策略改进过程中可能会不断返回不同策略，甚至没有任何实质性改进。说完这些，我们再来分析另一个寻找最优状态-值函数和最优策略的基本算法。

3.2.4 价值迭代：早期改进行为

你可能会注意到策略评估的工作方式：价值在每次迭代中一致传播，但传播缓慢。看看下图。

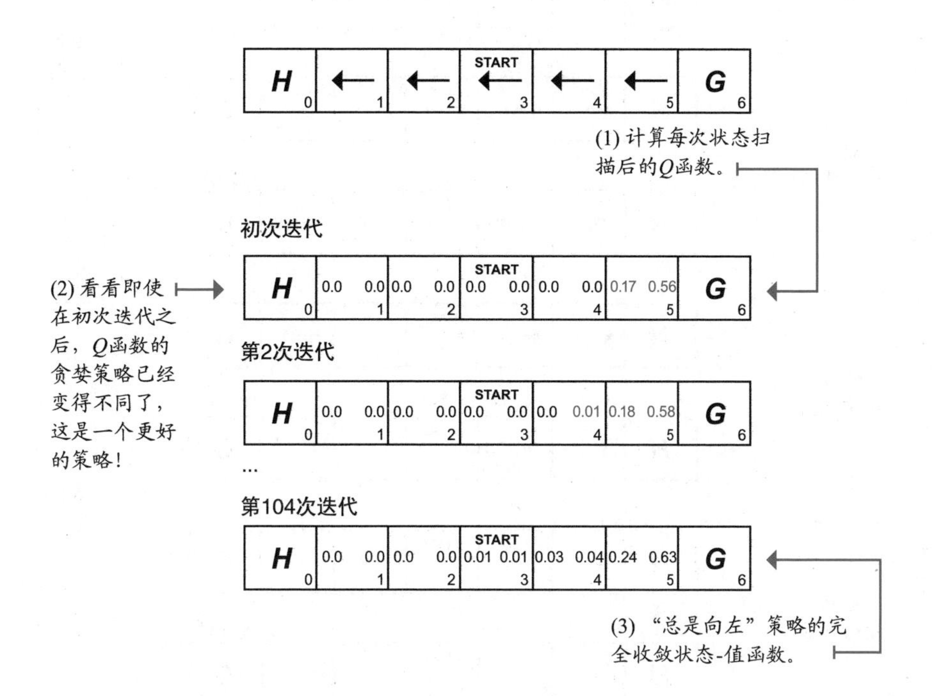

通过在每次迭代中使用 V 函数和 MDP 的截断估计可以得到该图内容，该图显示了策略评估的单个状态空间扫描，以及 Q 函数估计值。这样做可使我们更容易地看到，即使在初次迭代之后，早期 Q 函数估计的贪婪策略也会有所改进。请看初次迭代中状态 5 的 Q 值；将动作更改为指向目标状态显然已经更好了。

换言之，即使在单次迭代后截断策略评估，我们仍可在单次策略评估的状态空间扫描后，采用 Q 函数估计的贪婪策略来改进初始策略。这种算法是 RL 中的另一基本算法：价值迭代(Value Iteration，VI)。

VI 可以被认为是“贪婪的贪婪策略”，因为我们一有机会就会贪婪地计算贪婪策略。VI 不会等到我们对策略有准确的估计后再对其进行改进，相反，VI 会在单次状态扫描之后就截断策略评估阶段。来看看我说的“贪婪的贪婪策略”的含义。

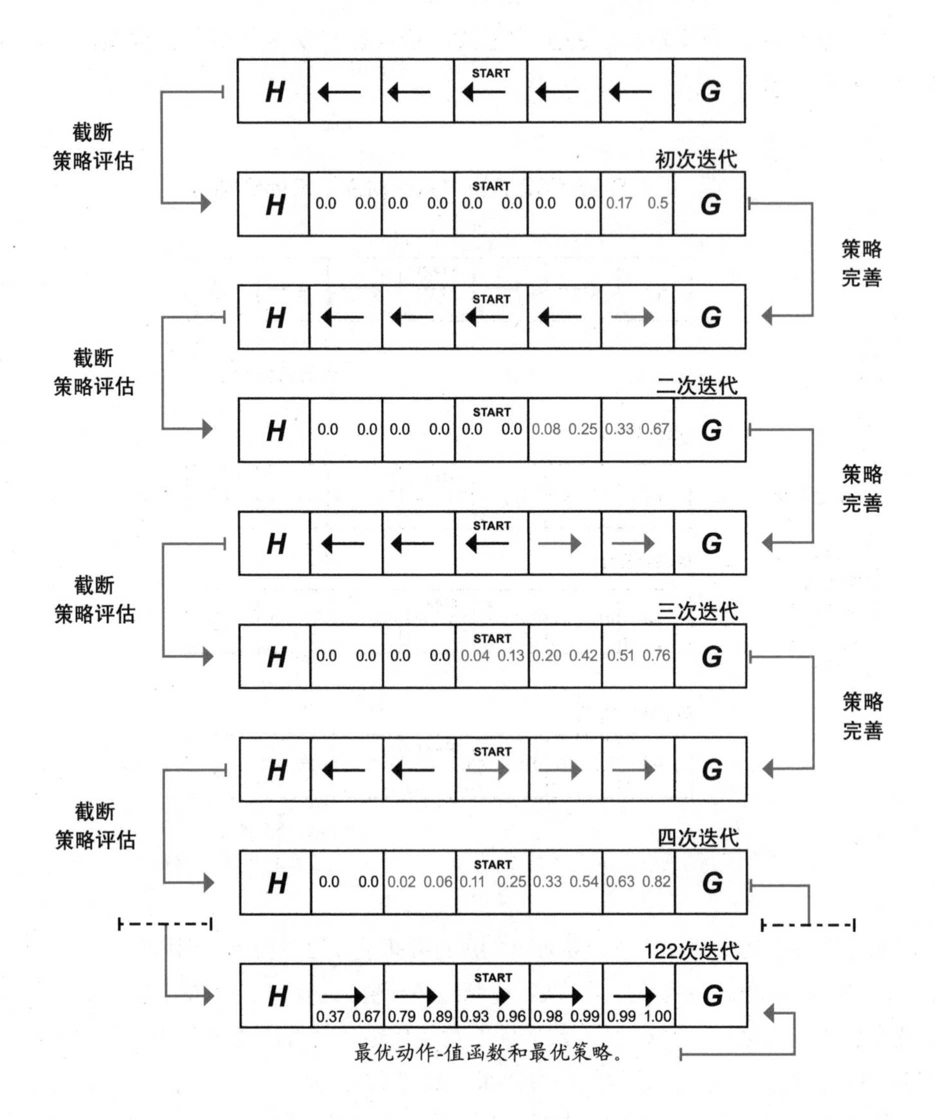

如果不是从 SWF 环境下“总是向左”的对抗性策略开始，而是从随机生成的策略开始，VI 仍然会收敛到最优状态-值函数。VI 算法很直接，可用公式来表示。

数学推导过程

值-迭代方程

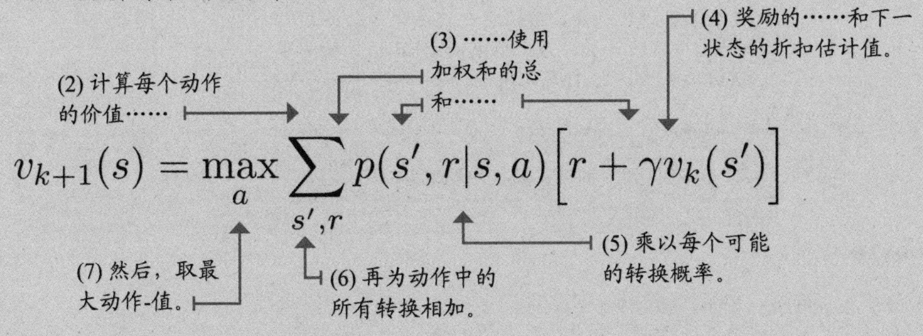

注意，实际操作时，在 VI 中，我们根本不需要处理策略。VI 没有任何独立的评估阶段可以运行到收敛。虽然 VI 的目标和 PI 的目标相同(即为给定的 MDP 找到最优策略)，但 VI 恰好是通过值函数来实现的，因此被称为价值迭代。

同样，我们只需要跟踪 V 函数和 Q 函数(取决于实现)。记住，为得到 Q 函数上的贪婪策略，要取 Q 函数动作的最大值参数。我们并不使用最大值参数来改进策略，从而获得更好策略，然后再次评估此改进策略以获得值函数，而是直接计算动作的最大值(而非最大值参数)用于下一次状态扫描。

只有在 VI 算法的最后，当 Q 函数收敛到最优值后，我们才能像以前一样，通过对 Q 函数动作取最大值参数来提取最优策略。下一页的代码片段将更清楚地表明这一点。

需要强调的一点是，尽管 VI 和 PI 是两种不同的算法，但从更广泛的角度看，它们是广义策略迭代(Generalized Policy Iteration，GPI)的两个实例。GPI 是 RL 中的一个通用思想，它利用策略的值函数估计来改进策略，且值函数估计向着当前策略的实际值函数改进。是否等待完美估计只是一个细节。

Python讲解

策略迭代算法

```
def value_iteration(P, gamma=1.0, theta=1e-10):
```

(1) 与策略迭代一样，价值迭代也是一种获得最优策略的方法。为此，我们需要一个MDP(包括γ)。θ是收敛标准，1e-10足够准确。

```
    V = np.zeros(len(P), dtype=np.float64)
```

(2) 首先，要初始化状态-值函数。用随机数值的V函数应该也可以。

```
    while True:
```

(3) 进入该循环，初始化Q函数为零。

(4) 注意此处必须为零。否则，估计值就会不正确。

```
        Q = np.zeros((len(P), len(P[0])), dtype=np.float64)
```

(5) 然后，对于每个状态中每个动作的转换……

```
        for s in range(len(P)):
            for a in range(len(P[s])):
                for prob, next_state, reward, done in P[s][a]:
```

(6) ……计算动作-值函数……

```
                    Q[s][a] += prob * (reward + gamma * \
                        V[next_state] * (not done))
```

(7) ……注意，使用V函数，这是旧的“截断”估计。

```
        if np.max(np.abs(V - np.max(Q, axis=1))) < theta:
            break
```

(8) 每次扫过状态空间后，要确保状态-值函数不断变化。否则，需要最优V函数，并将其突破。

```
        V = np.max(Q, axis=1)
```

(9) 这行简短的代码使得我们不需要独立的策略改进阶段。它并不是直接替代，而是结合改进和评估。

```
    pi = lambda s: {s:a for s, a in enumerate(
                          np.argmax(Q, axis=1))}[s]
    return V, pi
```

(10) 只有在最后，才会提取最优策略，并将其与最优状态-值函数一起返回。

3.3 小结

强化学习智能体的目标是最大化期望收益，即多个事件的总回报。为此，智能体必须使用策略，可将策略看作通用计划。策略为状态规定动作，策略可以是确定的，即返回单个动作，也可以是随机的，即返回概率分布。为获得策略，智能体通常会跟踪几个汇总值，主要有状态-值函数、动作-值函数和动作-优势函数。

状态-值函数汇总状态的预期收益，表示智能体到一次迭代结束时，将从一个状态中获得多少回报。动作-值函数汇总状态-动作对的预期收益，这种类型的值函数告诉智能体在给定状态下选择特定动作后的预期回报。动作-值函数帮助智能体比较不同的动作，从而解决控制问题。动作-优势函数向智能体展示，如果选择特定的状态-动作对，结果能比选择默认动作好多少。所有这些值函数都被映射到特定策略，也许会被映射到最优策略。这些值函数依赖于遵循策略规定的内容，直到迭代结束。

策略评估是一种利用策略和 MDP 估计值函数的方法。策略改进是一种从值函数和 MDP 中提取贪婪策略的方法。策略迭代包括策略评估和策略改进之间的交替，以从 MDP 中获得最佳策略。策略评估阶段在准确估计给定策略的值函数之前，可能会运行数次迭代。在策略迭代中，我们要等到策略评估找到准确的估计值。另一种方法称为价值迭代，价值迭代截断策略评估阶段并退出该阶段，提前进入策略改进阶段。

关于这些方法的更普遍观点是广义策略迭代。广义策略迭代描述了优化策略中两个过程的相互作用：一个过程使值函数估计更接近当前策略的实际值函数，另一个过程利用其值函数估计改进当前策略。随着这个循环进行，就可以逐步得到越来越好的策略。

至此，你已经：

- 了解了强化学习智能体的目标，以及它在任何给定时间可能持有的不同统计信息。
- 了解利用策略估计值函数的方法和利用值函数改进策略的方法。
- 能在 MDP 建模的惯序决策问题中找到最优策略。

分享成果

独立学习，分享发现

在每章的最后，我会与你分享一些想法，告诉你如何将你所学的知识提升到新水平。如果你愿意，可将你的研究结果分享出来，也一定要看看别人的成果。这是一个双赢的机会，希望你能把握住。

- **#gdrl_ch03_tf01**：许多网格世界环境都有可用的 MDP，这些 MDP 可用本章介绍的策略迭代和价值迭代函数来解决。惊喜吗？使用 env.unwrapped.P 并将该变量传递给本章中的函数。更明确一点，对于本章中没有使用的环境、由其他人创建的环境或者你自己在上一章中创建的环境，都可以使用这种方法。
- **#gdrl_ch03_tf02**：上一章已经介绍了折扣系数 γ，它是 MDP 定义的一部分。然而，我们并没有深入探讨这个关键变量的细节知识。不如用几个不同的 γ 值来运行策略迭代和价值迭代，捕捉智能体在每种情况以及最优策略下获得的奖励总和。这些比较效果如何？你能发现一些有趣的东西，以帮助别人更好地理解折扣系数的作用吗？
- **#gdrl_ch03_tf03**：策略迭代和价值迭代都在做相同的事情：采用 MDP 定义，并求解最优值函数和最优策略。然而，有趣之处在于，这些比较的效果如何？你能想出一个对策略迭代具有挑战性，而对价值迭代容易求解的 MDP 吗？能想出相反的 MDP 吗？将这样的环境创建为 Python 包，并与世界分享。你有什么别人可能想知道的发现吗？如何进行 VI 和 PI 之间的比较？
- **#gdrl_ch03_tf04**：在每一章中，都会将最后的标签作为一个概括性标签。欢迎用这个标签讨论与本章相关的任何其他内容。没有什么任务比你为自己布置的任务更令人兴奋的了。一定要分享你的调查内容和结果。

用你的发现写一条推特，打上 @mimoralea 标签(我会转发)，并使用这个列表中的特定标签来帮助感兴趣的人看到你的成果。成果没有对错之分，你分享自己的发现并核对别人的发现。借此机会进行交流、做出贡献、有所进步！ 我们等你的好消息！

推特样例：

嘿，@mimoralea。我写了一篇博文，其中列出了研究深度强化学习的资源。可单击 <link>.#gdrl_ch01_tf01。

我一定会转发以帮助其他人看到你的成果。

第4章 权衡信息收集和运用

本章内容：

- 了解从评估性反馈中学习所面临的挑战，以及如何合理权衡信息收集与信息运用。
- 学会在解决未知转换函数与奖励信号问题时，积累低水平后悔值的探索策略。
- 使用试错学习智能体来编写代码，智能体通过在有多种选项的环境中做单一选择的经验来学会优化自己的行为，被称为多臂老虎机。

“不确定和期待是生活的乐趣所在。安全则意味着枯燥乏味。”

——William Congreve
英国复辟时期的剧作家、诗人、
英国辉格党的政治人物

无论一个决定看起来多么微不足道，你所做的每个决定都是在信息收集和信息运用之间的权衡。例如，当你去餐厅时，你应该再点一次自己最喜欢吃的菜，还是点你一直想尝尝的菜呢？如果一家硅谷初创公司给你提供一份工作，你应该跳槽呢，还是应该留在目前的岗位上？

这说明了探索与利用的困境是强化学习问题的核心。这可以归结为决定何时获取知识、何时运用之前学到的知识。想知道我们已经拥有的“好”东西是否足够好是有挑战的。何时确定下来？何时寻求更多？你觉得哪个更胜一筹：双鸟在林，还是一鸟在手？

主要问题是，生命中美好的时刻是相对的；你必须比较各个事件才能看清它们的价值。例如，我敢打赌当你得到第一份工作时，你一定很惊喜。你甚至可能认为那是你一生中最美好的事情。但生活还要继续，你还会经历一些更有趣的事情——也许是升职、加薪或结婚的时候，谁知道呢！

而这正是核心问题所在：即使你把迄今为止经历的时刻按照“奇妙程度”来排序，也无法确认一生中所能经历的最美妙时刻是什么——人生是不确定的；你无法得知人生的转换函数和奖励信号，所以你必须不断探索。在本章中，你将了解到智能体身处不确定的环境中时，探索 MDP 无法用于规划的问题是多么重要。

在上一章中，你了解到从惯序性反馈中学习要面临的挑战，以及如何适当权衡当前目标和长期目标。在本章中，我们将研究从评估性反馈中学习面临的挑战，我们将在一次性(而非惯序性)环境中研究：多臂老虎机 (MAB)。

MAB 分离出从评估性反馈中学习所面临的挑战，使其清晰可见。我们将深入研究在以下特定类型的环境中权衡探索与利用的不同方法：具有多个选项但只有一种选择的单状态环境。智能体将在不确定的情况下运作，也就是说，将无法使用 MDP，但它们将与没有惯序组件的一次性环境交互。

记住，在 DRL 中，智能体从同时有惯序性(而不是一次性)、评估性(而不是监督)以及抽样性(而不是详尽性)的反馈中学习。在本章中，不谈从惯序性反馈和抽样性反馈中学习所带来的复杂性，将单独研究评估性反馈的复杂性。

4.1 解读评估性反馈的挑战

在上一章中，当处理 FL 环境时，事先知道环境将对我们的行为做出什么反应。确切了解环境的转换函数和奖励信号使我们能使用规划算法(如 PI 和 VI)计算出最优策略，而不需要与环境进行任何交互。

但是，提前知道 MDP 会使事情过于简化，也是不现实的。我们不能总是假设自己能精确地知道环境会对我们的行为做出什么反应——世界不是这样运作的。我们可以选择学习这些东西，就像你将在后续章节中学到的那样，但底线是我们需要让智能体自行体验环境、与环境交互，要让它们学着用这种方式，即完全从它们自己的经验出发来呈现最佳表现。这就是所谓的试错学习。

在 RL 中，当智能体通过与环境的交互学习如何表现时，环境会反复问智能体同样的问题：你现在想做什么？这个问题对决策主体提出了根本性挑战。将如何抉择？智能体是应该利用其当前的知识并选择当前估计值最高的操作，还是应该探索它涉足尚浅的领域？但随之而来的还有更多问题：你什么时候得知自己的估计值已经足够准确？你怎么知道做了足够多的明显不好的决定？等等。

你将学到权衡探索与利用的更有效方法

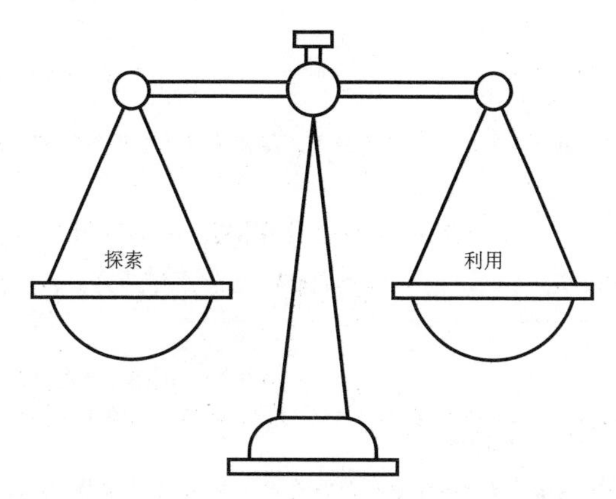

心照不宣的关键是：探索为有效运用储备知识，而利用最大化是所有决策者的最终目标。

4.1.1 老虎机：单状态决策问题

多臂老虎机(MAB)是RL题的一个特例，其状态空间和视界的大小为 1。MAB有多个动作、单一状态和一个贪婪视界；也可以把它看作一个“多个选项，单一选择”的环境。之所以这么命名，是因为有多种老虎机可供选择。

双臂老虎机问题

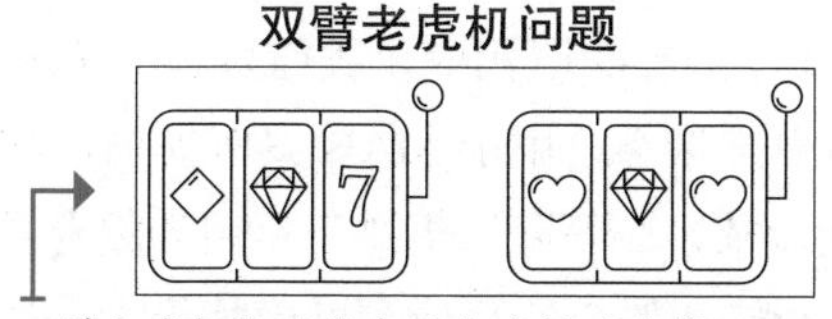

双臂老虎机指的是有两个选择的决策问题。你需要对两者都进行足够多的尝试，以正确评估每个选项。如何才能最大限度地权衡探索与利用？

从 MAB 研究中得出的方法有许多商业应用。广告公司需要找到正确方法来权衡向你展示何种广告：是预测你可能会单击的广告，还是可能更合你口味的新广告？慈善机构或政治活动所需的募集资金的网站需要权衡展示何种布局：是能吸引更多捐款的布局，还是尚未得到充分利用但仍可能取得更好结果的新设计？同样，电商网站需要权衡向你推荐何种商品：畅销产品，还是有发展前景的新产品？在医疗试验中，需要尽快了解药物对患者的影响。还有许多其他问题可以通过研究如何权衡探索与利用来解决，如石油钻探、游戏和搜索引擎等。我们研究 MAB 与其说是为了直接应用于现实世界，不如说是为了研究如何归纳出一种合适的方法来权衡 RL 智能体的探索与利用。

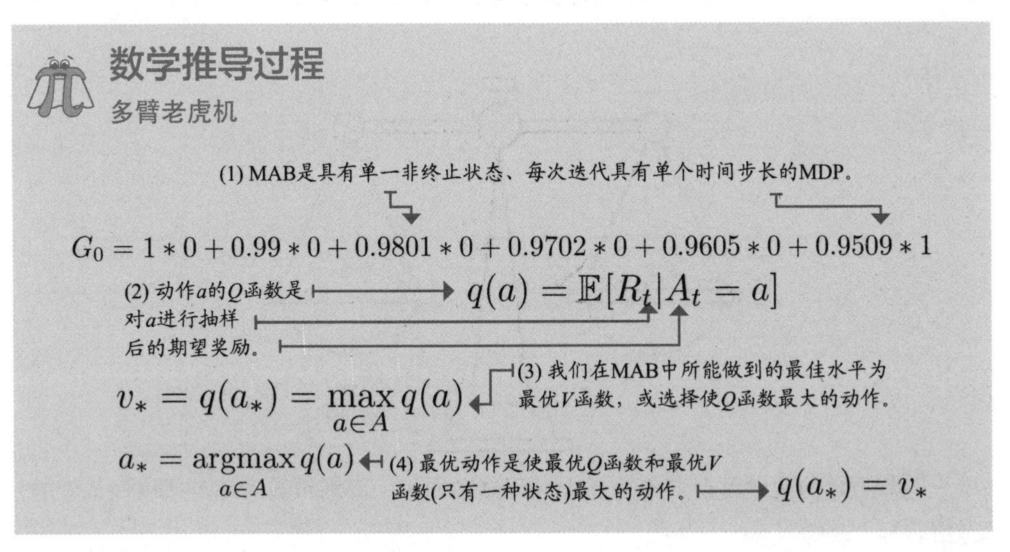

4.1.2 后悔值：探索的代价

MAB 的目标与 RL 的非常相似。在 RL 中，智能体需要使预期累计折扣奖励最大(使预期收益最大)。这意味着，尽管环境具有随机性(预期)，仍要在一次迭代中(累积)尽快获得尽可能多的回报(最大化)；若有折扣，回报折扣需要更多。当环境有多个状态，并且智能体每次迭代与环境交互多个时间步时，这是有意义的。但在 MAB 中，虽然有多个迭代，但每次迭代中，我们只有一次选择某个动作的机会。

因此，可从 RL 目标中排除不适用于 MAB 案例的词。我们删除“累积”是因为每次迭代中只有一个时间步长，而删除“折扣”是因为没有需要考虑的下一个状态。这意味着，在 MAB 中，智能体的目标是使预期回报最大。注意，“预期”这个词一直存在，因为环境具有随机性。事实上，这正是 MAB 智能体需要学习的，即奖励信号的潜在概率分布。

然而，如果我们把目标设为“使预期回报最大化”，比较智能体就没那么容易了。例如，假设一个智能体通过在最后迭代以外的所有片段中选择随机动作来学习最大化预期回报，而一个更具样本效率的智能体则使用一种聪明的策略来快速确定最佳动作。如果我们只比较两个智能体的最后迭代的表现(这在 RL 中很常见)，这两个智能体将有同样好的表现，这显然不是我们想要的。

实现更完整目标的一种强效方法是使智能体最大化每次迭代的预期回报，同时最小化所有迭代的总预期奖励损失。为计算这个值，称之为累计后悔值，我们将每次迭代的最优动作的真实预期回报和所选动作的真实预期回报之差相加。显然，累计后悔值越小越好。注意，这里使用了“真实”这个词；要计算后悔值，必须能使用 MDP。这并不意味着智能体需要 MDP，而是你需要用它来比较智能体的探索策略效率。

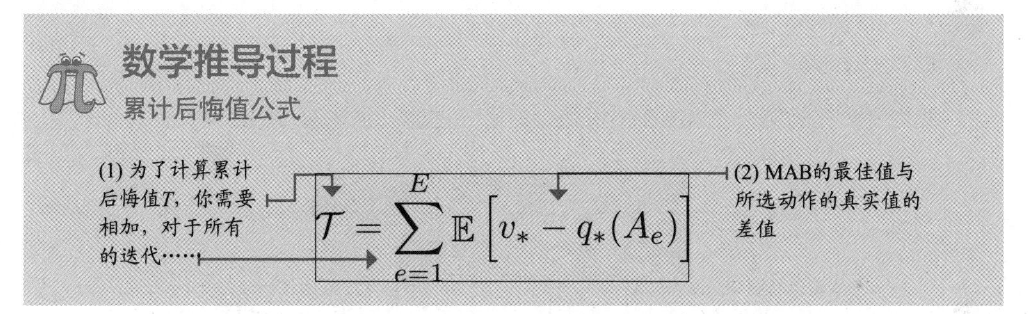

4.1.3 解决MAB环境的方法

解决 MAB 主要有三种方法。最常用、最直接的方法是在动作选择过程中引入随机性进行探索；也就是说，智能体会利用大部分时间，有时它会使用随机性进行探索。这种方法称为随机探索策略。其基本示例为一个在大多数时候选择贪婪动作的策略，并带有一个 ε 阈值，它会随机均匀地选择。这个策略引发了很多问题；比如，是否应该在所有迭代中保持 ε 值恒定？是否应该尽早最大化探索？是否应该定期增加 ε 值，以确保智能体始终处于探索状态？

解决探索与利用困境的另一种方法是保持乐观。乐观探索策略是一种更系统的方法，它量化了决策问题中的不确定性，更倾向于不确定性高的状态。归根结蒂，乐观反而更自然地把你带入不确定的状态中，因为你会假设尚未经历过的状态是最好的。这一假设会帮助你探索，随着你不断探索、面对现实，估计值会越来越低，因为它们将逐渐接近真值。

第三种解决探索与利用困境的方法是信息状态空间探索策略。这一策略将智能体的信息状态建模为环境的一部分。将不确定性编码作为状态空间的一部分意味着，是否探索将导致环境状态有所不同。将不确定性编码作为环境的一部分是一种合理的方法，但也可以大大增加状态空间的大小，从而增加其复杂性。

在本章中，我们将探究前两种方法的一些例子。我们将在几个具有不同属性及优缺点的 MAB 环境中进行探究，这将使我们能够深入比较这些策略。

需要注意，在 MAB 环境中估计 Q 函数非常简单，这是所有策略的共同点。因为 MAB 是一步操作的环境，所以要想估计 Q 函数，我们需要计算每个动作的平均回报。换句话说，动作 a 的估计值等于选择动作 a 时获得的总奖励除以选择动作 a 的次数。

我们要研究的第一个 MAB 环境是之前研究过的：强盗滑步 (BSW)。

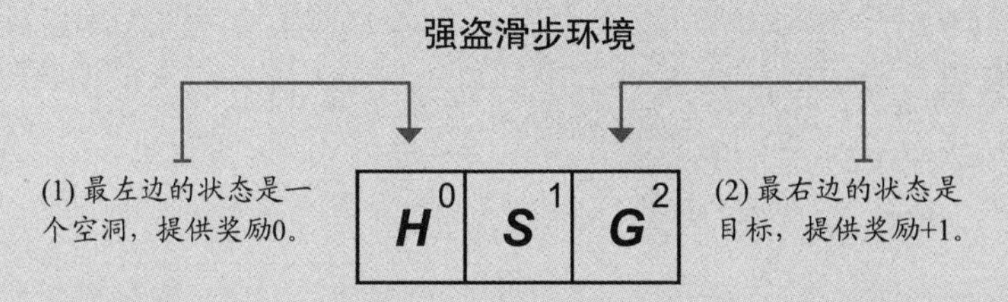

记住，BSW 是一个单行的网格世界，因此，是一次行走。但这种行走有一个特别之处，即智能体以中间为起始点，任何操作都会立即使智能体进入终端状态。因为是一步到位，所以这是一个强盗环境。

BSW 是一个双臂强盗，它可以作为双臂伯努利强盗出现在智能体面前。伯努利强盗支付奖励 +1(概率为 p) 和奖励 0(概率为 $q = 1 - p$)。换句话说，奖励信号呈伯努利分布。

在 BSW 中，两个终端状态的报酬不是 0 就是 +1。如果你进行数学计算，你就会注意到，当选择动作 0 时，+1 奖励的概率是 0.2；而选择动作 1 时，概率则为 0.8。但你的智能体不知道这些，我们也不会分享这些信息。我们想问的是：你的智能体能以多快的速度找出最优动作？在学习最大化预期奖励的同时，智能体共会累计多少后悔值？让我们一探究竟。

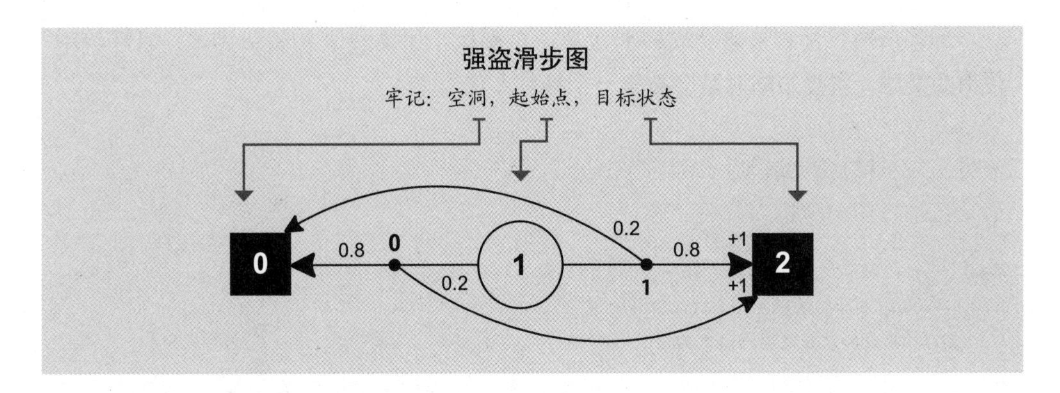

4.1.4 贪婪策略：总在利用

我想让你思考的第一个策略并不是真正的策略，而是一个基线。我曾经说过，需要对算法进行一些探索；否则，就可能收敛于一个次优操作。但为了便于比较，我们将研究一个完全未被探究的算法。

这一基线被称为贪婪策略，或纯粹利用策略。贪婪行为选择法包括总是选择具有最高估计值的动作。虽然我们选择的第一个动作有可能是最好的整体动作，但随着可操作动作数量的增加，这种幸运巧合的可能性会降低。

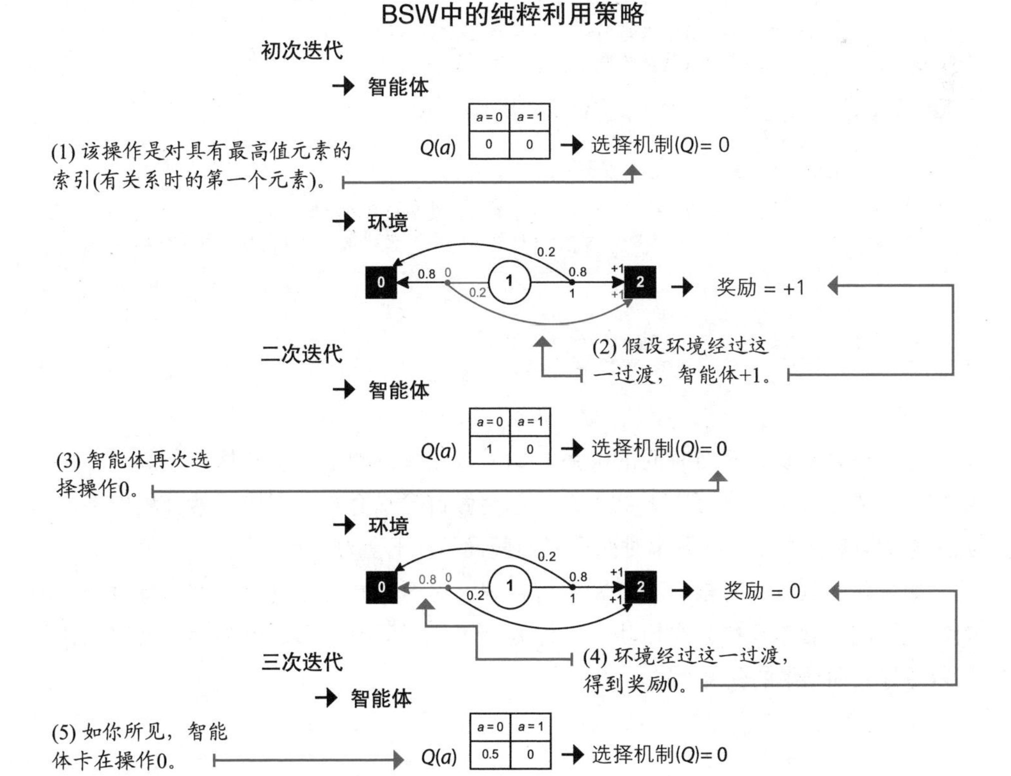

如你所料，贪婪策略会立即卡在第一个操作。如果 Q 表初始化为零，且环境中没有负奖励，贪婪策略总是会被第一个操作卡住。

Python讲解

纯粹利用策略

```
def pure_exploitation(env, n_episodes=5000):
```

(1) 几乎所有的策略都有相同的统计代码来估计Q值。

(2) 将Q函数和计数数组初始化为全0。

```
    Q = np.zeros((env.action_space.n))
    N = np.zeros((env.action_space.n))
```

(3) 这些其他变量用来计算统计数据，不是必要的。

```
    Qe = np.empty((n_episodes, env.action_space.n))
    returns = np.empty(n_episodes)
    actions = np.empty(n_episodes, dtype=np.int)
```

(4) 从此处进入主循环，并与环境交互。

```
    name = 'Pure exploitation'
    for e in tqdm(range(n_episodes),
                  desc='Episodes for: ' + name, leave=False):
        action = np.argmax(Q)
```

(5) 很简单，我们选择的动作能最大化预估的Q值。

(6) 之后，将其传递给环境，并获得新奖励。

```
        _, reward, _, _ = env.step(action)
        N[action] += 1
        Q[action] = Q[action] + (reward - Q[action])/N[action]
```

(7) 最后，更新计数和Q表。

(8) 然后，更新统计数据，并开始新的迭代。

```
        Qe[e] = Q
        returns[e] = reward
        actions[e] = action
    return name, returns, Qe, actions
```

需要注意贪婪策略与时间的关系。如果智能体只剩下一次迭代，最好采取贪婪操作。如果你知道只剩下一天的生命，你会做自己最喜欢的事情。某种程度上，这就是贪婪策略的做法，在剩余时间有限的假设条件下全力以赴。

如果你所剩时间有限，这样做合情合理；然而，如果你没有面对所剩时间有限的情况，这么做就显得目光短浅了，因为你不能用眼前的满足或奖励来换取能让你获得更好长期结果的信息。

4.1.5 随机策略：总在探索

我们也来研究一下另一个极端：一种经过探索但完全未被利用的策略。这是另一种根本的基线，可以称之为随机策略或纯粹探索策略。这是一种完全没有利用的动作选择法。智能体的唯一目标就是获取信息。

你是否认识这样的人，当启动一个新项目时，他们会花大量时间“研究”而非着手尝试？他们光是看论文就能花上几周的时间。记住，虽然探索必不可少，但一定要平衡好，才能获得最大收益。

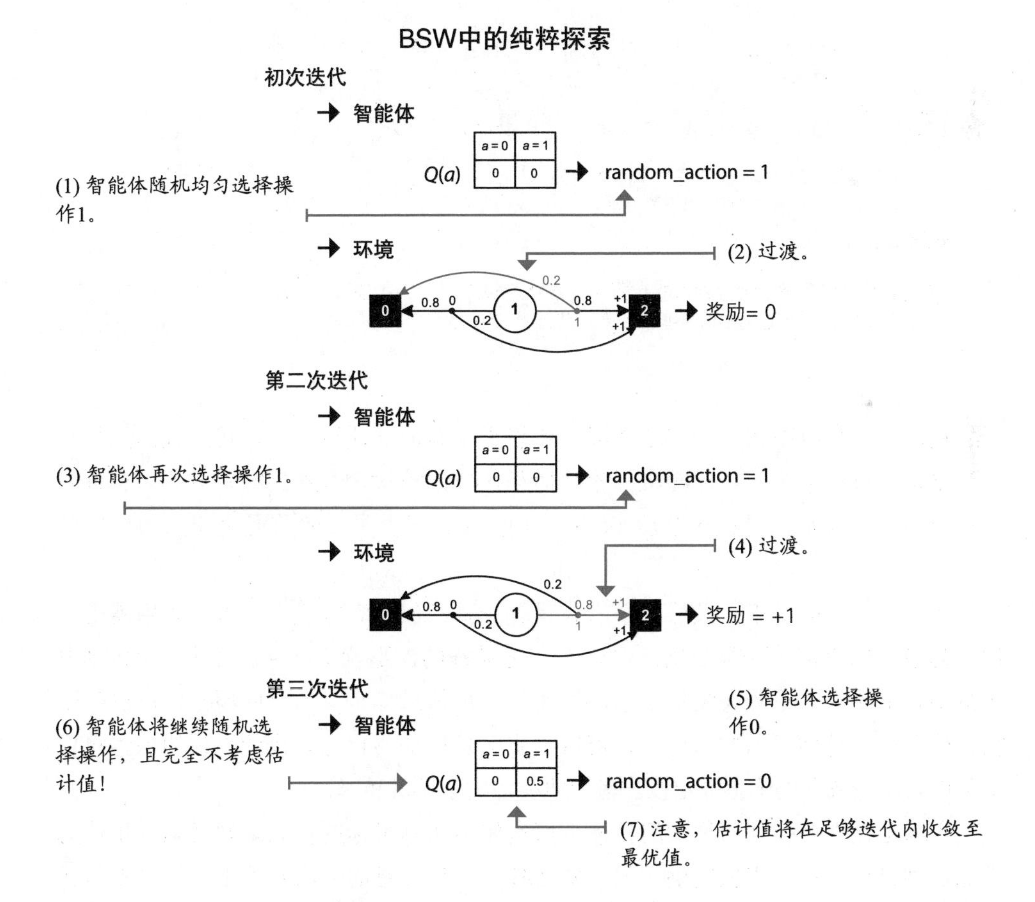

显然，随机策略也不是一个好策略，也会带来次优结果。就像一直利用一样，你同样也不想一直探索。我们需要能同时进行探索和利用的算法：获取并利用信息。

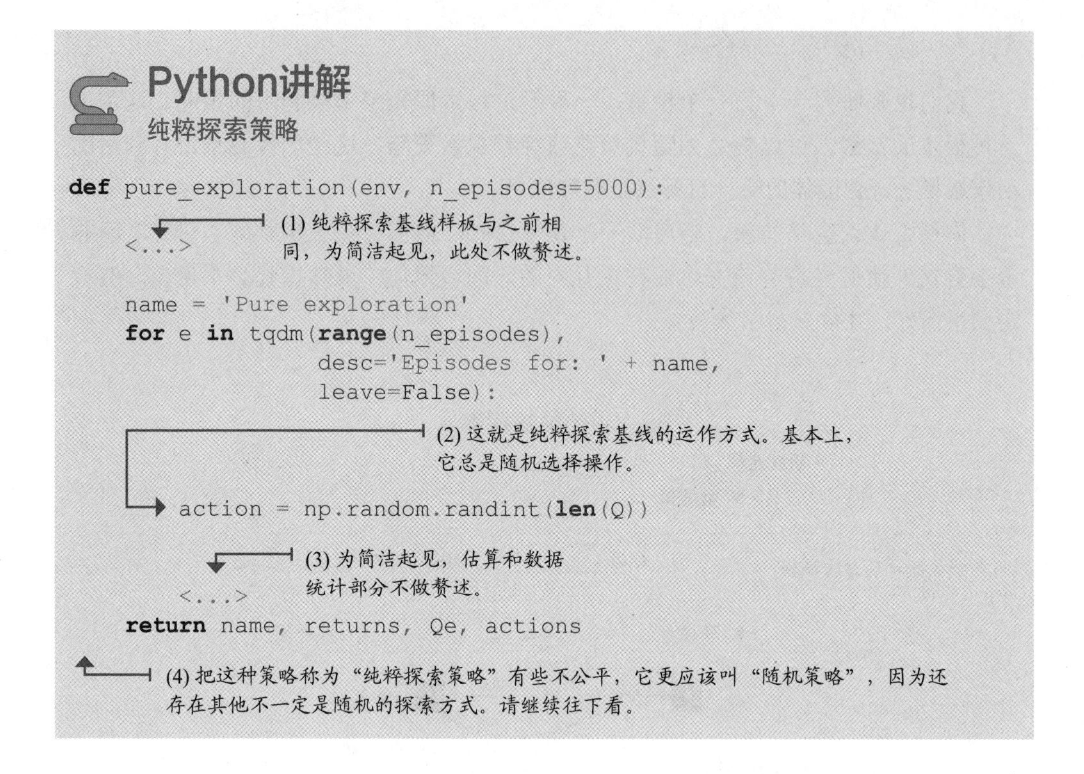

Python讲解

纯粹探索策略

```
def pure_exploration(env, n_episodes=5000):
    <...>

    name = 'Pure exploration'
    for e in tqdm(range(n_episodes),
                  desc='Episodes for: ' + name,
                  leave=False):

        action = np.random.randint(len(Q))

        <...>
    return name, returns, Qe, actions
```

(1) 纯粹探索基线样板与之前相同，为简洁起见，此处不做赘述。

(2) 这就是纯粹探索基线的运作方式。基本上，它总是随机选择操作。

(3) 为简洁起见，估算和数据统计部分不做赘述。

(4) 把这种策略称为“纯粹探索策略”有些不公平，它更应该叫“随机策略”，因为还存在其他不一定是随机的探索方式。请继续往下看。

我在代码片段中留下了一个注释，我想重申并展开谈论一下。我所说的纯粹探索策略是一种探索方式，即随机探索。但你可以想出很多其他的探索方式。也许是基于计数，也就是你尝试一个动作(而非其他动作)的次数，也许是基于获得奖励的方差。

让我们先了解一下：虽然利用方式只有一种，但探索方式有许多。利用就是做你认为最好的事情，这很明确。你认为 A 是最好的，那就执行 A。另外，探索则复杂得多。很明显，你需要收集信息，但如何收集信息却是另一个问题。你可以尝试收集信息来支持你当前的信念，也可以收集信息以证明自己是错的。你的探索可以出于信心，又或者出于不确定性。诸如此类的例子不胜枚举。

底线是直观的：利用是你的目标，探索使你达到目标的信息。你必须收集信息才能达到目标，这一点很明确。但除此之外，收集信息的方法有若干种，这就是挑战所在。

4.1.6 ε贪婪策略：通常贪婪，时而随机

现在我们把纯粹利用和纯粹探索这两条基线结合起来，这样智能体既可以利用，又可以收集信息以做出明智的决策。混合策略包括大部分时间的贪婪动作和偶尔的随机探索。

这种策略被称为ε贪婪策略，效果卓然。如果你总是选择自认为最好的动作，你会得到可靠的结果，因为你仍然在选择被认为是最好的动作，但你也在选择没有充分尝试过的动作。这样一来，动作-值函数就有望收敛到其真实价值；而这反过来又会帮助你获得更多的长期回报。

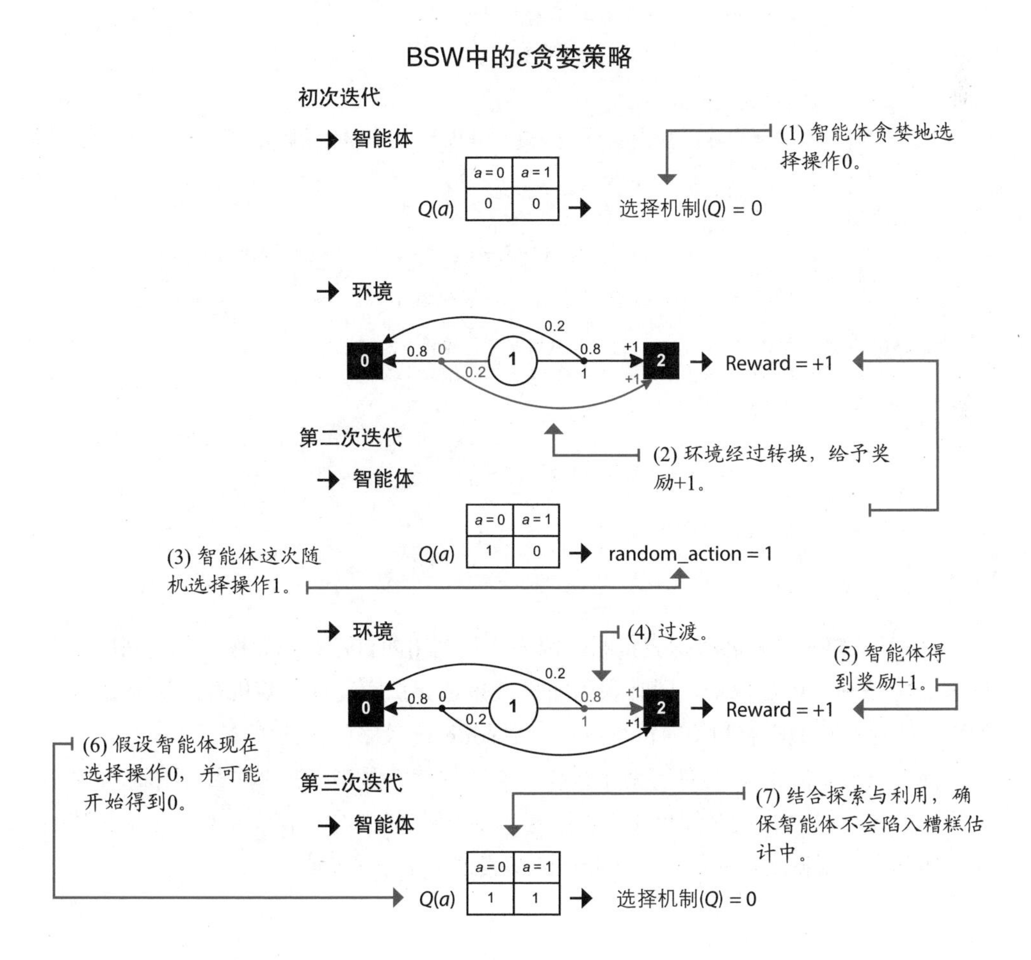

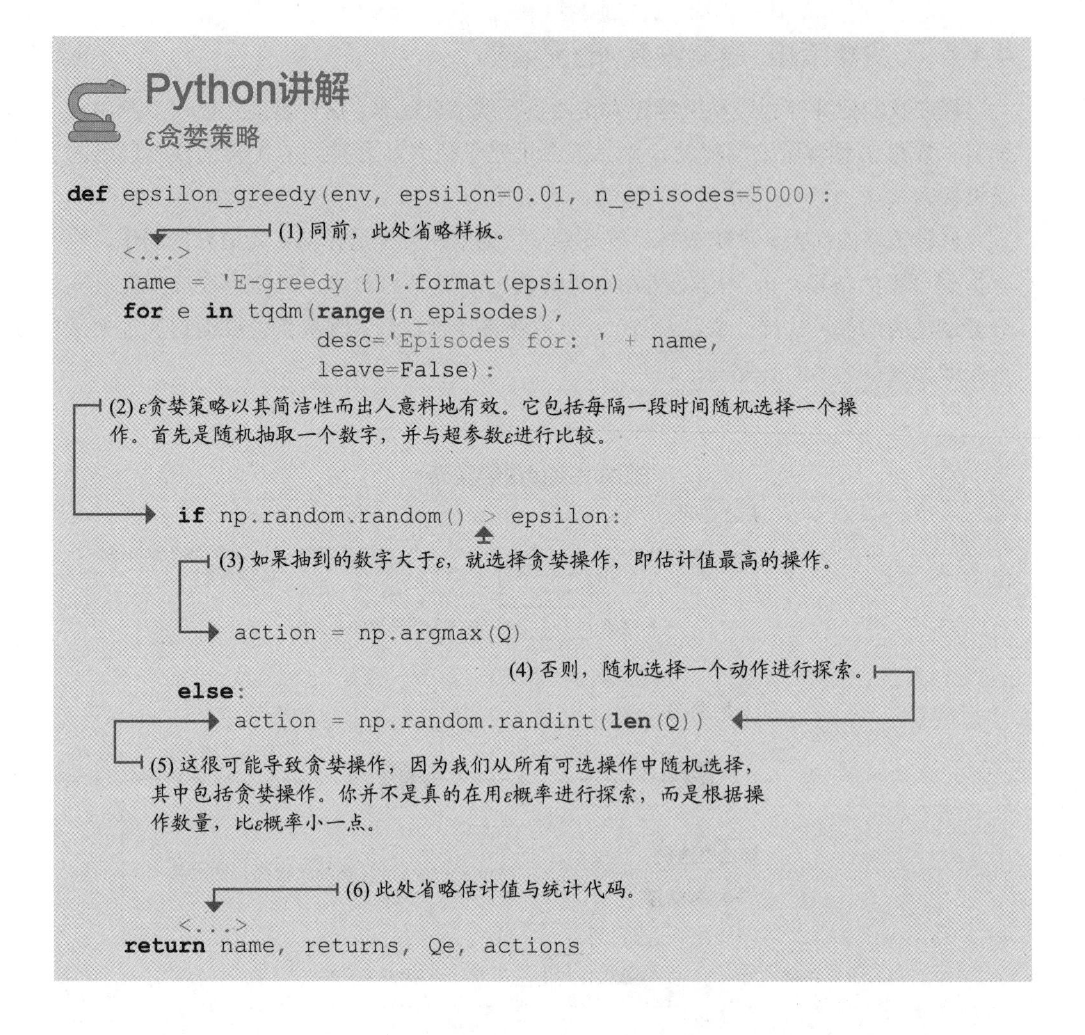

Python讲解

ε贪婪策略

```
def epsilon_greedy(env, epsilon=0.01, n_episodes=5000):
    <...>
    name = 'E-greedy {}'.format(epsilon)
    for e in tqdm(range(n_episodes),
                  desc='Episodes for: ' + name,
                  leave=False):
        if np.random.random() > epsilon:
            action = np.argmax(Q)
        else:
            action = np.random.randint(len(Q))
        <...>
    return name, returns, Qe, actions
```

(1) 同前，此处省略样板。

(2) ε贪婪策略以其简洁性而出人意料地有效。它包括每隔一段时间随机选择一个操作。首先是随机抽取一个数字，并与超参数ε进行比较。

(3) 如果抽到的数字大于ε，就选择贪婪操作，即估计值最高的操作。

(4) 否则，随机选择一个动作进行探索。

(5) 这很可能导致贪婪操作，因为我们从所有可选操作中随机选择，其中包括贪婪操作。你并不是真的在用ε概率进行探索，而是根据操作数量，比ε概率小一点。

(6) 此处省略估计值与统计代码。

ε贪婪策略是一种随机探索策略，因为我们利用随机性选择动作。首先利用随机性来选择是利用还是探索，同时利用随机性来选择探索动作。随机探索策略还有其他种类，这些种类没有初始随机决策点，如softmax策略(见稍后的讨论)。

注意，设ε是0.5，且你有两个操作，若“探索”是指选择非贪婪动作，你就不能说智能体会在50%的时间里探索。注意，ε贪婪策略中的“探索步骤”包括贪婪动作。实际上，根据动作的数量，智能体的探索值将稍小于ε值。

4.1.7 衰减ε贪婪策略：先最大化探索，后最大化利用

直观地说，在早期，智能体对环境体验不够时，就是我们最希望它去探索的时候；此后，随着智能体能够更好地估计值函数，我们希望智能体能够越来越多地利用。原理很简单：从一个小于或等于1的高ε开始，在每一步上衰减其值。这种策略称为衰减ε贪婪策略，可根据ε值的改变而采取多种形式。这里将展示两种方法。

Python讲解

线性衰减ε贪婪策略

```
def lin_dec_epsilon_greedy(env,
                           init_epsilon=1.0,
                           min_epsilon=0.01,
                           decay_ratio=0.05,
                           n_episodes=5000):
    # (1) 同样，此处省略样板。
    <...>
    name = 'Lin e-greedy {} {} {}'.format(
               init_epsilon, min_epsilon, decay_ratio)
    for e in tqdm(range(n_episodes),
                  desc='Episodes for: ' + name,
                  leave=False):

        # (2) 线性衰减ε贪婪策略包括使ε随步数线性衰减。
        # 首先要计算出希望将ε衰减到最小值的迭代次数。
        decay_episodes = n_episodes * decay_ratio

        # (3) 然后，计算当前迭代的ε值。
        epsilon = 1 - e / decay_episodes
        epsilon *= init_epsilon - min_epsilon
        epsilon += min_epsilon
        epsilon = np.clip(epsilon, min_epsilon, init_epsilon)
        # (4) 此后皆与ε贪婪策略一致。
        if np.random.random() > epsilon:
            action = np.argmax(Q)
        else:
            action = np.random.randint(len(Q))
        <...>    # (5) 此处省略统计数据。
    return name, returns, Qe, actions
```

Python讲解

指数衰减ε贪婪策略

```
def exp_dec_epsilon_greedy(env,
                           init_epsilon=1.0,
                           min_epsilon=0.01,
                           decay_ratio=0.1,
                           n_episodes=5000):
    <...>
    decay_episodes = int(n_episodes * decay_ratio)
    rem_episodes = n_episodes - decay_episodes
    epsilons = 0.01
    epsilons /= np.logspace(-2, 0, decay_episodes)
    epsilons *= init_epsilon - min_epsilon
    epsilons += min_epsilon
    epsilons = np.pad(epsilons, (0, rem_episodes), 'edge')

    name = 'Exp e-greedy {} {} {}'.format(
              init_epsilon, min_epsilon, decay_ratio)
    for e in tqdm(range(n_episodes),
                  desc='Episodes for: ' + name,
                  leave=False):
        if np.random.random() > epsilons[e]:
            action = np.argmax(Q)
        else:
            action = np.random.randint(len(Q))
        <...>
    return name, returns, Qe, actions
```

(1) 仅供参考，非完整代码。

(2) 此处计算指数衰减的ε。注意，可以一次性计算所有值，并且在遍历循环时只查询预先计算的值的数组。

(3) 其余皆与以往相同。

(4) 此处省略统计数据。

从简单的1/ε到阻尼正弦波，处理衰减ε的方法还有许多。同样的线性和指数技术甚至有不同的实现方法。最重要的是，智能体应该先尽可能探索，此后尽可能利用。早期，价值估计很可能是错误的。不过，随着时间推移和知识获取，价值估计会更可能接近实际价值，此时你应该减少探索的频率以利用所学的知识。

4.1.8 乐观初始化策略：始于相信世界美好

处理探索与利用这一两难问题的另一个有趣方法是，把你尚未充分探索的动作当作最佳可能动作，好像你在天堂一样。这类策略被称为面对不确定性时的乐观主义。乐观初始化策略是其中一个实例。

乐观初始化策略的原理很简单：将 Q 函数初始化为一个高值，并利用这些估计值执行贪婪动作。有两点需要说明。首先，“高值”是我们在 RL 中无法获得的东西，这一点会在本章稍后讨论；现在，假设我们事先获得了这个数字。其次，除 Q 值外，还需要将计数初始化至大于 1。否则，Q 函数将变化过快，该策略的效果会降低。

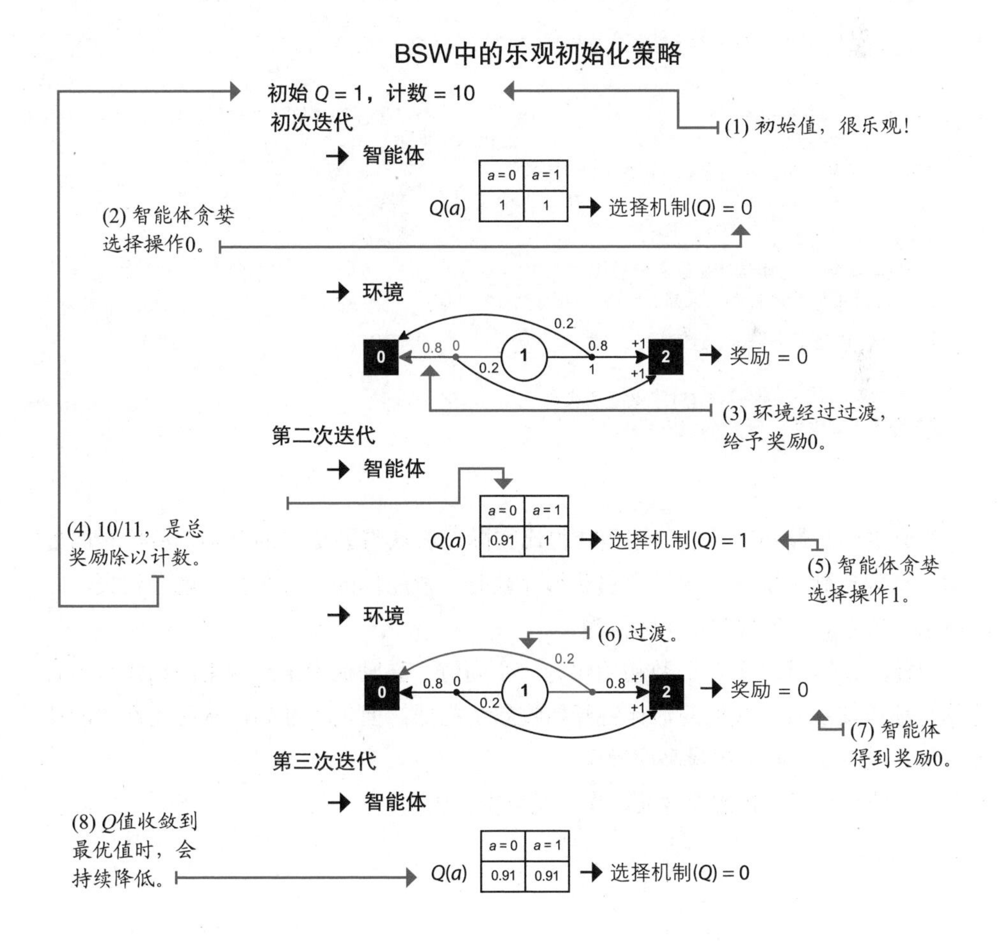

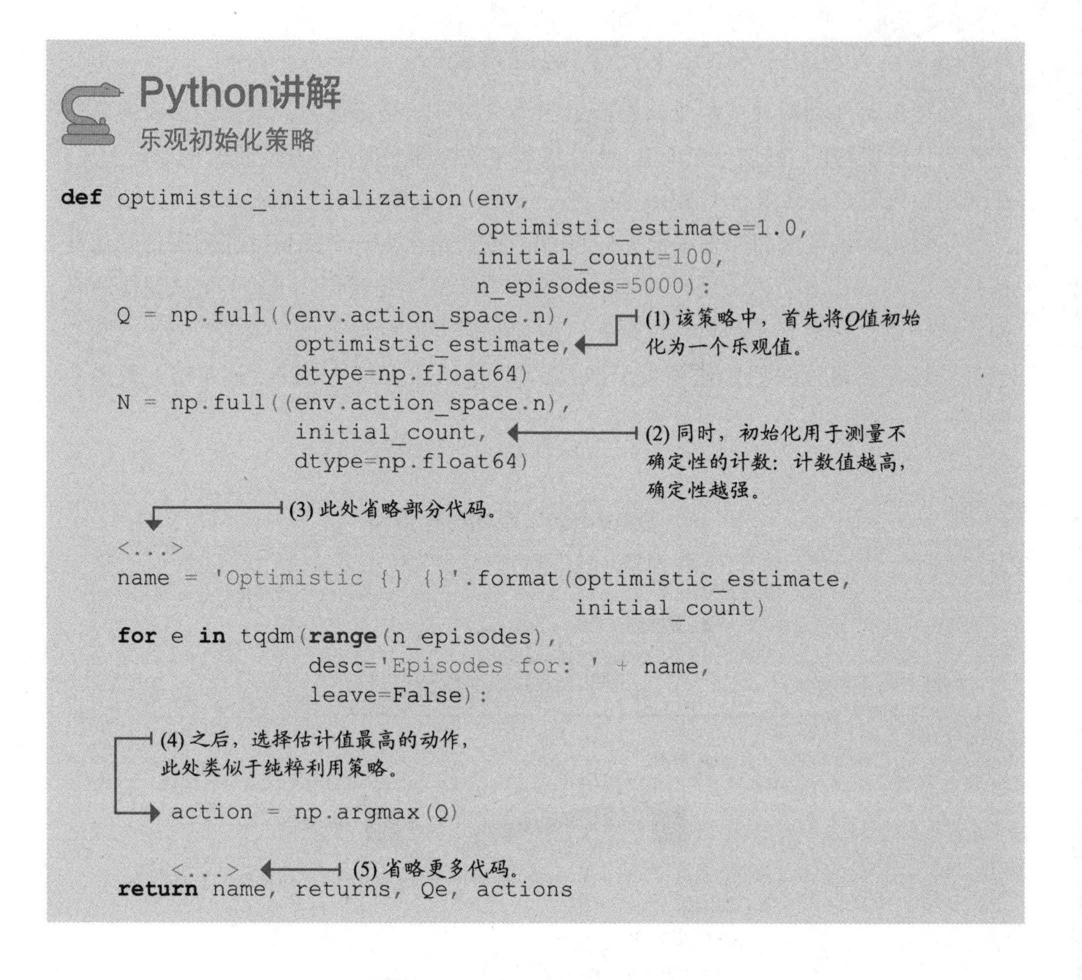

Python讲解

乐观初始化策略

```python
def optimistic_initialization(env,
                              optimistic_estimate=1.0,
                              initial_count=100,
                              n_episodes=5000):
    Q = np.full((env.action_space.n),
                optimistic_estimate,
                dtype=np.float64)
    N = np.full((env.action_space.n),
                initial_count,
                dtype=np.float64)

    <...>
    name = 'Optimistic {} {}'.format(optimistic_estimate,
                                     initial_count)
    for e in tqdm(range(n_episodes),
                  desc='Episodes for: ' + name,
                  leave=False):

        action = np.argmax(Q)

        <...>
    return name, returns, Qe, actions
```


很有趣吧！最初，智能体期望获得比实际能够获得的更多的奖励，所以它四处探索，直到找到奖励的来源。当它获得经验时，智能体的“天真性”就会消失，即 Q 值越来越低，直到收敛至实际值为止。

同样，我们通过将 Q 函数初始化为一个高值，鼓励探索未经探索的动作。当智能体与环境交互时，我们的估计将开始收敛至更低，但也更准确，从而允许智能体寻找到并收敛到实际回报最高的操作。

重要的是，如果你想要贪婪动作，就至少要乐观。

具体案例

双臂伯努利强盗环境

让我们在一组双臂伯努利强盗环境中，比较一下迄今为止所介绍的几种策略的具体实例。

双臂伯努利强盗环境有一个单一非终端状态和两个操作。动作 0 有 α 的概率支付奖励 +1，有 1-α 的概率支付奖励 0。动作 1 有 β 概率支付奖励 +1，有 1-β 的概率支付奖励 0。

这在某种程度上与 BSW 类似。BSW 具有互补概率：动作 0 以 α 的概率支付奖励 +1，动作 1 以 1-α 的概率支付奖励 +1。在这种强盗环境中，这些概率是独立的，甚至可以相等。

以下为双臂伯努利强盗 MDP 的描述。

双臂伯努利强盗环境

1-β +1 α 0 1 β +1 0 1 2 1-α

此处为双臂伯努利强盗环境的一般MDP表示。

关键之处在于，你要注意到表示这种环境的不同方式有很多。事实上，这里有许多冗余且不必要的信息，所以在代码中并不是这样写的。

对于上述的两个终端状态，其中之一可使两个动作过渡到同一个终端状态。但如你所知，画出这些会让图表变得过于复杂。

重要的是，你尽可以按自己的方式构建和表示环境；构建和表示环境没有正确答案。错误方法一定有许多，但正确方法一定也有许多。一定要去探索！

是的，我探索过。

总结
双臂伯努利强盗环境下的简单探索策略

我对迄今为止的所有策略都运行了两个超参数实例：ε 贪婪策略、两个衰减策略和乐观方法，以及纯粹利用基线和纯粹探索基线。纯粹利用基线与纯粹探索基线处于 5 个双臂伯努利强盗环境中，双臂伯努利强盗环境随机均匀初始化的概率为 α 和 β，拥有 5 个起始点。结果取 25 次运行的平均值。

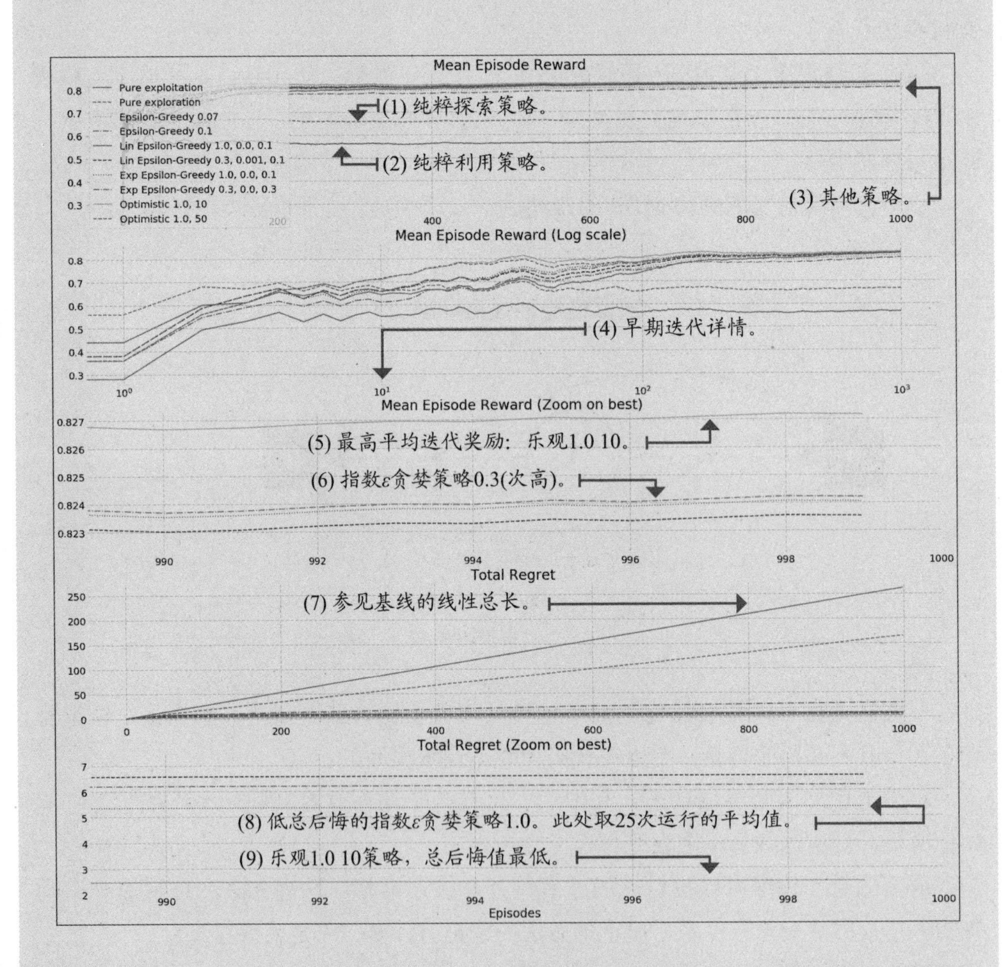

本次实验中表现最好的是乐观策略，初始 Q 值为 1.0，初始计数为 10。所有策略都表现得很好，都没有经过高度调整，所以只是为了好玩。详见第 4 章的笔记，愿你有所收获。

详细说明

双臂伯努利强盗环境中的简单策略

来谈谈实验中的几处细节。

首先，我运行了 5 种不同的起始点(12, 34, 56, 78, 90)来生成 5 种不同的双臂伯努利强盗环境。记住，所有伯努利强盗都以一定的概率为每只手臂支付奖励 +1。

由此产生的环境及其回报概率如下。

双臂强盗，起始点为 12：

- 奖励概率为 [0.41630234, 0.5545003]

双臂强盗，起始点为 34：

- 奖励概率为 [0.88039337, 0.56881791]

双臂强盗，起始点为 56：

- 奖励概率为 [0.44859284, 0.9499771]

双臂强盗，起始点为 78：

- 奖励概率为 [0.53235706, 0.84511988]

双臂强盗，起始点为 90：

- 奖励概率为 [0.56461729, 0.91744039]

所有起始点的平均最优值为 0.83。

所有策略从 5 种不同起始点(12, 34, 56, 78, 90)出发，运行上述每一种环境，以消除并析出结果中的随机性因素。例如，我先用起始点 12 创建一个伯努利强盗，然后使用起始点 12、34 等，以此得到起始点 12 创建的环境中各种策略的性能。

然后，我用起始点 34 创建另一个伯努利强盗，再使用起始点 12、34 等，以此在起始点 34 创建的环境中评估各个策略。我对所有 5 种环境中的所有策略都执行了这样的操作。总体来说，结果是 5 个环境和 5 个起始点的平均值，因此每个策略有 25 个不同的运行。

我手动对每个策略进行了独立调整，大约使用了 10 个超参数组合，并从中挑选出前两个。

4.2 策略型探索

想象一下，你的任务是编写一个强化学习智能体来学习驾驶。你决定实施 ε 贪婪探索策略。你将智能体发送至汽车电脑，启动汽车，按下那个漂亮的绿色按钮，然后汽车开始探索。它将抛出一枚硬币，并决定用一个随机动作进行探索，比如行驶到道路的另一边。喜欢吗？好吧，我也不喜欢。我希望这个例子有助于说明采取不同探索策略的必要性。

需要说明一下，这个例子当然是在夸大其词。你不会把一个未经训练的智能体直接放入现实世界中去学习。实际上，如果你想在真实的汽车、无人机或一般的真实世界中使用 RL，你应该在模拟中预先训练智能体或使用样本更有效的方法。

但我的观点是成立的。仔细想想，人类虽然探索，但并非随意探索。也许婴儿会这样做，但成年人不会。或许模糊不清是随机性的来源，但我们不会因此就随意与某人结婚(除非你去往拉斯维加斯)。相反，我认为成年人的探索方式更具策略性。我们知道是在牺牲短期利益换取长期的满足；我们想要获取信息；我们尝试未经充分尝试但可能改善生活的事物，以此进行探索。也许探索策略就是估计及其不确定性的结合。例如，相对于一道味美但每周末都能吃到的菜，我们可能更青睐一道可能爱吃且没有吃过的菜。也许我们的探索是基于“好奇心”或预测误差。例如，很可能在一家餐厅尝试新菜品，我们原以为这家餐厅的食物味道只是还行，却在那里吃到了最美味的食物。这种“预测误差”和“惊喜”有时可能是我们探索的标准。

在本章的其余部分，将研究更高级的探索策略。其中几种仍然是随机探索策略，但它们将随机性相应地应用于当前对动作的估计中。其他探索策略则考虑到估计的信任度和不确定程度。

尽管如此，我想重申的是，也许是因为性能卓越，又或者是因为浅显简单，ε 贪婪策略(及其衰退版本)仍然是当今最流行的探索策略。可能是因为当前大多数强化学习环境都存在于计算机中，而虚拟世界的安全问题很少。你需要认真考虑这个问题。在探索与利用的权衡中，信息的收集和利用是人类智能、人工智能和强化学习的核心。我敢肯定，这一领域的进步将对人工智能、强化学习以及其他所有对这一基本权衡感兴趣的领域产生巨大影响。

4.2.1 柔性最大值策略：根据估计值按比随机选择动作

如果随机探索策略将 Q 值估计值考虑在内，就会变得更有意义。如此，若一个动作的估计值非常低，我们就不太可能尝试它。有一种被称为 softmax 策略可以做到这一点：它从动作-值函数的概率分布中抽取动作样本，使得选择动作的概率与其当前的动作-值估计成正比。这种策略也属于随机探索策略，由于其探索阶段包含随机性，所以与 ε 贪婪策略有关。ε 贪婪策略从给定状态下可用的全部动作中随机均匀取样，而 softmax 策略则倾向于取样高值动作。

softmax 策略可有效地使动作-值估计为一个偏向指标。动作-值的高低并不重要;如果你给所有的值加上一个常数，概率分布仍将保持不变。你侧重于 Q 函数，并从这一偏向出发，从概率分布中对动作进行抽样。Q 值估计值之间的差异会带来一种趋势，你会更频繁地选择估计值最高的动作，而较少选择估计值最低的动作。

还可添加一个超参数，来控制算法对 Q 值估计值差异的敏感性。这个超参数称为温度(参考统计力学)，其工作方式为：当它接近无穷大时，对 Q 值的偏好是相等的。基本上，我们对一个动作进行均匀抽样。但当温度值接近零时，将以概率 1 对估计值最高的动作进行抽样。此外，可对这个超参数进行线性衰减、指数衰减或其他方式的衰减。但在实际操作中，为了稳定数值，我们不能使用无穷大或零作为温度，而是使用一个很大或很小的正实数，并将这些数值标准化。

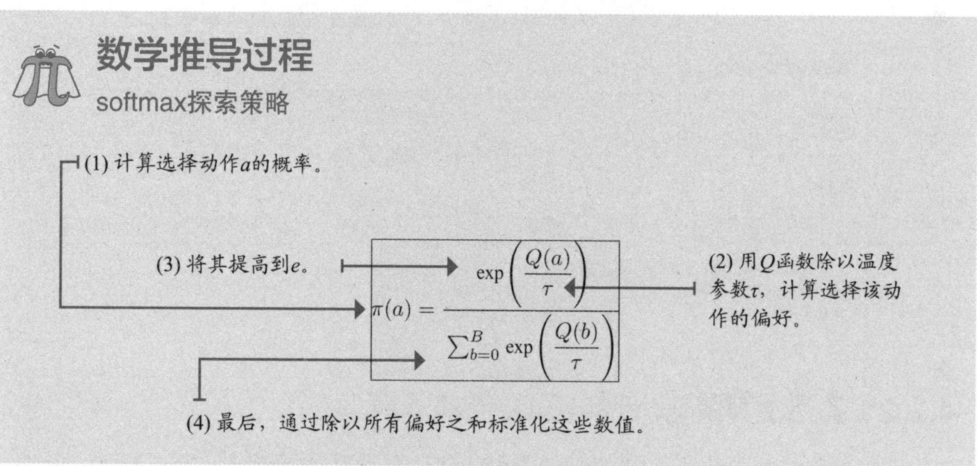

Python讲解

softmax策略

```
def softmax(env,
            init_temp=1000.0,
            min_temp=0.01,
            decay_ratio=0.04,
            n_episodes=5000):
                            (1) 为简明起见，此处省略代码。
    <...>
    name = 'SoftMax {} {} {}'.format(init_temp,
                                     min_temp,
                                     decay_ratio)
    for e in tqdm(range(n_episodes),
                  desc='Episodes for: ' + name,
                  leave=False):
```

(2) 首先，用计算线性衰减ε的方法计算线性衰减温度。

```
        decay_episodes = n_episodes * decay_ratio
        temp = 1 - e / decay_episodes
        temp *= init_temp - min_temp
        temp += min_temp
        temp = np.clip(temp, min_temp, init_temp)
```

(3) 确保最小温度不为0，以免除以0。详情请查看笔记。

(4) 接下来，将softmax函数应用于Q值，计算概率。

(5) 标准化以稳定数值。

```
        scaled_Q = Q / temp
        norm_Q = scaled_Q - np.max(scaled_Q)
        exp_Q = np.exp(norm_Q)
        probs = exp_Q / np.sum(exp_Q)
```

(6) 最后，确保有足够的概率并据此选择动作。

```
        assert np.isclose(probs.sum(), 1.0)
        action = np.random.choice(np.arange(len(probs)),
                                  size=1,
                                  p=probs)[0]

        _, reward, _, _ = env.step(action)
        <...>
    return name, returns, Qe, actions
```

(7) 省略代码。

4.2.2 置信上界策略：现实乐观，而非乐观

上一节中，我介绍了乐观初始化策略。对于权衡探索与利用而言，这是一个聪明(也许富有哲理)的方法，也是在面对不确定性策略时，最简单的乐观主义方法。但是，我们所研究的算法有两个明显的不便之处。首先，我们并不总是清楚智能体能从环境中获得的最大奖励。如果你将乐观策略的初始Q值估计值设置得远高于其实际最大值，很不幸，算法性能将处于次优状态，因为智能体将需要许多迭代(取决于“计数”超参数)来使估计值接近实际值。但更糟的是，如果你将初始Q值设置得低于环境最大值，算法将不再乐观，也将不再奏效。

我们所提策略的第二个问题在于，“计数”变量是一个需要调整的超参数，但实际上，我们想用这个变量来展示估计值的不确定性，它不应该是一个超参数。更优策略在使用统计技术来计算价值估计的不确定性，并将其作为探索的奖励时，会遵循与乐观初始化策略相同的原则，而不是相信一切从一开始就是美好的，不会随意设置确定性衡量值。这就是置信上界(Upper Confidence Bound，UCB) 策略的作用。

在 UCB 中，我们仍然是乐观的，但这是一种更现实的乐观：我们并非盲目地期盼最好结果，而是关注价值估计的不确定性。Q估计值越具有不确定性，对其进行探索就越关键。注意，这不再是相信该值是“最大可能”，尽管它也许是！此处，我

们关心的新指标是不确定性；我们相信不确定性并非坏事。

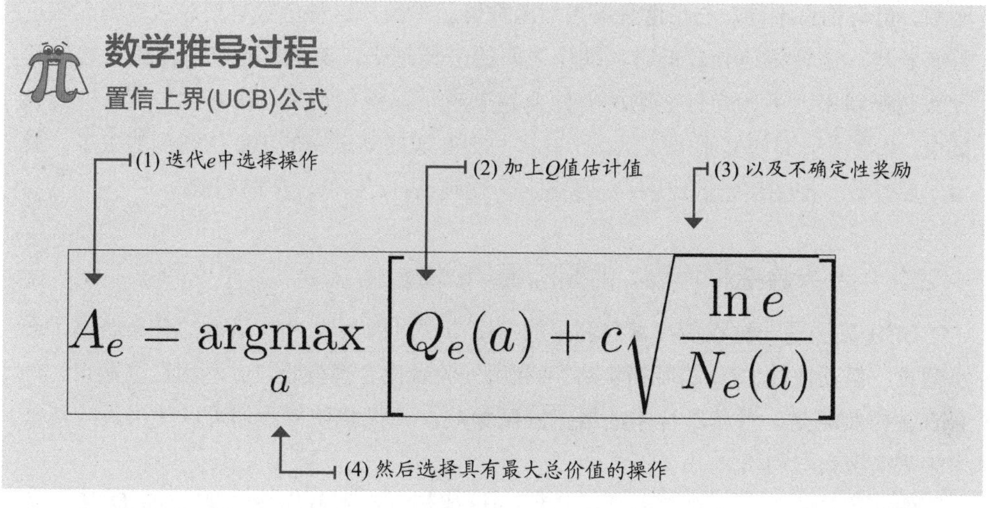

$$A_e = \underset{a}{\operatorname{argmax}} \left[Q_e(a) + c\sqrt{\frac{\ln e}{N_e(a)}} \right]$$

为实施这一策略，我们选择 Q 值估计值和动作不确定性奖励 U 之和最高的动作。也就是说，我们要在动作 a 的 Q 值估计值上加上奖励，即置信上限 $U_t(a)$。如此，我们只要尝试几次动作 a，奖励 U 就会很大，从而鼓励探索这一动作。如果要尝试多次，只需要在 Q 值估计值上添加一个小的奖励 U，因为我们对 Q 值估计值更有信心；它们不是探索的关键。

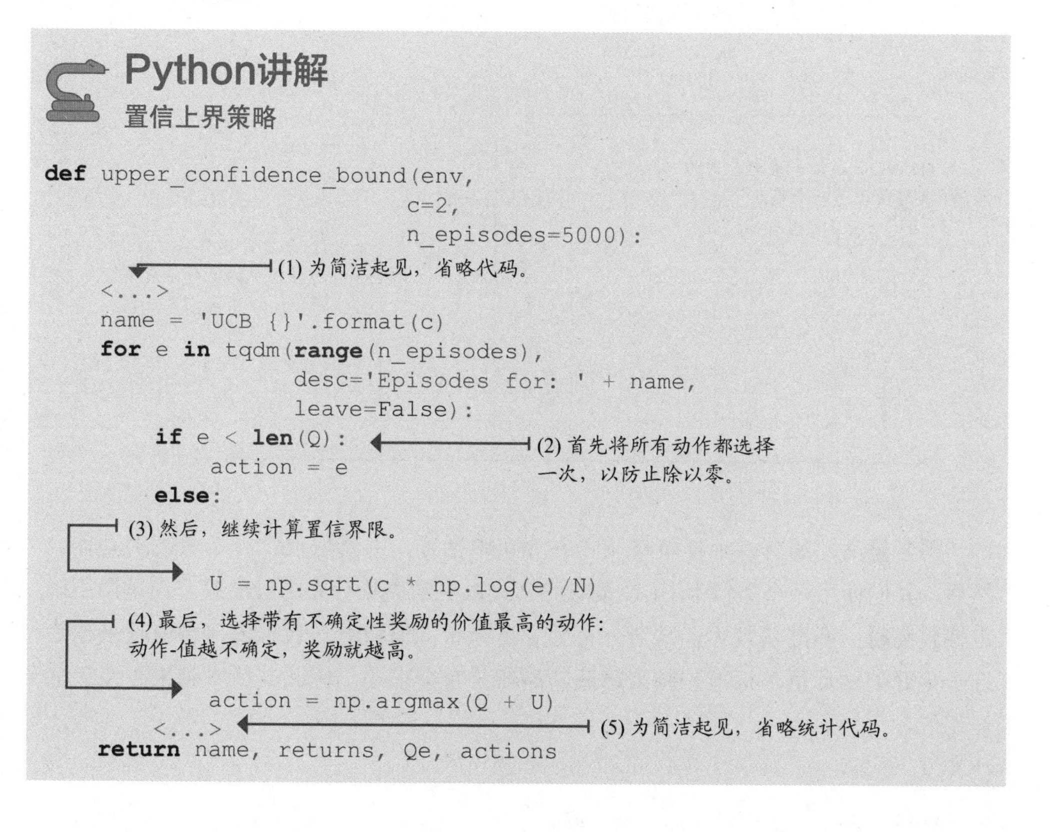


```
def upper_confidence_bound(env,
                           c=2,
                           n_episodes=5000):
    <...>
    name = 'UCB {}'.format(c)
    for e in tqdm(range(n_episodes),
                  desc='Episodes for: ' + name,
                  leave=False):
        if e < len(Q):
            action = e
        else:
            U = np.sqrt(c * np.log(e)/N)
            action = np.argmax(Q + U)
        <...>
    return name, returns, Qe, actions
```

在实际层面，如果你把 U 作为迭代和计数的函数，会发现它很像一个指数衰减函数，但有稍许不同。与平滑衰减指数函数显示不同，这种函数早期显示急剧衰减，且有长尾。这使得迭代较低时，动作之间的差异越小，奖励就越高；但随着迭代和计数越来越多，不确定性奖励的差异会越来越小。换句话说，在 0 次与 100 次的尝试中，0 次所得到的奖励应该比在 100 次与 200 次的尝试中的 100 次得到的更多。最后，超参数 c 控制奖励的比例：c 越高，奖励越高；c 越低，奖励越低。

4.2.3 汤普森抽样策略：平衡回报与风险

UCB 算法是一种权衡探索与利用的常用方法，因为它对 Q 函数的分布做出了最小假设。但其他技术(如贝叶斯策略)可利用先验做出合理假设，并利用这些知识。汤普森抽样策略是一种基于样本的概率匹配策略，该策略使得我们可以使用贝叶斯技术来平衡探索与利用。

实施该策略的一个简单方法是将每个 Q 值作为高斯分布(又称正态分布)进行跟踪。实际上，可将其他任何类型的概率分布作为先验使用；β 分布就是一个常见的选择。在我们的例子中，高斯平均值是 Q 值的估计值，高斯标准差衡量估计值的不确定性，每次迭代都会更新。

两个高斯分布动作-值函数对比

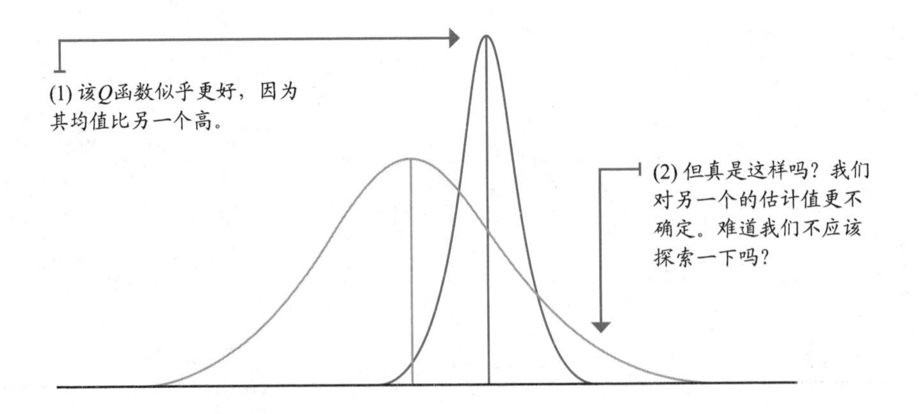

顾名思义，汤普森抽样策略从正态分布中抽样，并选取反馈样本最高的动作。然后，我们使用一个类似于 UCB 策略的公式以更新高斯分布的标准差。在早期不确定性较高时，标准差较大，高斯分布呈广泛分布。但随着迭代推进，均值越来越趋近于更好的估计值，标准差越来越低，高斯分布会缩小，因此其样本越来越接近估计均值。

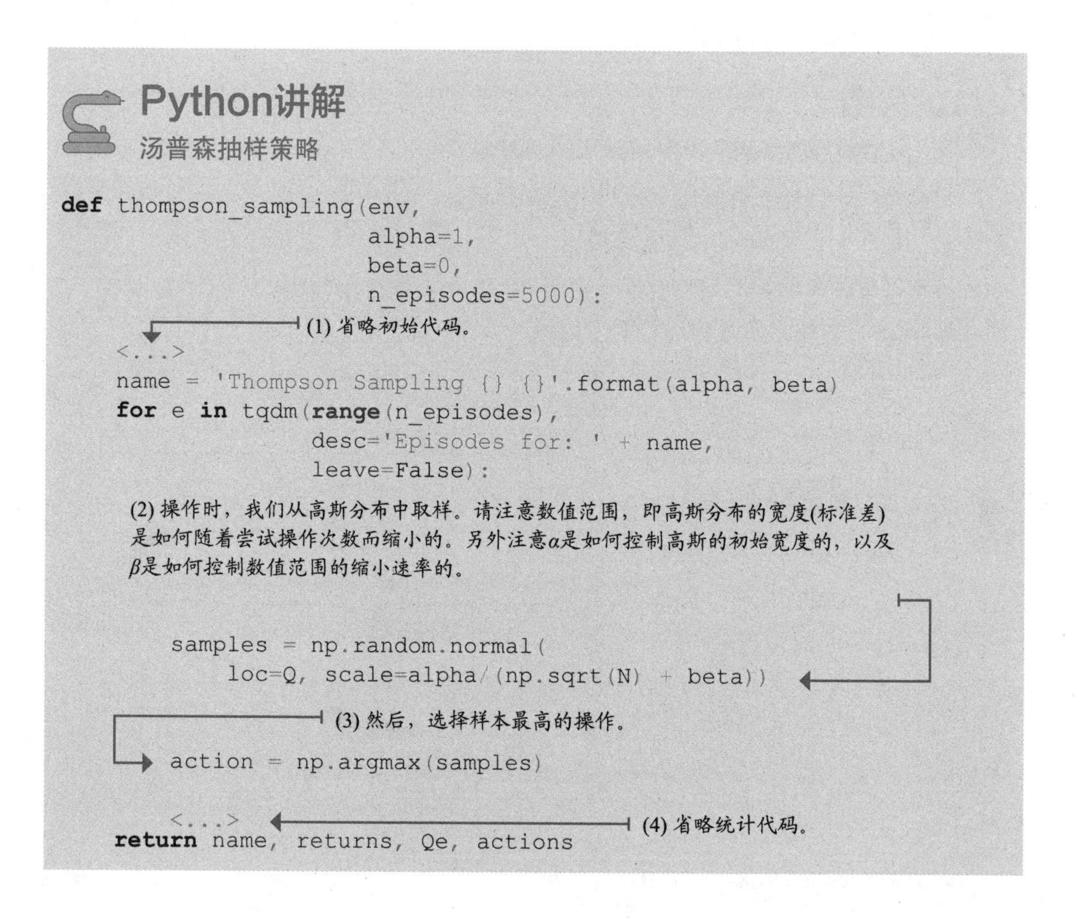

Python讲解

汤普森抽样策略

```python
def thompson_sampling(env,
                      alpha=1,
                      beta=0,
                      n_episodes=5000):
    <...>
    name = 'Thompson Sampling {} {}'.format(alpha, beta)
    for e in tqdm(range(n_episodes),
                  desc='Episodes for: ' + name,
                  leave=False):
        samples = np.random.normal(
            loc=Q, scale=alpha/(np.sqrt(N) + beta))
        action = np.argmax(samples)
        <...>
    return name, returns, Qe, actions
```

(1) 省略初始代码。

(2) 操作时，我们从高斯分布中取样。请注意数值范围，即高斯分布的宽度(标准差)是如何随着尝试操作次数而缩小的。另外注意α是如何控制高斯的初始宽度的，以及β是如何控制数值范围的缩小速率的。

(3) 然后，选择样本最高的操作。

(4) 省略统计代码。

在这一特别操作中，我使用了两个超参数：使用α来控制高斯分布的数值范围，或初始标准差的大小；使用β来改变衰减，使标准差缩小得更慢。实际上，对于本章例子而言，这些超参数几乎不需要调整，你或许已经知道原因，例如，只有5的标准差几乎是一个表示10个单位分布的平坦高斯分布。考虑到问题奖励(和Q值)在0和1之间或-3和3之间(如下例所示)，我们不需要任何标准差大于1的高斯分布。

最后，我想再次强调，使用高斯分布或许不是最常见的汤普森抽样方法。Beta分布似乎才是最热门的。我更喜欢用高斯分布处理这些问题，是因为它们在平均值附近是对称的，而且它们浅显易懂，适用于教学。不过，我鼓励你深入研究这个话题，分享你的发现。

总结

双臂伯努利强盗环境中的高级探索策略

我对介绍的每种新策略都运行两个超参数实例：softmax 策略、UCB 策略和汤普森方法，纯粹利用基线和纯粹探索基线，以及之前在同样 5 个双臂伯努利强盗环境中表现最好的简单策略。这同样是 5 种环境、5 个起始点中的 10 个智能体。每个策略共运行 25 次。结果取这些运行的平均值。

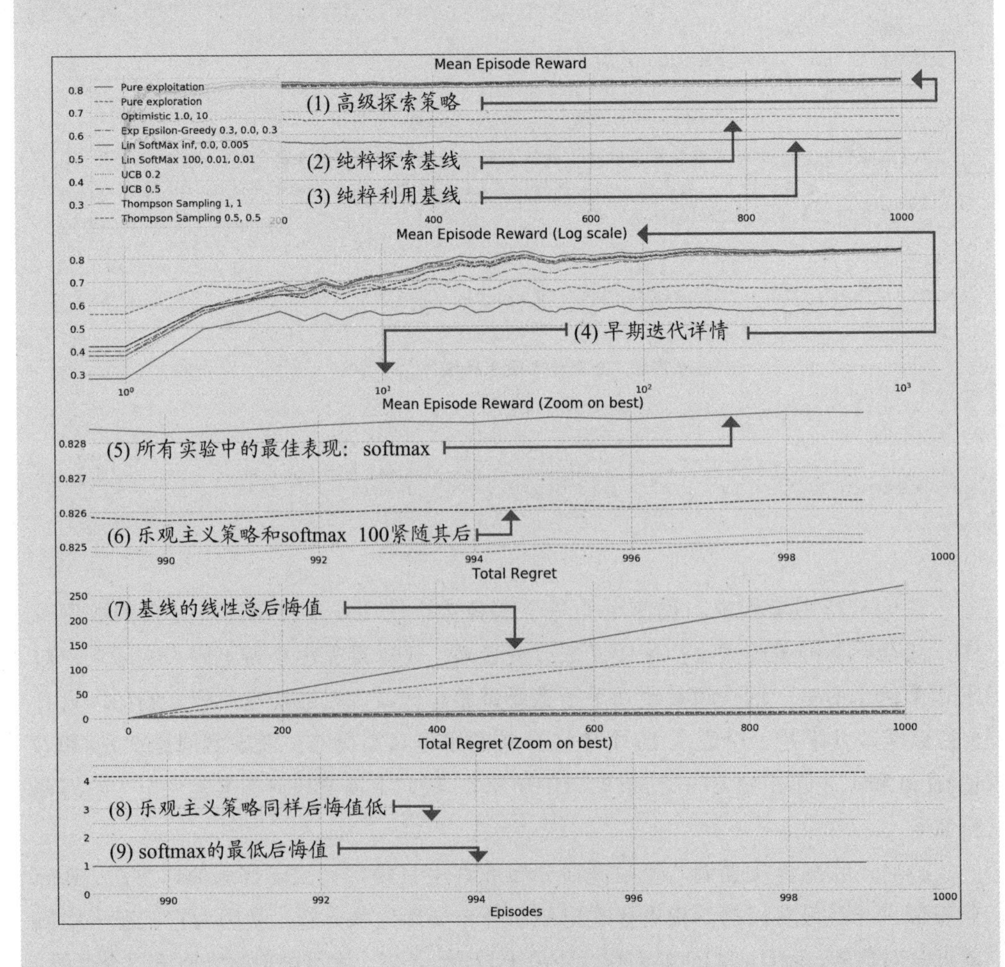

我们无法假设拥有乐观主义策略所使用的领域知识，此外，结果表明更先进的方法做得更好。

具体案例

10臂高斯强盗环境

10 臂高斯强盗环境仍然有单个的非终端状态，它们是强盗环境。如你所见，它们有 10 个手臂或动作，而不是像伯努利强盗环境那样有两个。但是，其概率分布和奖励信号与伯努利强盗环境不同。首先，伯努利强盗环境的支付概率为 p，手臂不会给予任何支付的概率为 $1\text{-}p$。而高斯强盗环境则总会支付一些(除非接下来它们抽样的是 0——稍后再谈)。其次，伯努利强盗环境有一个二元奖励信号：你要么得到 +1，要么得到 0。相反，高斯强盗环境每次都从高斯分布中抽取奖励来支付。

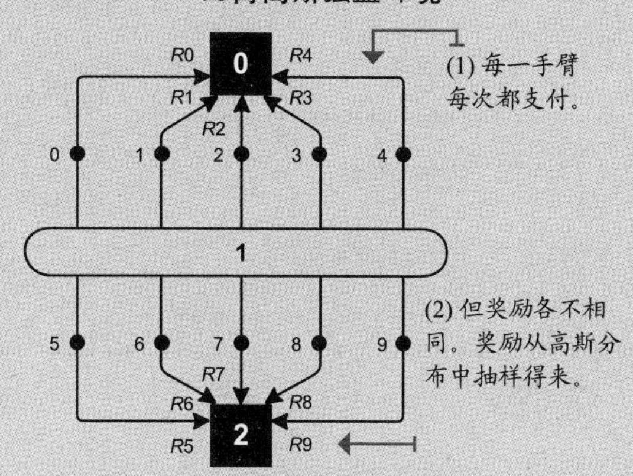

要创建一个 10 臂高斯强盗环境，首先从标准正态分布(均值为 0，方差为 1 的高斯分布)抽样 10 次，以获得所有 $k(10)$ 臂的最佳动作 - 值函数 $q^*(a_k)$。这些值将成为每个动作奖励信号的平均值。为得到动作 k 在迭代 e 的奖励，我们从另一个均值为 $q^*(a_k)$，方差为 1 的高斯分布中取样。

数学推导过程

10臂高斯强盗环境回报函数

(1) 在与环境交互之前，通过计算每个手臂/动作k的最佳动作-值来创建这一函数。

(2) 从一个均值为0，方差为1的标准高斯分布中抽样。

$$a_\pi(s,a) = q_\pi(s,a) - v_\pi(s)$$

(3) 一旦智能体与环境交互，就对迭代e中手臂/动作k的奖励R进行抽样……

(4) ……从以最优Q值为中心的高斯分布中抽样，方差为1。

$$R_{k,e} \sim \mathcal{N}(\mu = q^*(a_k), \sigma^2 = 1)$$

总结
10臂高斯强盗环境中的高级探索策略

我运行了前面介绍的简单策略中的相同超参数实例，现在在 5 个 10 臂高斯强盗环境中运行。这显然是一个“不公平”的实验，因为如果调整得当，这些技术可在这种环境中表现良好，但我的目标是表明尽管环境发生变化，但最先进的策略在旧的超参数下仍然表现良好。你会在下个例子中看到这一点。

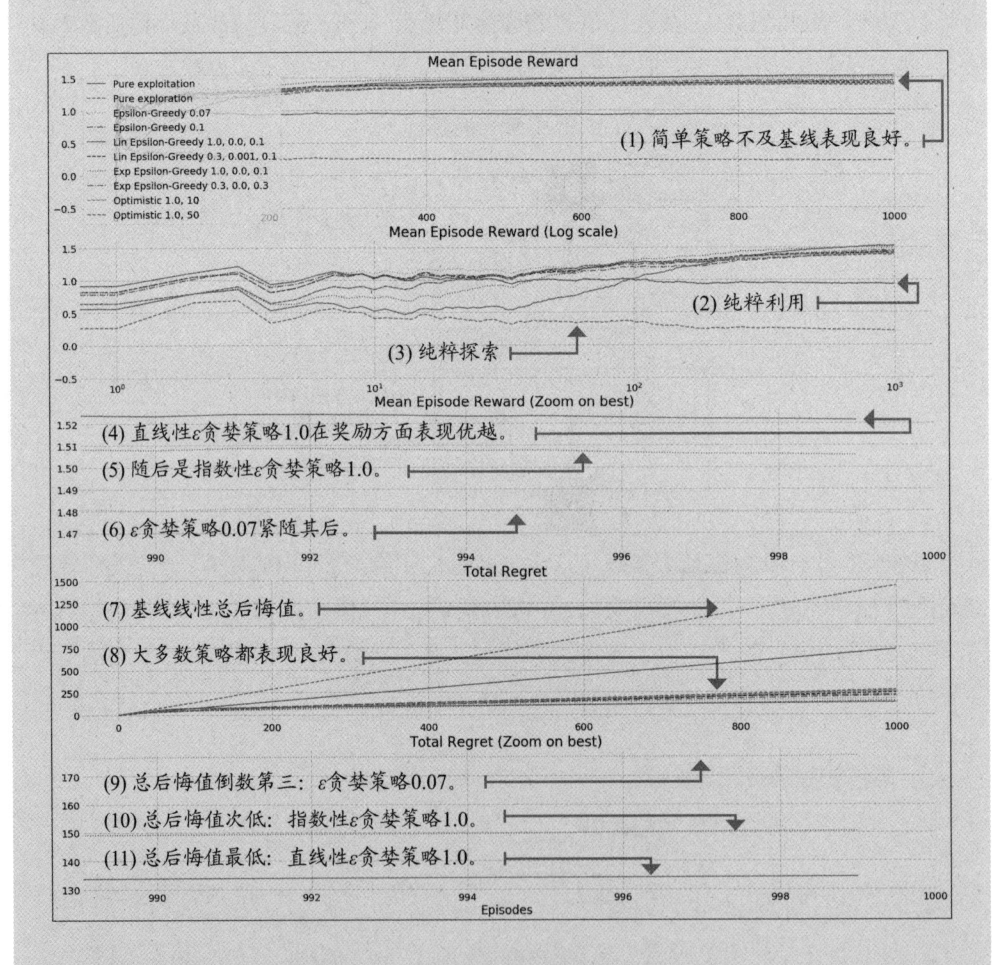

看，在 5 种不同的情况下，这几种最直接的策略总后悔值最低，预期回报最高。好好思考一下。

总结
10臂高斯强盗环境中的高级探索策略

然后，我使用与之前相同的超参数运行高级策略。我还在 10 臂高斯强盗环境中添加了两个基线和两个表现最好的简单策略。与其他所有实验一样，这一共是 25 次五轮运行。

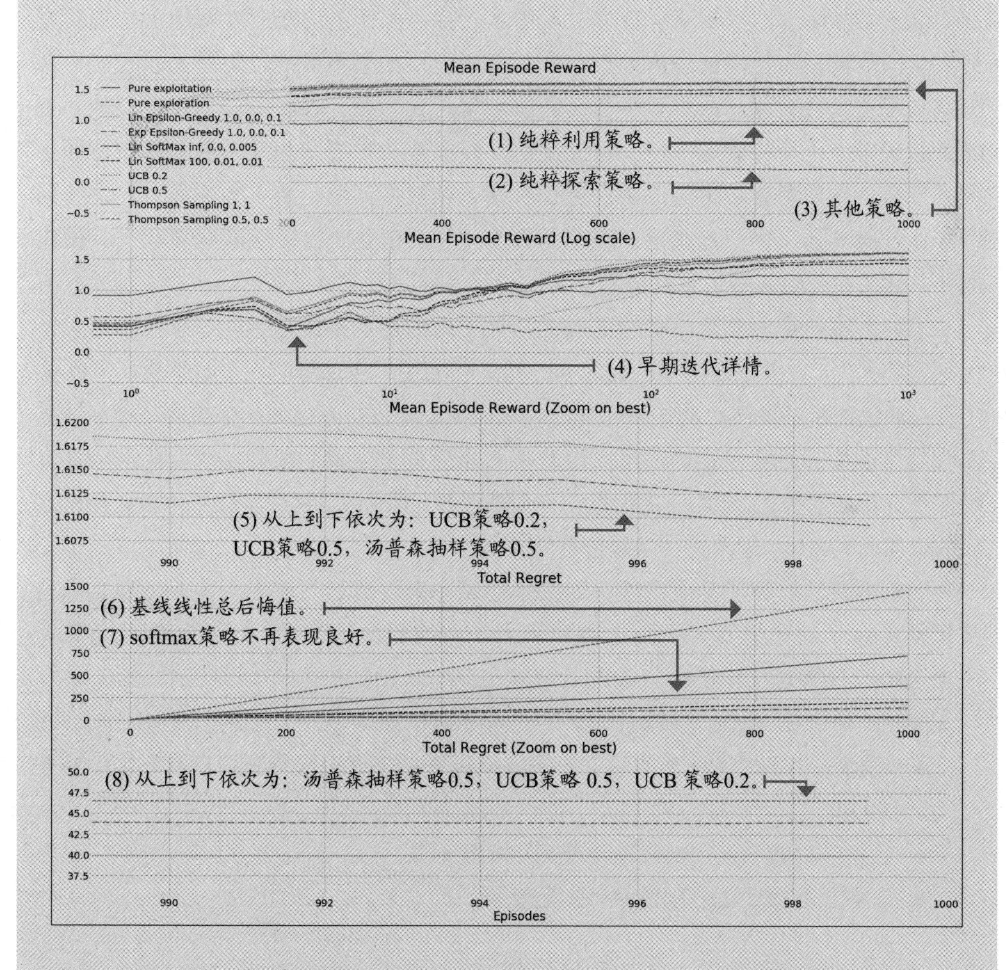

这一次，只有高级策略遥遥领先，且总后悔值良好。如果你做了更多实验，请与社群分享成果。我迫不及待要看到你是如何扩展实验的。好好享受吧！

4.3 小结

从评估性反馈中学习是一个基本挑战，它使强化学习变得独特。当从评估性反馈(即 +1, +1.345, +1.5, -100, -4)中学习时，智能体并不知道潜在的MDP，因此无法确定它能获得最大奖励。智能体认为："嗯，我得到了 +1，但我不清楚，或许石头下面有 +100？"这种环境的不确定性迫使你去设计能够探索的智能体。

但正如你所学，探索不可轻视。从根本上说，探索会浪费原本可用于实现奖励最大化的周期，而使用这一周期进行利用。然而，如果不提前收集信息，智能体就无法实现奖励最大化，或者至少假装能够实现，而这就是探索的作用。突然间，智能体必须学会平衡探索和利用，学会妥协，以在至关重要却相互矛盾的两个方面中找到平衡。我们都曾在生活中遇到过这种基本的权衡问题，所以于你而言，这些问题应该是直观的。"一鸟在手，胜过两鸟在林"，但是"人应该超越自我"。做出选择，并乐在其中，只是不要拘泥于其中任何一种。要保持平衡！

了解了这一基本权衡，我们引入了几种不同的技术来创建智能体或策略，以平衡探索和利用。ε 贪婪策略利用大部分时间进行利用，少部分时间进行探索。其探索步骤是通过随机抽取一个动作来完成的。衰减 ε 贪婪策略捕捉到一个事实：智能体需要收集信息来开始做出正确决策，因此首先需要更多探索，但要迅速开始利用，以确保不会积累后悔值(这是一项衡量动作最优程度的指标)。衰减 ε 贪婪策略会随着迭代的增加而衰减 ε，也希望可以随着智能体信息的收集而衰减 ε。

但随后我们了解了其他策略，这些策略试图确保让这一希望变得更加现实。这些策略考虑了估计值及其不确定性和潜力，并据此做出选择：乐观初始化策略、UCB 策略、汤普森抽样策略、softmax 策略。

至此，你需要：

- 了解了从评估性反馈中学习的挑战来源于智能体无法看到管理其环境的潜在MDP。
- 了解了探索与利用的权衡由此问题衍生而来。
- 了解了处理此类问题的多种常用策略。

分享成果

独立学习，分享发现

有一些想法可以帮助你将所学知识提升到新水平。如果你愿意，可将你的研究结果分享出来，也一定要看看别人的成果。这是一个能够双赢的机会，希望你能把握住。

- #gdrl_ch04_tf01：处理强盗环境的技术还有很多。试着探索其他资源，告诉我们一些重要的技术。研究动作选择的贝叶斯方法，以及基于信息增益的动作选择策略。那么什么是信息增益？为什么在RL背景下非常重要？你能否研究出其他有趣的动作-选择策略，包括利用信息衰减智能体探索率的衰减策略？举个例子，想象一个智能体根据状态访问或另一种度量来衰减 ε。
- #gdrl_ch04_tf02：你能想出几个其他有趣的匪徒强盗环境来研究吗？克隆我的强盗环境库(https://github.com/mimoralea/gym-bandits)，并添加其他一些强盗环境。
- #gdrl_ch04_tf03：在强盗环境之后，强化学习算法之前，还有一种称为情境强盗问题的环境。这是什么问题？你能帮助我们理解这些吗？不要只是写一篇关于它们的博客文章，还要创建一个有情境强盗的运动环境。这可能实现吗？在一个Python包中创建这些环境，在另一个Python包中创建可以解决情境强盗环境的算法。
- #gdrl_ch04_tf04：在每一章中，我都会将最后的标签作为一个概括性标签。欢迎用这个标签讨论与本章相关的任何其他内容。没有什么任务比你为自己布置的任务更令人兴奋的了。一定要分享你的调查内容和结果。

用你的发现写一条推特，打上@mimoralea标签(我会转发)，并使用这个列表中的特定标签来帮助感兴趣的人看到你的成果。成果没有对错之分，你分享你的发现并核对别人的发现。借此机会进行交流、做出贡献、有所进步！我们等你的好消息！

推特样例：

嘿，@mimoralea。我写了一篇博文，其中列出研究深度强化学习的资源。可单击<link>.#gdrl_ch01_tf01。

我一定会转发以帮助其他人看到你的成果。

第5章 智能体行为评估

本章内容：

- 了解从同时具有惯序性和评估性的反馈中学习时，如何进行策略评估。
- 了解如何在转换函数和奖励函数(回报函数)未知的情况下，在强化学习环境中开发算法进行策略评估。
- 了解如何编写代码，以在显示完整强化学习问题的环境中评估策略价值。

> “我认为，人类大部分的苦难都来源于对事物价值的错误估计。”
>
> ——Benjamin Franklin
> 美国国父、作家、政治家、
> 发明家和公民活动家

你清楚平衡短期目标和长期目标是多么具有挑战性。你可能每天都有多次这样的经历：今晚是看电影还是继续读这本书？前者给人一种直接的满足感：选择看电影，就可以在两小时左右的时间里，吃着爆米花，体验从贫穷到富有，从形单影只到收获爱情，从体重超重到身材健美，等等。而选择读这本书，在今晚你其实不会有太多收获，但也许从长远看，会给你带来更大的满足感。

这正是我们讨论另一个问题的完美切入点。你可能会问，长此以往，究竟能得到多少满足感？我们能看出来吗？有办法知道吗？这就是生活的魅力：我不知道，你也不知道；除非我们去尝试，去探索，否则我们都不会知道。生活不会将 MDP 告诉你；生活是充满不确定性的。这就是我们在上一章所研究的：平衡信息收集和信息利用。

然而，在上一章中，我们将这一挑战与 RL 惯序分开研究。基本上，你假设动作没有长期影响，而你唯一关心的就是找到当前情况下的最佳做法。例如，你可能关心选择一部好电影或一本好书，但并不考虑这部电影或这本书将如何影响你的余生。在这里，你的行为不会产生“复合效应”。

现在，在本章中，我们将研究从同时具有惯序性和评估性的反馈中学习的智能体；智能体需要同时平衡短期目标和长期目标，并平衡信息收集和信息利用。回到“电影或书”的例子，你需要决定今天做什么，同时你知道你所做的每一个决定都会在长期内增强、累积并复合。既然你和大多数人一样，是不确定性下近乎最优的决策者，那么你会选择看电影还是继续看书呢？

本章中，我们将研究可学习估计策略值的智能体；该智能体类似于策略评估方法，但没有 MDP。该问题通常被称为预测问题，因为我们需要估计值函数，这些函数的定义就是对未来折扣回报的期望。也就是说，它们包含依赖于未来的价值，所以在某种意义上，我们在学习预测未来。下一章，我们将研究在没有 MDP 的情况下优化策略，该问题被称为控制问题，因为我们试图改善智能体行为。正如你在本书中所见，二者同样重要，是 RL 的两个基本方面。在机器学习中，有句俗话，“模型和数据同等重要”。在 RL 中，我认为“策略和估计值同等重要”，说得更详细一点，即“策略的改进和估计值的准确性和精确性同等重要。”

重申一次，在 DRL 中，智能体从同时具有惯序性(而非一次性)、评估性(而非监督性)和抽样性(而非详尽性)的反馈中学习。在本章中，我们将研究从同时具有惯序性和评估性的反馈中学习的智能体。我们将暂时搁置抽样性部分，第 8 章将重新探讨抽样性。我保证，那会非常有趣。

5.1 学习估计策略价值

正如我之前所说，本章的主要内容是关于学习估计现有策略的价值。当我第一次接触到这一预测问题时，我并没有明白其中的动机。对我而言，如果要估计一个策略的价值，最直接的方法就是反复运行该策略，然后平均所得到的结果。

而且，这绝对是一个有效的方法，也可能是最自然的方法。然而，我当时没有意识到，还有许多其他方法可以用来估计值函数。这些方法各有所长，许多方法可以被视为完全相反，但也有一个中间地带，创造了一个完整的算法谱。

在本章，我们将探讨各种方法，并深入研究它们的优缺点，展示它们之间的关系。

ŘL **知识回顾**

奖励、回报与值函数

奖励：即智能体获得的“一步奖励”信号：智能体观察一个状态，选择一个动作，并获得一个奖励信号。奖励信号是 RL 的核心，但并不是智能体试图最大化的东西！重申一次，智能体并不想要将奖励最大化。要知道，即使智能体将一步奖励最大化，从长期看，它实际得到的奖励却少于能够得到的。

回报：即总折扣奖励。回报从任一状态开始计算，且通常会持续到迭代结束。也就是说，达到终端状态时，计算停止。也称为总奖励、累计奖励、合奖励，且通常是折扣后的：总折扣奖励、累计折扣奖励、合折扣奖励。但这基本上是一样的：回报体现智能体在一次迭代中获得了多少收益。如你所见，回报是更好的绩效指标，因为它包含一个长期惯序，一个单一迭代的奖励过程。但是迭代也不是智能体试图最大化的。智能体试图获得最高回报时，可能会找到一个策略，使其通过一条嘈杂路径；有时，这条路径会提供高回报，但大多数时候提供的可能是低回报。

值函数：即对回报的期望。我们当然想要高回报，但(平均)期望值很高。如果智能体处于嘈杂环境中，或智能体使用随机策略，则一切正常。但智能体试图最大化的是预期总折扣奖励：值函数。

米格尔的类比

奖励、回报、值函数和生命

生活中的你是怎样的？是选择对自己最有利的动作，还是属于那种先人后己的大善人？

任何一种方式都没有什么可耻的！对我而言，自私是一个极好的奖励信号。它会带你做该做的事，驱使你四处奔波。年轻时，追求短期奖励是一个相当稳妥的策略。

很多人认为别人“太过自私”，但在我看来，这是开始做事的方式。去做你想做的事，去追寻你的梦想，去做让你感到满意的事，去追求奖励吧！你会显得自私贪心，但你不应该在意这些。

继续前进时，你会意识到，即使是为了你的个人利益，追求奖励也并不是最佳策略。你开始变得目光长远。如果你吃太多糖果，就会肚子痛；如果你把所有的钱都用于网上购物，很快就会囊中羞涩。

最终，你开始关注回报。你开始明白自私贪婪的动机不止于此。你放下了贪婪的一面，因为长此以往它将对你有害，且现在的你就明白这一点。但你仍然自私，仍然只考虑回报，只是现在考虑的是“总”回报。这也并不可耻！

在某一时刻，你会意识到，这个世界没有你也在运转，世界上的运动部件比你最初想象的更多，世界上有难以理解的内在动力。你现在知道了“因果报应”，不管怎样，无论何时，因果总有报应。

你再次妥协；现在你不再去追求收益，而是去追求值函数。你醒悟了！你意识到，你帮助别人学得越多，你自己学到的也越多，虽然不知道其中原因，但它的确有效；你越爱你的爱人，对方就越疯狂地爱你！你越是不花钱(存钱)，你能花的钱就越多。多奇怪！注意，你仍然自私！

但你意识到了世界复杂的内在动力，并理解了对自己最好的做法就是让别人更好——完美的双赢。

我希望你能牢牢记住奖励、回报和值函数之间的区别，所以希望这能引发你的思考。

首先，追求奖励！

然后，追求回报！

最后，追求值函数！

具体案例

随机行走环境

在本章中，我们将使用的环境主要是随机行走(Random Walk，RW)环境。这是一个行走的单行网格世界环境，有五种非终端状态。但它很奇怪，所以我想从两个方面对它进行解释。

一方面，可将 RW 看作一个环境，在这个环境中，采取左动作时向左走的概率等于采取左动作时向右走的概率，采取右动作时向右走的概率等于采取右动作时向左走的概率。换句话说，智能体无法控制自己的去向！智能体无论采取什么动作，都会以 50% 的概率向左走，以 50% 的概率向右走。毕竟是随机行走。非常疯狂！

但对我来说，这一对 RW 的解释并不令人满意，也许是因为我更倾向于智能体掌控一些东西的观点。在一个不可控制的环境中，研究 RL(学习最优控制的框架)有什么意义呢？

因此，可将 RW 看作一个具有确定性转换函数的环境(意味着如预期一样，如果智能体选择左，就会向左移动，如果选择右，就会向右移动)。但假设智能体想要评估一个随机策略，该策略均匀地随机选择动作。那么，智能体有一半时间选择左，另一半时间选择右。

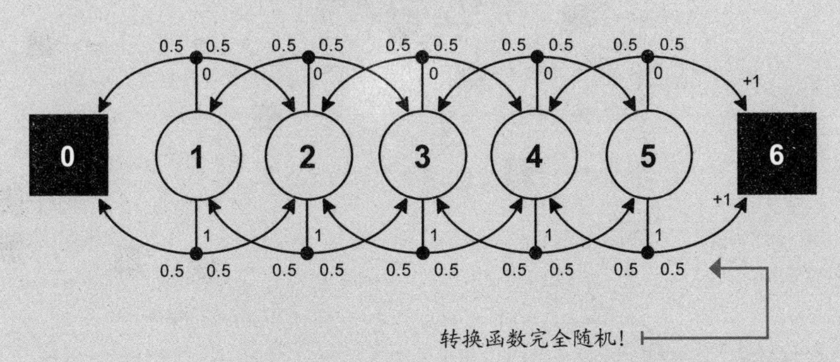

不管怎样，这个概念都是一样的：行走具有五个非终端状态，在这个行走中，智能体随机均匀地左右移动。目标是估计在这些情况下，智能体可以获得的预期总折扣回报。

5.1.1 首次访问蒙特卡洛: 每次迭代后, 改善估计

目标是估计策略价值，也就是了解从一个策略中期望得到多少总回报。更恰当地说，目标是估计策略 π 的状态-值函数 $v_\pi(s)$。我曾提到过我想到的最直接的方法：用该策略运行几次迭代，收集数百条轨迹，然后计算每个状态的平均值，就像在强盗环境中所做的那样。这种估计值函数的方法称为蒙特卡洛预测 (Monte Carlo Prediction，MC)。

MC 很容易实现。首先智能体将使用策略 π 与环境进行交互，直到智能体达到终端状态 S_T。状态 S_t、动作 A_t、奖励 R_{t+1} 和下一状态 S_{t+1} 的集合称为经验元组。一个经验序列称为轨迹。你需要做的第一件事就是让智能体生成一个轨迹。

一旦有了轨迹，就可以计算遇到每个状态 S_t 的回报 $G_{t:T}$。例如，对于状态 S_t，你从时间步 t 向前走，将过程中获得的奖励(R_{t+1}, R_{t+2}, R_{t+3}, ..., R_T)相加并进行折扣，直到进行到时间步 T，轨迹结束。然后，重复状态 S_{t+1} 的过程，将时间步 t+1 的折扣奖励相加，直到再次达到时间步 T；然后对 S_{t+2} 重复此过程，以此类推，对于除 S_T 以外的所有状态重复此过程。根据定义，S_t 的值为 0。$G_{t:T}$ 最终会使用从时间步 t+1 开始的奖励，直到时间步 T 的迭代结束。我们用一个指数递减的折扣系数对这些奖励进行折扣：γ^0，γ^1，γ^2，...，γ^{T-1}。也就是说，将相应的折扣系数 γ 乘以奖励 R，然后将乘积一路相加。

在生成轨迹并计算出所有状态 S_t 的奖励后，你可在每次迭代 e 和最终时间步 T 结束时，仅通过平均每个状态 s 获得的回报来估计状态-值函数 $v_\pi(s)$。换句话说，我们在用平均数估计一个期望值。就这么简单。

蒙特卡洛预测

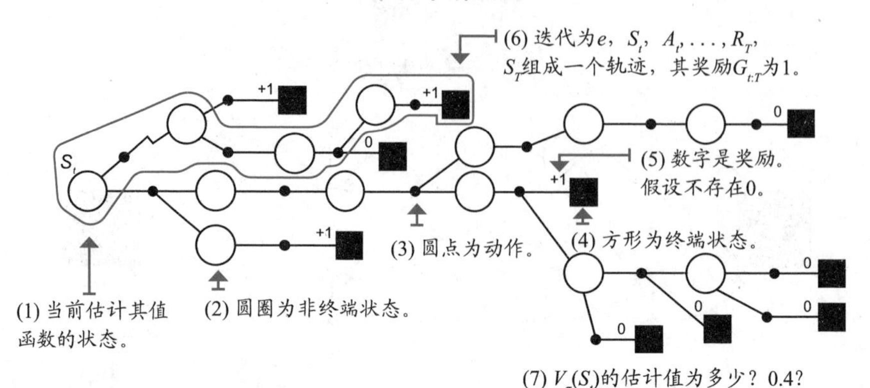

(7) $V_\pi(S_t)$的估计值为多少？0.4？

数学推导过程

蒙特卡洛学习

(1) 警告：我大量使用记号法，以确保你能了解全部情况。具体来说，你需要注意到每件事情的计算时间。例如，当你看到下标$t{:}T$时，意味着它是从时间步t开始，到最后的时间步T结束。当你看到T时，意味着它是在迭代结束时在最后的时间步T处计算的。

(2) 提醒一下，动作-值函数是期望回报。这个定义很好记。

$$v_\pi(s) = \mathbb{E}_\pi[G_{t:T} \mid S_t = s]$$

(3) 回报就是总折扣奖励。

$$G_{t:T} = R_{t+1} + \gamma R_{t+2} + \ldots + \gamma^{T-1} R_T$$

(4) 在MC中，首先要做的是对一个轨迹进行策略抽样。

(5) 给定轨迹，可计算出遇到的所有状态的回报。

$$S_t, A_t, R_{t+1}, S_{t+1}, \ldots, R_T, S_T \sim \pi_{t:T}$$

(6) 然后，将每个状态的回报相加。

$$T_T(S_t) = T_T(S_t) + G_{t:T}$$

(7) 并且，递增一个计数(稍后会详细介绍)。

$$N_T(S_t) = N_T(S_t) + 1$$

(8) 可以用经验平均数来估计期望值，所以，一个状态的估计状态-值函数就是该状态的平均回报。

$$V_T(S_t) = \frac{T_T(S_t)}{N_T(S_t)}$$

(9) 随着计数接近无穷大，估计值将接近真实值。

$$N(s) \to \infty \quad V(s) \to v_\pi(s)$$

(10) 但请注意，均值是可以递增计算的。没必要跟踪所有状态的回报之和。这个等式是等价的，且效率更高。

$$V_T(S_t) = V_{T-1}(S_t) + \frac{1}{N_t(S_t)}\Big[G_{t:T} - V_{T-1}(S_t)\Big]$$

(11) 在这个问题上，我们用均值代替一个学习值，学习值可随着时间变化而变化，也可以是常数。

$$V_T(S_t) = V_{T-1}(S_t) + \alpha_t \Big[\overbrace{\underbrace{G_{t:T}}_{\text{MC target}} - V_{T-1}(S_t)}^{\text{MC error}}\Big]$$

(12) 注意，V只在一次迭代结束时，即时间步T时计算，因为G取决于V。

5.1.2 蒙特卡洛每次访问：处理状态访问的不同方法

你可能注意到，在实践中，有两种不同的方式来实现平均回报算法。这是因为一个轨迹可能包含对同一状态的多次访问。这种情况下，我们应该独立计算每次访问之后的回报，然后将所有这些目标都纳入平均值，还是应该只使用对每个状态的第一次访问？

这两种方法都是有效的，且具有相似的理论性质。更“标准”的版本是首次访问 MC(First-Visit MC，FVMC)，它的收敛性很容易证明，因为每个轨迹都是 $v_\pi(s)$ 的独立相同分布(Independent and Identically Distributed，IID)样本，所以当我们收集无限样本时，估计值将收敛至真实值。每次访问 MC(Every-Visit MC，EVMC) 略有不同，因为在同一轨迹中多次访问状态时，回报不再是独立相同分布的。但幸运的是，在给定无限样本的情况下，EVMC 也被证明是收敛的。

小结

首次访问MC与每次访问MC

MC 预测估计 $v_\pi(s)$为 π 回报的平均值。FVMC 在每次迭代每个状态中只使用一种回报：第一次访问后的回报。EVMC 对所有访问状态后的回报进行平均，即使是在同一迭代中也同样如此。

0001 历史小览

蒙特卡洛首次访问预测

你可能听说过术语“蒙特卡洛模拟”或“蒙特卡洛运行”。一般来说，蒙特卡洛方法在 20 世纪 40 年代就已经出现了，是一类广泛的使用随机抽样进行估计的算法。这种算法古老而广泛。然而，1996 年，Satinder Singh 和 Richard Sutton 的论文 Reinforcement Learning with Replacing Eligibility Traces 中确定了首次访问 MC 法和每次访问 MC 法。

Satinder Singh 和 Richard Sutton 分别在马萨诸塞大学阿默斯特分校获得计算机科学博士学位，并得到 Andy Barto 教授的指导。他们做出了许多重大贡献，成为 RL 领域的杰出人物，现在是 Google DeepMind 的杰出研究科学家。Richard 于 1984 年获得博士学位，现在阿尔伯塔大学担任教授，而 Satinder 于 1994 年获得博士学位，在密歇根大学担任教授。

Python讲解
指数衰减时间表

```
def decay_schedule(init_value, min_value,
                   decay_ratio, max_steps,
                   log_start=-2, log_base=10):
    decay_steps = int(max_steps * decay_ratio)
    rem_steps = max_steps - decay_steps
```

(1) 该函数可以计算出整个训练过程中α的所有值。

(2) 首先，用衰减率变量计算出衰减步数。

(3) 然后，计算出实际值的对数曲线。注意，随后在0和1之间进行规格化，最后将点转化为位于初始值(init_value)和最小值(min_value)之间。

```
    values = np.logspace(log_start, 0, decay_steps,
                         base=log_base, endpoint=True)[::-1]
    values = (values - values.min()) / \
                         (values.max() - values.min())
    values = (init_value - min_value) * values + min_value
    values = np.pad(values, (0, rem_steps), 'edge')
    return values
```

Python讲解
生成完整轨迹

```
def generate_trajectory(pi, env, max_steps=20):
    done, trajectory = False, []
    while not done:
        state = env.reset()
        for t in count():
            action = pi(state)
            next_state, reward, done, _ = env.step(action)
            experience = (state, action, reward,
                          next_state, done)
            trajectory.append(experience)
            if done:
                break
            if t >= max_steps - 1:
                trajectory = []
                break
            state = next_state
    return np.array(trajectory, np.object)
```

(1) 这是一个直接函数。该函数运行策略，并提取经验元组的集合(轨迹)进行离线处理。

(2) 这允许你传递最大步数，以在需要时截断长轨迹。

Python讲解

蒙特卡洛预测 第一部分

```
def mc_prediction(pi,
                  env,
                  gamma=1.0,
                  init_alpha=0.5,
                  min_alpha=0.01,
                  alpha_decay_ratio=0.3,
                  n_episodes=500,
                  max_steps=100,
                  first_visit=True):
```

(1) mc预测函数对首次和每次访问的MC都有效。你在这里看到的超参数是标准参数。请记住，贴现因子γ取决于环境。

(2) 对学习率α使用衰减值，从初始α的0.5下降到最小α的0.01，在500个总最大迭代的前30%内衰减(α衰减率为0.3)。我们在前面的函数上已经讨论过最大步，所以我把参数传过来。而首次访问可以在FVMC和EVMC之间切换。

```
    nS = env.observation_space.n
    discounts = np.logspace(
          0, max_steps, num=max_steps,
          base=gamma, endpoint=False)
    alphas = decay_schedule(
          init_alpha, min_alpha,
          alpha_decay_ratio, n_episodes)
```

(3) 这很厉害。我在一次计算所有的可能折扣。这一对数分度向量函数的γ为0.99，返回100数字向量的最大步为100: [1, 0.99, 0.9801, . . ., 0.3697]。

(4) 此处计算所有的α!

(5) 此处，我们在初始化将在主循环里使用的变量：状态-值函数V的当前估计值，以及用于离线分析的V的每次迭代时副本。

```
    V = np.zeros(nS)
    V_track = np.zeros((n_episodes, nS))
```

(6) 我们对每次迭代进行循环。注意，此处使用的是tqdm。这一插件可输出进度条，对于像我这样没有耐心的人而言很有用。你可能不需要它(除非你也很没有耐心)。

```
    for e in tqdm(range(n_episodes), leave=False):

        trajectory = generate_trajectory(
                pi, env, max_steps)
        visited = np.zeros(nS, dtype=np.bool)
        for t, (state, _, reward, _, _) in enumerate(
                                                   trajectory):
```

(7) 生成一个完整的轨迹。

(8) 初始化一个访问检查布尔向量。

(9)为便于阅读，最后一行在下页重复。

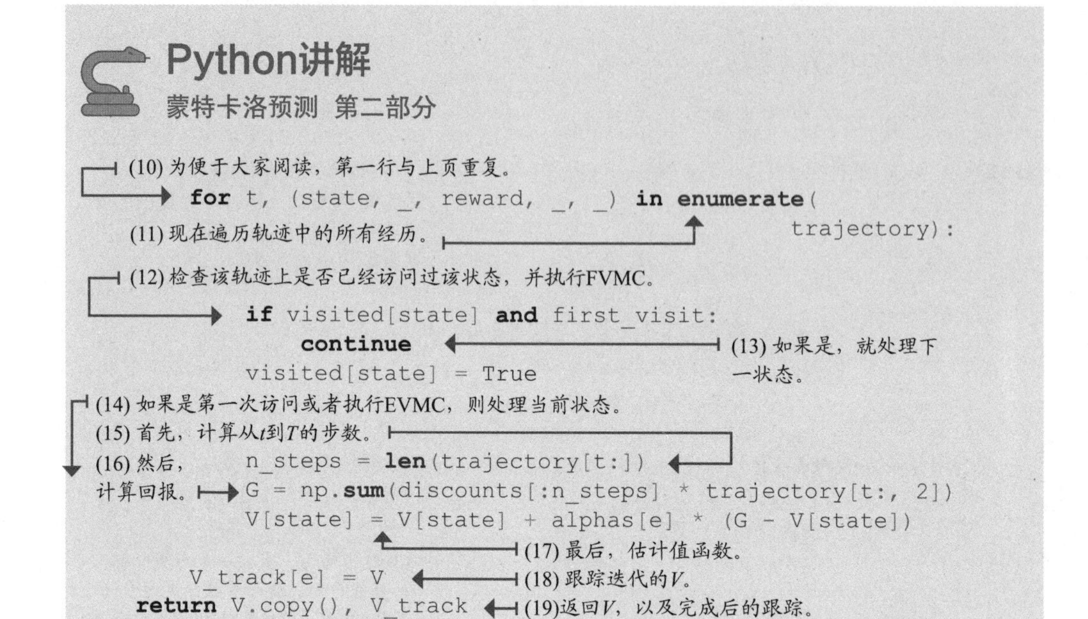

知识回顾

增量法、惯序法与试错法

增量法：指对估计值的反复改进。动态规划是一种增量方法，这些算法迭代地计算答案。它们不与环境“交互”，而是通过连续迭代逐步获得答案。强盗环境也是增量法，它们通过连续的迭代或试验取得很好的近似值。强化学习也是渐进式的。根据具体算法，每次迭代或每个时间步的估计都会得到渐进式改进。

惯序法：指在有多个非终端(和可到达)状态的环境中学习。动态规划是一种惯序方法；强盗环境不是惯序法，而是单一状态、单一步骤的 MDP。智能体的行为没有长期后果。强化学习当然是惯序性的。

试错法：指从与环境的互动中学习。动态规划不是试错学习。强盗环境是试错学习。强化学习也是一种试错学习。

5.1.3 时差学习：每步后改进估计

MC 的一个主要缺点是智能体必须等到一次迭代结束时才能获得实际回报 $G_{t:T}$，然后才能更新状态-值函数估计 $V_T(S_t)$。MC 具有非常稳定的收敛性，因为它向着实际回报 $G_{t:T}$ 更新值函数估计 $V_T(S_t)$，而 $G_{t:T}$ 是真实状态-值函数 $v_\pi(s)$ 的无偏估计。

虽然实际回报是相当准确的估计，但也不是很精确。实际回报也是真实状态-值函数 $v_\pi(s)$ 的高方差估计。原因很容易理解：实际回报积累了同一轨迹中的许多随机事件；所有动作、所有下一状态、所有回报都是随机事件。实际回报 $G_{t:T}$ 收集并复合了从 t 到 T 的多个时间步长的所有随机性，同样，实际回报 $G_{t:T}$ 是无偏的，但方差很大。

另外，由于实际回报 $G_{t:T}$ 的高方差，MC 的样本效率会很低。所有这些随机性都变成噪声，只有通过大量数据、大量轨迹和实际回报样本才能缓解。减少高方差问题的一个方法是，不使用实际回报 $G_{t:T}$，而是估计回报。在继续之前先停下来思考一下：智能体已经在计算真实状态-值函数 $v_\pi(s)$ 的状态-值函数估计 $V(s)$。如何使用估计来估计回报(即使只是部分估计)呢？思考一下吧！

是的！你可以使用单步回报 R_{t+1}，一旦观察到下一状态 S_{t+1}，就可以使用状态-值函数估计 $V(S_{t+1})$，作为下一步 $G_{t+1:T}$ 的回报估计。这就是时差(Temporal-Difference，TD)方法所利用的等式中的关系。与 MC 不同，这些方法可通过使用一步实际回报(即时回报 R_{t+1})从不完整的迭代中学习，但随后是从下一状态开始的回报估计，即下一状态 $V(S_{t+1})$ 的状态-值函数估计：也就是 $R_{t+1}+\gamma V(S_{t+1})$，这就是所谓的 TD 目标。

小结

时差学习与自举方法

TD 方法利用了 $v_\pi(s)$ 的估计。它从猜测中进行自举和猜测；使用估计回报而非实际回报。更具体地讲，它使用 $R_{t+1}+\gamma V_t(S_{t+1})$ 来计算和估计 $V_{t+1}(S_t)$。

因为它还使用了实际回报 R_{t+1} 的一个步骤，所以结果很好。该回报信号 R_{t+1} 逐步将现实“注入”估计中。

数学推导过程

时差学习等式

(1) 再从状态-值函数的定义出发……

$$v_\pi(s) = \mathbb{E}_\pi[G_{t:T} \mid S_t = s]$$

(2) ……以及回报的定义。

$$G_{t:T} = R_{t+1} + \gamma R_{t+2} + \ldots + \gamma^{T-1} R_T$$

(3) 可从回报出发对一些项进行分组，重写等式。检查一下吧。

$$\begin{aligned} G_{t:T} &= R_{t+1} + \gamma R_{t+2} + \gamma^2 R_{t+3} + \ldots + \gamma^{T-1} R_T \\ &= R_{t+1} + \gamma(R_{t+2} + \gamma R_{t+3} + \ldots + \gamma^{T-2} R_T) \\ &= R_{t+1} + \gamma G_{t+1:T} \end{aligned}$$

(4) 现在，同样的回报有了一个递归样式。

(5) 可用这个新定义重写状态-值函数定义等式。

$$\begin{aligned} v_\pi(s) &= \mathbb{E}_\pi[G_{t:T} \mid S_t = s] \\ &= \mathbb{E}_\pi[R_{t+1} + \gamma G_{t+1:T} \mid S_t = s] \\ &= \mathbb{E}_\pi[R_{t+1} + \gamma v_\pi(S_{t+1}) \mid S_t = s] \end{aligned}$$

(6) 而且因为下一状态的回报期望值是下一状态的状态-值函数。

(7) 这意味着我们可在每个时间步上估计状态-值函数。

$$S_t, A_t, R_{t+1}, S_{t+1} \sim \pi_{t:t+1}$$

(8)推出单个交互步骤……

(9) ……可得到真实状态-值函数$v_\pi(s)$的估计值$V(s)$，这与MC方式不同。

(10) 需要意识到的关键区别是，现在用$v_\pi(s_{t+1})$的估计值来估计$v_\pi(s_t)$。使用的是估计回报，而不是实际回报。

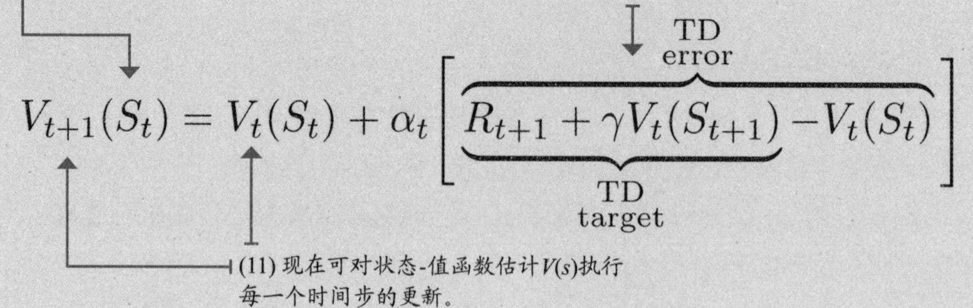

$$V_{t+1}(S_t) = V_t(S_t) + \alpha_t \left[\overbrace{\underbrace{R_{t+1} + \gamma V_t(S_{t+1})}_{\text{TD target}} - V_t(S_t)}^{\text{TD error}} \right]$$

(11) 现在可对状态-值函数估计$V(s)$执行每一个时间步的更新。

Python讲解
时差学习算法

```
def td(pi,
       env,
       gamma=1.0,
       init_alpha=0.5,
       min_alpha=0.01,
       alpha_decay_ratio=0.3,
       n_episodes=500):
```

(1) td是一种预测方法，采取策略pi、要与之交互的环境为env，折扣系数为γ。

(2) 该学习方法有一个可配置的超参数α，即学习率。

(3) 处理学习率的方法很多，其中一种是对其进行指数衰减。初始值为init_alpha，min_alpha为最小值，alpha_decay_ratio为α从初始值到最小值需要衰减的分数。

(4) 初始化所需变量。

```
    nS = env.observation_space.n
    V = np.zeros(nS)
    V_track = np.zeros((n_episodes, nS))
    alphas = decay_schedule(
          init_alpha, min_alpha,
          alpha_decay_ratio, n_episodes)
```

(5) 计算所有迭代的学习率调度……

(6) ……并循环进行n迭代。

```
    for e in tqdm(range(n_episodes), leave=False):
```

(7) 得到初始状态，然后进入交互循环。

```
        state, done = env.reset(), False
        while not done:
```

(8) 首先要对状态下要采取的动作策略pi进行抽样。

```
            action = pi(state)
```

(9) 然后用动作与环境交互……，一步步推出策略。

```
            next_state, reward, done, _ = env.step(action)
```

(10) 可立即计算出一个目标，以更新状态-值函数估计值……

```
            td_target = reward + gamma * V[next_state] * \
                                                    (not done)
```

(11) ……有了目标，就有了误差。

```
            td_error = td_target - V[state]
            V[state] = V[state] + alphas[e] * td_error
```

(12) 最后更新$V(s)$。

```
            state = next_state
```

(13) 不要忘记更新下次迭代的状态变量。这样的漏洞可不好找啊！

```
        V_track[e] = V
    return V, V_track
```

(14) 返回V函数与跟踪变量。

ŘŁ **知识回顾**
真实值函数、实际回报与估计值函数

真实值函数：指精确且完全准确的值函数。真实值函数是智能体通过样本估计得到的值函数。如果有真实值函数，估计回报就很容易。

实际回报：指经历回报，而不是估计回报。智能体只能体验到实际回报，但可使用估计值函数来估计回报。实际回报即全部的经验回报。

估计值函数或估计回报：指真实值函数或实际回报的粗略计算。“估计”指近似值，是猜测。真实值函数可以估计回报，而估计值函数会给这些估计增加偏差。

现在，要清楚的是，TD 以真实状态-值函数 $v_\pi(s)$的偏差估计为目标，因为我们使用状态-值函数的估计值来计算状态-值函数的估计。是的，我知道这很奇怪。这种使用估计值更新估计值的方法被称为自举方法，与我们在第 3 章学习的动态规划方法非常相似。但问题在于，DP 方法是在一步期望上进行自举，而 TD 方法在一步期望的样本上进行自举。“样本”这一词意味着很大的不同。

从好的方面看，虽然新的估计回报(即 TD 目标)是对真实状态-值函数 $v_\pi(s)$的偏差估计，但其方差也远低于蒙特卡洛更新中使用的实际回报 $G_{t:T}$。这是因为 TD 目标只依赖于一个动作、一次转换和一个回报，所以积累的随机性要小很多。因此，TD 方法的学习速度通常比 MC 方法快得多。

0001 **历史小览**
时差学习

1988 年，Richard Sutton 发表了一篇名为 Learning to Predict by the Methods of Temporal Differences 的论文，介绍了 TD 学习法，也首次提出本章使用的 RW 环境。这篇论文的关键贡献在于认识到 MC 等方法是利用预测回报和实际回报的差值计算误差，而 TD 则能利用时间上连续预测的差值，因此，这种方法被命名为时差学习法。

TD 学习是 SARSA、*Q* 学习、双 *Q* 学习、深度 *Q* 网络(DQN)、双重深度 *Q* 网络(DDQN)等方法的前身。我们将在本书中学习这些方法。

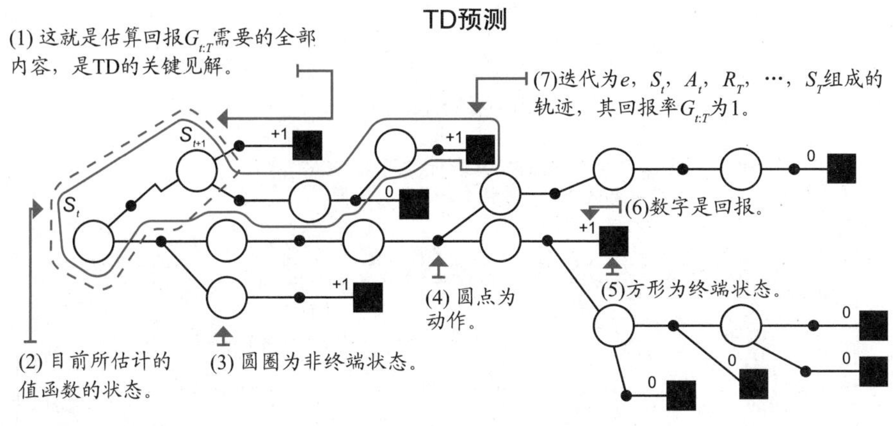

细节探讨

RW环境下的FVMC、EVMC与TD

我在 RW 环境下运行了以上三种策略评估算法。所有方法都对全左策略进行了评估。现在，请记住，环境的动态使得任何动作，无论是向左还是向右，都有一个统一的转换概率(50% 向左，50% 向右)。这种情况下，被评估的策略是不相关的。

在所有算法中，我对学习率 α 使用了相同的时间表：α 从 0.5 开始，在 500 个总迭代中的 250 个迭代中，它以指数形式下降到 0.01，即总迭代的 50%。这个超参数是必不可少的。通常情况下，α 是一个小于 1 的正常数，α 为常数有助于在非稳定环境下学习。

然而，我选择对 α 进行衰减以显示收敛性。衰减 α 的方式有助于算法接近收敛，但由于 α 没有一直衰减到零，所以它们并没有完全收敛。此外，这些结果应该能帮助你对这些方法之间的差异有一些直观的认识。

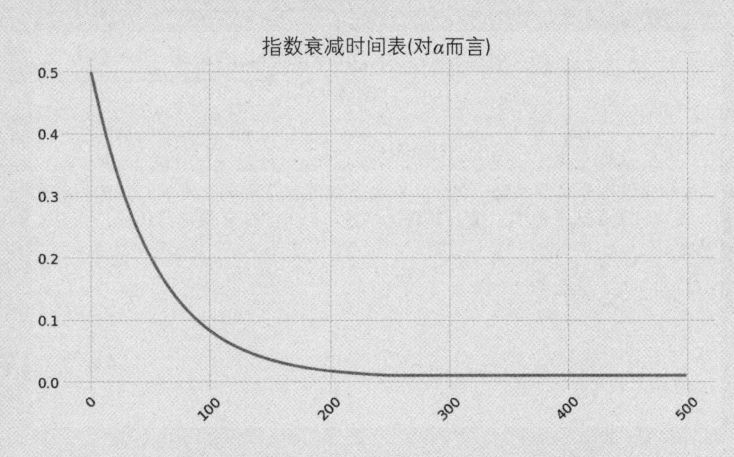

总结

MC和TD都几乎收敛至真实状态–值函数

(1) 此处只展示首次访问蒙特卡洛预测(FVMC)和时差学习(TD)。去看本章的笔记，你还会看到每次访问蒙特卡洛预测的结果，以及其他一些你可能感兴趣的图表！

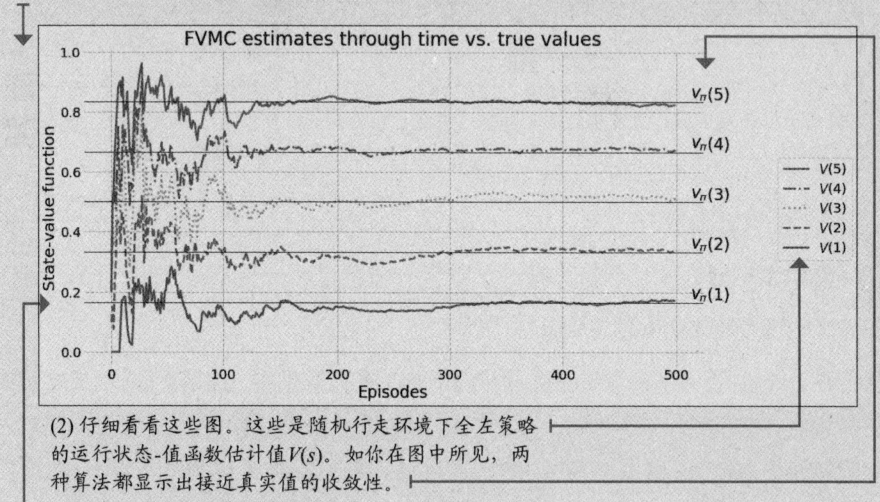

(2) 仔细看看这些图。这些是随机行走环境下全左策略的运行状态-值函数估计值$V(s)$。如你在图中所见，两种算法都显示出接近真实值的收敛性。

(3)现在，看看这些算法的差异趋势。FVMC运行估计值有很多噪声，围绕真实值上下波动。

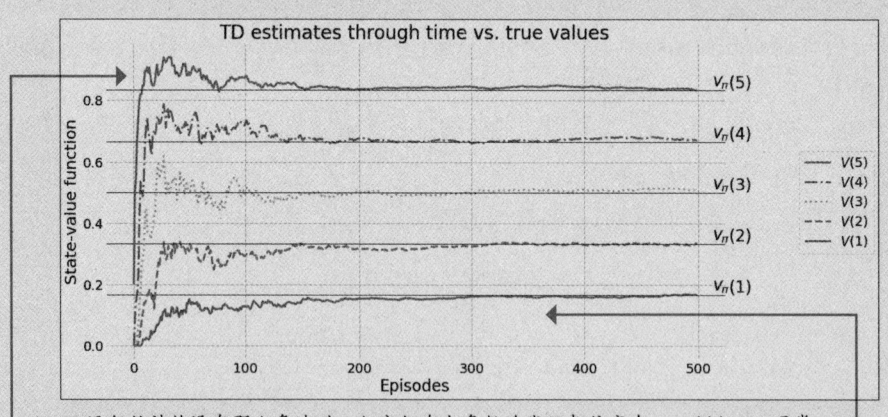

(4) TD运行估计值没有那么多波动，但它们在大多数迭代下都偏离中心。例如$V(5)$通常高于$V_\pi(5)$，而$V(1)$通常低于$V_\pi(1)$。但如果将这些值与FVMC估计值进行比较，你会发现不同的趋势。

总结

MC估计值有噪声；TD估计值偏离目标

$$V_T(S_t) = V_{T-1}(S_t) + \alpha_t \Big[\overbrace{\underbrace{G_{t:T}}_{\text{MC target}} - V_{T-1}(S_t)}^{\text{MC error}} \Big]$$

(1) 如果对这些趋势进行特写(对数比例图)，你就会明白发生了什么。MC估计值在真实值附近跳跃，因为MC目标方差很高。

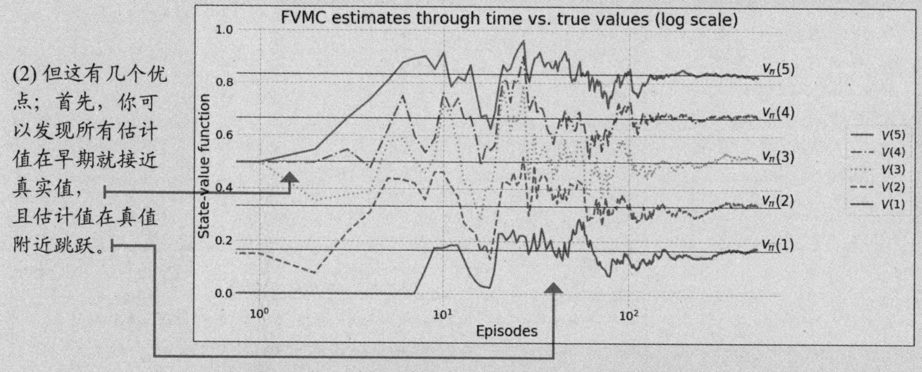

(2) 但这有几个优点；首先，你可以发现所有估计值在早期就接近真实值，且估计值在真值附近跳跃。

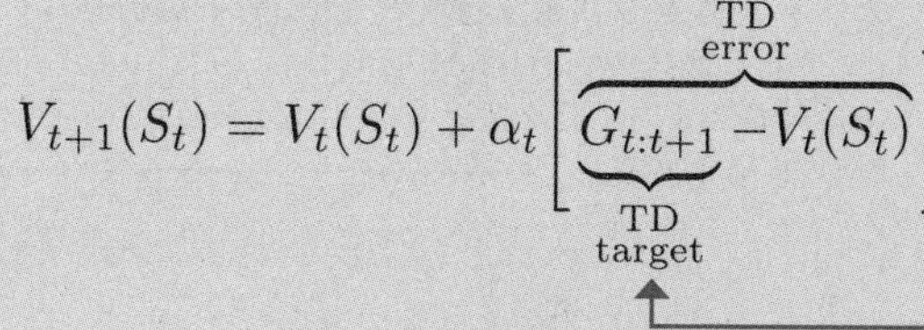

(3) TD估计值大部分时间都偏离目标，但跳跃性较小。这是因为TD目标虽然有偏差，但方差很低。它们使用估计回报作为目标。

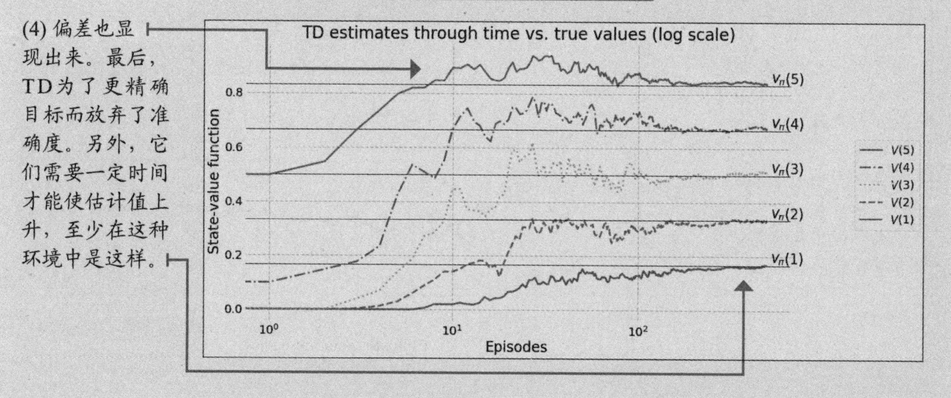

(4) 偏差也显现出来。最后，TD为了更精确目标而放弃了准确度。另外，它们需要一定时间才能使估计值上升，至少在这种环境中是这样。

总结

MC以高方差为目标，TD以偏差为目标

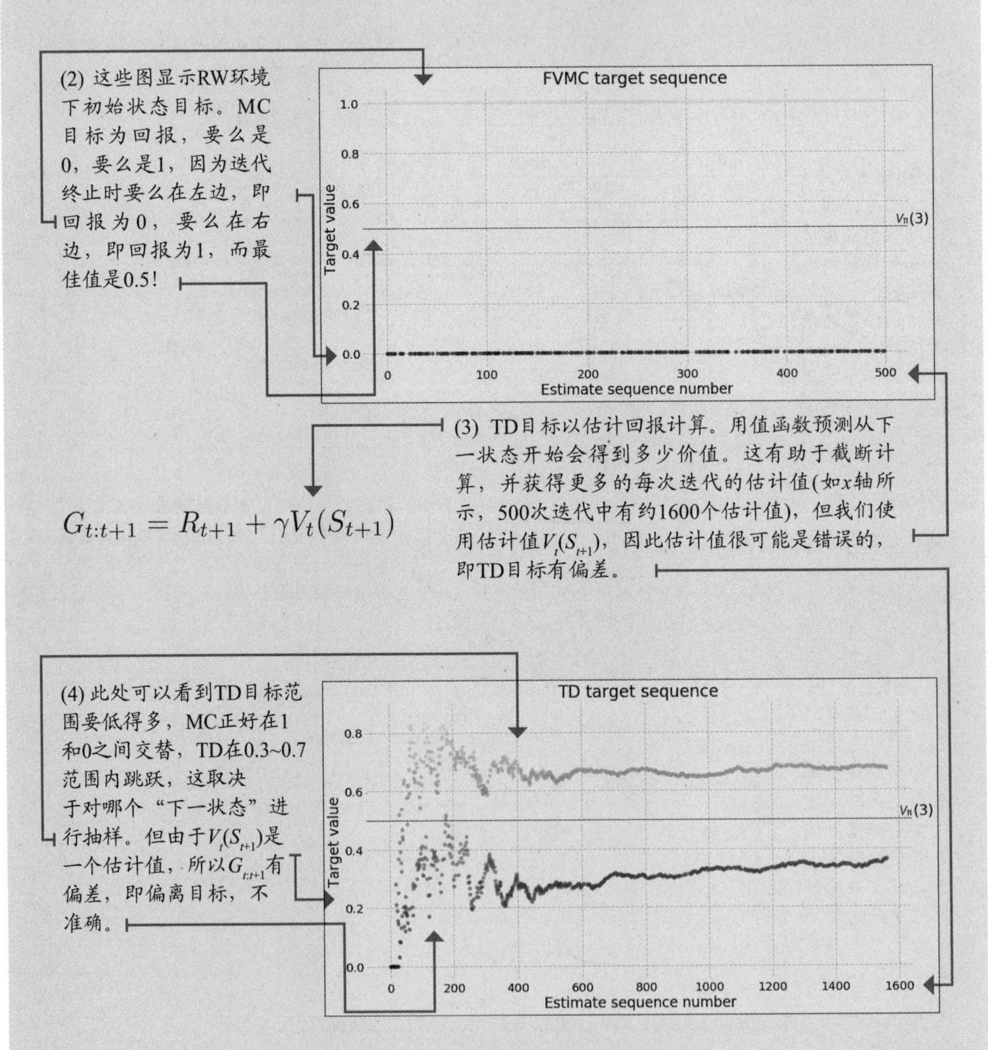

5.2 学习从多步进行估算

在本章，我们研究了通过交互作用来估计给定策略的值函数的两种核心算法。在 MC 方法中，我们在估计值函数之前，一直对环境进行抽样，直至迭代结束。这些方法将实际回报(即折扣后的总回报)分散至所有状态。例如，若像 RW 环境中的情况一样，折扣系数小于 1，且回报只有 0 或 1，MC 目标对于每一个状态就总是 0 或 1。同样的信号会被一直推到轨迹的开头。对于具有不同折扣因子或回报函数的环境，情况显然不是这样。

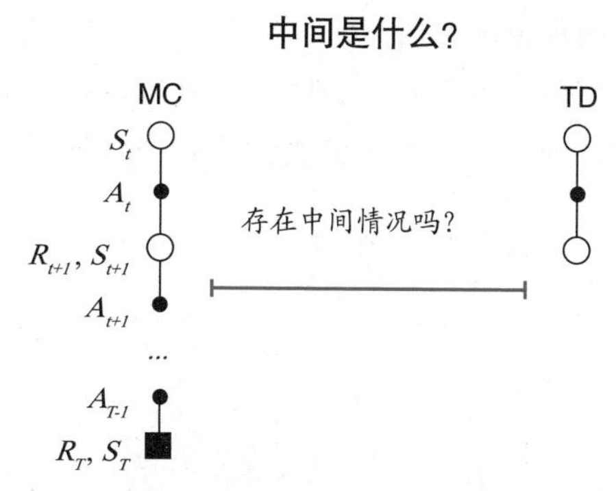

另外，在 TD 学习中，智能体只与环境交互一次，首先估计预期回报，然后估计目标，再估计值函数。TD 方法自举从猜测中形成猜测。这意味着，TD 方法并不像 MC 方法那样，等到一次迭代结束后才得到实际回报，而是采用单步奖励，再估计预期回报，也就是下一状态的值函数。

但是，这中间是否还存在什么呢？我的意思是，TD 在一步之后进行自举是可以的，但两步之后呢？三步呢？四步呢？应该等多少步之后再估计预期回报和自举值函数呢？

事实证明，在 MC 和 TD 之间存在一个算法谱。这一节将研究一下中间算法。你会看到，可调整目标对自举的依赖程度，以平衡偏差和方差。

米格尔的类比

MC与TD个性鲜明

我喜欢把 MC 式算法看作 A 型人格智能体，把 TD 式算法看作 B 型人格智能体。如果你查一下就会明白我的意思。A 型人群以结果为导向，时间意识强，业务能力强；而 B 型人群随和，是反思、嬉皮士型的。MC 使用实际回报，而 TD 使用预测回报，这应该让你怀疑这些目标类型是否各有个性。想一想，我相信你一定能注意到几种有趣的模式来帮助你记忆。

5.2.1 *n*步TD学习：经过几步后改进估计

动机应该明确；蒙特卡洛方法和时差法是两个极端。其中一种可以比另一种表现更好，这要视情况而定。MC 是无限步法，一直持续至迭代结束。

我知道，“无限”可能听起来很混乱，但回顾第 2 章，我们将终端状态定义为一个所有动作和从动作到同一状态的转换都是循环而没有回报的状态。这样，就可以认为一个智能体永远卡在这个循环中，因此在不累积回报或更新状态-值函数的情况下执行无限多个步骤。

另外，TD 是一种单步方法，因为它在引导和更新状态-值函数之前与环境进行了一步交互。你可将这两种方法概括为 *n* 步方法。与其做 TD 的单步法，或者做 MC 的全迭代法，为什么不使用 *n* 步计算值函数并抽象出 *n* 呢？这种方法称为 *n* 步 TD，它进行 *n* 步自举。有趣的是，中间的 *n* 值通常比两个极端值都好。你看，不应该成为一个极端分子！

数学推导过程

*n*步时差等式

$$S_t, A_t, R_{t+1}, S_{t+1}, \ldots, R_{t+n}, S_{t+n} \sim \pi_{t:t+n}$$

(1) 请注意，在*n*步TD中，必须等待*n*步才能更新$V(s)$。

(2) 现在，*n*不一定要像MC中的∞，或者像TD中的1。你可以选择*n*。在现实中，如果智能体达到终端状态，*n*将是*n*或更少；可以小于*n*，但绝对不能多。

$$G_{t:t+n} = R_{t+1} + \ldots + \gamma^{n-1} R_{t+n} + \gamma^n V_{t+n-1}(S_{t+n})$$

(3) 此处可以看到值函数估计如何大约每*n*步更新一次。

$$V_{t+n}(S_t) = V_{t+n-1}(S_t) + \alpha_t \Big[\overbrace{\underbrace{G_{t:t+n}}_{\text{n-step target}} - V_{t+n-1}(S_t)}^{\text{n-step error}} \Big]$$

(4) 此后，你可以像往常一样插入目标。

Python讲解

n步TD 第一部分

```
def ntd(pi,
        env,
        gamma=1.0,
        init_alpha=0.5,
        min_alpha=0.01,
        alpha_decay_ratio=0.5,
        n_step=3,
        n_episodes=500):
```

(1) 这是我对n步TD算法的实现。有很多方法来编写代码，这是其中的一种，供你参考。

(2) 此处使用的超参数和之前一样，注意n_step默认为3，即三步后进行自举，如果遇到终端状态，则更少。这种情况下不进行自举。同样，根据定义，终端状态的值为零。

```
    nS = env.observation_space.n
    V = np.zeros(nS)
    V_track = np.zeros((n_episodes, nS))
```

(3) 这里有通常的嫌疑者。

```
    alphas = decay_schedule(
        init_alpha, min_alpha,
        alpha_decay_ratio, n_episodes)
```

(4) 提前计算所有α。

(5) 此处是MC和TD的混合体。注意，计算折扣系数，但不像MC实现那样用max_step，而是用n_step+1步来包含n个步骤和自举估计。

```
    discounts = np.logspace(
        0, n_step+1, num=n_step+1, base=gamma, endpoint=False)
```

(6) 进入迭代循环。

```
    for e in tqdm(range(n_episodes), leave=False):
```

(7) 路径变量将保存n_step最近的经历，是一个部分轨迹。

```
        state, done, path = env.reset(), False, []
```

(8)要一直走下去直到结束，路径设置为无。很快就会看到。

```
        while not done or path is not None:
            path = path[1:]
```

(9) 此处要“弹出”路径的第一个元素。

```
            while not done and len(path) < n_step:
```

(10) 此行在下页重复。

Python讲解
n步TD 第二部分

(11) 同前。跟着缩进。

(12) 交互板块。我们基本上是在收集经验，直到点击结束或者路径长度等于n_step。

(13) 此处n可以是n_step，但如果“路径”里有一个终端状态，n也可以是一个更小的数字。

(14) 此处提取的估计状态，估计状态不是状态。

(15) 奖励是一个从est_state到n为止遇到的所有奖励向量。

(16) partial_return是从est_state到n的折扣奖励向量。

(17) bs_val是自举值。注意，这种情况下，下一状态是正确的。

(18) ntd_target部分回报和自举值之和。

(19) 这就是误差，就像我们一直在计算的那样。

(20) 状态-值函数的更新情况。

(21) 此处将路径设置为无，如果路径只有一次经历，且该经历的完成标志为ture(路径中只有一个终端状态)，就会跳出迭代循环。

(22) 照常返回V和V_track。

```
            while not done and len(path) < n_step:
                action = pi(state)
                next_state, reward, done, _ = env.step(action)
                experience = (state, reward, next_state, done)
                path.append(experience)
                state = next_state
                if done:
                    break

            n = len(path)
            est_state = path[0][0]
            rewards = np.array(path)[:,1]
            partial_return = discounts[:n] * rewards
            bs_val = discounts[-1] * V[next_state] * (not done)
            ntd_target = np.sum(np.append(partial_return,
                                          bs_val))
            ntd_error = ntd_target - V[est_state]
            V[est_state] = V[est_state] + alphas[e] * ntd_error
            if len(path) == 1 and path[0][3]:
                path = None
        V_track[e] = V
    return V, V_track
```

5.2.2 前瞻TD(λ)：改进对所有访问状态的估计

但出现了一个问题：n 值是多少最好呢？什么时候应该用一步法，什么时候用两步法，什么时候用三步法，什么时候用其他方法呢？我已经给出了实用建议，即 n 值大于 1 时通常会更好，但也不应该全然不顾实际回报。自举法的确有帮助，但其偏差是个挑战。

那么把所有 n 步目标的加权组合作为单一目标会怎么样呢？需要指出的是，智能体可以计算 n 步目标对应的一步、二步、三步甚至无限步目标，然后用指数衰减因子混合所有这些目标。一定要试试！

这种方法被称为前瞻 TD(λ) 法。前瞻 TD(λ) 法是一种预测方法，它将多个 n 步合并为单个更新。这一特定版本中，智能体必须等到一次迭代结束后才能更新状态-值函数的估计值。另一种方法称为后顾 TD(λ) 法，可将相应的更新拆分为部分更新，并将部分更新应用到每一步的状态-值函数的估计中，就像沿着轨迹留下 TD 更新的痕迹一样。很酷吧？让我们深入了解一下。

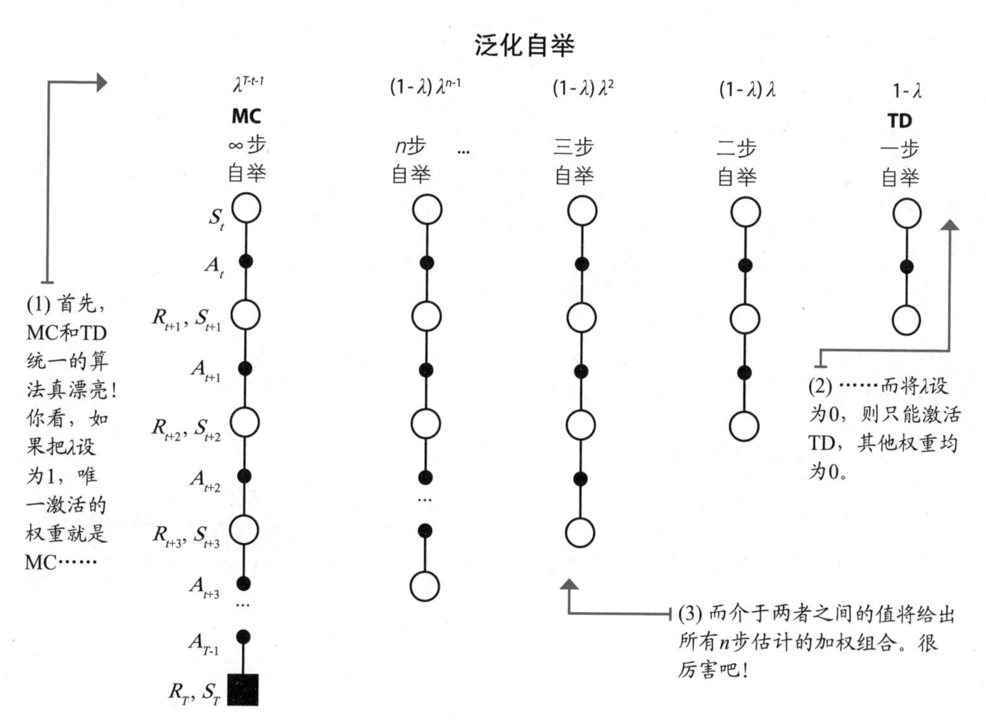

数学推导过程

前瞻TD(λ)

(1) 当然，这是一个加载后的等式，我们将解开这一等式。最重要的是，要使用直至T步的所有n步回报，并用一个指数衰减的值进行加权。

(2) 问题在于T是可变的，所以需要用一个归一化的值对实际回报进行加权，使所有的权重相加为1。

$$G_{t:T}^{\lambda} = \underbrace{(1-\lambda)\sum_{n=1}^{T-t-1}\lambda^{n-1}G_{t:t+n}}_{\text{从第1步到}T-1\text{步的加权回报之和}} + \underbrace{\lambda^{T-t-1}G_{t:T}}_{\text{加权的最终回报}}$$

(3) 这个等式说明要计算出一步回报，并用下面的系数加权……

$$G_{t:t+1} = R_{t+1} + \gamma V_t(S_{t+1}) \qquad \mapsto 1-\lambda$$

(4) ……也要计算两步回报率，并用这个系数加权。

$$G_{t:t+2} = R_{t+1} + \gamma R_{t+2} + \gamma^2 V_{t+1}(S_{t+2}) \qquad (1-\lambda)\lambda$$

(5) 然后同样计算三步回报并用该系数加权。

$$G_{t:t+3} = R_{t+1} + \gamma R_{t+2} + \gamma^2 R_{t+3} + \gamma^3 V_{t+2}(S_{t+3}) \qquad (1-\lambda)\lambda^2$$

(6) 对所有n步执行以上操作……

$$G_{t:t+n} = R_{t+1} + \ldots + \gamma^{n-1}R_{t+n} + \gamma^n V_{t+n-1}(S_{t+n}) \qquad (1-\lambda)\lambda^{n-1}$$

(7) ……直到智能体达到终端状态。然后用归一化系数加权。

$$G_{t:T} = R_{t+1} + \gamma R_{t+2} + \ldots + \gamma^{T-1}R_T \qquad \lambda^{T-t-1}$$

(8) 请注意，这种方法的关键在于必须在计算这些值之前对整个轨迹进行抽样。

$$S_t, A_t, R_{t+1}, S_{t+1}, \ldots, R_T, S_T \sim \pi_{t:T}$$

(9) 此处你已经对轨迹进行抽样，V将在时间T可用……

$$V_T(S_t) = V_{T-1}(S_t) + \alpha_t \Big[\overbrace{\underbrace{G_{t:T}^{\lambda}}_{\lambda\text{-return}} - V_{T-1}(S_t)}^{\lambda-\text{error}} \Big]$$

(10) ……此处为原因。

5.2.3 TD(λ): 在每步之后改进对所有访问状态的估计

MC 法受时间步的限制，因为 MC 只能在达到终端状态后对状态-值函数估计进行更新。*n* 步自举法仍会受到时间步的限制，因为仍然要等到与环境的 *n* 次交互之后才能对状态-值函数估计值进行更新，这基本上是在用 *n* 步的延迟进行追赶。例如，在五步自举法中，必须等到五个(或更少)状态和五个回报出现后，才能进行任何计算。这有点像 MC 方法。

使用前瞻 TD(λ) 法，就在时间步上又回到 MC 法的状态；前瞻 TD(λ) 还必须等到一个迭代结束后，才能对状态-值函数估计应用相应的更新。但至少我们得到了一些东西：如果愿意接受偏差，可得到较低的方差目标。

除了泛化和统一 MC 和 TD 方法外，后顾 TD(λ) 法 (TD(λ)) 除了能像 TD 一样在每个时间步上应用更新，还能调整偏差 / 方差权衡。

为 TD(λ) 提供这种优势的机制被称为资格迹。资格迹是跟踪最近访问状态的内存向量。基本思想是跟踪每一步有资格更新的状态，不仅要跟踪一个状态是否符合条件，还要跟踪其合格程度，以便将相应的更新正确应用于合格状态。

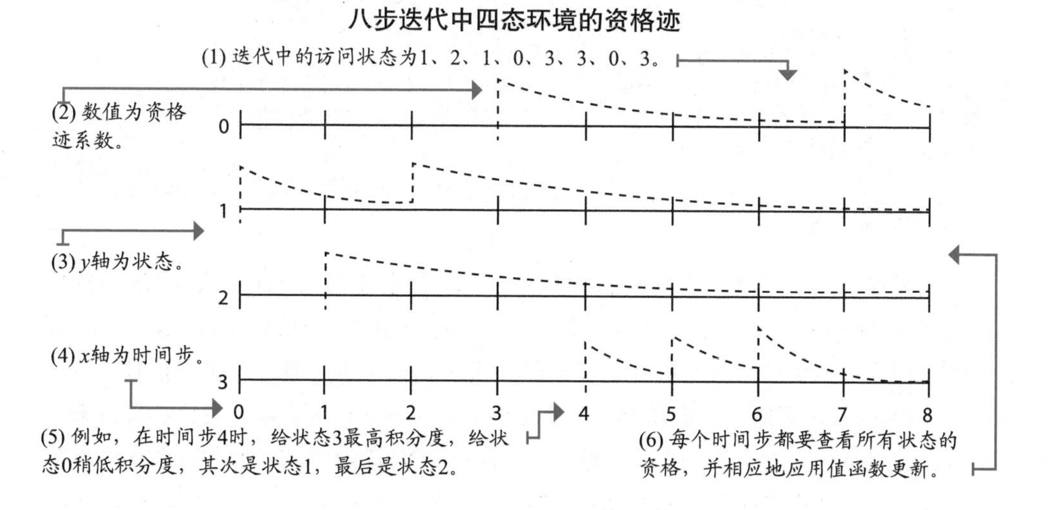

例如，所有资格迹都初始化为零，遇到一个状态时，你会在其跟踪中添加一个1。每个时间步，你都会计算出所有状态的值函数更新，并将其乘以资格迹向量。这样，只有符合资格的状态才会得到更新。更新后，资格迹向量会被 λ(权重混合因子)和 γ(折扣系数)衰减，如此一来未来的强化事件对早期状态的影响就会减少。通过这种方法，最近状态在最近转换中遇到的回报比那些在迭代中较早访问的状态获得更显著的积分，因为该值没有设置为 1；否则，这将类似于 MC 更新，会给迭代中访问的所有状态同等积分(假设没有折扣)。

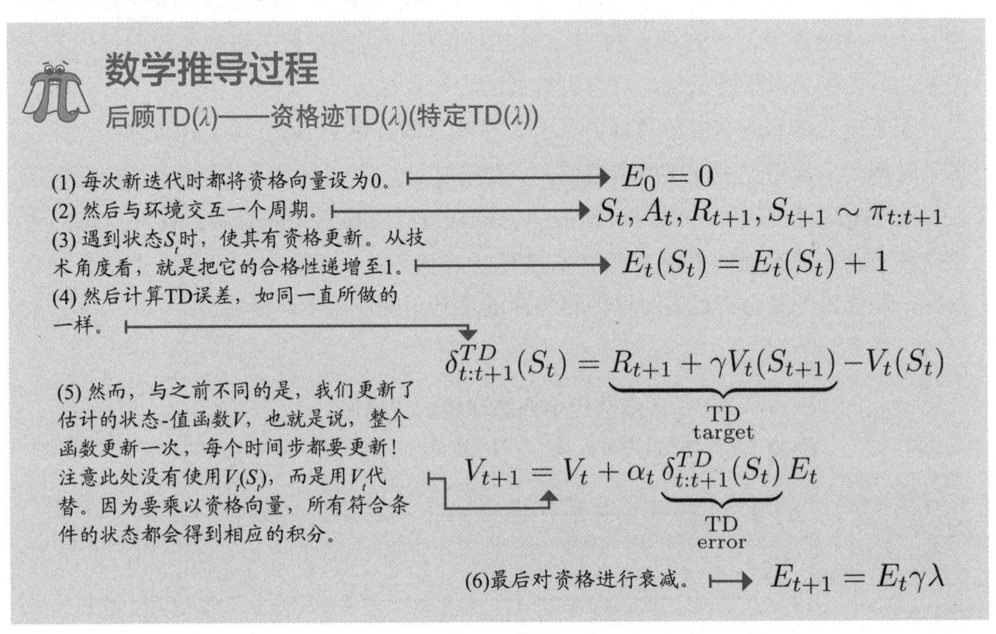

我想重申，一方面，当 λ=0 时，TD(λ) 相当于之前学习的 TD 方法，因此 TD 通常被称为 TD(0)；另一方面，当 λ=1 时，TD(λ) 几乎相当于 MC。实际上，TD(λ) 等于 MC 假设离线更新，假设更新是在迭代结束时积累并应用的。在线更新时，估计的状态-值函数很可能每一步都会发生变化，因此自举估计也会发生变化；反过来，估计的进展也会发生变化。不过，通常还是假设 TD(1)等于 MC。此外，被称为真正在线 TD(λ) 的最新方法是 TD(λ) 的不同实现，实现了 TD(0) 与 TD 以及 TD(1)与 MC 的完全等价。

Python讲解

TD(λ)算法，又称后顾TD(λ)

```
def td_lambda(pi,
              env,
              gamma=1.0,
              init_alpha=0.5,
              min_alpha=0.01,
              alpha_decay_ratio=0.3,
              lambda_=0.3,
              n_episodes=500):

    nS = env.observation_space.n
    V = np.zeros(nS)
    V_track = np.zeros((n_episodes, nS))
    E = np.zeros(nS)
    alphas = decay_schedule(
        init_alpha, min_alpha,
        alpha_decay_ratio, n_episodes)

    for e in tqdm(range(n_episodes), leave=False):
        E.fill(0)

        state, done = env.reset(), False

        while not done:
            action = pi(state)
            next_state, reward, done, _ = env.step(action)

            td_target = reward + gamma * V[next_state] * \
                                                    (not done)
            td_error = td_target - V[state]

            E[state] = E[state] + 1
            V = V + alphas[e] * td_error * E
            E = gamma * lambda_ * E

            state = next_state
        V_track[e] = V
    return V, V_track
```

(1) td_lambda方法的签名与其他所有方法非常相似。唯一的新超参数是lambda_(之所以使用下画线，是因为lambda是Python中的限制性关键字)。

(2) 设置通常的诊断。

(3) 增加新元素：资格跟踪向量。

(4) 计算所有迭代的α。

(5) 此处进入迭代循环。

(6) 每增加一个新迭代，将E设为零。

(7) 设置初始变量。

(8) 进入时间步循环。

(9) 先与环境交互一步，得到经验元组。

(10) 然后，像往常一样用该经验来计算TD误差。

(11) 将状态资格增加1。

(12) 并将误差更新应用于E表示的所有合格状态。

(13) 对E进行衰减……

(14) ……并像往常一样继续。

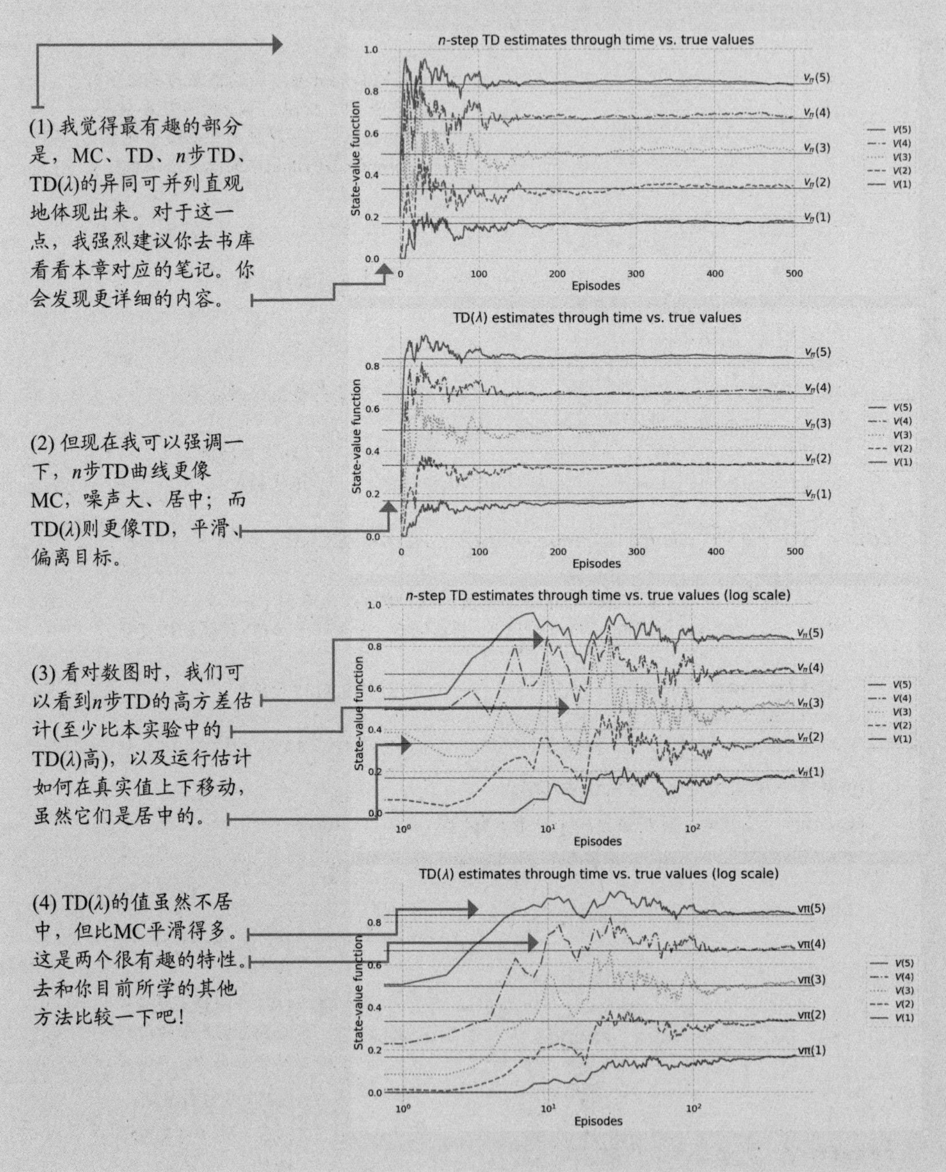
总结
在RW环境下，n步TD和TD(λ)产生的运行估计
(1) 我觉得最有趣的部分是，MC、TD、n步TD、TD(λ)的异同可并列直观地体现出来。对于这一点，我强烈建议你去书库看看本章对应的笔记。你会发现更详细的内容。
n-step TD estimates through time vs. true values
TD(λ) estimates through time vs. true values
(2) 但现在我可以强调一下，n步TD曲线更像MC，噪声大、居中；而TD(λ)则更像TD，平滑、偏离目标。
n-step TD estimates through time vs. true values (log scale)
(3) 看对数图时，我们可以看到n步TD的高方差估计(至少比本实验中的TD(λ)高)，以及运行估计如何在真实值上下移动，虽然它们是居中的。
TD(λ) estimates through time vs. true values (log scale)
(4) TD(λ)的值虽然不居中，但比MC平滑得多。这是两个很有趣的特性。去和你目前所学的其他方法比较一下吧！
State-value function
Episodes

具体案例

评估Russell和Norvig网格世界环境中的最优策略

让我们在一个稍微不同的环境中运行所有算法。你可能在过去遇到这一环境很多次，它来自 Russell 和 Norvig 关于 AI 的书。

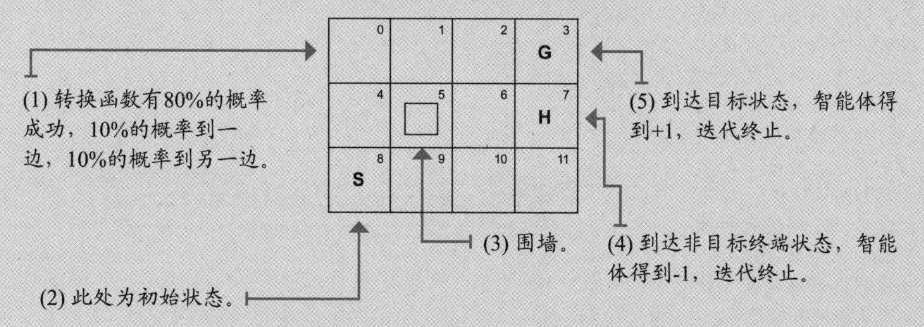

我称这一环境为 Russell 与 Norvig 的网格世界(Russell and Norvig's Gridworld，RNG)，这个环境是一个 3×4 的网格世界，智能体的起点在左下角，它必须到达右上角。与 FL 环境类似，目标南面有一个洞，起点附近有一堵墙。转换函数有 20% 的噪声；也就是说，80% 的动作可以成功，20% 的动作在正交方向上随机均匀失败。回报函数是 -0.04 的生活惩罚，抵达目标的回报为 +1，落在洞里的回报为 -1。

现在要做的是评估一个策略。我恰好在第 3 章的笔记中简单提到最优策略，但未详细讨论。事实上，一定要检查随书提供的所有笔记。

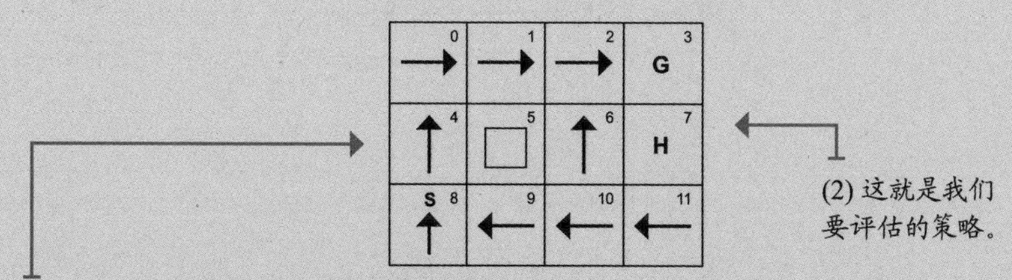

总结

RNG环境下的FVMC、TD、*n*步TD与TD(λ)

(1) 除1000个迭代(而非500个RW事件)外，运行与之前完全相同的超参数。右边显示的结果是在12个状态中随机选择5个状态的状态-值函数的运行估计。是随机选择的，但为了便于比较，每个图都用了相同的初始值——也不是真正的100%随机。首先过滤了低于阈值的估计值0.1。我这样做是为了让你能更好地欣赏少数几个状态的有效趋势。

(2) 如你所见，所有四种算法(笔记中有五种！)都能找到一个相当不错的真实状态-值函数估计值。如果仔细观察，你可以看到TD和TD(λ)显示出两条最平滑的曲线。而MC和*n*步TD显示出最中心的趋势。

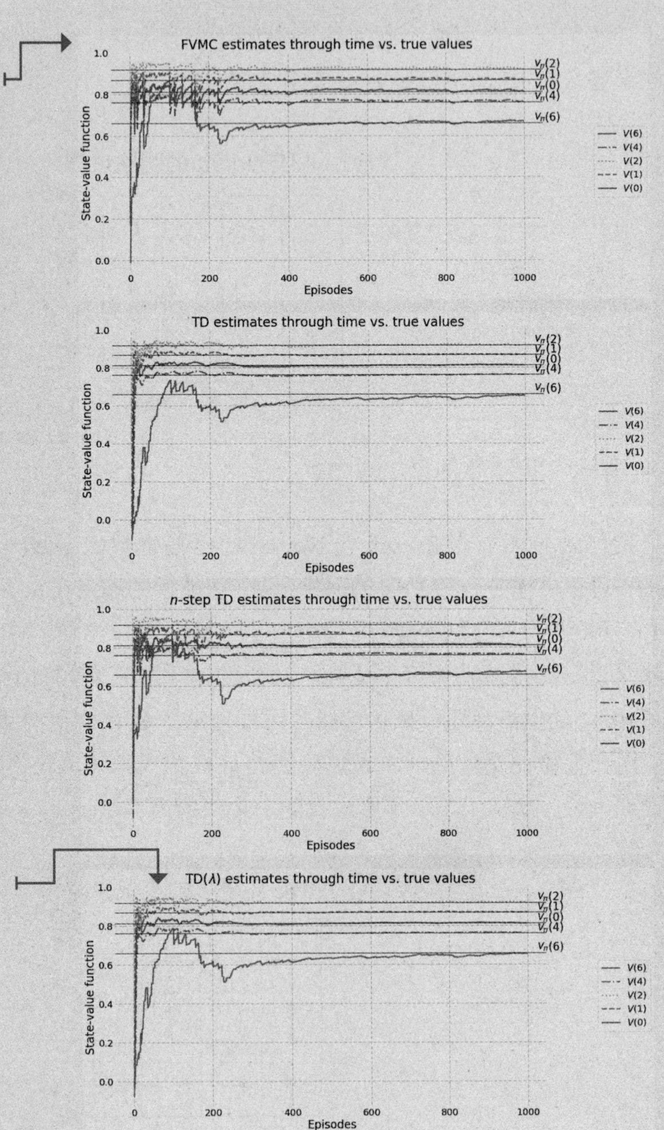

总结

RNG偏差和方差对估计值的影响更好

(1) 好吧，我想我可能需要“放大”并向你展示曲线前面的部分。这些图不是我曾经展示的那种对数比例。这些都是对前50次迭代的切片，且只显示了大于0.1的值。但你可以看到，这包括了大多数状态。状态3、5、7的值函数为0，状态10和11远远没有被最优策略运行，因为状态9和6的动作分别指向左和上，这就远离了状态10和11。

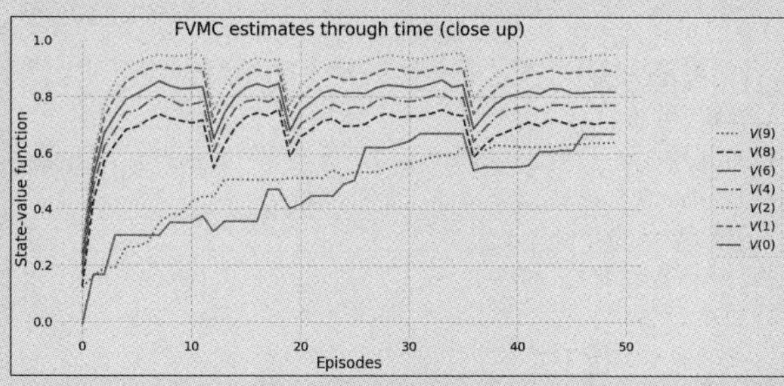

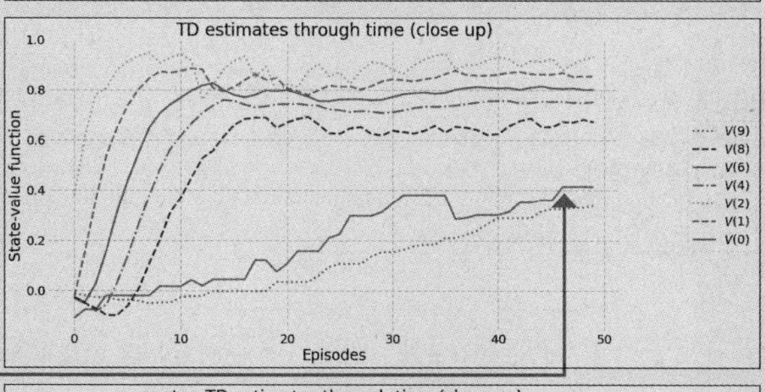

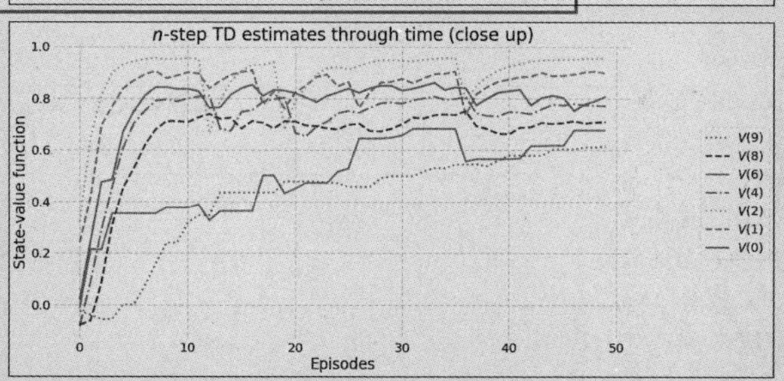

(2) 看看这次的趋势。它们比较容易发现。例如，MC是锯齿状的，显示出起伏趋势。TD是平滑但缓慢的。*n*步TD介于两者之间，而有趣的是TD(*λ*)显示了TD的平滑性，也没有那么缓慢。比如*V*(6)的曲线：它在25次迭代左右第一次越过0.4线，而TD一直在45迭代。

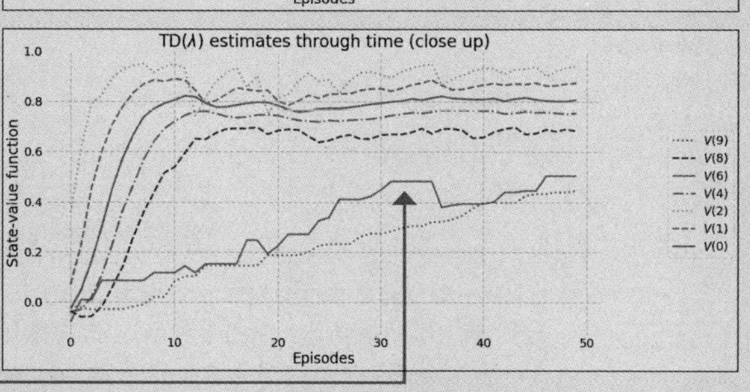

总结

RNG起始状态时的FVMC目标与TD目标

(1) 最后的图是初始状态的目标值序列。正如你所期望的那样，MC目标是独立于序列号的，因为它们是实际回报，并没有在状态-值函数上进行自举。

(2) 你可能也能注意到它们的方差很高。这些主要集中在顶部，但下面也有少量。

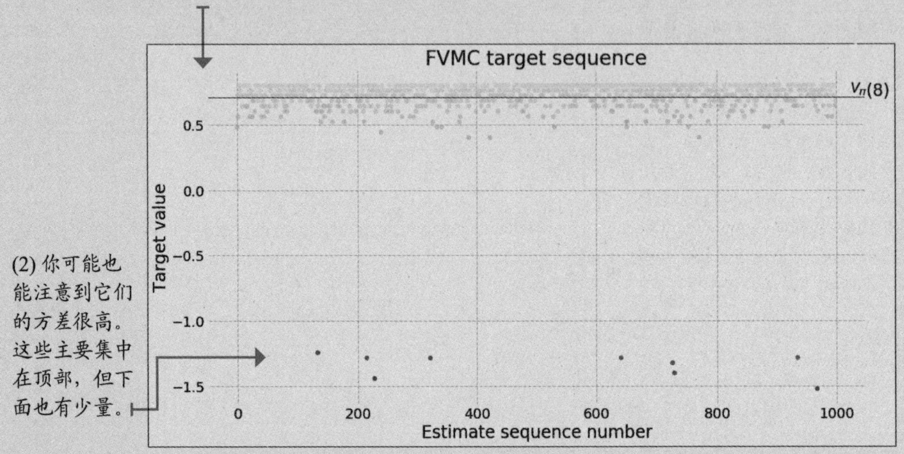

(3) TD目标对序列的依赖性更大。注意，早期的目标具有偏差和噪声。但随着目标的增加，它们变得更加稳定。

(4) 你可能会注意到三条线开始形成。请记住，这些是初始状态的目标，即状态8。如果你看一下策略，你会注意到在状态8中上升只能有三个过渡……

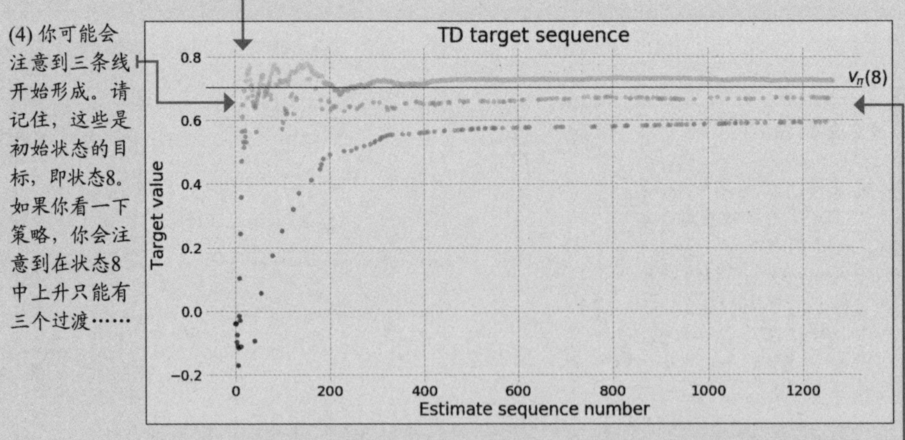

(5) ……智能体有80%的概率落在状态4(向上)，有10%的概率反弹到状态8(左边)，有10%的概率落在状态9(右边)。你能想到这幅图上的哪条线对应的是哪个“下一状态”吗？为什么？做做实验吧！

5.3 小结

从惯序性反馈中学习是富有挑战性的；你在第 3 章中学习了相当多的知识。你创造了一个平衡短期目标和长期目标的智能体。价值迭代 (VI) 和策略迭代 (PI) 等方法是 RL 的核心。从评估性反馈中学习也非常困难。第 4 章研究一种特殊环境，在这种环境中，智能体必须学会平衡信息的收集和利用。ε 贪婪策略、softmax 策略和乐观初始化等策略也是 RL 的核心。

而我希望你能停一停，把这两个权衡问题单独思考一下。我见过 500 页甚至更长的教科书专门讨论这两个权衡问题。如果你想开发新的DRL算法，推动技术的发展，我建议你独立研究这两个权衡问题。搜索关于“规划算法”和“强盗算法”的书籍，花费时间和精力去了解这两个领域。当你回顾 RL 并看到所有联系时，你会觉得自己有了飞跃性的进步。现在，如果你的目标仅是了解 DRL，实现一些方法，在自己的项目中使用它，这里的内容就足够了。

在这一章中，你学习了能够同时处理惯序性和评估性反馈的智能体。如前所述，这可不是一件小事！要兼顾短期目标和长期目标，以及信息的收集和利用，这甚至是大多数人都会遇到的问题！ 当然，在这一章中，我们将自己限制在预测问题上，这包括估计智能体行为的值。为此，我们引入了蒙特卡洛预测法和时差学习等方法。这两种方法是一个谱系中的两个极端，可以用 n-step TD 智能体来概括。仅通过改变时间步长，就可得到几乎任何介于这两者之间的智能体。但后来我们了解了 TD(λ)，以及单个智能体如何以创新方式将两个极端和中间的一切结合起来。

下一章将研究控制问题，控制问题无非是改善智能体的行为。就像我们把策略迭代算法分为策略评估和策略改进一样，把强化学习问题分为预测问题和控制问题，可以深入研究细节，得到更好的方法。

至此，你已经：

- 了解到强化学习的挑战是因为智能体不能看到支配其不断变化的环境底层 MDP。
- 了解到这两项挑战结合起来并产生 RL 领域的方式。
- 了解估计状态-值函数的多种计算目标的方法。

分享成果

独立学习，分享发现

有一些想法可以帮助你将所学知识提升到新水平。如果你愿意的话，可将你的研究结果分享出来，也一定要看看别人的成果。这是一个双赢的机会，希望你能把握住。

- #gdrl_ch05_tf01：本章中的方法都无法处理很多 Gym 环境中的时间步数限制问题。不知道我在说什么？不必担心，我会在第 8 章中更详细地解释这个问题。不过，暂时先看看这个文件：https://github.com/openai/gym/blob/master/gym/envs/_init_.py。看看包括 FL 环境在内，有多少环境有可变的最大步数。这是一个施加在环境上的时间步限制。想一想：这个时间步长限制对本章介绍的算法有什么影响？到笔记中修改算法，使其正确处理时间步长限制，让值函数估计更准确。值函数是否会发生变化？为什么会？为什么不会？注意，如果你不明白我说的是什么，你应该继续，明白之后再回顾这一部分。
- #gdrl_ch05_tf02：比较并绘制蒙特卡洛和时空差异目标是有用的。有一件事会帮助你理解差异，那就是对这两种类型的目标进行更全面的分析，也包括 n 步和 TD-λ 目标。从收集不同时间步数的 n 步目标开始，并对 TD-λ 目标中不同 λ 值做同样的分析。这些方法与 MC 和 TD 比较有何不同？再找找其他方法来比较这些预测方法。但要用图表方式来做比较，这样更直观！
- #gdrl_ch05_tf03：在每一章中，我都会将最后的标签作为一个概括性标签。欢迎用这个标签讨论与本章相关的其他任何内容。没有什么任务是比你为自己布置的任务更令人兴奋的了。一定要分享你的调查内容和结果。

用你的发现写一条推特，打上 @mimoralea 标签(我会转发)，并使用这个列表中的特定标签来帮助感兴趣的人看到你的成果。成果没有对错之分，你分享自己的发现并核对别人的发现。趁此机会进行交流、做出贡献、有所进步！ 我们等你的好消息！

推特样例：

嘿，@mimoralea。我写了一篇博文，其中列出了研究深度强化学习的资源。可单击 <link>.#gdrl_ch01_tf01。

我一定会转发以帮助其他人看到你的成果。

第6章 智能体行为的优化

本章内容：

- 从对同时具有惯序性和评估性的反馈学习中，学习优化策略。
- 在转换函数和奖励函数未知的情况下，开发在强化学习环境中寻找最佳策略的算法。
- 为智能体编写代码，在各种环境下训练智能体，实现智能体仅凭经验和决策，便能将随机行为转换为最优行为。

“射有似乎君子，失诸正鹄，反求诸其身。”

——孔子

中国春秋时期的教育家、政治家和思想家

一个强化学习智能体必须处理的三种反馈：惯序、评估和抽样。到本章为止，你已经通过学习其中的两种反馈，对其本身与相互作用分别进行研究。在第 2 章中，你学习了用马尔可夫决策过程(Markov Decision Processes，MDP)这一数学框架来呈现惯序决策问题。在第 3 章中，你学习了如何用能从 MDP 中提取策略的算法来解决这些问题。在第 4 章中，你学习了在 MDP 无法呈现智能体时，如何解决简单的控制问题，也是多选项、单选项的决策问题(也叫 Multi-Armed Bandit，多臂老虎机)。最后，在第 5 章中，我们把这两种控制问题叠加，解决了属于惯序但不确定的控制问题，不过当时只学习了评估值函数。我们还解决了所谓的预测问题，也就是学习评估策略和预测回报。

本章将介绍可解决控制问题的智能体，实现这一智能体只需要做两处更改。首先是用评估动作-值函数，即 $Q(s, a)$函数来代替评估状态-值函数，即 $V(s)$函数。这么做的主要原因是 Q 函数可让我们在无法使用 MDP 的情况下也能看到动作-值，这一点是 V 函数做不到的。其二，获得的 Q 值估计值将用于策略优化。这和我们在策略迭代算法里做的差不多：先评估，然后优化，接着评估优化后的策略，再次优化已优化策略，以此类推。我在第 3 章中提到过，这种模式称为 GPI，能帮助我们创造一种几乎可让所有强化学习算法都适应的结构，甚至是最先进的深度强化学习智能体也能适应。

本章首先展开讲解广义策略迭代结构，然后介绍解决控制问题的许多不同类型的智能体；再讨论蒙特卡洛(Monte Carlo)预测和时差学习智能体的控制版本；最后介绍与行为分离的、稍有不同的几种智能体。说了这么多，实际上就是你在这一章要开发通过试错学习来完成任务的智能体。这些智能体只能通过它们与环境的交互来学会最优策略。

6.1 对智能体强化学习的解析

在这一节中，将介绍一个大多数强化学习智能体都适用的心智模型(mental model)。第一，每个强化学习智能体都要积累经验样本，这要么从与环境的交互中获得，要么通过询问环境的学习模型来获得，不过这时，数据是在智能体进行学习时生成的。第二，每个强化学习智能体都要学习评估，对象可能是环境模型、策略、值函数，或只是回报。第三，每个强化学习智能体都试图优化策略。以上便是强化学习的全部重点。

总结

奖励、回报和值函数

现在来回顾一下，你需要记住奖励、回报和值函数之间的区别，以便弄清楚这一章的内容，并开发“通过试错学习学会最优策略”的智能体。

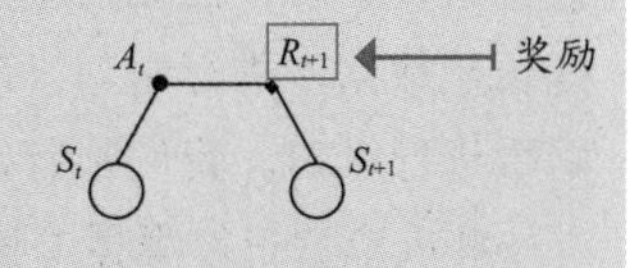

奖励是展现转变好坏程度的数值信号。智能体观察状态 S_t，做出动作 A_t；然后环境发生变化，生成奖励 R_{t+1}，再生成一个新状态 S_{t+1}。奖励是反映转变好坏程度的单一数值信号，这一转变在迭代的每一步都要发生。

回报是指在一个迭代内接收到的全部奖励的总和。智能体会接收到奖励 R_{t+1}，R_{t+2}，以此类推，直到接收到最后一个奖励 R_T(此时还未进入最终状态 S_T)。回报是一个迭代内所有奖励的总和，但在其定义中，一般指折扣总和，而不是指完全总和。折扣总和迭代会将早期发现的奖励置于优先位置(当然，这取决于折扣系数)。严格来说，折扣总和是奖励更常见的定义，因为回报折扣系数使回报只是普通总和。

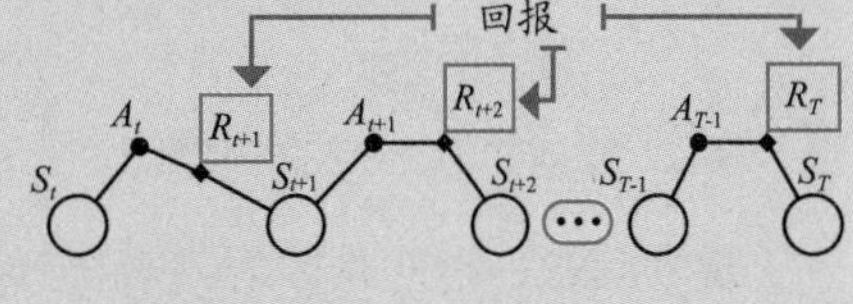

值函数是期望回报。所有可能值与其出现概率之积的总和即为期望。若把期望想成无限个样本数据的平均值，那么回报的期望是不是很像在一个无限的回报中做抽样，再取其平均值？若在选择一个动作后开始计算回报，期望则是那个状态 - 动作对的动作 - 值函数，即 $Q(s, a)$。如果你忽略已经采取的动作，从状态 s 开始计数，那么期望就是状态-值函数 (state-value function)，即 $V(s)$。

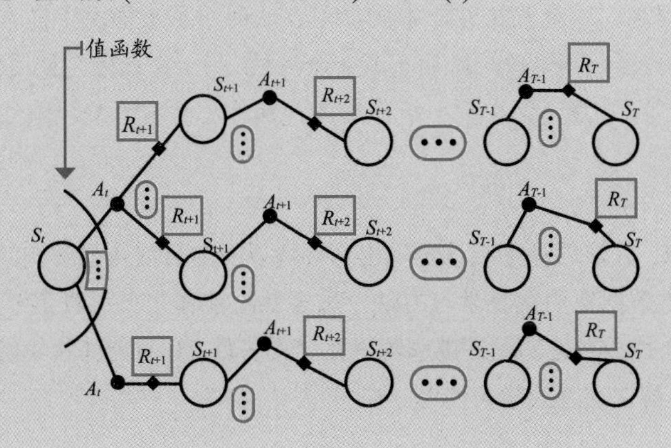

6.1.1 大多数智能体都要收集经验样本

强化学习的一大特点就是智能体是通过试错来学习的。智能体在与环境交互的同时收集数据。其中，不同寻常的是，其收集数据和从数据中进行学习是不同的。你马上就会学到，从数据中进行学习和用数据进行优化也是不同的。在强化学习中，有收集、学习和优化三个动作。举个例子，一个智能体可能很擅长收集数据，却不擅长从数据中进行学习；或者反过来，一个智能体并不擅长收集数据，但擅长从数据中进行学习。我们都有这样的朋友，笔记记得不怎么样，但是考试考得很好，也有一些人笔记记得漂亮工整，成绩却不理想。

在第 3 章中，我们学习了动态规划(Dynamic Programming，DP)方法，提到过值和策略迭代其实并不属于强化学习，但规划方法则不同，因为它不需要收集数据。动态规划方法无须和环境交互，因为 MDP 环境模型会事先提供。

ŘL 知识回顾

规划问题与学习问题

规划问题：指的是因为具有可行性环境模型而不必进行学习的问题。诸如值迭代和策略迭代的规划方法可解决此类问题。此类问题的目标并不是学习最优策略，而是寻找最优策略。好比我给你一幅地图，让你寻找从 *A* 点到 *B* 点的最佳路线，这便不需要学习，只需要计划。

学习问题：指由于无可用环境模型，或可能无法创造环境模型，从而产生了从样本中进行学习的需求。学习问题的一大挑战在于，我们在评估时需要使用样本，而样本方差会很高，这就意味着样本质量差，从而不易于学习。样本会产生偏差，一个原因是样本来自不同的分布，而不是一个评估；另一个原因是使用估计值去评估，导致评估完全错误。假设这次我不给你地图，那你怎么找“最佳路线”？估计就得通过“试错”了。

一个标准 RL 方法的算法应该呈现出与环境以及与目前需要解决的问题的交互情况。不同于提供数据集的监督学习方法，大多数智能体是自己收集经验样本的。RL 智能体还有一个棘手之处，就是挑选数据集。大多数 RL 智能体收集经验样本，是因为 RL 一般用于解决交互式学习问题。

ŘŁ 知识回顾

非交互式学习问题与交互式学习问题

非交互式学习问题：指的是一种无需或不可能与环境发生交互的学习问题。所以在这些问题中，学习过程中不存在与环境的交互，却存在从先前生成的数据中进行学习。其目的是为了在提供样本的条件下找出某些东西，一般是策略，但也有其他目的。例如，在反向强化学习(inverse reinforcement learning，简写 inverse RL 或 IRL)中，目的就变成了在提供专家行为(expert-behavior)样本的条件下恢复反馈函数；在学徒学习(apprenticeship learning)中，目的就是把刚才恢复的反馈函数转化为策略；在克隆行为(behavioral cloning，一种模仿学习)中，其目的是把专家行为样本直接转化为使用监督学习的策略。

交互式学习问题：指的是一种将学习和交互穿插进行的学习问题。有趣的一点是，在这类问题中，学习者同时控制数据的收集。从样本中进行最优学习是一个挑战，为最优学习寻找样本也是一种挑战。

6.1.2 大多数智能体都要评估

收集数据后，智能体要对这些数据执行很多操作。例如，某些智能体要学习预测期望回报(expected return)或值函数。在之前，你已经了解了执行这些操作的多种方法：从蒙特卡洛法到 TD 目标法；从每次访问 MC 目标法到首次访问 MC 目标法；从 n 步(n-step)目标法到 λ-return 目标法。有很多计算目标的方法同样适用于估计值函数。

但值函数并非智能体在经验样本中学到的全部内容，也可设计智能体对环境模型进行学习。这和你将在下一章中看到的基于有模型的强化学习智能体一样，其使用的数据是为了学习转换函数和反馈函数而收集的。通过学习环境模型，智能体可预测出下一个状态和反馈。此外，有了这些数据，智能体便可规划一系列动作，这和动态规划的工作方式差不多；或者智能体也可能使用从与这些学习模型交互得到的综合数据来学习其他内容。重要的是，也许可设计智能体来学习环境模型。

另外，智能体还能被设计为直接使用评估回报去优化策略的类型。在后续章节中，我们还会看得到策略梯度法如何组成某一状态的逼近函数，以及如何输出动作的概率分布。若想优化这些策略函数，在最简单的情况下，我们可使用实际回报，也可以使用评估值函数。最后，典型情况下，智能体可被设计成一次评估多个内容。重要的是大部分智能体都总要评估点什么。

总结

蒙特卡洛法目标与试差法目标

评估值函数的不同方法也是值得反复讲解的重要概念。一般来说，学习值函数的所有方法都会渐进地向目标移动估计误差的一小部分。大多数学习方法都会遵循如下的一般方程：estimate = estimate + step×error，此处 error 就是样本目标与现行评估值的差值，即目标-估计值。计算这些目标的两个主要方法是蒙特卡洛法以及时序差分法；这两个方法是相反的。

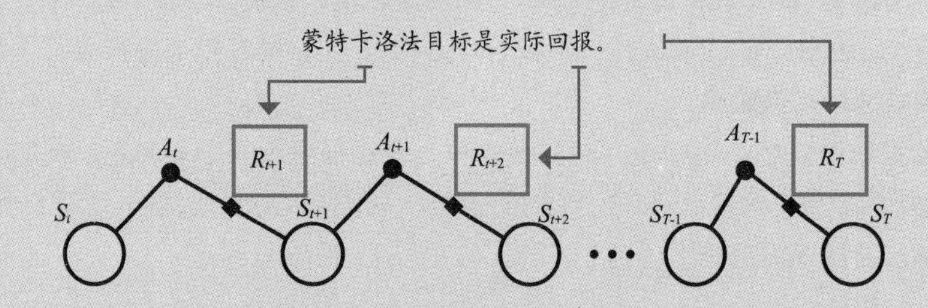

蒙特卡洛目标其实只含有实际回报。蒙特卡洛评估包括调整值函数的评估值，该值函数使用的是观察得到的实际平均回报而不是期望回报(类似于取无数个样本的平均值)。

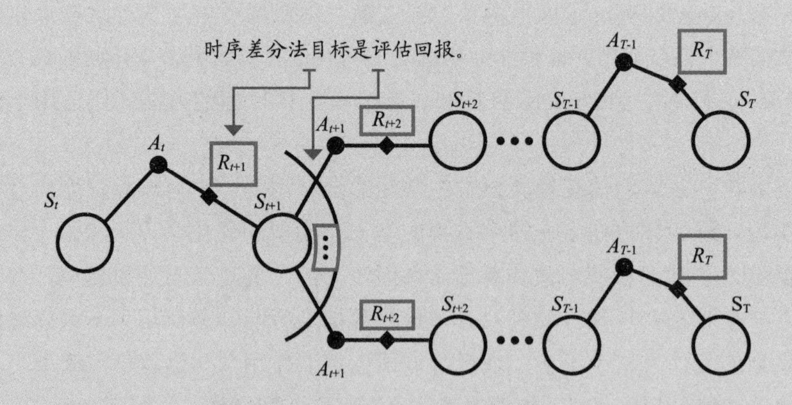

时序差分法由一个评估回报组成。还记得“自举法 (bootstrapping)”吗？大概意思是用后续状态的预计期望回报来评估当前状态的期望回报。TD 做的是从猜测中学习猜测。TD 目标由一个单独的反馈和从下一个状态回报的预计期望回报组成，而下一个状态使用的是运行值函数估计值。

6.1.3 大多数智能体都要优化策略

最后，大多数智能体都要优化策略。最后一步很大程度上取决于被训练智能体的类型以及智能体的评估对象。例如，若智能体要评估值函数，那么要改进的一般是从值函数中经过复杂译码得到的目标策略 (而目标策略要学习的正是值函数)。优化目标策略的好处在于行为策略(数据生成策略)将有所改进，从而提高智能体后续收集数据的质量。若目标与行为策略相同，那么潜在值函数的改进就会直接提高后续生成的数据的质量。

现在，例如在策略梯度(policy gradient)和 actor-critic 算法中，若直接呈现策略，而不是通过值函数呈现的话，智能体就可以使用实际回报来改进这些策略。智能体也能通过值函数来评估回报，进而优化策略。另外，对于基于有模型的强化学习，有很多种优化策略的方法。其一是使用环境的学习模型来规划一系列动作；这种情况下，规划阶段中会出现复杂的待优化策略。可使用模型去学习一个值函数，译码一个复杂策略；也可使用模型直接优化策略。最基本的是，所有智能体都要试图去优化策略。

ŘŁ **知识回顾**

贪婪策略、ε贪婪策略与最优策略

贪婪策略：指的是一种策略，这种策略会在每一个状态中选取其相信可以产生最高期望回报的动作。但要知道“贪婪策略”的“贪婪”与值函数有关，选取的动作来自值函数。若有人提到“贪婪策略”，你必须能反应出其中的“贪婪”与谁有关。如果与一个随机的值函数有关，那这个贪婪策略就是个极差的策略。

ε贪婪策略：指的是一种策略，这种策略会在每一个状态中选取其相信可以产生最高期望回报的动作。此定义与贪婪策略的定义相同。ε 贪婪策略的 ε 型贪婪与一种特殊值函数有关。要始终明确引用的是哪一种值函数。

最优策略：指的是一种策略，这种策略会在每一个状态中选取切实产生最高期望回报的动作。贪婪策略可以是最优策略，也可以不是，但最优策略一定是贪婪策略。你也许会问，贪婪策略与什么有关。这是一个好问题。最优策略是唯一值函数，即最优值函数的贪婪策略。

6.1.4 广义策略迭代

理解强化学习算法结构还有一个更常用的简单模式，即广义策略迭代(Generalized Policy Iteration，GPI) 。GPI 的大意是策略评估与策略优化不断交互，从而推进策略达到最优。

你可能还有印象，在策略迭代算法中有两个过程：策略评估和策略优化。每个策略都要进行策略评估，也要评估策略的值函数。在优化策略时，使用这些估计值和值函数来获得更好的策略。当策略的评估与优化稳定时，即它们的交互不再产生任何变化，这个策略和值函数就达到最优。

不知你是否还记得，在学习完策略迭代后，我们还学过另一种算法，即价值迭代 (value iteration)。价值迭代与策略迭代类似，其中包含策略评估和策略优化阶段。两者的主要区别在于，策略评估阶段只进行一次迭代。换句话说，这个策略的评估并不产生实际值函数。在价值迭代的策略评估阶段，值函数的估计值向实际值函数靠近，但并非始终如此。但是，即使是在删减版的策略评估阶段，价值迭代的广义迭代模型也可以产生最优值函数和最优策略。

此处需要注意的是，一般来讲，策略评估与你在上一章中学到的算法类似，都由值函数的收集和评估组成。如你所知，不管是评估策略、值函数，还是核对广义策略迭代法中策略评估的必要条件，方法均不只一种。

此外，可通过改变策略，使其对一个值函数“更贪婪”来达到改进这个策略的目的。在策略迭代算法中，便可取出经过策略评估后的值函数，让策略对其完全贪婪，来达成策略的优化。我们能让策略做到完全贪婪，完全依靠环境的 MDP。可是我们在上一章学过的策略评估的方法却不需要环境的 MDP，而且这是有代价的。我们不再让策略完全贪婪化了，我们需要让智能体自己探索。从现在开始，我们不让策略完全贪婪化了，而只是让它更贪婪一点，给智能体留出探索空间。在第 4 章中，我们用不同的探索策略来辅助评估，使用的便是这种局部策略优化。

至此，大部分 RL 算法都遵从这个 GPI 模式，它们有明确的策略评估阶段和策略优化阶段，而我们要做的就是挑选方法。

米格尔的类比

广义策略迭代以及你要听取批评的原因

广义策略迭代就像评论家与表演者的永恒之舞。策略评估为策略优化提供急需的反馈，使策略变得更好。与此类似，评论家也会提供这些急需的反馈给表演者，表演者也因此表现得更好。

就像本杰明•弗兰克林所说：“评论者是我们的朋友，会指出我们的缺点。”很聪明，利用 GPI 来提升自己。你让评论者透露他们的想法，并利用他们的反馈去做得更好。这非常简单！一些最好的公司也会遵循这个流程。你认为“数据驱动决策”是什么意思？意思是保证用的是非常优秀的策略评估过程，使策略优化过程产生可靠的结果。这与 GPI 的模式相同！诺曼•文森•特皮尔说：“我们大多数人都陷入一种困境，那便是我们宁愿被赞誉毁掉，也不愿被批评拯救。”快让评论家帮帮你吧！

但也要谨慎！他们确实能帮到你，但这并不意味着评论家总是对的，也不意味着你应该盲目地听从他们的建议，尤其是你收到的第一次反馈。评论家往往是有偏见的，策略评估也是如此！你的工作就是做一个好的执行者，仔细听取反馈，善于找到最佳可行反馈，在确定后就依照它行动。不过，最后，世界还是属于做工作的人。

西奥多•罗斯福曾说过下面这样一段话。

荣誉不属于评论家：那些指出强者如何跌倒、实干家哪里可以做得更好的人。荣誉属于真正在竞技场上拼搏的人，属于脸上沾满灰尘、汗水和鲜血的人，属于坚持不懈的人，属于屡战屡败却仍拥有热情和奉献精神的人，因为没有努力是没有错误或缺点的；荣誉属于为崇高事业奉献终生的人，属于敢于追求梦想，最终取得伟大成就的人，即使失败，也虽败犹荣。因此，那些冰冷软弱、不知何为成何为败的人，永远也不能与之相提并论。

在后续章节里，我们将学习 actor-critic 方法，你将看到整个类比的延伸，信不信由你。演员和评论家互相帮助。请调整好以接受更多信息。

令人惊艳的一点是最优决定全面有效。你在学习 DRL 时学到的知识能帮助你成为一个更好的决定者，而你在生活中学到的东西又能帮你创造一个更好的智能体。

很酷，对吧！

6.2 学习动作策略的优化

在前一章，你已经学习了如何解决预测问题：如何让智能体最大限度地准确评估所给策略的值函数。虽然这对于智能体来说是个有用的能力，但并不能直接让智能体更好地完成任务。在这一节，你将学习如何解决控制问题，如何让智能体使策略最优化。这一新能力使智能体通过试错学习来学会最优动作，从任意策略开始，到最优策略结束。在学完本章后，就可让智能体解决 MDP 呈现的任何任务了，在这个任务中，状态-空间 MDP 必须与动作-空间 MDP 分离，不过除此之外，都是即插即用的。

为了向你展示一些智能体，我们将加深你学到的 GPI 方法。也就是说，我们将从前一章里你已经学过的算法中挑选策略评估阶段的算法，并从你学习过的策略中挑选出优化阶段的策略。希望这能尽可能地放开你的想象力。有了这两个过程的交互，只需要选出策略评估和策略优化的算法即可。

ŘŁ 知识回顾

预测问题、控制问题、策略评估与策略优化

预测问题：指的是评估策略和评估其值函数的问题。评估值函数就是学习预测回报。状态-值函数根据状态评估期望回报，动作-值函数根据状态-动作来评估期望的回报。

控制问题：指的是寻找最优策略的问题。解决控制问题常用的是 GPI 方法；在 GPI 方法中，策略评估和策略优化的竞争过程会让策略逐步提升，向最优化靠近。RL 方法通常会将动作-值预测方法、策略优化和动作-选择策略搭配使用。

策略评估：指的是解决预测问题的算法。需要注意，此处有一个称为策略评估的动态规划方法，但其实“动态规划”这个术语也用来指代所有能解决预测问题的算法。

策略优化：指的是通过使旧策略对值函数更贪婪，使其优化，从而得到新策略的一种算法。通常要将策略评估和策略优化结合使用来解决控制问题。注意，策略本身的优化并不能解决控制问题。策略优化指的只是一种能通过评估结果来优化策略的计算。

具体案例

SWS环境

在这一章中，我们会使用一个称作 SWS(slippery walk seven)的环境。该环境包含一个 walk(即单行网格环境)，以及七个非终结状态。这个环境的特殊之处在于它是一个 slippery walk，其中的动作效应(action effect)是随机的。如果智能体选择往左走，它可能会向左走，可能向右走，也可能原地不动。

下面跟我学习一下这一环境的 MDP。但请记住，这个智能体不涉及转移概率(transition probability)。智能体无法知道这个环境的动态。我给你这些信息完全出于方便教学。

还要记住，对于智能体来说，它无法提前知道状态之间的关系。智能体不知道状态 3 位于整体 walk 的中间，还是在状态 2 和状态 4 之间；它甚至都不知道 walk 是什么。智能体不知道零号动作是向左还是向右。说实话，我鼓励你们回归教材，亲自研究那个环境，获得更深刻的理解。实际上，智能体只能看到显示 0, 1, 2 等的环境 id，也只能在动作 0 和动作 1 之间选择。

SWS环境的MDP

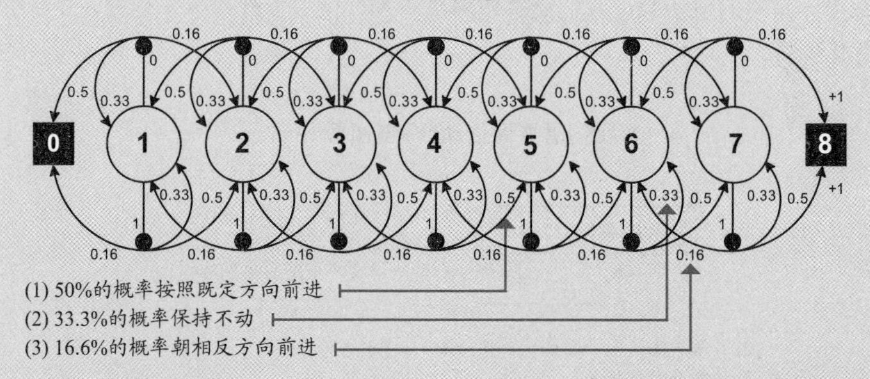

SWS 环境和我们前一章学过的 RW 环境很像，但是 SWS 环境有控制的能力。记住，BW 是一个环境，在其中执行向左的动作时，向左的概率和向右的概率是一样的；在其中执行向右的动作时，向右的概率和向左的概率是一样的，所以并没有控制。这个环境是噪声的，但是智能体选择的动作在表现上会有所不同。这种环境还有七个非终结状态，与 RW 的五个非终结状态截然相反。

6.2.1 蒙特卡洛控制：在每一迭代后优化策略

我们试用蒙特卡洛预测来创造一个控制法，以满足策略评估需求。首先，假设我们使用的是与策略迭代算法中相同的策略优化步骤，也就是说，策略优化阶段得到有关已评估策略的值函数的贪婪策略。这会创造一个仅通过交互就能帮我们找到最优策略的算法吗？其实并不能。在创造可行的方法前，还需要进行两处改动。

第一点，我们需要确保智能体评估的是动作-值函数 $Q(s, a)$，而不是我们在前一章评估的 $V(s, a)$函数。V 函数的问题在于它没有 MDP，也就无法知道状态中采取的最佳动作。也就是说，策略优化不起作用。

第二点，我们需要确保智能体进行探索。但问题在于我们将不再使用 MDP 来满足策略评估的需求。在根据样本进行评估时，我们需要得到所有访问的状态-动作对的值，但是如果我们没访问到其中一些最佳状态，该怎么办？

因此，在策略评估阶段，我们使用首次访问蒙特卡洛预测，在策略优化阶段，我们使用衰减的ε贪婪动作选择策略。也就是说，你现在有了一个完整的无模型 RL 算法，在这个算法中，我们借助蒙特卡洛预测来评估策略，借助衰减的 ε 贪婪动作选择策略来优化策略。

至于价值迭代，它其中含有一个删减版的策略评估阶段，我们可以删减蒙特卡洛预测。和我们前一章的做法相同，我们删减全迭代(full rollout)和迭代样本评估后的预测阶段，优化评估阶段后的策略，而不是展开几个迭代，然后用蒙特卡洛预测来评估单一策略的值函数。我们交替使用单一 MC 预测步骤和单一衰减 ε 贪婪动作选择优化步骤。

我们需要评估动作-值函数

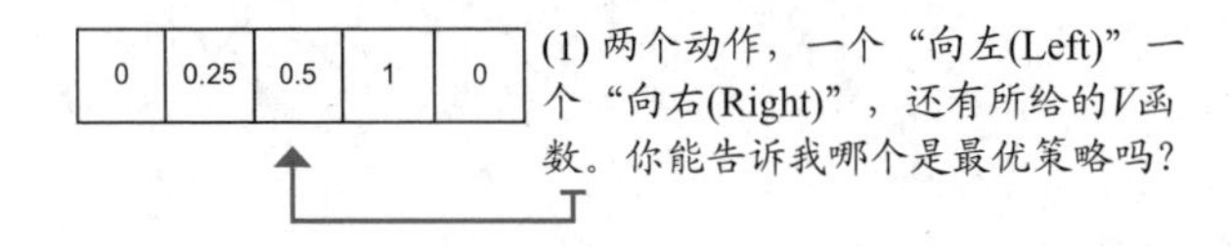

(2) 如果我告诉你“向左”会有70%的概率向右，会怎样？
(3) 你现在会选什么？
(4) 明白了吗？只靠V函数是不够的。

我们需要探索

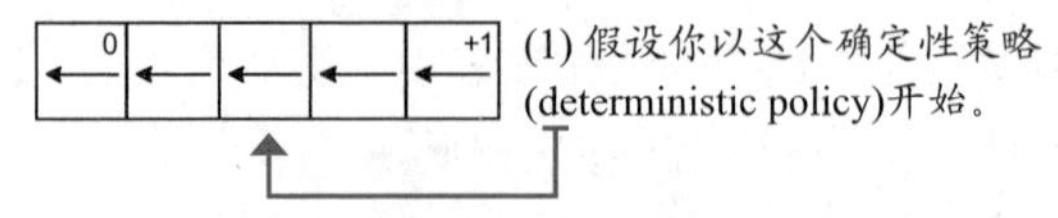

(2) 如果你只评估“向左”这个动作，那你怎么判断“向右”和“向左”哪一个更好？
(3) 明白了吗？你的智能体需要探索。

我们来看一下第一个 RL 方法 MC 控制。你将看到三个函数。

- decay_schedule 函数：计算函数参数中的衰减值。
- generate_trajectory 函数：展开全迭代环境中的策略。
- mc_control 函数：完成 MC 控制方法的实施。

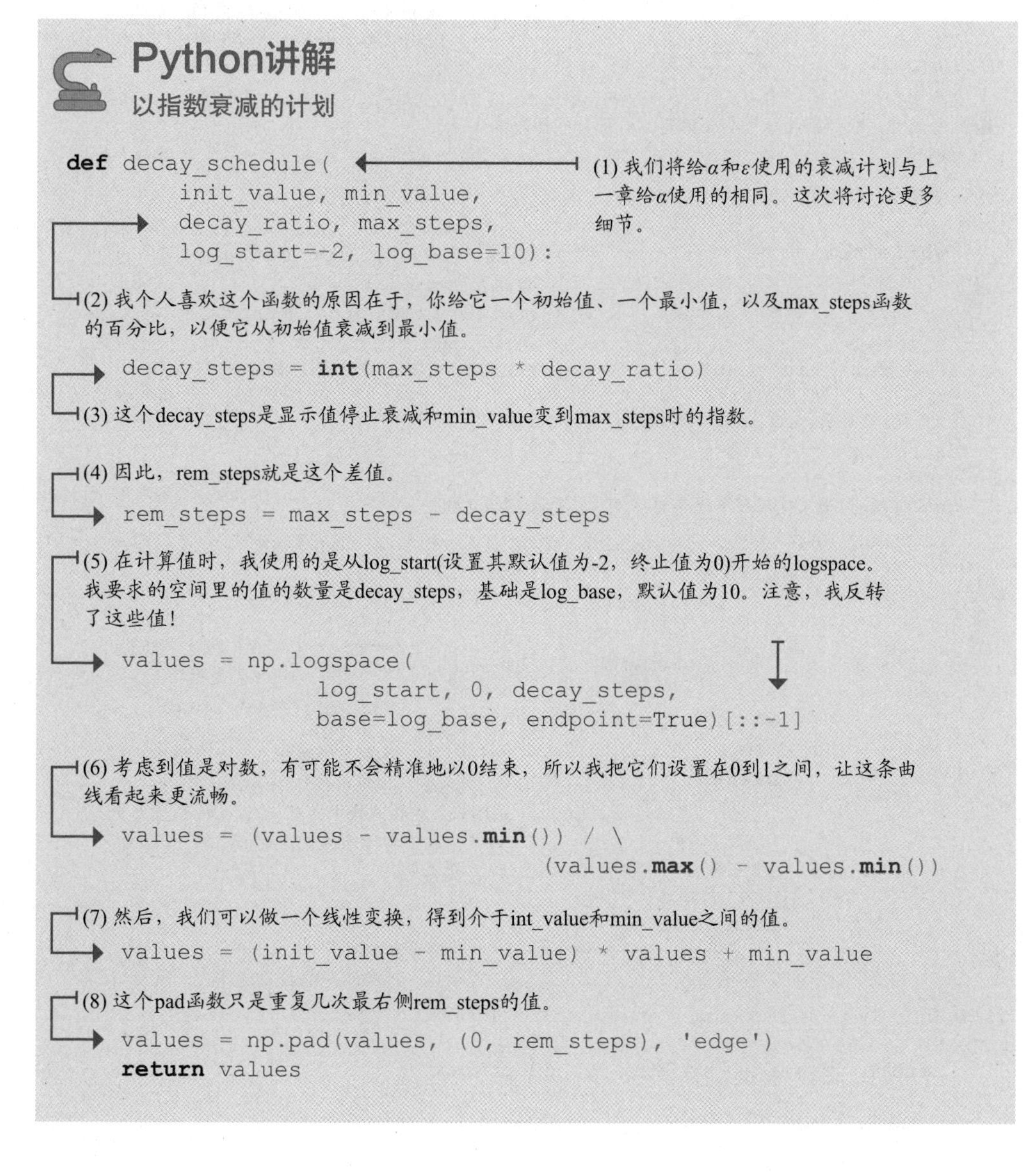

Python讲解

以指数衰减的计划

(1) 我们将给α和ε使用的衰减计划与上一章给α使用的相同。这次将讨论更多细节。

```
def decay_schedule(
        init_value, min_value,
        decay_ratio, max_steps,
        log_start=-2, log_base=10):
```

(2) 我个人喜欢这个函数的原因在于，你给它一个初始值、一个最小值，以及max_steps函数的百分比，以便它从初始值衰减到最小值。

```
    decay_steps = int(max_steps * decay_ratio)
```

(3) 这个decay_steps是显示值停止衰减和min_value变到max_steps时的指数。

(4) 因此，rem_steps就是这个差值。

```
    rem_steps = max_steps - decay_steps
```

(5) 在计算值时，我使用的是从log_start(设置其默认值为-2，终止值为0)开始的logspace。我要求的空间里的值的数量是decay_steps，基础是log_base，默认值为10。注意，我反转了这些值！

```
    values = np.logspace(
                log_start, 0, decay_steps,
                base=log_base, endpoint=True)[::-1]
```

(6) 考虑到值是对数，有可能不会精准地以0结束，所以我把它们设置在0到1之间，让这条曲线看起来更流畅。

```
    values = (values - values.min()) / \
                    (values.max() - values.min())
```

(7) 然后，我们可以做一个线性变换，得到介于int_value和min_value之间的值。

```
    values = (init_value - min_value) * values + min_value
```

(8) 这个pad函数只是重复几次最右侧rem_steps的值。

```
    values = np.pad(values, (0, rem_steps), 'edge')
    return values
```

Python讲解

探索策略迭代的产生

```
def generate_trajectory(
          select_action, Q, epsilon,
          env, max_steps=200):
```

(1) 这一版的generate_trajectory函数有所不同。我们现在需要插入动作选择策略，而不是贪婪策略。

(2) 开始时，我们预设一个done标志，以及一个称为迭代的经验单。

```
    done, trajectory = False, []
```

(3) 接下来开始依次通过，直到done标志被设置为true为止。

(4)我们重置环境，在一个新迭代里进行交互。

(5) 然后，开始统计步骤t的数量。

```
    while not done:
        state = env.reset()
        for t in count():
```

(6) 然后用select_action函数挑选一个动作。

```
            action = select_action(state, Q, epsilon)
```

(7) 我们进入使用那个动作的环境，获得全经验元组。

```
            next_state, reward, done, _ = env.step(action)
            experience = (state,
                          action,
                          reward,
                          next_state,
                          done)
            trajectory.append(experience)
            if done:
                break
            if t >= max_steps - 1:
                trajectory = []
                break
            state = next_state
    return np.array(trajectory, np.object)
```

(8)我们把这个经验追加到迭代单里。

(9)如果我们达到了终端状态，而且标志已经显示'done'，将跳出循环并返回。

(10)如果现在迭代中步骤t的数量达到最大允许值，我们将清除迭代，跳出循环，尽力获得其他迭代。

(11) 记得更新状态。

(12) 最后，返回NumPy版本的迭代，以便操作数据。

Python讲解

蒙特卡洛控制1/2

```
def mc_control(env,
               gamma=1.0,
               init_alpha=0.5,
               min_alpha=0.01,
               alpha_decay_ratio=0.5,
               init_epsilon=1.0,
               min_epsilon=0.1,
               epsilon_decay_ratio=0.9,
               n_episodes=3000,
               max_steps=200,
               first_visit=True):

    nS, nA = env.observation_space.n, env.action_space.n

    discounts = np.logspace(
        0, max_steps,
        num=max_steps, base=gamma,
        endpoint=False)

    alphas = decay_schedule(
        init_alpha, min_alpha,
        alpha_decay_ratio,
        n_episodes)

    epsilons = decay_schedule(
        init_epsilon, min_epsilon,
        epsilon_decay_ratio,
        n_episodes)

    pi_track = []
    Q = np.zeros((nS, nA), dtype=np.float64)
    Q_track = np.zeros((n_episodes, nS, nA), dtype=np.float64)

    select_action = lambda state, Q, epsilon: \
        np.argmax(Q[state]) \
        if np.random.random() > epsilon \
        else np.random.randint(len(Q[state]))

    for e in tqdm(range(n_episodes), leave=False):
```

(1) mc_control函数与mc_predition函数相似，二者的主要区别在于，我们现在要评估动作-值函数Q，而且我们需要去探索。

(2) 注意，在函数定义中，我们使用ε的值来配置随机探索的衰减计划。

(3)我们提前计算出折扣因子的值。注意，我们使用的是max_steps，因为那是迭代的最大长度。

(4) 我们用已经通过的值提前把α的值也算出来。

(5) 最后，我们重复ε，获得一个将用于全训练模块的数组。

(6) 此处只设置变量，包括Q函数。

(7) 这是一个ε贪婪策略(尽管是在每个迭代中衰减epsilon，而不是在每个步骤中衰减)。

(8) 继续……

Python讲解
蒙特卡洛控制2/2

(9) 重复前一行，以便你能跟上缩进的进度。

```
    for e in tqdm(range(n_episodes), leave=False):
```

(10) 此处我们要进入迭代循环。我们将运行n_episodes。记住，那个tqdm显示的是一个很好用的进度条，与外界无关。

```
        trajectory = generate_trajectory(select_action,
                                         Q,
                                         epsilons[e],
                                         env,
                                         max_steps)
```

(11) 在每个新迭代e中，都产生一个带有探索策略的新迭代，这个探索策略由select_action函数所定义。我们限定迭代长度为max_steps。

(12) 现在我们跟踪对状态-动作对的访问，这是不同于mc_prediction方法的另一个重要改变。

```
        visited = np.zeros((nS, nA), dtype=np.bool)
        for t, (state, action, reward, _, _) in enumerate(\
                                                  trajectory):
```

(13) 注意，这里正在离线处理迭代，也就是在与环境的交互停止之后。

```
            if visited[state][action] and first_visit:
                continue
            visited[state][action] = True
```

(14) 这里我们测试状态-动作对的访问并做出相应动作。

(15) 我们继续计算回报，方法和之前做预测时一样，只不过这次用的是Q函数。

```
            n_steps = len(trajectory[t:])
            G = np.sum(discounts[:n_steps] * trajectory[t:, 2])
            Q[state][action] = Q[state][action] + \
                            alphas[e] * (G - Q[state][action])
```

(16) 注意看我们是如何使用α的。

(17) 然后保存值，以便事后分析(post analysis)。

```
        Q_track[e] = Q
        pi_track.append(np.argmax(Q, axis=1))
    V = np.max(Q, axis=1)
    pi = lambda s: {s:a for s, a in enumerate(\
                                np.argmax(Q, axis=1))}[s]
    return Q, V, pi, Q_track, pi_track
```

(18)最后，导出状态-值函数和贪婪函数。

6.2.2 SARSA: 在每一步之后优化策略

正如我们前一章所讨论的，蒙特卡洛法的缺点之一是它们是迭代到迭代(episode-to-episode)的离线方法。这意味着必须等到已经到达最终状态，才能开始对值函数的评估进行优化。然而，对策略评估阶段来说，使用时序差分法预测比蒙特卡洛法预测简单。用 TD 预测代替 MC 预测之后，我们就得到一个不同的算法，即著名的 SARSA 智能体。

对比规划法和控制法

策略迭代

迭代式策略评估
$V=v^{\pi}$
π^*, v^*
π
π=greedy(V)
贪婪式策略优化

(1) 策略迭代由一个迭代式策略评估和贪婪式策略优化交替的全收敛组成。

价值迭代

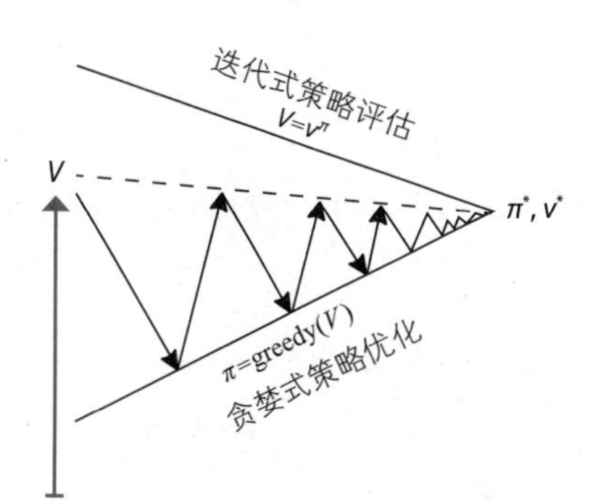

(2) 价值迭代开始于一个随机值函数，且简化了策略评估步骤。

蒙特卡洛控制

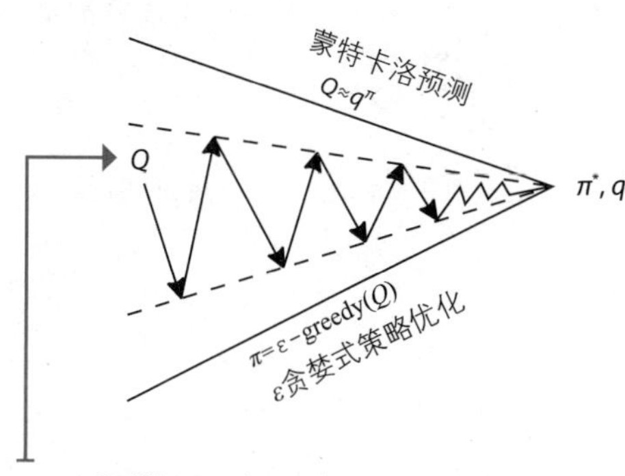

(3) MC控制评估一个Q函数，包含简化的MC预测阶段和ε贪婪策略优化步骤。

SARSA算法

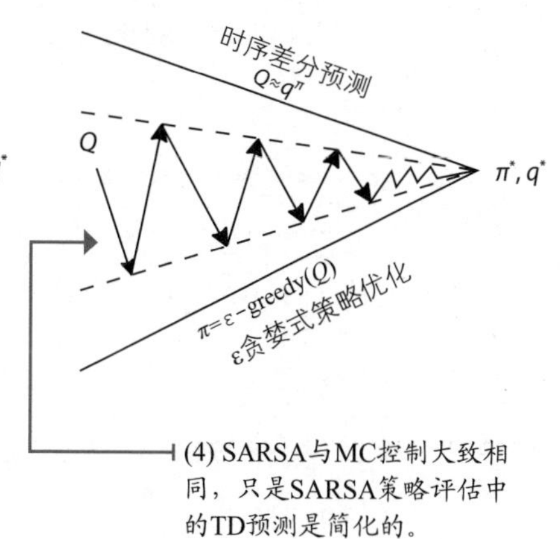

(4) SARSA与MC控制大致相同，只是SARSA策略评估中的TD预测是简化的。

Python讲解

SARSA智能体1/2

```
def sarsa(env,
          gamma=1.0,
          init_alpha=0.5,
          min_alpha=0.01,
          alpha_decay_ratio=0.5,
          init_epsilon=1.0,
          min_epsilon=0.1,
          epsilon_decay_ratio=0.9,
          n_episodes=3000):
```

(1) SARSA智能体是为了解决控制问题从TD直接转换而来的。也就是说，SARSA的本质是做了两项大改动的TD。第一项改动是SARSA评估的是动作-值函数Q。第二项改动是SARSA使用的是探索式策略优化。

(2) 这一步，我们所做的和在应用ε的mc_control中做的一样。

(3) 首先创造几个方便的变量。记住，pi_track会储存每个迭代的贪婪策略。

```
    nS, nA = env.observation_space.n, env.action_space.n
    pi_track = []
```

(4) 然后构建Q函数。我们正在使用的是np.float64精密度(可能有点过犹不及)。

```
    Q = np.zeros((nS, nA), dtype=np.float64)
    Q_track = np.zeros((n_episodes, nS, nA), dtype=np.float64)
```

(5) Q_track会储存每一个迭代里评估过的Q函数。

(6) select_action函数和之前一样，是ε贪婪策略。

```
    select_action = lambda state, Q, epsilon: \
        np.argmax(Q[state]) \
        if np.random.random() > epsilon \
        else np.random.randint(len(Q[state]))
```

(7) 在SARSA中，不需要提前计算出所有折扣因子，因为我们不使用全回报。我们使用的是评估过的回报，所以可以在线算出折扣。

```
    alphas = decay_schedule(
        init_alpha, min_alpha,
        alpha_decay_ratio,
        n_episodes)
```

(8) 但注意，我们正在提前计算所有的α。这个函数调用传回一个后续使用的带有对应α的向量。

(9) 这个select_action函数本身不是一个衰减策略。我们正在提前计算衰减ε，因此智能体将使用衰减ε贪婪策略。

```
    epsilons = decay_schedule(
        init_epsilon, min_epsilon,
        epsilon_decay_ratio,
        n_episodes)
```

(10) 在下一页继续。

```
    for e in tqdm(range(n_episodes), leave=False):
```

Python讲解

SARSA智能体2/2

(11) 相同的一行，你知道这一步。

```
    for e in tqdm(range(n_episodes), leave=False):
```

(12) 我们现在处于迭代循环的内部。

(13) 我们通过重置环境和已完成的标志来开始每个迭代。

```
        state, done = env.reset(), False
        action = select_action(state, Q, epsilons[e])
```

(14) 为起始状态选择动作(可能是探索性动作)。

```
        while not done:
```

(15) 重复这一步，直到终端状态为止。

(16) 首先进入环境，获取经验。

```
            next_state, reward, done, _ = env.step(action)
            next_action = select_action(next_state,
                                        Q,
                                        epsilons[e])
```

(17) 注意，在做任何计算之前，我们都需要获得下一步的动作。

```
            td_target = reward + gamma * \
                        Q[next_state][next_action] * (not done)
```

(18) 使用下一个状态-动作对来计算td_target。并通过将终端状态乘以这个表达式(未完成)达到目的，即终端归零。

(19) 然后，计算出目标与当前估计值之间的差值td_error。

```
            td_error = td_target - Q[state][action]
```

(20) 最后，将估计值向误差移动，以更新Q函数。

```
            Q[state][action] = Q[state][action] + \
                                   alphas[e] * td_error
```

(21) 更新状态和动作，为下一步做准备。

```
            state, action = next_state, next_action
```

(22) 保存Q函数和贪婪策略，以便分析。

```
        Q_track[e] = Q
        pi_track.append(np.argmax(Q, axis=1))
    V = np.max(Q, axis=1)
    pi = lambda s: {s:a for s, a in enumerate(\
                             np.argmax(Q, axis=1))}[s]
```

(23) 最后，计算评估后的最优V函数和它的贪婪策略，然后全部传回。

```
    return Q, V, pi, Q_track, pi_track
```

ŘŁ **知识回顾**

批量(batch)学习问题和方法、离线学习问题和方法、在线学习问题和方法

批量学习问题和方法：“批量学习”这个术语通常指经验样本已确定并提前给出的一种学习问题，或者一种为了满足能同时从一批经验中学习而优化的学习方法(也称作拟合法)。批量学习法通常研究非交互的学习问题，尤其是批量学习问题。不过批量学习法也能应用于交互式学习问题。例如，具有收集数据功能的批量学习法——成长学习法(growing batch method)能批量“成长”。但是，批量学习问题并不非得用批量学习方法解决，同样，批量学习方法并非只能解决批量学习问题。

离线学习问题和方法：“离线学习”这个术语通常指具有可用于收集数据的模拟环境中的问题(与真实世界、线上环境相反)，或离线学习的学习方法 (如迭代之间的意义)。注意，在离线学习方法中，学习和交互能交叉进行，但是表现的最优化只能在收集样本后进行。这类似于之前说过的成长批量学习，但不同之处在于，离线方法通常会舍弃旧样本，不会批量成长。例如 MC 法通常被视为离线方法，因为它的学习和交互都是在迭代到迭代的基础上交叉进行的。交互和学习是两个截然不同的阶段，MC 是交互式的，也是离线学习法。

在线学习问题和方法：当你听到“在线学习”这个术语时，人们通常指像机器人那样，在学习的同时与自生系统 (live system) 交互，或在每一时间步中一收集完经验就从中学习的方法。

注意，离线学习和在线学习通常用于不同的环境。我已经知道了离线与在线意味着非交互与交互，也知道它们可用于区别从模拟器学习和自生系统学习，这一点我之前也提到过。

此处我的定义与很多 RL 研究员的常用用法是一致的：Richard Sutton(2018 年的书)、David Silver(2015 年的讲座)、Hado van Hasselt (2018 年的讲座)、Michael Littman (2015 年的论文)以及 Csaba Szepesvari(2009 年的书)。

要注意术语，这至关重要。

6.3 从学习中分离动作

我想请你想一想状态-值函数的 TD 更新方程式。记住，它使用 $R_{t+1} + \gamma V(S_{t+1})$作为 TD 目标。然而，如果你仔细看 TD 更新动作-值函数的方程，即 $R_{t+1} + \gamma Q(S_{t+1}, A_{t+1})$，你也许会注意到其中有更多可能性。看一看正在使用的动作，以及它们的含义。想一想还能在那里添加什么？在强化学习中最关键的发展之一是 Q 学习算法的发展。Q 学习算法是一种无模型、无策略的自助法，可估算出最优策略(尽管是策略生成经验)。是的，这意味着，理论上这个智能体可随机执行动作，还能发现最优值函数和策略。这怎么可能？

6.3.1 Q学习: 学会最优动作, 即使我们不选

SARSA 算法是一种“在工作中的学习”。这个智能体学习和用来产生经验的策略是同一个。这种学习称作同策(on-policy)学习。同策学习的优点在于，我们从自身的错误中学习。但需要明确的是，在同策学习中，只从自己当前的错误中学习。如果想先从以前的错误中学习，怎么办？如果我们想从其他错误中学习，怎么办？在同策学习中，是不能这样做的。相反，异策(off-policy)学习是“从其他错误中学习”。智能体学习的策略与策略生成经验不同。在异策学习中，有两个策略：一个是动作策略(behavior policy)，用来生成经验，与环境交互；另一个是目标策略(target policy)，是我们正在学习的策略。SARSA 是一种同策方法，而 Q 学习是一种异策方法。

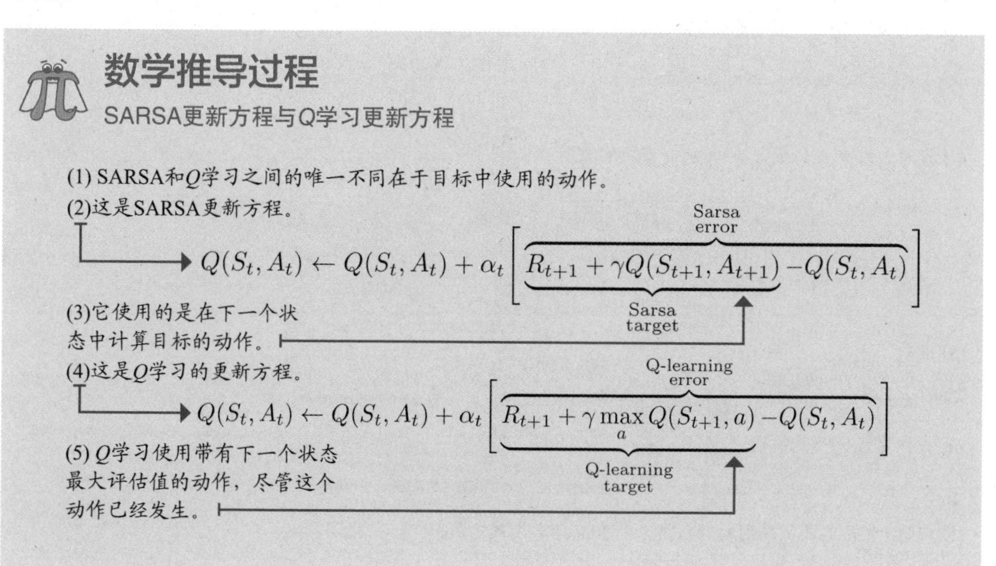

Python讲解
Q学习智能体1/2

```
def q_learning(env,
               gamma=1.0,
               init_alpha=0.5,
               min_alpha=0.01,
               alpha_decay_ratio=0.5,
               init_epsilon=1.0,
               min_epsilon=0.1,
               epsilon_decay_ratio=0.9,
               n_episodes=3000):
```

(1) 注意，q_learning智能体的开头与SARSA智能体的开头是相同的。

(2) 甚至给两个算法用的准确超参数都是相同的。

(3) 有几个方便的变量。

```
    nS, nA = env.observation_space.n, env.action_space.n
    pi_track = []
```

(4) 用于离线分析的Q函数和跟踪变量。

```
    Q = np.zeros((nS, nA), dtype=np.float64)
    Q_track = np.zeros((n_episodes, nS, nA), dtype=np.float64)
```

(5) 相同的ε贪婪动作选择策略。

```
    select_action = lambda state, Q, epsilon: \
        np.argmax(Q[state]) \
        if np.random.random() > epsilon \
        else np.random.randint(len(Q[state]))
```

(6) 在学习中使用的带有全部α的向量。

```
    alphas = decay_schedule(
        init_alpha, min_alpha,
        alpha_decay_ratio,
        n_episodes)
```

(7) 按照需求衰减的带有全部ε的向量。

```
    epsilons = decay_schedule(
        init_epsilon, min_epsilon,
        epsilon_decay_ratio,
        n_episodes)
```

(8) 继续。

```
    for e in tqdm(range(n_episodes), leave=False):
```

(9) 我们正在迭代上迭代。

```
        state, done = env.reset(), False
```

(10) 我们重置环境，得到初始状态，将done标志设置为False。

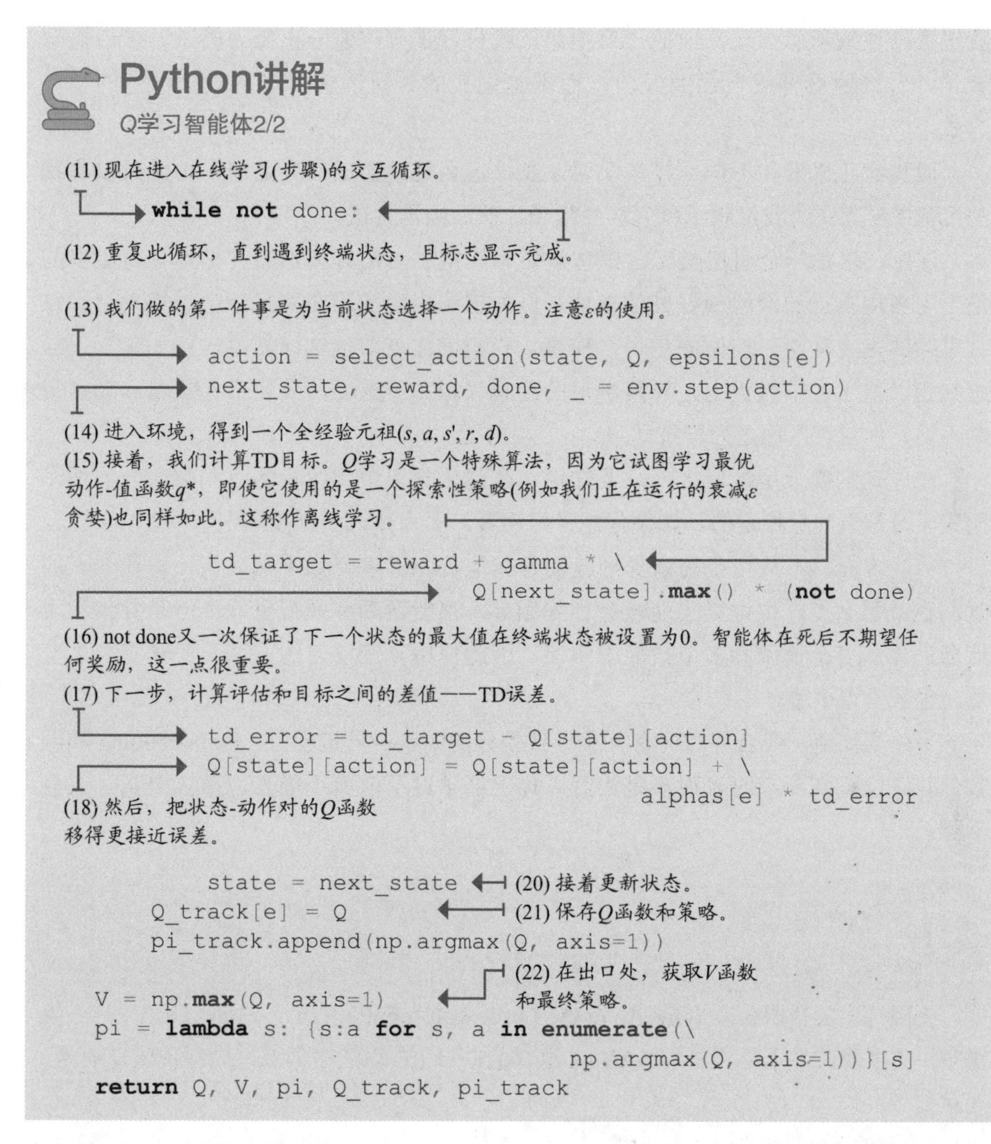

Python讲解

Q学习智能体2/2

(11) 现在进入在线学习(步骤)的交互循环。

```
        while not done:
```

(12) 重复此循环，直到遇到终端状态，且标志显示完成。

(13) 我们做的第一件事是为当前状态选择一个动作。注意ε的使用。

```
            action = select_action(state, Q, epsilons[e])
            next_state, reward, done, _ = env.step(action)
```

(14) 进入环境，得到一个全经验元祖(s, a, s', r, d)。

(15) 接着，我们计算TD目标。Q学习是一个特殊算法，因为它试图学习最优动作-值函数q^*，即使它使用的是一个探索性策略(例如我们正在运行的衰减ε贪婪)也同样如此。这称作离线学习。

```
            td_target = reward + gamma * \
                              Q[next_state].max() * (not done)
```

(16) not done又一次保证了下一个状态的最大值在终端状态被设置为0。智能体在死后不期望任何奖励，这一点很重要。

(17) 下一步，计算评估和目标之间的差值——TD误差。

```
            td_error = td_target - Q[state][action]
            Q[state][action] = Q[state][action] + \
                                         alphas[e] * td_error
```

(18) 然后，把状态-动作对的Q函数移得更接近误差。

```
            state = next_state
        Q_track[e] = Q
        pi_track.append(np.argmax(Q, axis=1))

    V = np.max(Q, axis=1)
    pi = lambda s: {s:a for s, a in enumerate(\
                                    np.argmax(Q, axis=1))}[s]
    return Q, V, pi, Q_track, pi_track
```

(20) 接着更新状态。

(21) 保存Q函数和策略。

(22) 在出口处，获取V函数和最终策略。

米格尔的类比

人类也有同策学习和异策学习

同策学习是学习用来做决定的策略，你可以将它想成“在工作中学习”；异策学习的策略不同于用于做决定的策略，你可以把它想象成“从其他经验中学习”或“通过学习来变得更好，而不是通过实践来变得更好”。这两者都是重要的学习方式，对可靠的决策者来说，它们也都很重要。有趣的是，你可以很快判断出一个人是更喜欢同策学习还是异策学习。

以我的儿子为例，他就更喜欢同策学习。有时我看他玩一个玩具玩得很费劲，就过去给他演示怎么玩，但他一直抱怨，我只好走开。他一直努力尝试，最后他学会了，看来他更喜欢自己的经验，而不是别人的。同策学习就是直接稳定的学习方式。

而我女儿似乎并不排斥异策学习。在她甚至还没尝试任务之前，她就可以从我的示范中学习了。我给她示范怎样画房子，然后她再尝试。

注意，这是一个引申类比。模仿学习和异策学习是有区别的。异策学习更多的是学习者用自己的经验做好其他事情，例如把跑步经验用在踢足球上。换句话说，你学习的是一件事，但做的是另一件事。我相信你以前也这样做过，例如你学习绘画知识，但用在了做饭上。异策学习的经验来源并不重要。只要目标策略和动作策略不同，你就可以称之为异策学习。

在你确定哪个是最好之前，要知道，在强化学习中，两者各有利弊。一方面，同策学习是直观且稳定的。如果你想弹好钢琴，那为什么不直接练钢琴呢？

另一方面，不从自己的亲身经验而是其他资源里学习似乎很有用，毕竟一天的时间也就那么多。也许冥想能教会你弹钢琴，也能帮助你弹得更好。但是异策学习能帮助你从多个资源和多个技能中学习，因此使用异策学习的方法一般含有更多变量，也就学得更慢。

另外要知道，在合并时会有三个导致差异的因素：异策学习、bootstrapping 和函数估算。它们在一起时表现不是很好。你已经学过了前两个因素，第三个也马上会学到。

ŘŁ 知识回顾

无限探索和随机近似的极限贪婪理论

无限探索的极限贪婪 (Greedy in the Limit with Infinite Exploration，GLIE) 是一组需求，其中像蒙特卡洛控制和 SARSA 这样的同策 RL 算法必须保证向最优策略收敛。要求如下：

- 所有状态-动作对必须频繁无限探索。
- 策略必须收敛在贪婪策略上。

实际中，这意味着，以ε贪婪探索策略为例，它必须慢慢向 0 衰减ε。如果衰减得太快，则可能无法满足第一个条件；如果衰减得过慢，收敛就需要更长时间。

注意，对于像 Q 学习这种异策 RL 算法，这两个学习的唯一要求就是第一个。在异策学习中不需要第二个，因为学习过的策略与从中抽取动作的策略不同。例如 Q 学习只要求所有状态-动作对充分更新。这一阶段涵盖在第一种情况中。

现在，你能否使用简单探索策略(如 ε 贪婪策略)来验证这一需求，是另一个问题。在简单格栅领域、分离动作和状态空间中，ε 贪婪最有可能奏效。但很容易想象，复杂世界需要的不仅是随机动作。

还有一组基于随机近似理论的一般收敛要求，适用于所有方法。因为我们是从样本中进行学习，而且样本中含有一些变量，所以评估结果不会收敛，除非我们也把学习速率 α 推进到 0：

- 学习速率总和必须是无限的。
- 学习速率的平方总和必须是有限的。

这意味着你必须选出一个能衰减但永远不能达到 0 的学习速率。例如，如果你用 $1/t$ 或 $1/e$，这个学习速率一开始会足够大，大到能保证算法不会跟随一个样本太紧，但是会变得足够小，小到能确保其能找到噪声背后的信号。

虽然知道这些收敛特性对发展 RL 算法理论很有用，但在实践中，通常将学习速率设置为足够小的定值(视问题而定)。还要知道小定值更适用于非稳态环境，而且在真实世界很常见。

ŘŁ 知识回顾

同策学习与异策学习

同策学习：指的是试图评估或优化决定策略的方法。该方法很简单，只考虑一个策略。该策略生成动作。智能体评估动作，并基于这些估计值来选择优化区域。智能体学习评估和优化的策略与用来生成数据的策略相同。

异策学习：指的是试图评估或优化策略的方法，但该策略与生成数据的策略不同。这一方法更复杂，要考虑两个策略，其中一个负责生成数据、经验和动作。但智能体使用数据去评估、优化和综合学习不同的策略、动作。智能体学习评估和优化的策略与用来生成数据的策略是不同的。

6.3.2 双Q学习：最大值估计值的最大估计值

Q 学习通常会高估值函数。思考一下。在每一步中，我们选取下一状态动作-值函数的估计值的最大值。但我们需要的，是下一状态动作-值函数的实际最大值。换句话说，我们将估计值的最大值当成最大值的估计值在使用。

这不仅是一种错误的最大值评估方法，而且在用于形成 TD 目标的 bootstrapping 估计值会有偏差的条件下，这还是一个更严重的问题。将有偏估计值的最大值用作最大值的估计值，这一问题称为最大化偏差。

简单来说，想象一个动作-值函数的实际值全是 0，但估计值存在偏差，其中有正有负，例如 0.11、0.65、-0.44、-0.26 等。我们知道值的实际最大值是 0，但估计值的最大值是 0.65。现在，如果时而选择正偏差的值，时而选择负偏差的值，这个问题也许就没那么明显了。但我们通常要取最大值，因此往往倾向于取高位值，尽管其中存在最大偏差、最大误差。重复这一行为将加重误差。

众所周知，那些具有正偏差性格的人，会在生活中出错：他们会被没那么优秀的东西所打动。对我来说，这便是很多人提议反对大肆宣传 AI 的原因之一：因为高估通常会成为你的敌人，而且肯定会削弱优化效果。

Python讲解

双Q学习智能体1/3

```
def double_q_learning(env,
                      gamma=1.0,
                      init_alpha=0.5,
                      min_alpha=0.01,
                      alpha_decay_ratio=0.5,
                      init_epsilon=1.0,
                      min_epsilon=0.1,
                      epsilon_decay_ratio=0.9,
                      n_episodes=3000):
```

(1) 和你想的一样，双Q学习和Q学习具有相同的准确参数。

(2) 我们还是以用过的简单变量来开始。

```
    nS, nA = env.observation_space.n, env.action_space.n
    pi_track = []
```

(3) 但是你会很快发现此处的一个巨大变化。我们正使用的是两个状态-值函数$Q1$和$Q2$，你会觉得这种做法与交叉验证(cross-validation)类似：一个Q函数估计值会帮助我们验证其他Q函数估计值。不过，现在的问题是我们分离了两个单独函数的经验。这会稍微减慢训练的速度。

```
    Q1 = np.zeros((nS, nA), dtype=np.float64)
    Q2 = np.zeros((nS, nA), dtype=np.float64)
    Q_track1 = np.zeros((n_episodes, nS, nA), dtype=np.float64)
    Q_track2 = np.zeros((n_episodes, nS, nA), dtype=np.float64)
```

(4) 本页的剩余部分非常简单，你应该已经知道会发生了什么。select_action、α和ε的计算方法与之前相同。

```
    select_action = lambda state, Q, epsilon: \
        np.argmax(Q[state]) \
        if np.random.random() > epsilon \
        else np.random.randint(len(Q[state]))

    alphas = decay_schedule(init_alpha,
                            min_alpha,
                            alpha_decay_ratio,
                            n_episodes)

    epsilons = decay_schedule(init_epsilon,
                              min_epsilon,
                              epsilon_decay_ratio,
                              n_episodes)

    for e in tqdm(range(n_episodes), leave=False):
```

(5)继续……

Python讲解

双Q学习智能体2/3

(6) 重复上一行。

```
for e in tqdm(range(n_episodes), leave=False):
```

(7) 我们回到迭代循环的内部。

(8) 在每一个新迭代中，我们首先重置环境，并找到起始状态。

```
    state, done = env.reset(), False
    while not done:
```

(9) 然后一直重复，直至达到终端状态(而且done标志上显示True)。

(10) 使用select_action函数，为每一步选择动作。

```
        action = select_action(state,
                               (Q1 + Q2)/2.,
                               epsilons[e])
```

(11) 有趣的是，我们正使用的是两个Q函数的平均值。此处我们也可以使用Q函数总和。二者结果类似。

```
        next_state, reward, done, _ = env.step(action)
```

(12) 然后我们把动作输送给环境，得到经验元组。

(13) 现在事情发生变化了。注意，我们用抛硬币来决定更新$Q1$还是$Q2$。

```
        if np.random.randint(2):
            argmax_Q1 = np.argmax(Q1[next_state])
```

(14) 我们使用$Q1$认为最佳的动作……

(15) ……但从$Q2$中得到了计算TD目标的值。

```
            td_target = reward + gamma * \
                  Q2[next_state][argmax_Q1] * (not done)
```

(16) 此处注意，我们得到的值来自$Q2$，但它遵从的是$Q1$的命令。

(17) 然后根据$Q1$估计值计算TD误差。

```
            td_error = td_target - Q1[state][action]
```

(18) 最后，使用误差使估计值更接近目标。

```
            Q1[state][action] = Q1[state][action] + \
                                    alphas[e] * td_error
```

(19) 这一行在下一页会重复。

Python讲解

双Q学习智能体3/3

(20) 接着上一页，我们正在计算$Q1$。

```
            Q1[state][action] = Q1[state][action] + \
                                      alphas[e] * td_error
```

(21) 现在如果随机取整是0(有50%的概率)，我们就要更新另一个函数，即$Q2$。

```
        else:

            argmax_Q2 = np.argmax(Q2[next_state])
```

(22) 但基本与另一个更新一样。我们得到了$Q2$的最大值自变量点集。

(23) 然后使用该动作，但从其他Q函数$Q1$中得到了估计值。

```
            td_target = reward + gamma * \
                  Q1[next_state][argmax_Q2] * (not done)
```

(24) 再次注意，此处调换了$Q1$和$Q2$的角色。

(25) 这次根据$Q2$计算TD误差。

```
            td_error = td_target - Q2[state][action]
```

(26) 使用这一误差去更新$Q2$的状态-动作对的估计值。

```
            Q2[state][action] = Q2[state][action] + \
                                      alphas[e] * td_error
```

(27) 注意我们是如何使用向量α的。

```
        state = next_state
```

(28) 我们改变状态变量的值，持续循环，直到我们到达终端状态且变量done显示True。

```
    Q_track1[e] = Q1
    Q_track2[e] = Q2
    pi_track.append(np.argmax((Q1 + Q2)/2., axis=1))
```

(29) 此处保存$Q1$和$Q2$，以进行离线分析。

(30) 注意，这个策略是$Q1$和$Q2$平均值的argmax。

```
  Q = (Q1 + Q2)/2.
  V = np.max(Q, axis=1)
  pi = lambda s: {s:a for s, a in enumerate( \
                             np.argmax(Q, axis=1))}[s]
```

(31) 最终的Q就是平均值。

(32) 最终的V是Q的最大值。

(33) 最终的策略是Q途径的argmax。

(34) 我们在这里结束。

```
  return Q, V, pi, (Q_track1 + Q_track2)/2., pi_track
```

解决最大化偏差的一个途径是跟踪两个 Q 函数的估计值。在每一时间步中，我们选择两者之一来决定动作，按照 Q 函数来决定哪一个估计值是最高的。但在那之后，我们使用另一个 Q 函数来获取该动作的估计值。这么做之后，总是得到正偏差的概率会减小。然后，在选择与环境交互的动作时，我们使用该状态下两个 Q 函数的平均值或者总和，例如 $Q_1(S_{t+1})+Q_2(S_{t+1})$ 的最大值。使用这两个 Q 函数的技术称作双学习(double learning)，实施这种技术的算法称作双 Q 学习。在接下来的几章中，你将学习到一种深度强化学习算法，称作双重深度 Q 网络(DDQN)，它使用的是这种双重学习技术的变体。

关于细节

SWS环境中的FVMC、SARSA、Q学习以及双Q学习

我们把它们放到一起，测试一下我们刚在 SWS 环境中学到的所有算法。

所以你已经注意到，我在所有算法中都使用了相同的超参数、相同的 γ、相同的 α、相同的 ε 以及各自的衰减计划。如果你没有把 α 衰减到 0，该算法就没有完全收敛。但我把它衰减到 0.01，对简单环境来说也是足够优秀了。若想完全收敛，ε 也应该衰减到 0，但在实际过程中，这很难做到。事实上，即使最先进的措施通常也不衰减 ε，它们使用一个恒定值来代替。此处，我们将其衰减到 0.1。

另外注意，在这些运行中，我为所有算法都设置了相同数量的迭代；它们都在 SWS 环境中运行 3000 个迭代。你可能注意到有些算法在很多步骤里都没有收敛，但那不意味着它们就完全不会收敛。而且，在这一章的 Notebook 中其他某些环境(如 FL)在很多步骤里停止，也就是说，你的智能体完成每个迭代需要 100 步，否则将给定 done 标志。这个问题将在接下来的几章中讨论。但请去 Notebook 回顾吧！祝你愉快！我相信你会感到愉悦的。

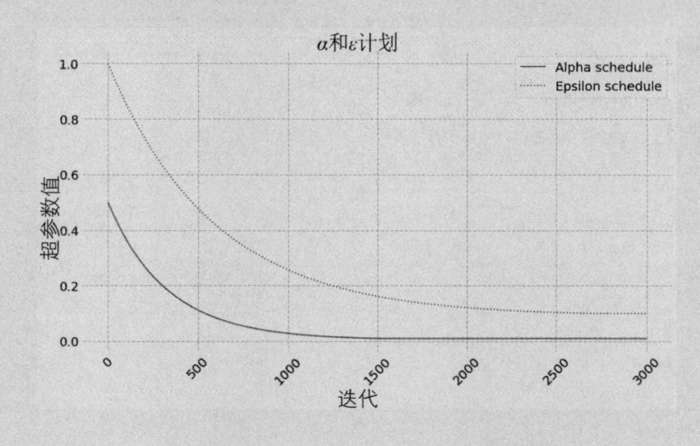

总结

bootstrapping和同策方法的类似趋势

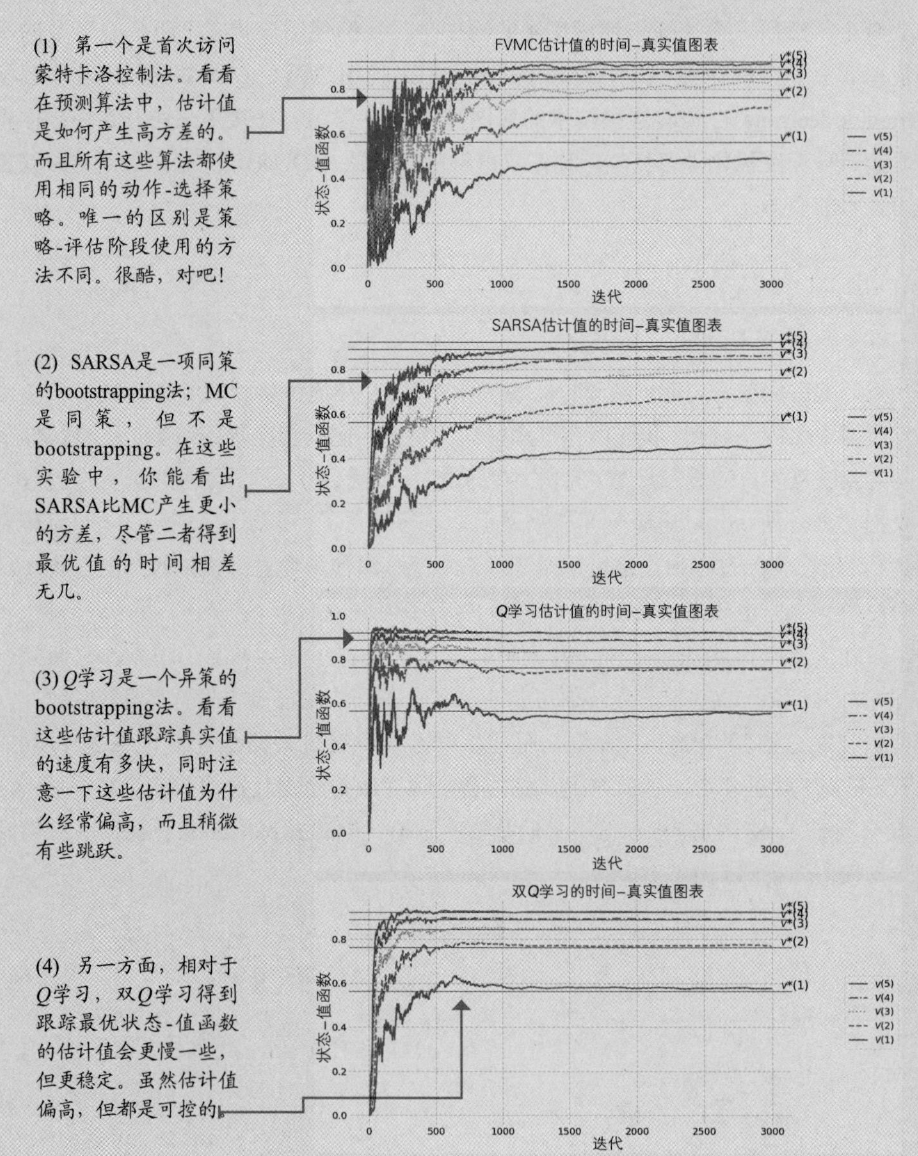

(1) 第一个是首次访问蒙特卡洛控制法。看看在预测算法中，估计值是如何产生高方差的。而且所有这些算法都使用相同的动作-选择策略。唯一的区别是策略-评估阶段使用的方法不同。很酷，对吧！

(2) SARSA是一项同策的bootstrapping法；MC是同策，但不是bootstrapping。在这些实验中，你能看出SARSA比MC产生更小的方差，尽管二者得到最优值的时间相差无几。

(3) *Q*学习是一个异策的bootstrapping法。看看这些估计值跟踪真实值的速度有多快，同时注意一下这些估计值为什么经常偏高，而且稍微有些跳跃。

(4) 另一方面，相对于*Q*学习，双*Q*学习得到跟踪最优状态-值函数的估计值会更慢一些，但更稳定。虽然估计值偏高，但都是可控的。

总结
测试在SWS环境中学习的策略

(1) 有几张有趣的图来理解算法。记得在上一页Q学习首次到达了最优值，但也超过了最优值。那么它怎么转化为成功呢？在这一图表中，你能看出双Q学习是如何比Q学习更早地到达100%成功的。注意，我定义的成功是达到“目标状态”，在SWS最右边的储存格里。

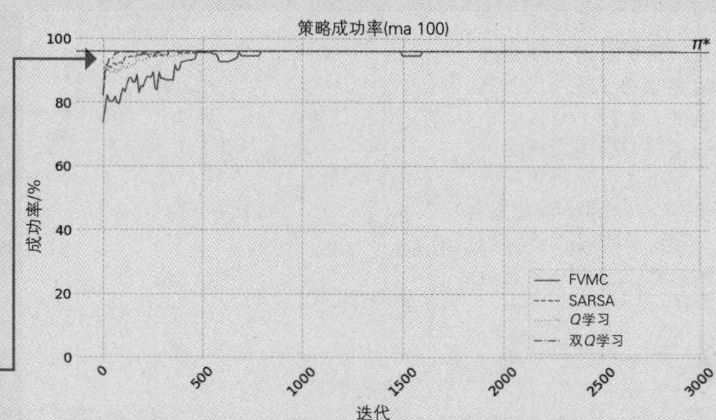

(2) 智能体在训练时得到的平均回报收益呢？它们跟踪遵循最优策略的智能体的表现又如何？嗯，相同的双Q学习智能体首先达到最优化。结果平均为五种随机种子，它们有噪声，但是这种趋势应该会持续下去。

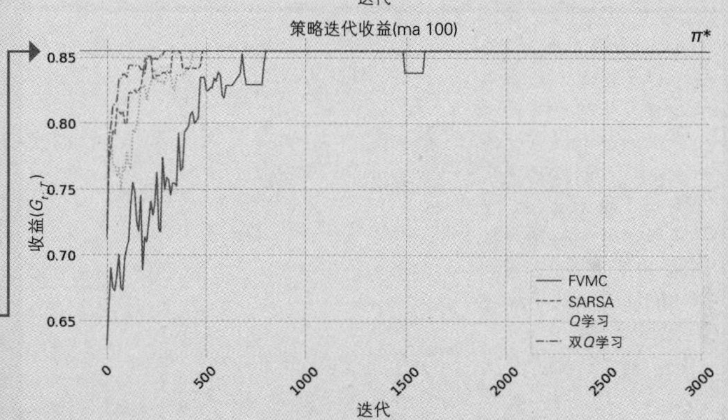

(3) 最后，我们能看到一个变化的平均后悔值(regret)，它体现的是与最优情况之间的差值，以及智能体在表格里留下了多少奖励(在学习时，或许是合理的)。双Q学习再次展示出最佳表现。

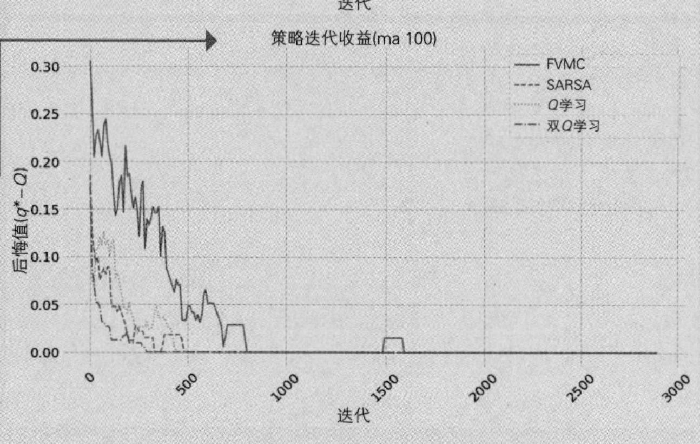

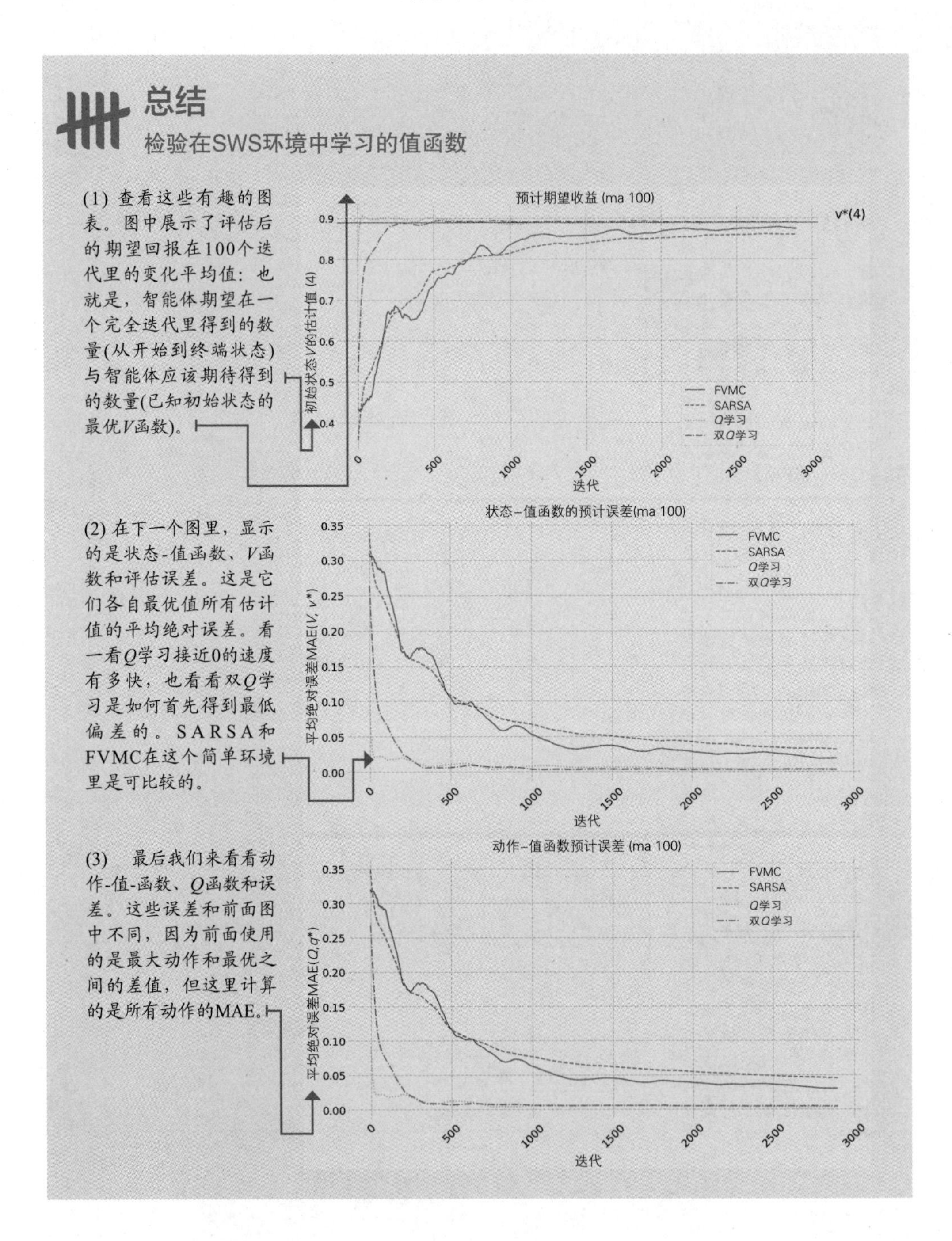

6.4 小结

在这一章你已经把你学到的都付诸实践了。我们学会了通过试错学习优化策略的算法。这些算法从同时具有惯序性和评估性的反馈中进行学习，也就是说，这些智能体会学习一边平衡瞬时和长久目标，一边收集使用的信息。在之前的章节中，我们限定智能体解决预测问题。而在这一章中，我们的智能体学会了解决控制问题。

你在这一章也学习了很多必要的概念。你学到了预测问题由评估策略组成，而控制问题由优化策略组成。你还学到了解决预测问题的方案是采用策略评估方法，例如在前一章学习到的。但出乎意料的是，控制问题并不是用你以前学习的优化策略的方法就能单独解决的。相反，要解决控制问题，我们需要使用策略评估方法，让智能体学习仅根据样本来评估动作-值函数，以及评估探索需要的策略优化方法。

本章的要点就是广义策略迭代法，包括策略评估和策略优化之间的交互。策略评估使得值函数与所评估的策略保持一致，而策略优化逆转了这种一致性，从而产生一个更好的策略。GPI 告诉我们通过让这两个过程交互，就能迭代产生越来越好的策略，直到收敛到最优策略。强化学习的理论支持这一方法，并告诉我们，实际上我们可在离散状态和动作空间里找到最优策略和值函数，只需要满足几个需求即可。你学到了应用于 RL 算法不同层次的 GLIE 和随机近似值理论。

你还学到了其他很多知识，从同策法到异策法，从在线到离线等。总的来说，双 Q 学习与 Q 学习在我们之后的构建中也是很重要的技术。在下一章中，我们会检验解决控制问题的先进方法。由于环境变得越来越具有挑战性，所以我们也要使用其他工具来学习优化策略。接下来，我们来看看在解决环境问题上更高效的方法。也就是说，与本章学到的方法相比，它们解决这些环境问题借助的经验样本要更少。

现在，你已经：

- 知道了大多数 RL 智能体都实行一个称作广义策略迭代的模式。
- 知道了 GPI 采用策略评估和优化来解决控制问题。
- 学到了几个实行 GPI 模式解决控制问题的智能体。

分享成果

独立学习，分享发现

关于如何在下一阶段运用自己已经学到的知识，我有一些想法。如果你愿意，可将你的成果分享出来，也一定要看看其他人的成果。这是个双赢的机会，希望你能把握住。

- #gdrl_ch06_tf01：这一章所呈现的所有算法都有使用两个关键的变量，即学习速度 α 和折扣因子 γ。我希望你能分析一下这两个变量，例如这些变量的交互方法；它们影响智能体获得的总奖励，也影响策略完成速度。

- #gdrl_ch06_tf02：学完这一章，还有一件事要思考，就是我们在所有方法中均涉及的探索策略，它是一个呈指数型衰减的ε贪婪策略。但它是最好的策略吗？你会如何使用第4章的其他策略？创建一个你自己的策略并进行检测，怎么样？改变探索策略的超参数，看看结果会发生什么变化，怎么样？试一试，这一点都不难。按照本书的Notebook着手，改变几个超参数，然后彻底改变探索策略，告诉我们你的发现。
- #gdrl_ch06_tf03：你可能已经猜到了，这一章的算法同样没有正确地使用时间步长限制(time step limit)。一定要去调查我所指的是什么，查明之后改变算法，使其正确运用时间步长限制。结果改变了吗？智能体比之前做得更好了吗？它们更擅长评估最优值函数，还是最优策略，还是都擅长？更擅长的话，其优势有多大？要调查好，学完第8章后再回来看看。分享你的发现吧。
- #gdrl_ch06_tf04：在每一章中，我都把最后一个标签定为概括性标签。欢迎用这个标签来讨论与本章有关的其他内容。没有什么任务比你为自己布置的任务更令人兴奋的了。记得分享你的调查内容和结果。

用你的发现发个推特，打上标签@mimoralea(我会转发)，使用列表里的标签，以便能让感兴趣的人看到你的成果。成果不分对错；你只管分享你的发现，也去检查别人的发现。借此机会进行交流、做出贡献、有所进步。期待你的分享！

以下是推特示范：

你好，@mimoralea。我写了一个博客，其中列出研究深度强化学习的资源。单击链接<link>.#gdrl_ch01_tf01。

我保证会转发，以便别人找到你的成果。

第7章 更有效、更高效地完成目标

本章内容：

- 在和挑战环境交互时，使强化学习智能体更有效地达到最优表现。
- 通过充分利用经验，使强化学习智能体更高效地完成目标。
- 优化前几章中介绍过的智能体，使其充分利用收集的数据，更快地优化性能。

> “有效是做正确的事，高效是正确地做事。”
>
> ——彼得·德鲁克
>
> 现代管理学之父、总统自由勋章获得者

本章将对前一章所学的智能体进行优化。更具体来说，有两条优化路线。你在第 5 章曾学过 λ 回报，它能满足策略评估的要求——使用广义策略迭代法，第一条路便是使用 λ 回报。不管是同策法还是异策法，我们都使用 λ 回报进行探索。与标准方法相比，使用带有资格迹的 λ 回报能更快地把信度(credit)传输到正确的状态-动作对，同时能让动作-值函数的估计值更快地接近真实值。

马尔可夫决策过程(MDP)是一个使用经验样本来学习环境模型的算法，第二条路便是探索马尔可夫决定过程算法。探索之后，这些方法会选出收集的数据中的最大者，而且相对于没有此过程的方法，一般都能更快地达到最优化。这组要学习环境模型的算法被称为基于模型的强化学习。

注意，即使我们单独探索这些优化路线，也不妨碍将它们合并起来进行探索，经过本章的学习，你也许就会这样做。我们赶紧来看看细节吧！

ŘŁ **知识回顾**

规划法、无模型RL、有模型RL

规划法：指的是一种需要环境模型来生成策略的算法。规划法可以是状态-空间规划类型，也就是使用状态空间来寻找策略；也可以是规划-空间规划类型，也就是在所有可能规划的空间里搜索规划(想一想遗传算法)。本书中涉及的规划算法示例包括价值迭代和策略迭代。

无模型 RL：指的是一种不使用环境模型，但仍可生成策略的算法。其独特性在于不需要使用地图、模型或 MDP 就能获得策略——使用试错学习法。本书中我们已经探索过的无模型 RL 算法有 MC、SARSA 和 Q 学习。

有模型 RL：指的是一种可以通过学习环境模型生成策略的算法，其中环境模型不是必需。该算法的独特之处在于不需要提前提供模型，但是如果提供，那它也能很好地利用起来，而且更重要的是，该算法会通过与环境的交互来学习模型。本章将讲到的有模型 RL 算法包括 Dyna-Q 和轨迹抽样。

7.1 学习使用鲁棒性目标优化策略

在这一章所谈到的优化方法中，第一个便是在策略评估法中使用更具有鲁棒性的目标。回顾一下第 5 章，我们探索过使用不同类型的目标来估计值函数的策略评估方法。我们曾学习过蒙特卡洛法与 TD 法，也曾学习过一种名为 λ 回报的目标，该目标通过加权方式合并使用所有访问状态获得的目标。

TD(λ)是一种预测方法，该方法使用 λ 回报来满足策略评估需求。然而，正如上一章中所讲，在解决控制问题时，我们要同时使用策略评估法和可探索的策略优化法来评估动作-值函数。在这一节中，我们会讨论与 SARSA 和 Q 学习类似的控制法，但该控制法使用 λ 回报。

具体示例

SWS环境

我们使用与上一章相同的环境，即 SWS。不过，在这一章末尾，我们会在更具有挑战性的环境中测试该算法。

回顾一下，SWS 是一种单排栅格环境，是具有七个非终端状态的路径。记住，这种环境是“滑 (slippery)”walk，意味着它是有噪声的，动作效果是随机的。若智能体选择走左，则其可能向左，也可能向右，也可能保持原位。

SWS环境MDP

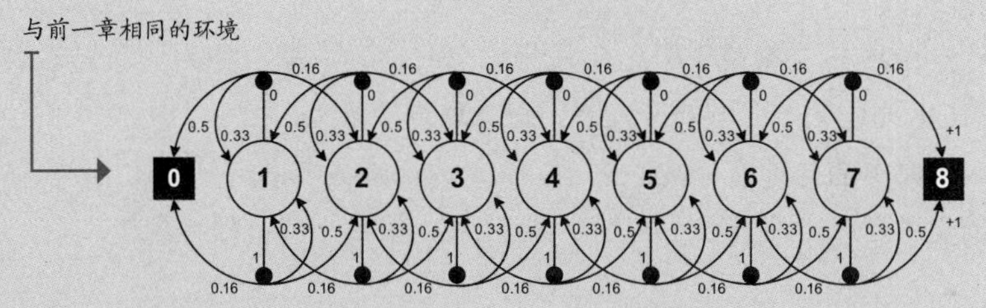

作为回顾，以上就是这种环境的 MDP。但要时刻铭记于心的是，智能体没有任何得到转移概率的机会。对智能体来说，该环境的动态是未知的，而且状态之间事先没有关系。

7.1.1 SARSA(λ): 基于多阶段评估，在每一阶段后优化策略

SARSA(λ) 对原来的 SARSA 智能体来说是直接优化。SARSA 和 SARSA(λ) 的主要差别在于，在 SARSA(λ) 中，我们不再采用 SARSA 中使用的一阶段 bootstrapping 目标(即 TD 目标)，而是采用 λ 回报。就是这样，你现在已经懂 SARSA(λ) 了。说真的，你发现了吧？学习过基础再学习复杂概念是多么容易的一件事啊！

资格迹这个概念在第 5 章中首次出现，现在我想对这一概念进行更深一步的讲解。我在第 5 章介绍的那类资格迹叫作累积迹(accumulating trace)，然而，在实际当中，跟踪状态或负责奖励的状态 - 动作对的方式有很多种。

在这一节里，我们会深入讲解累积迹并将其调整以用于解决控制问题，而且我们还会探索一个不一样的迹(trace)，叫作替换迹(replacing trace)。我们会在 SARSA(λ) 智能体中使用它。

0001 历史小览
SARSA和SARSA(λ)智能体的介绍

在1994年，Gavin Rummery和Mahesan Niranjan发表了一篇题为Online Q-Learning Using Connectionist Systems 的论文。在论文里介绍了一种算法，当时将其称为 Modified Connectionist Q-Learning。1996年，Singh和Sutton给这个算法起了个新名字，即 SARSA，原因是该算法由五部分组成：S_t, A_t, R_{t+1} , S_{t+1} , A_{t+1}。人们经常好奇这些名字的由来，接下来你就会发现，这些名字承载了 RL 研究者的极大创意。

说来也有趣，在这事之前，也就是对该算法的“非权威”重命名之前，1995 年 Gavin 在其题为 Problem Solving with Reinforcement Learning 的博士论文中向 Sutton 道歉，因为他将继续使用 Modified Q-leaning 这一名称。Sutton 则坚持使用 SARSA，这一名称最终也成为 RL 社区公认的算法名称。顺便提一下，Gavin 的理论也介绍了 SARSA(λ)智能体。

Gavin 于 1995 年获得博士学位后成为一名程序员，随后成为一家游戏公司的主要程序员。Gavin 作为一名游戏开发者，已经取得了成功。

在 Gavin 原本的导师意外死亡之后，Mahesan 成为 Gavin 的博士导师，Mahesan 走更传统的学术道路，而且在 1990 年毕业之后，成为一名讲师和教授。

为让累积迹能解决控制问题，唯一必须改变的就是，我们要跟踪访问状态-动作对，而不是访问状态。跟踪状态-动作对时，我们不使用资格矩阵，而是使用资格向量。

替换迹机制也很简单，是把资格迹调整到最大值，也就是说，给轨迹一个方向，而不是无限制的累积。这个策略的优势在于即使智能体陷入循环，轨迹也不会过分增长。在替换迹策略中，底线是当状态-动作对被访问时，该轨迹会被设定成 1，就像在累积迹策略里那样，衰减是基于 λ 值进行的。

0001 历史小览
资格迹机制的介绍

资格迹机制的大意很可能与 A. Harry Klopf 有关，当时在 1972 年，他发表了一篇题为 Brain Function and Adaptive Systems—A Heterostatic Theory 的论文，其中描述了突触 (synapse) 是如何在加强事件后获得改变“资格”的。他假定：“刺激一个神经元，其在电位总和引导反应过程中，所有活跃的兴奋性突触和抑制性突触，都有资格经历透明性改变。”

然而，Richard Sutton 的博士论文(1984 年)是在 RL 的背景下提出资格迹机制的。具体来说，他介绍了你已经学过的累积迹，也叫做卷积累积迹(conventional accumulating trace)。

而替换迹是在 Satinder Singh 和 Richard Sutton 的合著论文(1996 年)中引进的，该论文题为 Reinforcement Learning with Replacing Eligibility Traces，我们在这一章会介绍。

他们发现了几个有趣的事实。首先，他们发现与累积迹相比，替换迹方法产生的学习更快、更可靠。其次，累积迹会有偏差，但替换迹却没有。但更有趣的是，他们发现了 TD(1)、MC 和资格迹之间的关系。

具体来说，他们发现带有替换迹的 TD(1)与首次访问 MC 有关，而带有累积迹的 TD(1)与每次访问 MC 有关。另外，他们还发现离线版的替换迹 TD(1) 和每次访问 MC 是相同的。这世界太小！

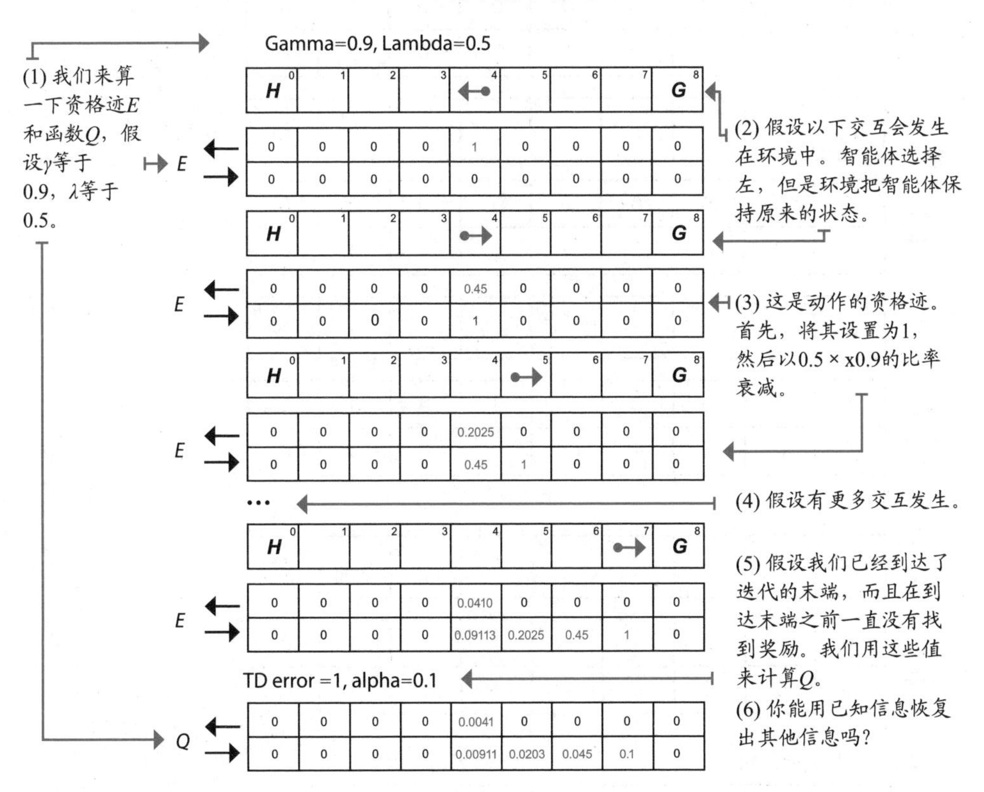

总结

累积迹机制中的频率启发和就近启发

累积迹结合了频率启发和就近启发。当智能体测试状态 - 动作对时，这个对的迭代会增加 1。现在，想象环境中有一个循环，智能体对同一个状态-动作对进行了几次测试。我们应该使这个状态 - 动作对对未来会获得的奖励更负责吗？

累积迹允许迭代值高于 1，而替换迹不允许。在轨迹机制编码中，迭代有隐式结合频率启发(尝试状态 - 动作对的频率)和就近启发(在多久前尝试一个状态-动作对)方法。

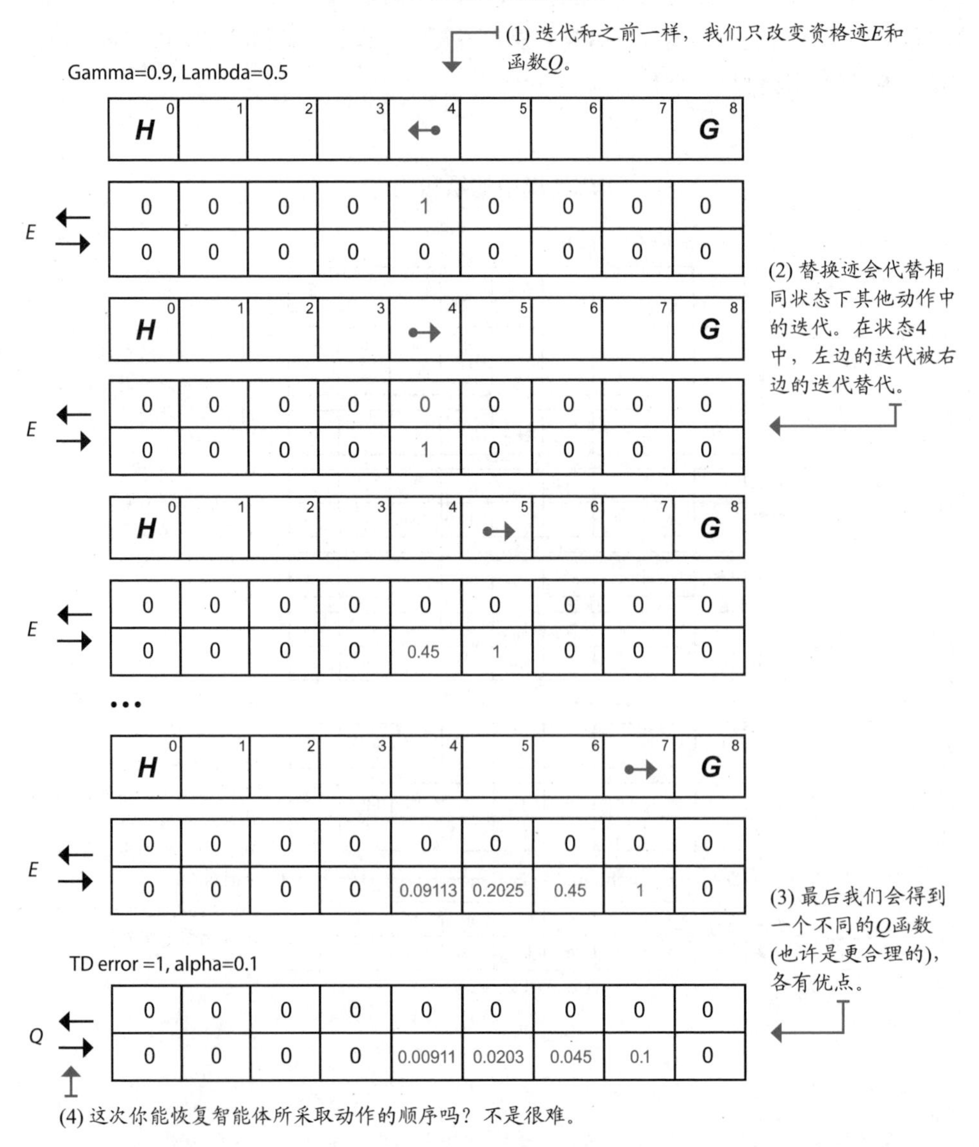

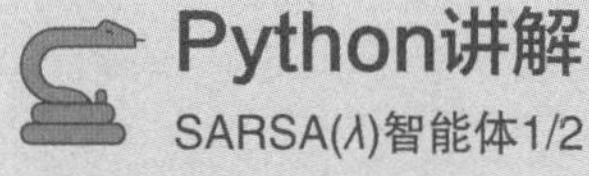

Python讲解

SARSA(λ)智能体1/2

```
def sarsa_lambda(env,
                 gamma=1.0,
                 init_alpha=0.5,
                 min_alpha=0.01,
                 alpha_decay_ratio=0.5,
                 init_epsilon=1.0,
                 min_epsilon=0.1,
                 epsilon_decay_ratio=0.9,
                 lambda_=0.5,
                 replacing_traces=True,
                 n_episodes=3000):
```

(1) SARSA(λ)智能体结合了SARSA和TD(λ)方法。

(2) 这是lambda_超参数(以"_"结尾是因为lambda这个词在Python里是保留的)。

(3) replacing_traces变量设置算法以应用替换迹或累积迹。

```
    nS, nA = env.observation_space.n, env.action_space.n
    pi_track = []
```

(4) 我们使用之前用过的一般变量……

(5) ……包括Q函数和跟踪矩阵(tracking matrix)。

```
    Q = np.zeros((nS, nA), dtype=np.float64)
    Q_track = np.zeros((n_episodes, nS, nA),
                       dtype=np.float64)
```

(6) 这些是资格迹，能让状态的迭代获得更新资格。

```
    E = np.zeros((nS, nA), dtype=np.float64)
```

(7) 剩余部分与之前所用的select_action函数、向量α和ε相同。

```
    select_action = lambda state, Q, epsilon: \
        np.argmax(Q[state]) \
        if np.random.random() > epsilon \
        else np.random.randint(len(Q[state]))

    alphas = decay_schedule(
        init_alpha, min_alpha,
        alpha_decay_ratio, n_episodes)

    epsilons = decay_schedule(
        init_epsilon, min_epsilon,
        epsilon_decay_ratio, n_episodes)

    for e in tqdm(range(n_episodes), leave=False):
```

(8) 接下一页。

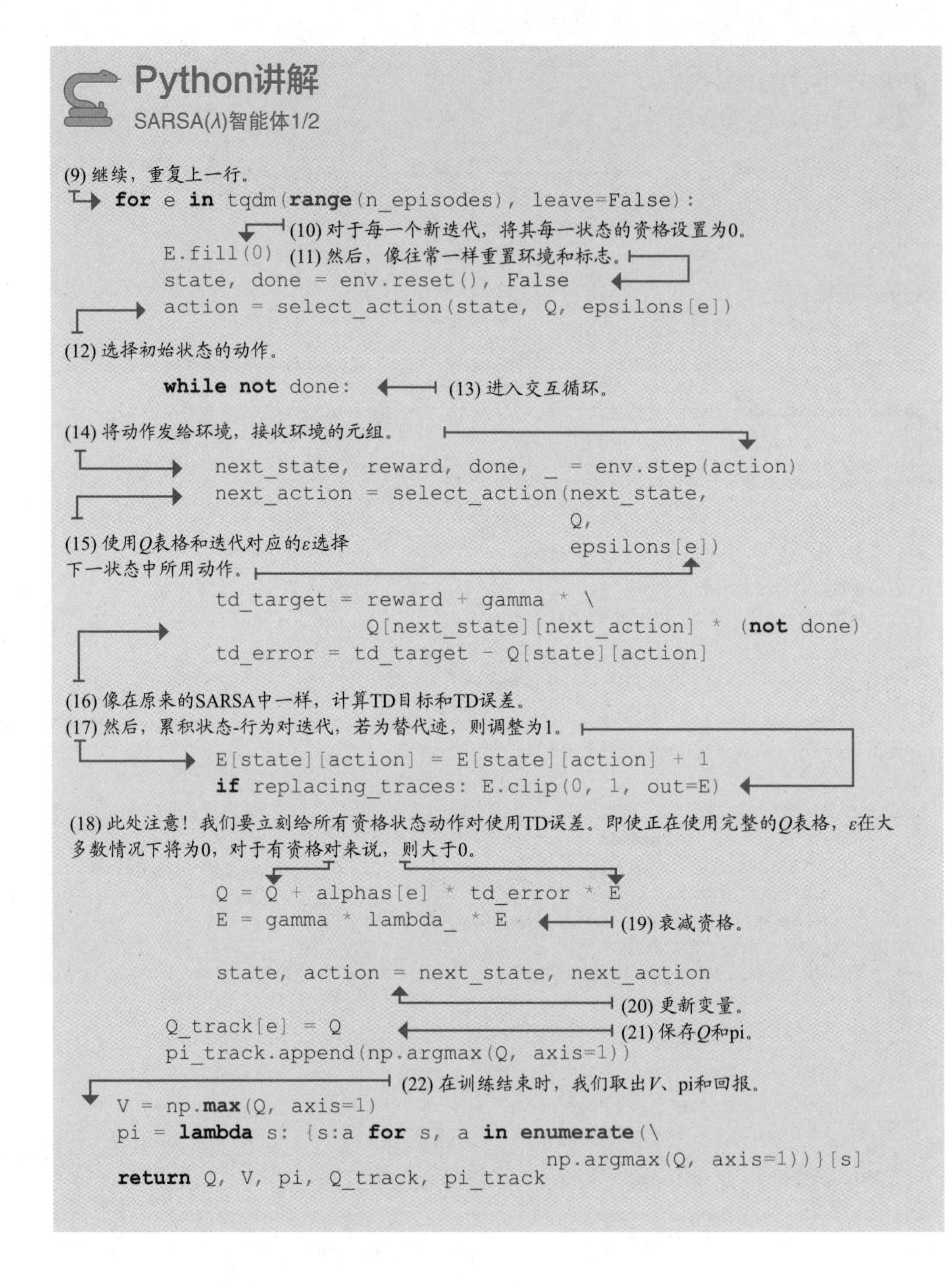

Python讲解

SARSA(λ)智能体1/2

(9) 继续，重复上一行。

```
    for e in tqdm(range(n_episodes), leave=False):
```

(10) 对于每一个新迭代，将其每一状态的资格设置为0。

(11) 然后，像往常一样重置环境和标志。

```
        E.fill(0)
        state, done = env.reset(), False
        action = select_action(state, Q, epsilons[e])
```

(12) 选择初始状态的动作。

```
        while not done:
```

(13) 进入交互循环。

(14) 将动作发给环境，接收环境的元组。

```
            next_state, reward, done, _ = env.step(action)
            next_action = select_action(next_state,
                                        Q,
                                        epsilons[e])
```

(15) 使用Q表格和迭代对应的ε选择下一状态中所用动作。

```
            td_target = reward + gamma * \
                        Q[next_state][next_action] * (not done)
            td_error = td_target - Q[state][action]
```

(16) 像在原来的SARSA中一样，计算TD目标和TD误差。

(17) 然后，累积状态-行为对迭代，若为替代迹，则调整为1。

```
            E[state][action] = E[state][action] + 1
            if replacing_traces: E.clip(0, 1, out=E)
```

(18) 此处注意！我们要立刻给所有资格状态动作对使用TD误差。即使正在使用完整的Q表格，ε在大多数情况下将为0，对于有资格对来说，则大于0。

```
            Q = Q + alphas[e] * td_error * E
            E = gamma * lambda_ * E
```

(19) 衰减资格。

```
            state, action = next_state, next_action
```

(20) 更新变量。

```
        Q_track[e] = Q
        pi_track.append(np.argmax(Q, axis=1))
```

(21) 保存Q和pi。

(22) 在训练结束时，我们取出V、pi和回报。

```
    V = np.max(Q, axis=1)
    pi = lambda s: {s:a for s, a in enumerate(\
                                     np.argmax(Q, axis=1))}[s]
    return Q, V, pi, Q_track, pi_track
```

米格尔的类比

累积迹与替换迹，无谷蛋白和无香蕉饮食

几个月之前，我女儿陷入了失眠。每晚，她都会醒来几次，大声哭喊，但不幸的是，她没有告诉我们问题出自哪里。

几天后，我们夫妻二人决定采取一些措施，我们试图“跟踪”这一问题，以便对引起失眠的原因进行更加有效的“信度分配”。

我们戴上侦探帽(如果你是家长，你就会明白那是什么)，尝试了很多手段来诊断这个问题。大概过了一个礼拜，我们把起因范围缩小到食物；我们发现她吃了某种食物后，讨厌的夜晚就会到来，但是我们判断不出具体是哪种食物导致的。我注意到，她会吃很多含有谷蛋白的碳水化合物，像麦片、面食、薄脆和面包。在上床之前，她还会吃点水果当作零食。

我脑中的“累积迹”指向了碳水化合物。“对呀！”我心想，“谷蛋白可不是什么好东西，地球人都知道。不但如此，她还一整天都在吃谷蛋白。”如果我们跟踪回去，记下她吃谷蛋白的次数，谷蛋白就是完全有资格的，也是纯粹的罪魁祸首，所以我们就不让她吃谷蛋白了。

但让我没想到的是，问题只是减弱了，而没有如我们所愿，完全消失。又过了几天，我妻子想起来她小时候在晚上吃香蕉就会难受。我没法相信，我的意思是，香蕉是水果啊，水果不是对我们只有好处吗？但是有趣的是，最后，不让她吃香蕉，还真就治好了。难以置信！

但是，如果我当初用“替换迹”而非“累积迹”，没准她一天吃的所有谷蛋白能少受到点责备。

因为我使用的是累积迹，所以对我来说，似乎她吃了很多次谷蛋白就是应该受责备的。到此为止，我没弄清香蕉扮演的角色。

累积迹能夸大对频率事件的责备，而替代迹会缓和对频率事件的责备。这个缓和能帮助更新发生，但很少发生的事件能显示出来并被考虑进去。

也别轻易下结论。就像生活中的每件事一样，在RL中，重要的一点是你要了解工具。我只是告诉你可行的选项，但能否用正确的工具实现目标还取决于你自己。

7.1.2 Watkin的Q(λ)：再一次，从学习中分离行为

当然，λ 算法也有异策控制版本。$Q(\lambda)$ 是一个 Q 学习的延续，Q 学习使用 λ 回报来满足广义策略迭代法的策略评估需求。记住，我们此处做的唯一一处改动就是用异策控制的 λ 回报替换异策控制的 TD 目标(使用下一状态中动作最大值)。把 Q 学习扩展到资格迹有两个不同方式，但我只介绍原始版本，一般指 Watkin 的 $Q(\lambda)$。

0001 历史小览

Q学习和Q(λ)智能体的介绍

在 1989 年，Chris Watkins 在他的名为 Learning from Delayed Rewards 的博士论文中介绍了 Q 学习和 $Q(\lambda)$方法，这篇论文是当今强化学习理论发展的重要基础。

Q 学习也是最普遍的强化学习算法之一，或许是因为它简单且有效。现在的 $Q(\lambda)$指的是 Watkins 的 $Q(\lambda)$，因为在 1993 年至 1996 年间还存在一版稍有不同的 $Q(\lambda)$，它由 Jing Peng 和 Ronald Williams 提出，这一版本的 $Q(\lambda)$ 被称为 Peng 的 $Q(\lambda)$。

在 1992 年，Chris 和 Peter Dayan 一起发表了一篇名为 Technical Note Q-learning 的论文，其中证明了 Q 学习的收敛定理。他们表示，假设所有的状态 - 动作对都被重复抽样且离散呈现，Q 学习有百分百的概率收敛到最佳动作-值函数。

不幸的是，Chris 几乎就在那之后停止了对 RL 的研究。他去伦敦做起了对冲基金工作，参观了研究实验室，那里有 Yann LeCun 带领的团队，他们一直致力于与 AI 相关的问题，但没有太专注 RL。在过去 22 年多里，Chris 已成为伦敦大学人工智能系的一名准教授了。

1991 年，他完成名为 Reinforcing Connectionism: Learning the Statistical Way 的博士论文。此后，Peter 带了两个博士后，其中一个就是多伦多大学的 Geoff Hinton。Peter 是 Demis Hassabis 的博士生导师，也是 DeepMind 的合伙创始人。Peter 在多个研究所当过主任，最近一次是在马克斯 • 普朗克研究所 (Max Planck Institute)。

自 2018 年，他就成为英国皇家学会会员。

Python讲解

Watkin的$Q(\lambda)$智能体1/3

```
def q_lambda(env,
             gamma=1.0,
             init_alpha=0.5,
             min_alpha=0.01,
             alpha_decay_ratio=0.5,
             init_epsilon=1.0,
             min_epsilon=0.1,
             epsilon_decay_ratio=0.9,
             lambda_=0.5,
             replacing_traces=True,
             n_episodes=3000):
```

(1) $Q(\lambda)$智能体是Q学习和TD λ方法的混合体。

(2) 这里有lambda_和replacing_traces超参数。

(3) 有用的变量。

```
    nS, nA = env.observation_space.n, env.action_space.n
    pi_track = []
```

(4) Q表。

```
    Q = np.zeros((nS, nA), dtype=np.float64)
    Q_track = np.zeros((n_episodes, nS, nA), dtype=np.float64)
```

(5) 所有状态-动作对的资格迹矩阵。

```
    E = np.zeros((nS, nA), dtype=np.float64)
```

(6) 普通的suspects。

```
    select_action = lambda state, Q, epsilon: \
        np.argmax(Q[state]) \
        if np.random.random() > epsilon \
        else np.random.randint(len(Q[state]))

    alphas = decay_schedule(
        init_alpha, min_alpha,
        alpha_decay_ratio, n_episodes)

    epsilons = decay_schedule(
        init_epsilon, min_epsilon,
        epsilon_decay_ratio, n_episodes)
```

(7) 待续，在下一行重复。

```
    for e in tqdm(range(n_episodes), leave=False):
```

Python讲解

Watkin的Q(λ)智能体2/3

(8) 继续迭代循环。

```
    for e in tqdm(range(n_episodes), leave=False):
```

(9) 好了，因为$Q(\lambda)$是异策方法，所以我们必须仔细地使用E。我们正在学习贪婪策略，但遵循探索策略。首先和之前一样，用0把E填满。

```
        E.fill(0)
```

(10) 重置环境，结束。

```
        state, done = env.reset(), False
```

(11) 注意我们是如何像在SARSA中一样预测选出动作的，但是我们没在Q学习中这么做过。因为需要检验下一动作是否为贪婪的。

```
        action = select_action(state,
                               Q,
                               epsilons[e])
```

(12) 进入交互循环。

```
        while not done:
```

(13) 进入环境，得到经验。

```
            next_state, reward, done, _ = env.step(action)
```

(14) 选择next_action的SARSA样式。

```
            next_action = select_action(next_state,
                                        Q,
                                        epsilons[e])
```

(15) 使用它去核实下一步中仍来自贪婪策略的动作。

```
            next_action_is_greedy = \
              Q[next_state][next_action] == Q[next_state].max()
```

(16) 在这一步，我们还是像在常规Q学习里一样，使用最大值计算TD目标。

```
            td_target = reward + gamma * \
                        Q[next_state].max() * (not done)
```

(17) 使用TD目标来计算TD误差。

```
            td_error = td_target - Q[state][action]
```

(18) 在下一页继续这一行。

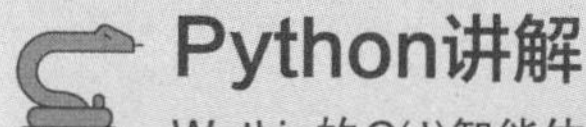

Python讲解

Watkin的$Q(\lambda)$智能体3/3

(19) 再次使用目标和当前的状态-动作对的估计值来计算TD误差。注意，这不是下一状态，而是状态！

```
            td_error = td_target - Q[state][action]
```

(20) 另一种替换迹控制法是清空当前状态的所有动作-值，再增大当前动作。

```
            if replacing_traces: E[state].fill(0)
```

(21) 将当前状态-动作对的资格增加1。

```
            E[state][action] = E[state][action] + 1
            Q = Q + alphas[e] * td_error * E
```

(22) 和之前一样，给所有的资格迹矩阵乘以误差(error)再乘以迭代e对应的学习速率，然后让整个Q向误差靠近。这样一来，我们就在不同程度上有效地向所有访问状态发出信号。

```
            if next_action_is_greedy:
                E = gamma * lambda_ * E
            else:
                E.fill(0)
```

(23) 再次注意，如果下一状态将采取的动作(已经选好)是一个贪婪动作，就像往常一样衰减资格矩阵；否则，必须重置资格矩阵为0，因为我们将不再学习贪婪策略。

(24) 在这一步最后，把状态和动作更新成下一状态和动作。

```
            state, action = next_state, next_action

        Q_track[e] = Q
        pi_track.append(np.argmax(Q, axis=1))
```

(25) 保存Q和pi。

(26) 训练结束时，把V和最终的pi也保存。

```
    V = np.max(Q, axis=1)
    pi = lambda s: {s:a for s, a in enumerate(\
                                 np.argmax(Q, axis=1))}[s]
```

(27) 最后，返回所有信息。

```
    return Q, V, pi, Q_track, pi_track
```

7.2 智能体的交互、学习、计划

在第 3 章中，我们讨论了规划算法，如价值迭代 (VI) 和策略迭代 (PI)。这些都是规划算法，因为它们需要环境模型(即 MDP)。规划法可离线计算最优策略。另外，上一章中介绍了无模型的强化学习法，甚至好像还暗示过它们是规划法的优化版。不过，真是如此吗？

与规划法相比，无模型 RL 的优势在于它不需要 MDP。MDP 一般都很难提前获得，有时甚至根本无法创造 MDP。想象一下呈现 10 170 个可能状态的游戏 *Go* 和呈现 101 685 个状态的《星际争霸 II》。这些都是天文数字，但这甚至还没包括动作空间或转换功能，你能想象吗！不提前需要 MDP 是一项真正的优势。

但是，我们来思考以下问题：如果不提前需要 MDP，在与环境交互时学习 MDP，会发生什么？当你走入一个新区域，你开始在脑子里构建地图。你走了一会，发现了一个咖啡馆，点了杯咖啡，你也知道回去的路。学习地图的技能对你来说很直观。强化学习智能体能做到类似的事吗？

在这一节，探索与环境交互的智能体(如无模型方法)，但它们也学习这些交互中的环境模型，即 MDP。通过学习地图(map)，智能体学习最优策略所需的经验样本通常会减少。这些方法叫作有模型的强化学习。注意，在文献中，一般会将 VI 和 PI 看作规划法，但也可能遇到它们指代有模型法的情况。我不喜欢这种叫法，一般会称其为规划法，因为他们做任何事都需要 MDP。由于 SARSA 和 *Q* 学习算法不需要也不学习 MDP，因此是无模型算法。在这一节你学到的方法都是有模型算法，因为它们使用和学习 MDP(或者至少是 MDP 的近似值)。

ŘŁ Python讲解

抽样模型(sampling model)与分布模型(distributional model)

抽样模型：指的是一种环境模型，会生成在已知一些概率的情况下环境如何转换的单一样本。你从模型中采取了一个转换样本。

分布模型：指的是一种环境模型，会生成转换和奖励函数的概率分布。

7.2.1 Dyna-Q: 学习样本模型

统一规划和无模型法的结构中最著名的是 Dyna-*Q*。Dyna-*Q* 包括交叉存取无模型的强化学习方法，例如 *Q* 学习和规划法。规划法与价值迭代类似，使用从环境和学习模型中抽样的经验来优化动作-值函数。

在 Dyna-*Q* 中，我们跟踪转换和奖励函数，将它们作为由状态、动作和下一状态指数化的三维张量。转换张量记录我们看到三元组(*s*, *a*, *s*')的次数，该三元组表示我们在选择动作 *a* 的情况下，把状态 *s* 转换成 *s*' 的次数。奖励张量包括在三元组(*s*, *a*, *s*')收获的平均奖励，该三元组表示状态 *s* 和状态 *s*' 中选好的动作的期待奖励。

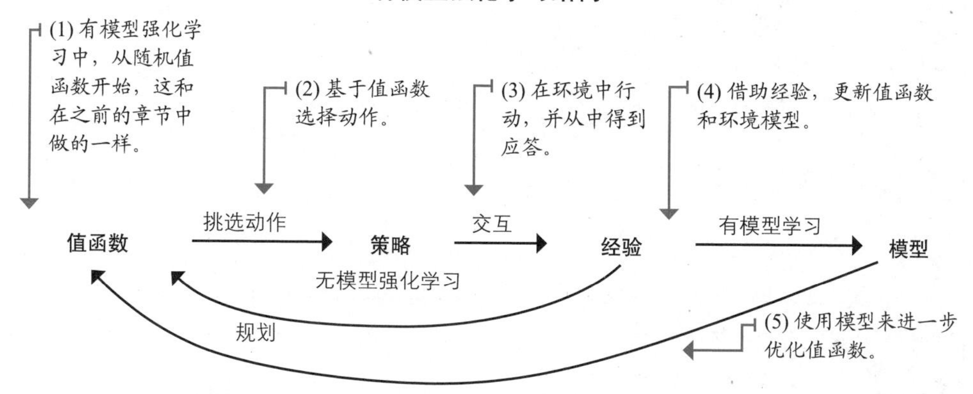

0001 历史小览

Dyna-Q智能体的介绍

与有模型 RL 法有关的想法可以追溯到多年以前，而且被认为和几个研究者有关，但是有三篇主要的论文为 Dyna 结构的建立奠定了基础。

第一篇是 1981 年 Richard Sutton 和 Andrew Barto 合著的名为 An Adaptive Network that Constructs and Uses an Internal Model of Its World 的论文，第二篇是 Richard Sutton 在 1990 年发表的名为 Integrated Architectures for Learning, Planning, and Reacting Based on Approximating Dynamic Programming 的论文，第三篇是 Richard Sutton 在 1991 年发表的名为 Dyna, an Integrated Architecture for Learning, Planning, and Reacting 的论文。第三篇论文中介绍了产生特定 Dyna-*Q* 智能体的常用结构。

Python讲解

Dyna-Q智能体1/3

```
def Dyna_Q(env,
           gamma=1.0,
           init_alpha=0.5,
           min_alpha=0.01,
           alpha_decay_ratio=0.5,
           init_epsilon=1.0,
           min_epsilon=0.1,
           epsilon_decay_ratio=0.9,
           n_planning=3,
           n_episodes=3000):
```

(1) Dyna-*Q*和*Q*学习智能体类似，但是Dyna-*Q*会学习环境模型，也会运用这一模型来优化估计值。

(2) n_planning超参数是估计值的更新次数，该估计值将从被学习的模型中得出。

(3) 算法的第一部分基本相同。

```
    nS, nA = env.observation_space.n, env.action_space.n
    pi_track = []
```

(4) 将*Q*函数初始化到0，等等。

```
    Q = np.zeros((nS, nA), dtype=np.float64)
    Q_track = np.zeros((n_episodes, nS, nA), dtype=np.float64)
```

(5) 然后创造一个函数，来跟踪转换函数。

(6) 再创造一个函数，来跟踪奖励信号。

```
    T_count = np.zeros((nS, nA, nS), dtype=np.int)
    R_model = np.zeros((nS, nA, nS), dtype=np.float64)
```

(7) 然后和往常一样，初始化探索策略select_action、α和ε向量。

```
    select_action = lambda state, Q, epsilon: \
        np.argmax(Q[state]) \
        if np.random.random() > epsilon \
        else np.random.randint(len(Q[state]))

    alphas = decay_schedule(
        init_alpha, min_alpha,
        alpha_decay_ratio, n_episodes)

    epsilons = decay_schedule(
        init_epsilon, min_epsilon,
        epsilon_decay_ratio, n_episodes)

    for e in tqdm(range(n_episodes), leave=False):
```

(8) 待续，在下一行重复。

Python讲解

Dyna-Q智能体2/3

(9) 继续该迭代循环。

```
for e in tqdm(range(n_episodes), leave=False):
```

(10) 对每一个新迭代，我们开始都要重置环境，获得初始状态。我们也要将done标志设置为False并进入交互阶段循环。

```
        state, done = env.reset(), False
        while not done:
```

(11) 和在以前的Q学习中一样(只限在循环中)，我们选择动作。

```
            action = select_action(state, Q, epsilons[e])
```

(12) 进入环境，获取经验元组。

```
            next_state, reward, done, _ = env.step(action)
```

(13) 然后开始学习模型！将状态、动作和next_state的转换数量增加到3倍，这表示又一次发生了全转换。

```
            T_count[state][action][next_state] += 1
```

(14) 还想计算奖励信号的递增方式。得到差值。

```
            r_diff = reward - \
                          R_model[state][action][next_state]
```

(15) 使用差值和转换计数来学习奖励信号。

```
            R_model[state][action][next_state] += \
                (r_diff / T_count[state][action][next_state])
```

(16) 像平时一样，计算TD目标和Q学习的方式(异策、使用最大值)……

```
            td_target = reward + gamma * \
                             Q[next_state].max() * (not done)
```

(17) ……还有TD误差，使用TD目标和当前评估。

```
            td_error = td_target - Q[state][action]
            Q[state][action] = Q[state][action] + \
                                     alphas[e] * td_error
```

(18) 最后，更新Q函数。

(19) 在进入计划阶段前，备份下一状态的变量。

```
            backup_next_state = next_state
            for _ in range(n_planning):
```

(20) 待续，在下一行重复。

Python讲解

Dyna-Q智能体3/3

(21) 从规划循环继续。

(22) 首先要确定之前的Q函数是已经更新过的，否则就没有什么要规划的了。

(23) 从经验中智能体已经访问过的状态列表里选择一个状态。

(24) 再选择一个在该状态里采取的动作。

(25) 使用计数矩阵计算下一个状态的概率，再算一下状态的概率。

(26) 将奖励模型用作奖励。

(27) 使用模仿经验更新Q函数！

(28) 在计划阶段的末尾，设置状态为下一状态。

(29) 余下部分相同。

```
            for _ in range(n_planning):

                if Q.sum() == 0: break

                visited_states = np.where( \
                         np.sum(T_count, axis=(1, 2)) > 0)[0]
                state = np.random.choice(visited_states)

                actions_taken = np.where( \
                       np.sum(T_count[state], axis=1) > 0)[0]
                action = np.random.choice(actions_taken)

                probs = T_count[state][action] / \
                                   T_count[state][action].sum()
                next_state = np.random.choice( \
                                np.arange(nS), size=1, p=probs)[0]

                reward = R_model[state][action][next_state]
                td_target = reward + gamma * \
                                            Q[next_state].max()
                td_error = td_target - Q[state][action]
                Q[state][action] = Q[state][action] + \
                                        alphas[e] * td_error

            state = backup_next_state

        Q_track[e] = Q
        pi_track.append(np.argmax(Q, axis=1))
    V = np.max(Q, axis=1)
    pi = lambda s: {s:a for s, a in enumerate( \
                                     np.argmax(Q, axis=1))}[s]
    return Q, V, pi, Q_track, pi_track
```

总结

有模型法学习转换和奖励函数(转换如下)

(1) 看看右边的第一个图表。这个图表表示Dyna-Q在一个迭代后已经学到的模型。才进行了一个迭代，该模型的问题就已经很明显了。这可能意味着早期使用学习的模型可能存在问题，因为对错误的模型进行抽样会产生偏差。

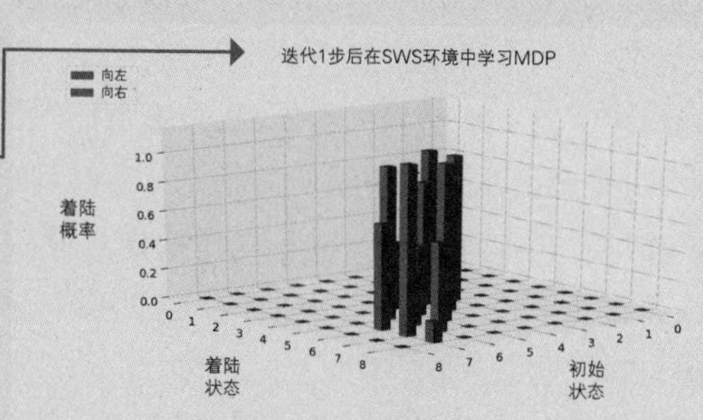

(2) 仅需要10个迭代，就能看到成型的模型了。在第二个图表里，你应该能看到正确的概率一起出现。轴的右侧表示初始状态s，轴的左侧表示着陆状态(landing state)，颜色是动作，条柱高度是转换概率。

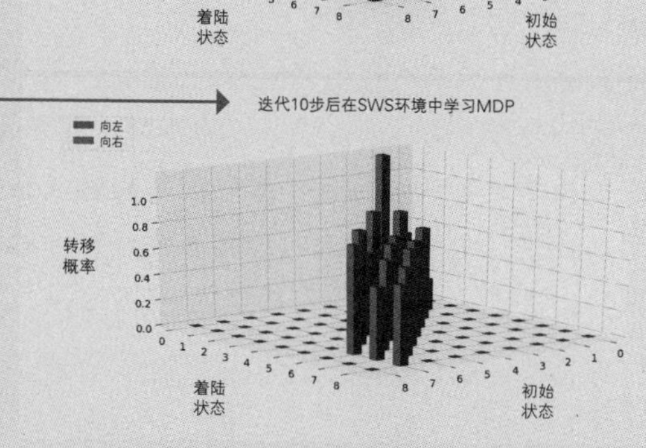

(3) 100个迭代后，概率看起来和真正的MDP很接近了。很明显，这是一个简单环境，因此智能体可收集足够的经验样本，快速建立MDP。

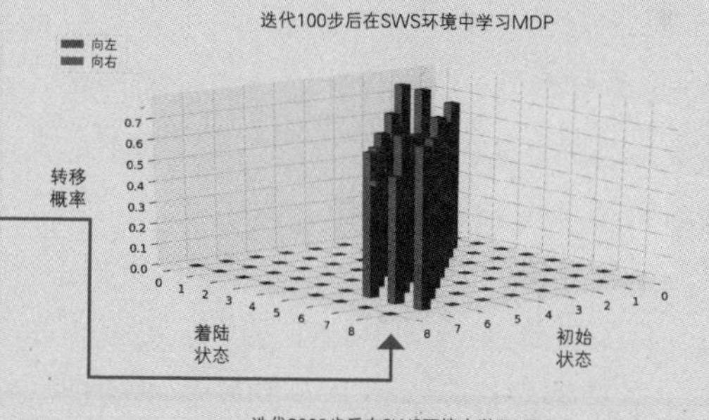

(4) 能看出概率已经足够好，能正确地描述MDP了。你知道，向右前进到状态7，有50%的概率达到状态8，有30%的概率达到状态7，有20%的概率达到状态6。

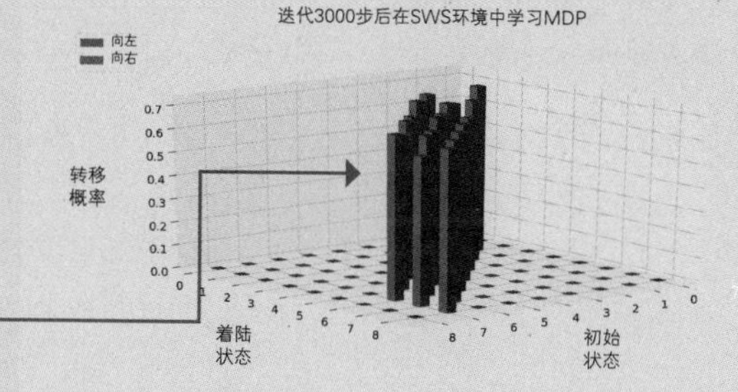

7.2.2 轨迹抽样：为不久的将来做计划

在 Dyna-Q 中，我们学习之前描述的模型，采用类似于 vanilla Q 学习的做法调整动作-值函数，然后在算法末尾运行一些规划迭代。注意，如果从代码中将模型学习和计划行删除，就会得到和前一章一样的 Q 学习算法。

在计划阶段，只从被访问的状态-动作对中抽样，以便智能体不浪费与模型无关的状态-动作对资源。从这些被访问的状态-动作对中，我们均匀随机抽样；从之前挑选出的动作中，再次进行均匀随机动作抽样。最后，根据那个状态-动作对，能从转换概率中得到下一个状态和奖励抽样。凭直觉，这好像没什么问题？但是我们正使用的是均匀随机选取的状态啊！

如果我们使用在当前迭代中期望遇到的状态，这项技术能否更有效？思考一下，你是更愿意做一天、一周、一月或一年的计划，还是更愿意计划你的一生中"可能"发生的一个随机事件？假如你是一个软件工程师，你更愿意计划读一本程序书或计划一个项目，还是计划一次未来可能转去医疗行业的跳槽？为不久的将来做计划是更明智的做法。轨迹抽样是一个有模型的 RL 方法。

总结

轨迹抽样

在 Dyna-Q 对学习过的 MDP 均匀随机抽样时，轨迹抽样收集轨迹，即不久后将遇到的转换和奖励。你在计划自己的一周，而不是生命中的随机时间。这样更有意义。

传统的轨迹抽样法是从初始状态中抽样，直到达到使用同策轨迹的终端状态。换句话说，是从已给的时间步中的相同动作策略中进行动作抽样。

然而，你不应该把自己限制在这个方法中，你应该去做实验。例如，我的项目是从当前状态开始抽样，而不是从初始状态抽样。在预设的步数内，抽到终端状态为止。抽样对象基于当前评估的贪婪策略。

也可以试试其他方法。对轨迹进行抽样时，可将其称为"轨迹抽样 (trajectory sampling)"。

Python讲解

轨迹抽样智能体1/3

```
def trajectory_sampling(env,
                        gamma=1.0,
                        init_alpha=0.5,
                        min_alpha=0.01,
                        alpha_decay_ratio=0.5,
                        init_epsilon=1.0,
                        min_epsilon=0.1,
                        epsilon_decay_ratio=0.9,
                        max_trajectory_depth=100,
                        n_episodes=3000):
    nS, nA = env.observation_space.n, env.action_space.n
    pi_track = []
    Q = np.zeros((nS, nA), dtype=np.float64)
    Q_track = np.zeros((n_episodes, nS, nA), dtype=np.float64)
    T_count = np.zeros((nS, nA, nS), dtype=np.int)
    R_model = np.zeros((nS, nA, nS), dtype=np.float64)
    select_action = lambda state, Q, epsilon: \
        np.argmax(Q[state]) \
        if np.random.random() > epsilon \
        else np.random.randint(len(Q[state]))

    alphas = decay_schedule(
        init_alpha, min_alpha,
        alpha_decay_ratio, n_episodes)

    epsilons = decay_schedule(
        init_epsilon, min_epsilon,
        epsilon_decay_ratio, n_episodes)

    for e in tqdm(range(n_episodes), leave=False):
```

(1) 除了几个例外，轨迹抽样在大多数情况下与Dyna-Q相同。

(2) 我们使用max_trajectory_depth而非n_planning，来限制轨迹长度。

(3) 该算法的大部分都和Dyna-Q一样。

(4) Q函数。

(5) 创造相同的变量来模拟转换函数……

(6) ……再为奖励信号创建一个。

(7) select_action函数、α向量、ε向量都是相同的。

(8) 待续，在下一页重复此行。

Python讲解

轨迹抽样智能体2/3

(9) 继续循环迭代。

```
    for e in tqdm(range(n_episodes), leave=False):
```

(10) 在每个新迭代中，开始时都要重置环境，获得初始状态。也将done标志设置为 False，进入交互循环阶段。

```
        state, done = env.reset(), False
        while not done:
```

(11) 选择动作。

```
            action = select_action(state, Q, epsilons[e])
```

(12) 进入环境，得到经验元组。

```
            next_state, reward, done, _ = env.step(action)
```

(13) 采用Dyna-*Q*中的方式学习模型：为next_state的状态和动作增加两倍转换数量，表示全转换已经发生。

```
            T_count[state][action][next_state] += 1
```

(14) 再次计算奖励信号的平均增加量，首先算出差值。

```
            r_diff = reward - \
                        R_model[state][action][next_state]
```

(15) 然后，使用该差值和转换计数来学习奖励信号。

```
            R_model[state][action][next_state] += \
                (r_diff / T_count[state][action][next_state])
```

(16) 与往常一样，计算TD目标。

```
            td_target = reward + gamma * \
                        Q[next_state].max() * (not done)
```

(17) TD误差使用TD目标和当前评估。

```
            td_error = td_target - Q[state][action]
            Q[state][action] = Q[state][action] + \
                                   alphas[e] * td_error
```

(18) 然后更新Q函数。

(19) 在进入计划阶段前，我们备份下个阶段的变量。

```
            backup_next_state = next_state
            for _ in range(max_trajectory_depth):
```

(20) 待续，在下一页重复。

Python讲解

轨迹抽样智能体3/3

(21) 注意，现在使用的是max_trajectory_depth变量。

```
            for _ in range(max_trajectory_depth):
```

(22) 还需要检查Q函数是否存在差值。

```
                if Q.sum() == 0: break
```

(23) 选择同策或异策动作(使用贪婪策略)。

```
                # action = select_action(state, Q, epsilons[e])
                action = Q[state].argmax()
```

(24) 如果没经验过转换，计划会一团乱，所以要避免。

```
                if not T_count[state][action].sum(): break
```

(25) 另外，我们得到了相应的next_state概率和简单模型。

```
                probs = T_count[state][action] / \
                                  T_count[state][action].sum()
                next_state = np.random.choice( \
                              np.arange(nS), size=1, p=probs)[0]
```

(26) 然后，得到奖励信号模型指定的奖励。

```
                reward = R_model[state][action][next_state]
```

(27) 继续更新Q函数，就像其具有真实经验一样。

```
                td_target = reward + gamma * \
                                     Q[next_state].max()
                td_error = td_target - Q[state][action]
                Q[state][action] = Q[state][action] + \
                                     alphas[e] * td_error
                state = next_state
```

(28) 注意，此处我们要在循环和继续同策计划阶段之前，更新状态变量。

```
            state = backup_next_state
```

(29) 在计划循环之外，我们恢复状态，继续实际的交互步骤。

(30) 其他一切都正常进行。

```
        Q_track[e] = Q
        pi_track.append(np.argmax(Q, axis=1))
    V = np.max(Q, axis=1)
    pi = lambda s: {s:a for s, a in enumerate( \
                                 np.argmax(Q, axis=1))}[s]
    return Q, V, pi, Q_track, pi_track
```

总结

Dyna-Q和轨迹抽样对学习模型进行的抽样是不同的

(1) 第一个图表显示的是在Dyna-*Q*的计划阶段进行抽样的状态，以及在这些状态中选取的动作。如你所见，Dyna-*Q*是均匀随机抽样的，这不仅体现在状态，还体现在这些状态采取的动作上。

(2) 有了轨迹抽样，就有了不同的抽样策略。记住，在SWS环境中，最右边的状态(状态8)是唯一一个非零奖励状态。着陆状态8提供了+1奖励。贪婪轨迹抽样策略对模型进行抽样，目的是优化贪婪动作选择。这就是抽样的状态都向目标状态(状态8)倾斜的原因。对动作进行抽样时同理。如你所见，抽取的向右动作比向左动作多得多。

(3) 为理解不同抽样策略的复杂之处，我列出在对状态7中的动作进行抽样后的着陆状态，该状态在目标状态的左边。如我们所见，Dyna-*Q*是均匀随机抽样，所以概率反应的是MDP。

(4) 另外，轨迹抽样更多的是着陆处于目标状态，因此，会更频繁地从模型中经历非零奖励。

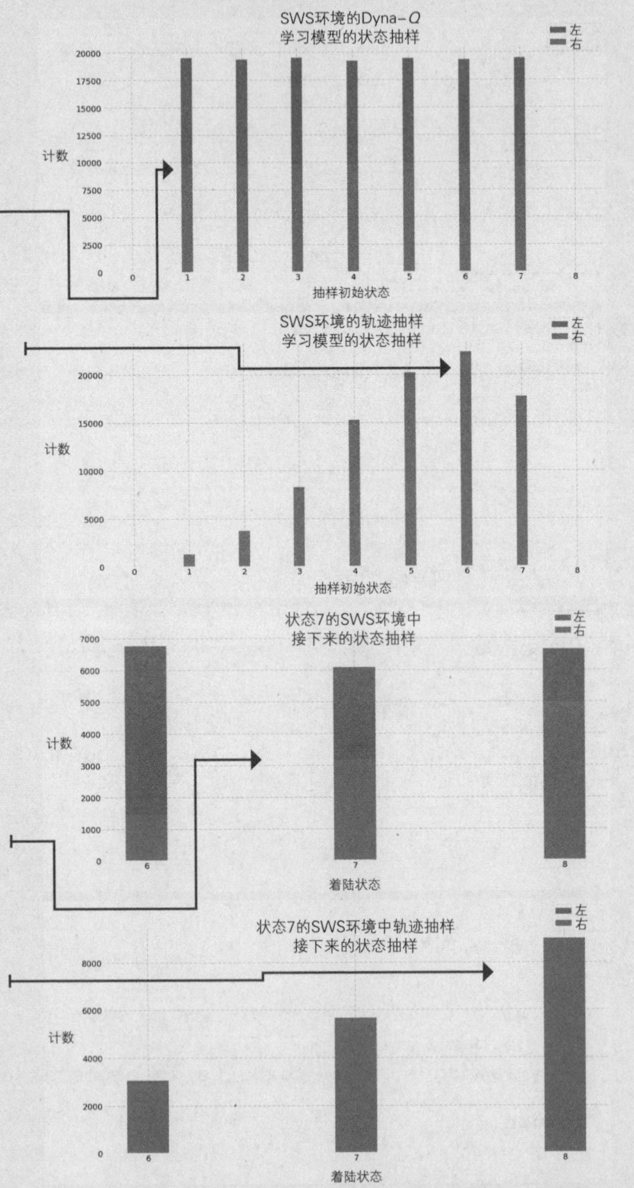

具体案例
FL环境

在第 2 章，我们为 FL 环境开发了 MDP。如你所记，FL 是一个简单的栅格世界(Gird-World，GW)环境。它拥有离散状态和动作空间，有 16 个状态和 4 个动作。

该智能体的目标是从开始位置出发到达目标位置，且不掉入洞(hole)中。在这个 FL 环境的详细示例中，目标是从状态 0 到达状态 15。难点在于湖的表面是冻住的，因此，很滑，非常滑。

FL环境

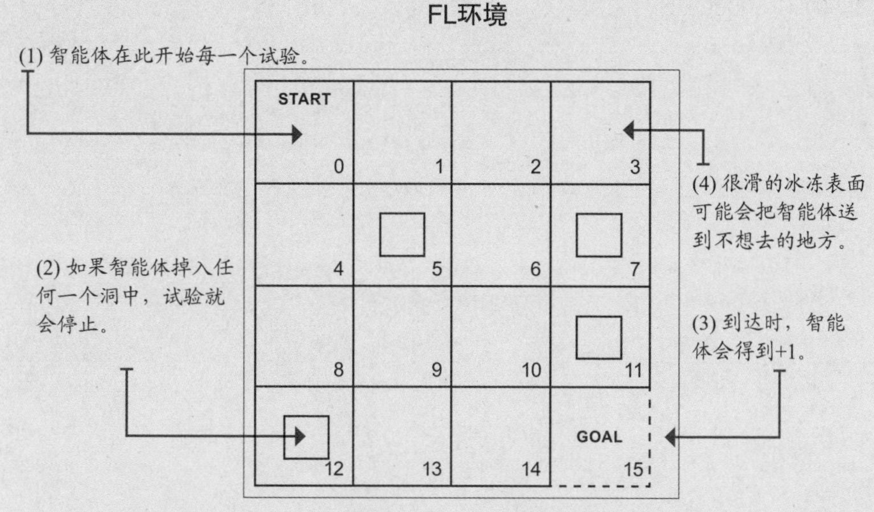

该 FL 环境是一个 4×4 的栅格世界，有 16 个格；带有从 0 到 15 的状态；从左上到右下。状态 0 是唯一一个初始状态分布中的状态，意味着在每一个新迭代中，该智能体都会在 START(开始)状态中出现。状态 5、7、11、12 和 15 都是终端状态：一旦智能体处于这些状态中的任何一个，迭代都会结束。状态 5、7、11 和 12 是洞，状态 15 是“GOAL(目标)”。奖励函数造成了洞和 GOAL 之间的差异。着陆在 GOAL 状态(状态15)的所有转换都提供一个 +1 奖励，而在整个栅格世界中的其他每个转换都提供 0 奖励，也就是没有奖励。智能体会本能地尽力到达那个 +1 转换，其中包括避开这些洞。该环境的难点是动作有随机效果，所以智能体只有三分之一的时间在移动，剩下的三分之二时间都均匀分布在正交方向上。如果智能体想移出该栅格世界，就要退回到它移到的格里。

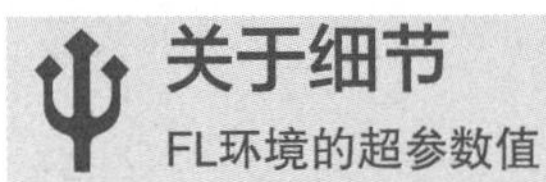

关于细节

FL环境的超参数值

FL 环境比 SWS 环境更有挑战性。因此，我们需要做的最重要改变之一就是增加智能体和环境交互的迭代数量。

而在 SWS 环境中，我们只允许智能体交互 3000 个迭代；在 FL 环境中，我们让智能体收集 10000 个迭代经验。简单的改变也会自动适应 α 和 ε 的衰减调度。

把 n_episodes 参数的值从 3000 改到 10000 会自动改变智能体学习和探索的量。α 也会在总迭代的一半(即 5000 迭代)之后，从初始值 0.5 衰减到最小值 0.01；ε 会在总迭代的 90%(即 9000 迭代)之后，从初始值 1.0 衰减到最小值 0.1。

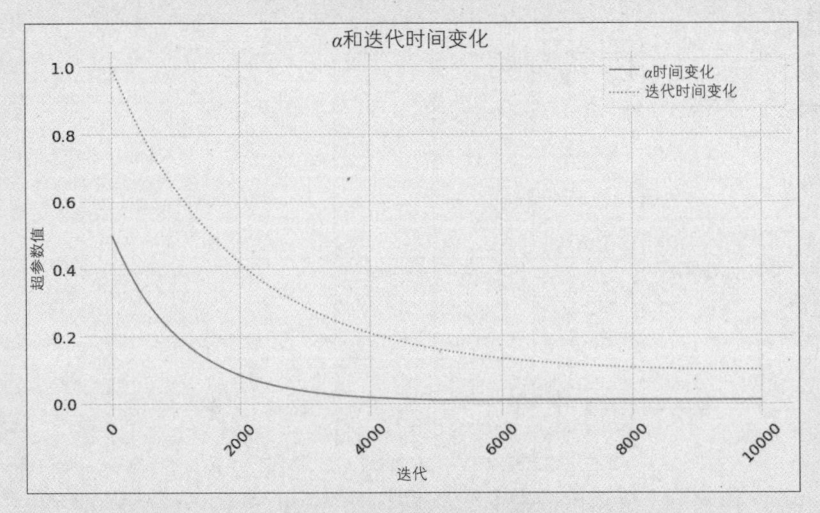

最后，有必要提一下，我们正在使用的 δ 为 0.99；使用 OpenAI Gym 的 FL 环境会自动被时限 Gym Wrapper 所包裹。这个“时间包裹”例子确保智能体会在一百步内结束一个迭代。严格来说，这两个决定(δ 和时间包裹)会改变智能体学习的最优策略和值函数，且不应该轻易执行。我推荐用第 7 章 Notebook 里的 FL 环境进行操作；把 δ 改成不同的值(1、0.5、0)；通过设置该环境例子的属性为 unwrapped 来移除时间包裹，如 env = env.unwrapped。尽力去理解这二者如何影响策略和发现的值函数。

总结

有模型RL方法需要更少的迭代得到更接近实际的估计值

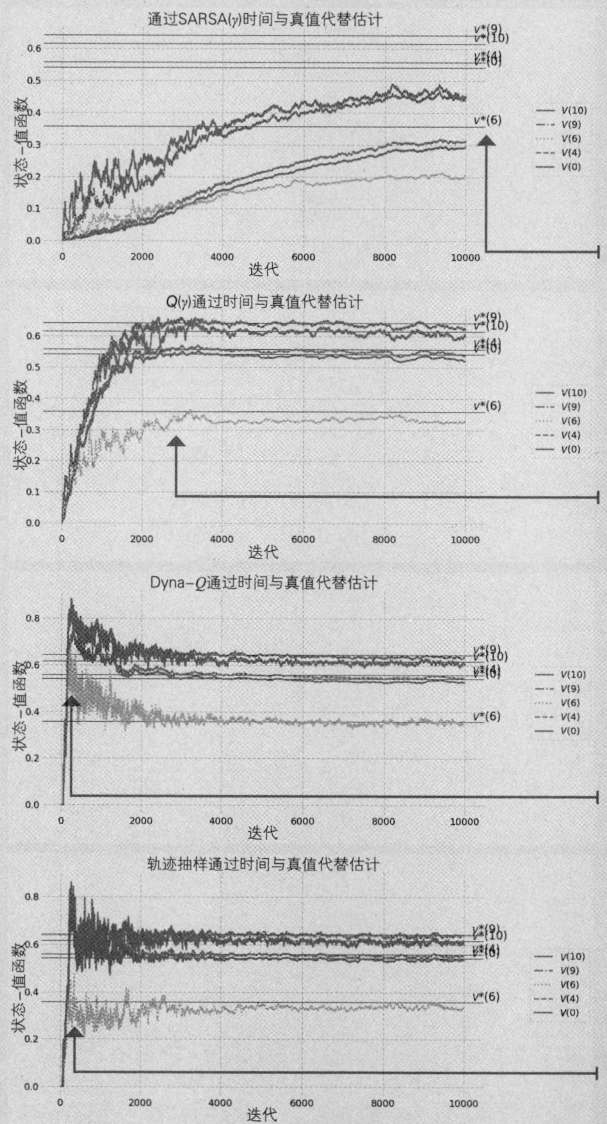

(1) 有个有趣的实验，你应该试试：用该环境训练vanilla SARSA和Q学习智能体比较结果。观察SARSA(λ)智能体努力为诸多状态评估最优状态-值函数；记录这些图表中的横线表示诸多状态的最优状态-值函数。这种情况下，我选取了状态0、4、6、10。

(2) 与SARSA(λ)不同，$Q(\lambda)$智能体是异策的，它把最佳状态-值函数的估计值向真实值靠近的过程是可见的。现在，明确来说，问题在于步骤数量；我敢肯定，只要有更多迭代，SARSA(λ)会收敛到真实值。

(3) 在跟踪真实值方面，Dyna-Q智能体甚至比$Q(\lambda)$智能体还快，但也要注意，在训练开始时会出现很大的误差。这可能是因为模型在初期出现了问题，也可能是Dyna-Q从学习模型中对状态的抽样是随机的，甚至可能是状态访问不充足。

(4) 我在轨迹抽样中使用的是贪婪轨迹，所以可能遇到智能体样本状态；也可能是因为TS更稳定。

卌 总结

轨迹和有模型法都能高效地处理经验

(1) 现在，我们来讨论上一页显示的结果与成功的关系。正如你在右边的第一个图所见，除SARSA(λ)外，所有算法均以最优策略的身份达到相同的成功率。而且，有模型RL法似乎是第一个达到的，但没有快很多。回顾一下，此处“成功”指的是智能体到达目标状态(FL环境中的状态15)的次数。

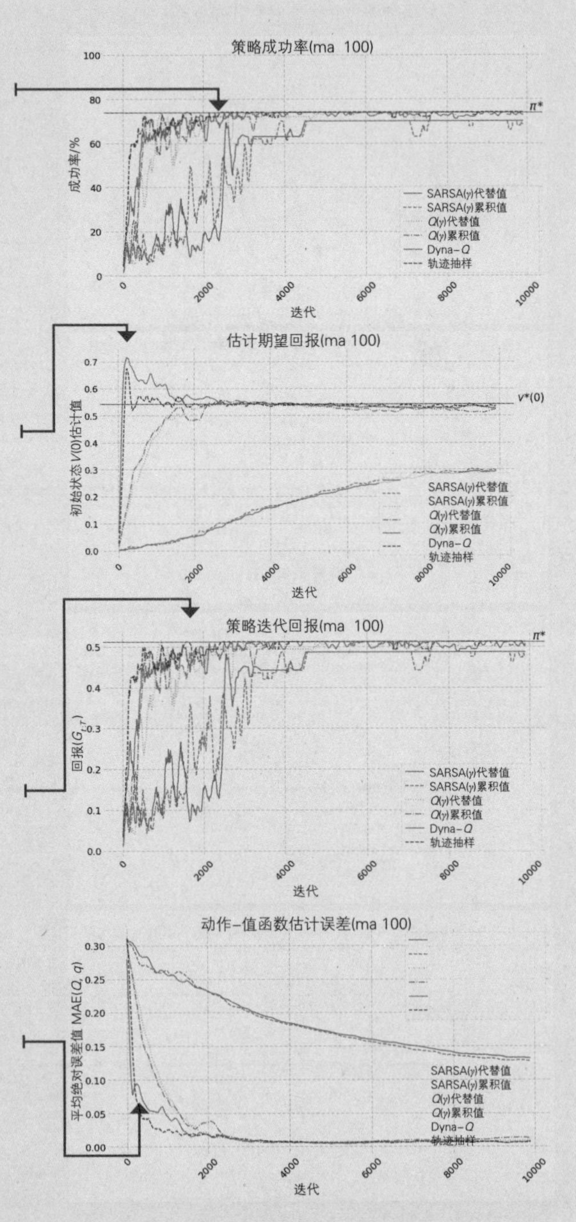

(2) 在右侧的第二个表格中，你能看到初始状态期望回报的评估。注意两点：有模型法在训练运行之初出现大误差；轨迹抽样比Dyna-Q恢复稳定更快一点，然而增长还是很显著。$Q(\lambda)$方法没有峰值且能快速到达，而SARSA(λ)在结束训练之前则永远不会到达。

(3) 第三个图是100个迭代的平均实际迭代回报。如你所见，有模型法和$Q(\lambda)$智能体都在大约2000个迭代之后获得期望的回报。SARSA(λ)智能体在训练程序结束前不会到达那里。再说一次，我很确定，要是时间充裕，SARSA(λ)智能体会到达那里。

(4) 最后一个图是动作-值函数平均绝对误差(absolute error)。如你所见，有模型法也会将误差降至接近0，这是最快捷的方法。然而，在2000个迭代之后，有模型与$Q(\lambda)$法十分相似。SARSA(λ)法优化到这里也是很慢的。

具体案例

FL 8×8环境

假如增大量，在一个富于变化的环境中测试这些算法，怎么样？

这个叫 FL 8×8，如你所想，这是个 8×8 的栅格世界，和 FL 有相似之处。初始状态为 0，位于左上角；终端和 GOAL 状态是状态 63，位于右下角。随机的动作效应是相同的：智能体仅有 33.33% 的机会移动到目标单元格，剩下的会平均分散到正交方向上。

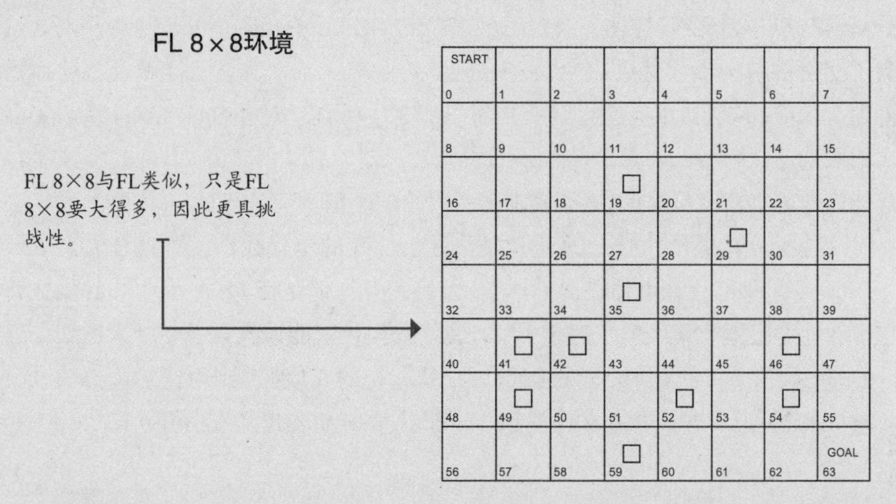

主要区别在于环境，如你所见，洞的数量变得更多了，很明显它们分布在不同区域。状态 19、29、35、41、42、46、49、52、54 以及 59 都是洞。共有 10 个洞！

和原来的 FL 环境差不多，在 FL 中 8×8 正确的策略允许智能体达到终端状态，即整个迭代。然而，在 OpenAI Gym 的执行中，学习最优策略的智能体找不到这些特殊策略，原因在于我们之前说过的 γ 和时间包裹。给定环境的随机性，由于时间包裹，安全策略可能导致该迭代零回报。鉴于 γ 值小于 1，智能体采取的步骤越多，回报得到的奖励就越低。由于这些原因，安全策略(safe policy)就不是必要的最优策略，因此，智能体不对这些进行学习。记住，目标并不只是简单找到一个达到过几次 100% 目标的策略，而是寻找一个在 FL 中能在 100 步以内或 FL 8×8 的 200 步以内达到目标的策略。智能体可能需要冒险达到这个目标。

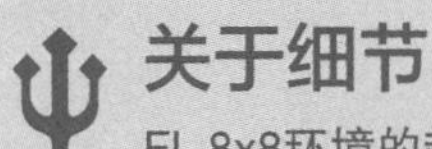

关于细节

FL 8x8环境的超参数值

在分离状态和动作空间环境中，FL 8×8 环境是最具挑战性的。该环境具有挑战性的原因在于：64 个状态是我们目前学过状态的最大数量，而且它只有一个非零奖励，这就让环境极具挑战性。

那便意味着智能体只能在第一次遇到终端状态后知道它们已经完成了。记住，这是随机的！在它们找到非零奖励转换后，诸如 SARSA 和 Q 学习(不是 $Q(\lambda)$ 学习，而是 vanilla Q 学习)的智能体只会对已经转换到 GOAL 的状态中的值进行更新。这是回到了奖励的前一步。然后，为让那个值函数回转一步，应该怎样做？智能体需要随机遇到 second-to-final 状态，但那是对于非 λ 版而言。对于 SARSA(λ) 和 $Q(\lambda)$，值的传输取决于 λ 的值。对于这一章所有的实验来说，使 λ 等于 0.5，能或多或少地告诉智能体通过半轨迹传输值(这也取决于所用迹的类型，但是一种变动范围)。

对这些智能体做出的唯一改变就是与环境交互的迭代数量，这很让人意外。在 SWS 环境中，我们让智能体在 3000 迭代之内交互；但是在 FL 环境中，我们让智能体在 10000 迭代中收集经验；对于 FL 8×8，我们让智能体收集 30000 次迭代。这表示，α 在迭代的一半(即 15000 次迭代)后，从起初的 0.5 衰减到现在的最小值 0.01，而 ε 在 90% 的迭代(即 27000 次迭代)后，从起初的 1.0 衰减到最小值 0.1。

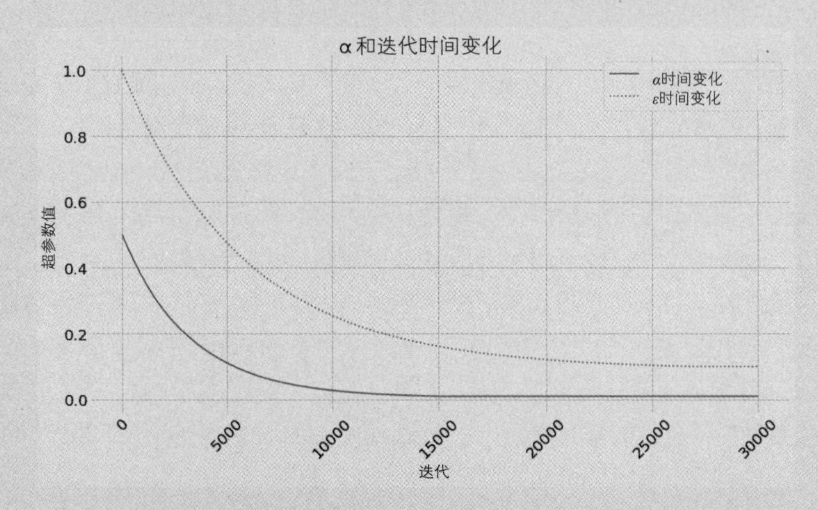

总结

同策法不再上升，带轨迹的异策法和有模型法会上升

(1) 结果显示了很多相同的趋势。SARSA(λ)智能体想成为一个有趣的竞争者可能要花很久的时间，原因在于SARSA(λ)是同策算法。如你所见，甚至没有估计值能接近最优值。

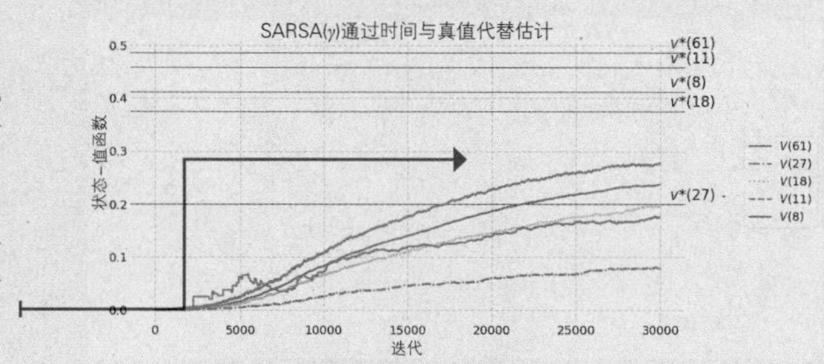

(2) 然而，$Q(\lambda)$智能体拥有能够反映最优值的估计值。需要注意，这些图里显示的最优值没有考虑智能体在交互中经历的时间和步骤的限制。那应该会影响到估计值。

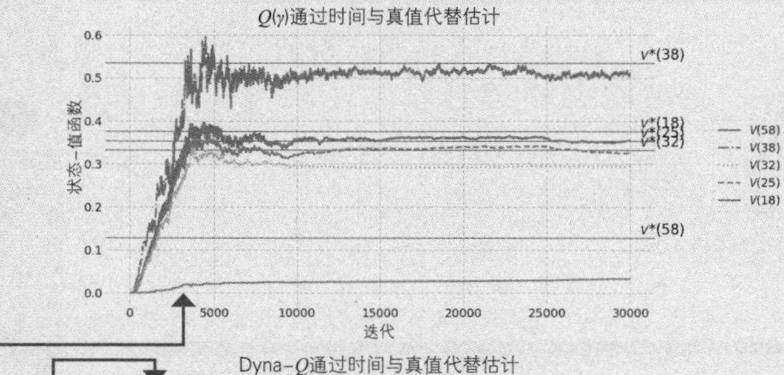

(3) Dyna-Q智能体有一个很大的优势。作为有模型RL法，所有优先遇到终端状态的交互步骤都能在学习MDP上发挥作用。一旦智能体发现奖励，有模型RL法的计划阶段就能快速地传输值。

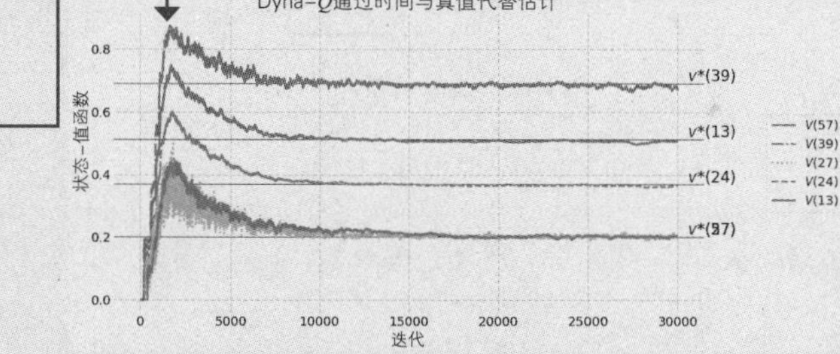

(4) 我们看到了轨迹抽样智能体与之前有类似的趋势；估计值确实跟踪最优值，更重要的是，并没有因为模型误差产生巨大增长。TS展示了一个更稳定的估计值曲线。

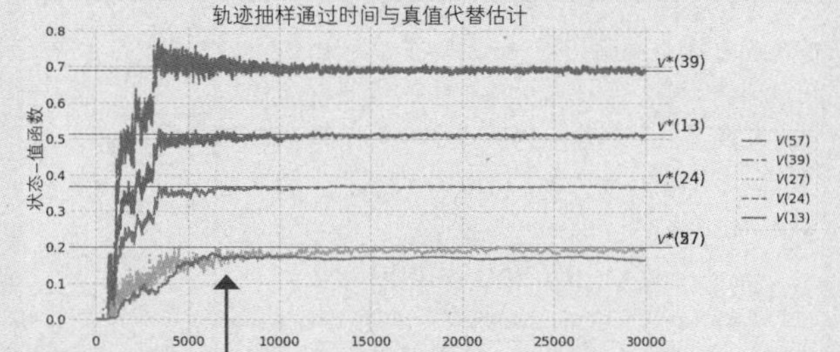

总结

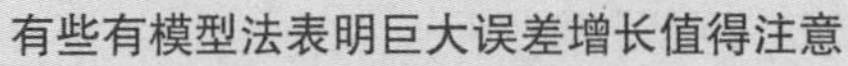

有些有模型法表明巨大误差增长值得注意

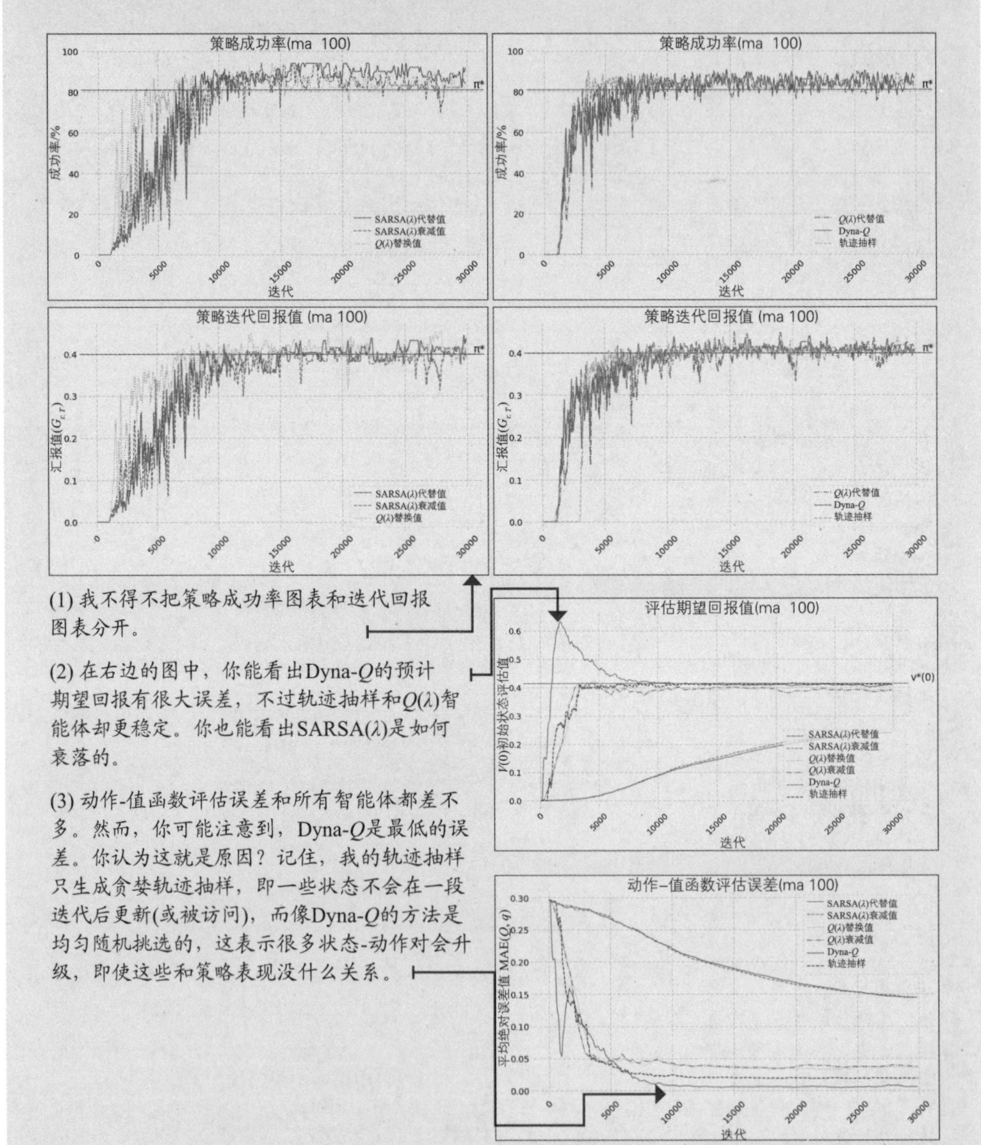

(1) 我不得不把策略成功率图表和迭代回报图表分开。

(2) 在右边的图中，你能看出Dyna-Q的预计期望回报有很大误差，不过轨迹抽样和$Q(\lambda)$智能体却更稳定。你也能看出SARSA(λ)是如何衰落的。

(3) 动作-值函数评估误差和所有智能体都差不多。然而，你可能注意到，Dyna-Q是最低的误差。你认为这就是原因？记住，我的轨迹抽样只生成贪婪轨迹抽样，即一些状态不会在一段迭代后更新(或被访问)，而像Dyna-Q的方法是均匀随机挑选的，这表示很多状态-动作对会升级，即使这些和策略表现没什么关系。

7.3 小结

在这一章，你学会了使 RL 更有效、更高效的方法。我所指的有效，是本章中的智能体能在允许交互迭代数量有限的情况下解决环境问题。其他智能体，如 vanilla、SARSA、Q 学习甚至是蒙特卡洛控制，都难以在有限步数内解决这些挑战；至少它们难以在 30000 次迭代内解决 FL 8×8 环境问题。在本章中，这对我来说便是有效，智能体成功地产生了期望的结果。

我们也探索了更高效的算法。这里的“高效”指数据高效，即这一章介绍的智能体比其他智能体能解决更多的相同数据。SARSA(λ) 和 $Q(\lambda)$，比起 vanilla、SARSA 和 Q 学习，能更快地把奖励传输到值函数评估。通过调整 λ 超参数，你甚至能把信度分配给一个迭代里所有访问过的状态。λ 值是 1 并不一定是最好的，但至少在使用 SARSA(λ)和 $Q(\lambda)$时多了选择。

你学会了有模型的 RL 方法，如 Dyna-Q 和轨迹抽样，这些方法的抽样高效之处各有不同。它们使用抽样来学习环境模型。若智能体在状态 s 中采取动作 a，能在 100% 的 1M 样本着陆，那为什么不使用该信息去优化值函数和策略？先进的有模型深度强化学习 (DRL) 一般用于收集经验样本成本高的环境，如机器人等领域；或者用于解决没有高速仿真的问题，用于需要大量经济资源的硬件。

本书剩余章节将探讨在强化学习中使用非线性函数逼近值时的巧妙之处。你目前为止学到的东西还有用武之地，唯一区别是我们以前获取值函数和策略用的是向量和矩阵，现在我们运用监督学习和函数逼近值。记住，在 DRL 中，智能体从反馈中进行学习，该反馈同时具有惯序性(而非一次性)、评估性(而非监督性)和抽样性(而非详尽性)。我们还没有接触到抽样；智能体总是能访问所有的状态或状态-动作对，但在下一章开头，我们将集中讨论无法详尽抽样的问题。

不过，现在你已经：

- 了解了如何能使 RL 智能体更有效地达成目标。
- 了解了如何能使 RL 智能体更高效地抽样。
- 了解了如何处理同时具有惯序性和评估性的反馈。

分享成果

独立学习，分享发现

关于如何在下一阶段运用自己已经学到的知识，我有一些想法。如果你愿意的话，可以把你的成果分享出来，也一定要看看其他人的成果。这是个双赢的机会，希望你能把握住。

- #gdrl_ch07_tf01：我在本章出现的算法中只测试了 FL 8×8 环境，但是你肯定好奇，在前一章的算法中会是怎么样的。行动起来！用书中的 Notebook 复制前一章的算法，粘贴到这一章的 Notebook 里，然后运行，收集信息，再对比一下所有算法。
- #gdrl_ch07_tf02：适合表格的更优秀的算法还有不少，把有趣的算法整理成一个清单，进行分享。
- #gdrl_ch07_tf03：执行自己清单里的一个算法，再执行别人清单中的一个算法，如果你是第一个标上该标签的人，则执行你的清单里的两个算法。
- #gdrl_ch07_tf04：有个基本算法叫 prioritized sweeping。你能查阅一下这个算法，告诉我们关于它的详尽信息吗？一定要分享成果，把它加到本章的 Notebook，和本章的其他算法进行对比。
- #gdrl_ch07_tf05：创造一个和 FL 8×8 类似的环境，但更加复杂，也许类似于 FL 16×16？测试所有算法，看看它们表现如何。本章有没有哪个算法比其他的表现都好？
- #gdrl_ch07_tf06：在每一章中，我们都把最后一个标签(hashtag)定为概括性标签。欢迎用这个标签来讨论与本章有关的其他内容。没有什么任务比你为自己布置任务更令人兴奋的了。记得分享你的调查内容和结果。

用你的发现发个推特，打上标签@mimoralea(我会转发)，使用列表里的标签，以便能让感兴趣的人看到你的成果。成果不分对错；你只管分享你的发现，也去检查别人的发现。借此机会进行交流、做出贡献、有所进步。期待你的分享！

以下是推特示范：

你好，@mimoralea。我写了一个博客，列出研究深度强化学习的资源。单击<link>.#gdrl_ch01_tf01。

我保证会转发，以便别人找到你的成果。

第8章 基于价值的深度强化学习

本章内容：

- 理解通过使用非线性功能的估计器来训练强化学习智能体的内在挑战。
- 创建一个能解决不同问题的深度强化学习智能体，该智能体在从头开始学习时，对超参数做出的调整最小。
- 在解决强化学习问题时，区分基于值的方法的优缺点。

> “世人的行为受到三种力的驱使：对美好的渴望，需要发泄的情绪，理性的知识。具体被哪种力驱使，由你自己决定。”
>
> ——柏拉图
>
> 古希腊哲学家、雅典学院创始人

目前我们已经取得了很大的进步，并且你也准备好真正对深度强化学习进行探讨。在第 2 章中，你学习到通过一种让强化学习智能体可以使用马尔可夫决策过程(MDP)解决问题的方式来呈现问题，在第 3 章中，你开发了可以解决这些 MDP 的算法，即学习智能体在连续的决策问题中找到了最优行为(behavior)。在第 4 章中，你学习了在没有访问 MDP 的情况下，解决单步 MDP 的算法。这些问题之所以不确定，是因为学习智能体并没有访问 MDP。智能体学习通过试错法寻找最优行为。在第 5 章中，我们将惯序性问题和不确定性问题结合起来，因此我们要探索能够学习评估策略的智能体。智能体虽然没有找到最优策略，却能准确地评估策略并且估算值函数。在第 6 章中，我们学到了在不确定的情况下为惯序决策问题找出最优策略的智能体。这些智能体仅通过与环境交互和学习而收集经验，从随机走向最优。在第 7 章中，我们学习到了更擅长寻找最优策略的智能体，它们通过充分利用经验来做到这一点。

第 2 章是本书其他章节的基础。第 3 章是关于解决惯序反馈的规划算法。第 4 章是关于解决评估性反馈的多臂老虎机算法。第 5 ～ 7 章是关于同时具有惯序性和评估性反馈的强化学习算法。这种问题被人们称为表格强化学习。从本章开始，我们将挖掘深度强化学习的细节。

更具体来讲，在本章中，我们要开始深入探索深度神经网络在解决强化学习问题中的应用。在深度强化学习中，有很多不同方式来扩充高度非线性化功能逼近器的能力，如深度神经网络。它是基于价值、基于策略、actor-critic 算法、基于模型以及无梯度的方法。本章将深入解释基于价值的深度强化学习方法。

本书中你学到的算法类型

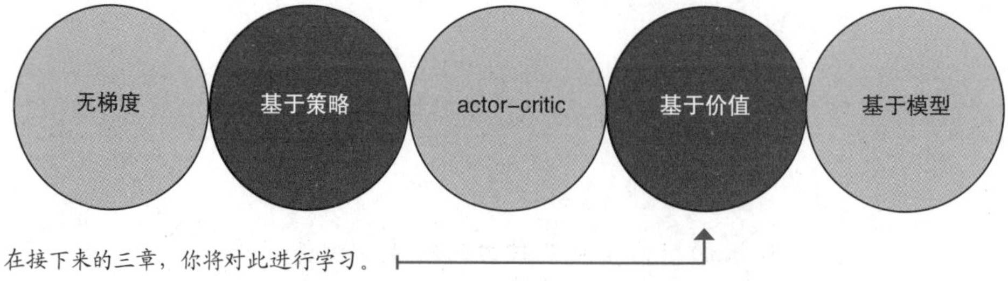

无梯度 | 基于策略 | actor-critic | 基于价值 | 基于模型

在接下来的三章，你将对此进行学习。

8.1 深度强化学习智能体使用的反馈种类

在深度强化学习中，我们建立能够在同时具有评估性、惯序性以及抽样性的反馈中学习的智能体。我在整本书中都强调了这一点，因为你需要理解它的意义。

在第 1 章中，我提到了深度强化学习是不确定性下的复杂惯序决策支持问题。你可能会想“这可真是一堆废话”。但正如我承诺的，这些词都有意义。“惯序决策问题”正是在第 3 章学到的。“不确定性问题”是在第 4 章学到的。在第 5 ～ 7 章中，你学到了有关“不确定性下的惯序决策问题。”在本章中，我们把“复杂”这一部分又加回命题中，来最后一次回顾深度强化学习智能体用来学习的三种反馈类型。

总结

深度强化学习中的反馈类型

	惯序性 (非一次性)	评估性 (非监督性)	抽样性 (非详尽性)
监督 学习	×	×	✓
规划 (第3章)	✓	×	×
Bandit (第4章)	×	✓	×
强化学习 (第5～7章)	✓	✓	×
深度强化学习 (第8～12章)	✓	✓	✓

8.1.1 深度强化学习智能体处理惯序性反馈

深度强化学习智能体必须处理惯序性反馈。惯序性反馈的主要挑战之一就是智能体会收取延迟的信息。

可以想象成你在一场象棋比赛的前期走错了几步，但是这些错步的结果只会在游戏结束或具化损失时显现。

延迟反馈使得推断反馈的源头变得十分令人迷惑。惯序性反馈导致了一些时序信度分配的问题，即决定哪一状态、动作或状态-动作对负责奖励。当存在时序问题，且动作已造成延迟结果时，对奖励进行信度分配就变得具有挑战性了。

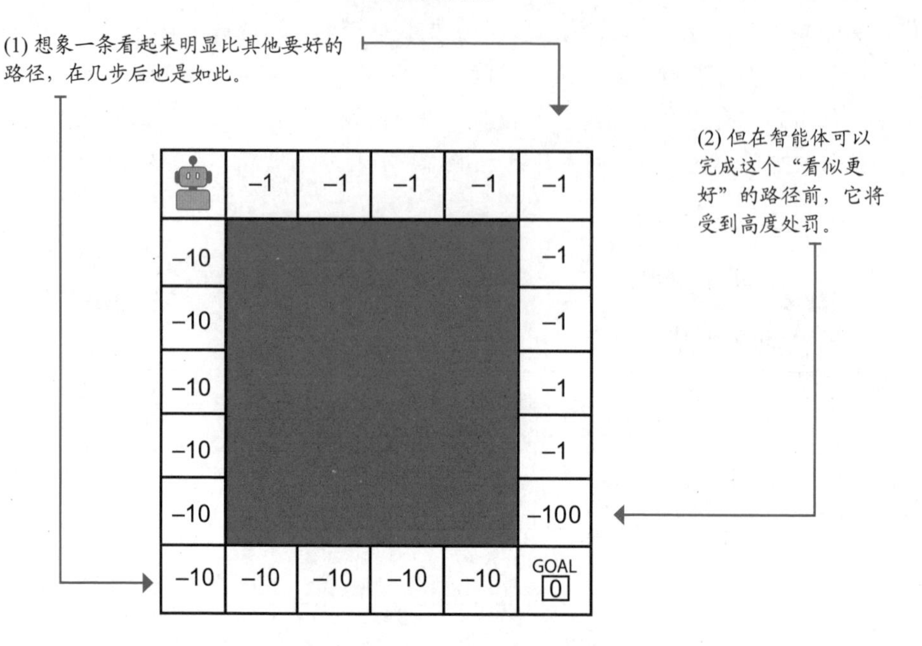

8.1.2 如果它不是惯序性反馈，那它是什么

与延迟反馈相对的是实时反馈。换句话说，与惯序性反馈相对的是一次性反馈。在解决一次性反馈的问题时，监督学习或多臂老虎机决策不会得到长期结果。例如，在一个分类问题中，对图像进行分类，无论正确与否，都不影响未来表现；例如，无论是否对上一批图像正确分类，下一模型中的图像不会有任何差别。在 DRL 中，存在这种惯序依赖。

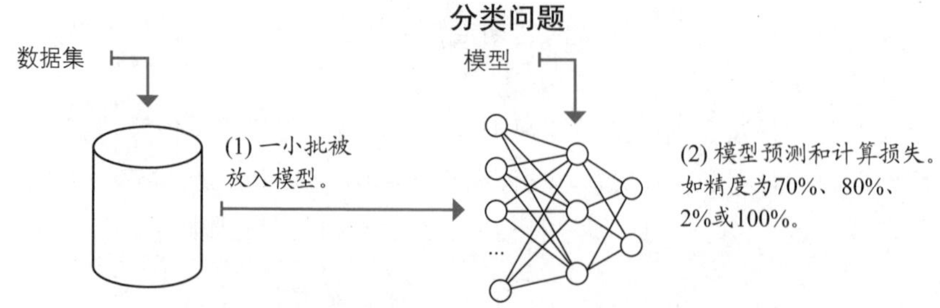

(3) 但是，数据集并不真正关心模型是如何工作的。模型将完整的被输入到下一个随机抽样的mini-batch，完全不考虑模型的表现。换句话说，没有长期结果。

此外，在多臂老虎机问题中，也没有长期结果，尽管可能较难知道其中的原因。多臂老虎机是单一状态、单一步骤的 MDP，其中，迭代在单个动作选择后立刻结束。因此，在该迭代中，动作对智能体的表现没有长期影响。

双臂老虎机

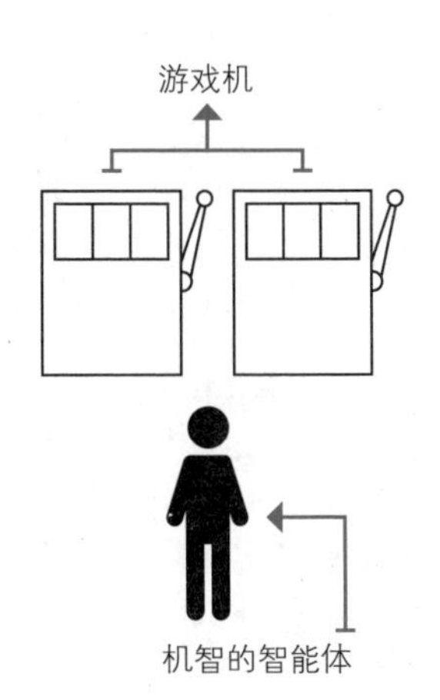

注意，我们假设Bandit有一个固定的偿付概率，也就是偿付概率不会随着一次性拉动而改变，这对于真正的Bandit很可能是不正确的。

(1)当你去赌场玩投币游戏时，你的目标是找到报酬最高的机器，然后一直玩该机器。

(2) 在Bandit问题中，我们假设概率在每次拉动后都保持不变。这使其成为一次性问题。

8.1.3 深度强化学习智能体处理评估性反馈

我们学到的第二个特性是评估性反馈。深入强化学习、表格强化学习和 Bandit 都是处理评估性反馈的。评估性反馈的关键在于反馈的好坏只是相对的，因为环境是不确定的。我们不知道环境的实际动态，不可以使用转换函数和奖励信号。

因此，我们必须探索周围的环境，并了解环境。但问题是，在探索过程中，我们错过了利用现有知识的机会，因此可能积累遗憾值。由此产生了探索与利用的权衡。这是一个具有不确定的常见副产物。虽然无法访问环境模型，但我们必须探索以收集新的信息或优化当前信息。

评估性反馈

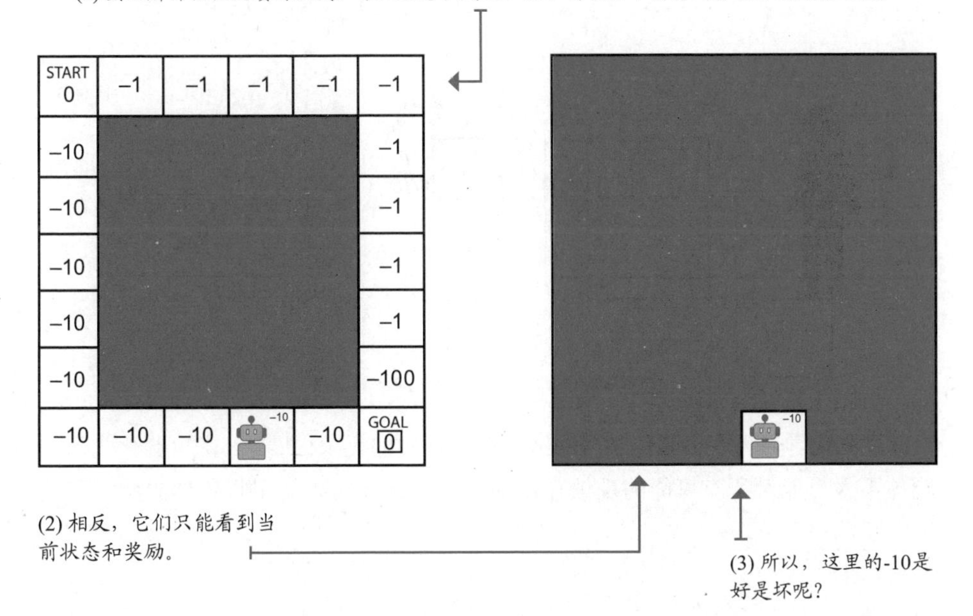

8.1.4 如果它不是评估性反馈，那它是什么

与评估性反馈相对的是监督性反馈。在分类问题中，模型会受到监督；也就是说，在学习过程中，模型提供的每个样本会被赋予正确标签。这不是猜测。如果模型犯了错误，模型会迅速给出正确答案。这多么美好啊！

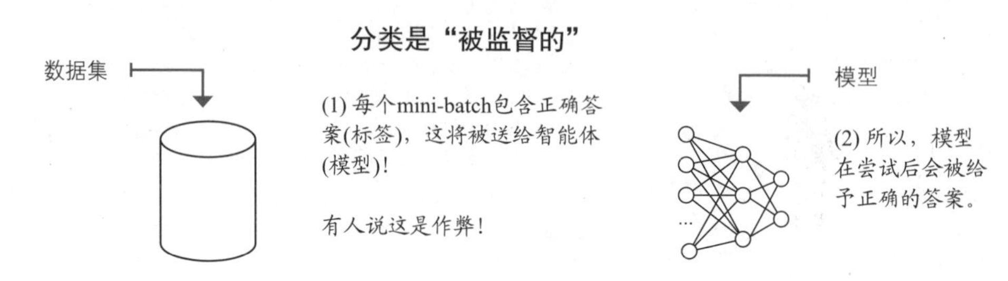

给出学习算法正确答案，使得监督性反馈比评估性更容易处理。这是监督学习问题和评估性反馈问题之间的明显区别，如多臂老虎机、表格强化学习和深度强化学习。

Bandit 问题可能不需要处理惯序性反馈，但确实可以从评估性反馈中学习。这是 Bandit 要解决的核心问题。在评估性反馈下，智能体必须平衡探索与利用需求。如果反馈同时具有惯序性和评估性，挑战就更大了。算法必须同时平衡当前和长期的目标以及信息的采集和利用。表格强化学习和 DRL 学习智能体都从既有惯序性又有评估性的反馈中学习。

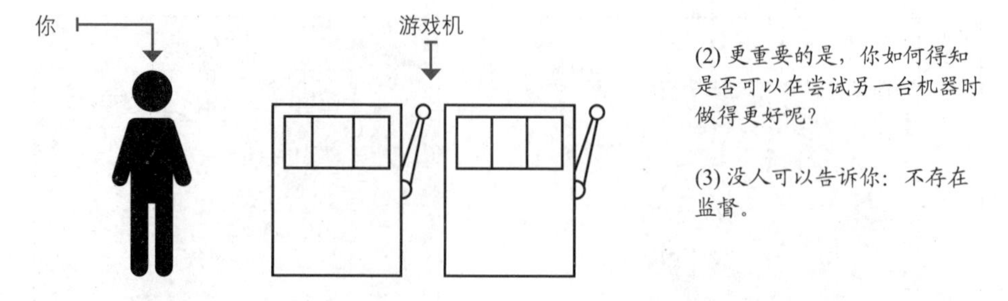

8.1.5 深度强化学习智能体处理抽样性反馈

深度强化学习与表格强化学习的区别在于问题的复杂程度。在深度强化学习中，智能体不太可能对所有可能的反馈详尽抽样。智能体需要使用收集到的反馈和泛化

做出明智决定。

思考一下，在生活中你并不会得到详尽性反馈。你不可能同时成为医生、律师和工程师，至少如果你想精通其中任何一项的话是不可能的。你必须利用早期收集的经验为自己的未来做出更明智的决定。你高中时擅长数学吗？很擅长，那么可以追求一个与数学相关的学位。你更擅长艺术吗？那就继续沿这条路前进。泛化可帮助你寻找模式、做出假设、连接起那些帮助你达到最佳自我的点，进而在前行时帮助你缩小范围。

顺便说一下，监督学习处理抽样反馈。事实上，监督学习中的核心挑战是从抽样反馈中学习：能推广到新样本；这既不是多臂老虎机也不是表格强化学习的问题。

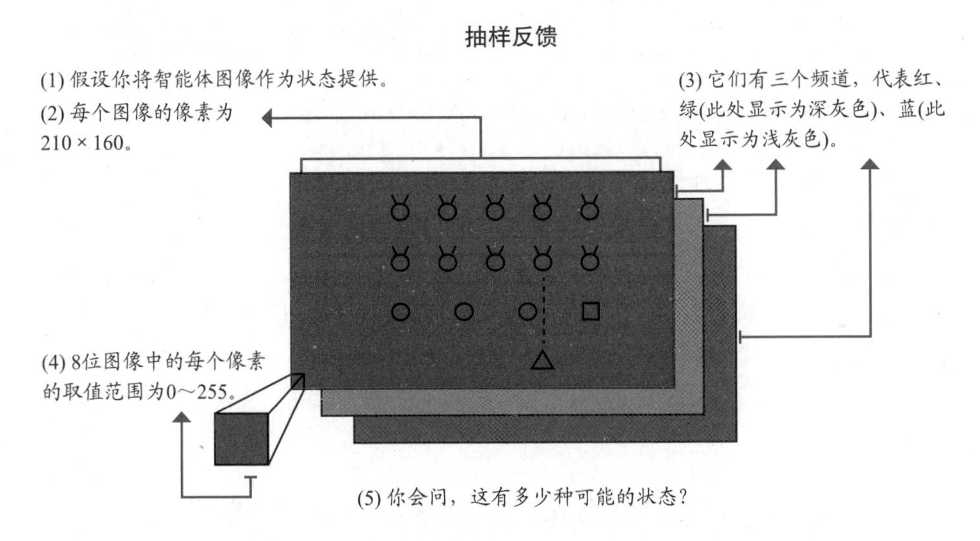

(6) 那将是 $(255^3)^{210\times160}=(16581375)^{33600}$ 种，许多种！

(7) 我将其在Python中运行，它返回一个242 580位的数字。换个角度看，我们这个已知的、可观测的宇宙有$10^{78}\sim10^{82}$个原子，最多是83位数字。

8.1.6 如果它不是抽样性反馈，那它是什么

与抽样性反馈相对的是详尽性反馈。对环境进行详尽性抽样意味着智能体可以访问所有可能的样本。例如，表格强化学习和 Bandit 智能体只需要在足够长的时间内收集所有必要的信息样本，从而达到最优操作。收集详尽性反馈也是表格强化学习中最优收敛保证存在的原因。在具有有限状态和动作空间的小网格世界中，常见的假设，如“无限数据”或“无限频繁地对每一个状态 - 动作对进行抽样”都是合理的。

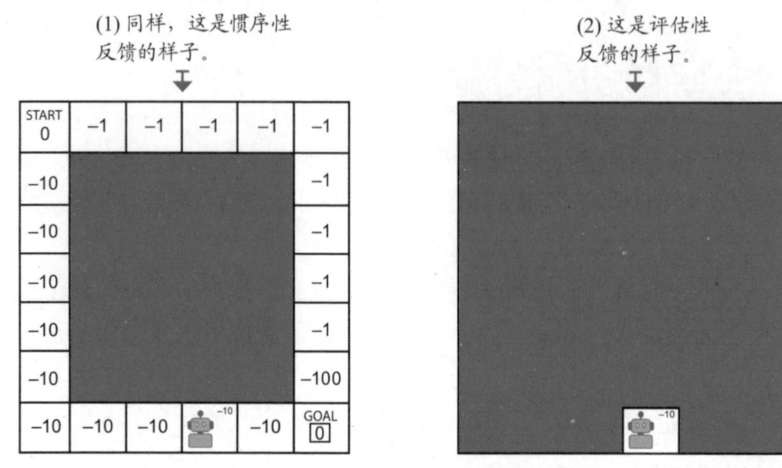

(3) 但是，如果你有状态和动作的离散数，可以详尽地对环境抽样。在小的状态和动作空间中，较易实践。随着状态和动作空间数量的增加，函数逼近的增加也变得明显。

我们迄今还没有处理过这个维度。前面探讨过表格强化学习问题。表格强化学习从评估性、惯序性、详尽性反馈中学习。但当我们面对更复杂的问题，即不能假定智能体将对环境进行详尽性抽样时，会发生什么呢？如果状态和空间是高维的，例如一块有 10^{170} 个状态的GO围棋呢？或Atari游戏处于$(255^3)^{210\times160}$和60Hz时呢？如果环境状态空间有连续变量，如指示关节角度的机械臂呢？或高维连续状态问题，甚至是高维连续动作问题呢？这些复杂问题是深度强化学习存在的原因。

8.2 强化学习中的逼近函数

理解首先在强化学习中使用逼近函数的原因是很重要的。人们很容易迷失在文字中，并因为宣传而选择解决方案。你知道，如果你听到“深度学习”，会比听到“非线性函数”更兴奋，尽管二者并没有区别。这是人的本性。我确定，这曾发生在我身上，且发生过很多次。但我们的目标是去掉这些无用的东西，简化我们的思想。

在本节中，将使用逼近函数解决常见强化学习的问题。对于值函数来说，总体上比RL更具体，但其潜在动机适用于所有形式的DRL。

8.2.1 强化学习问题能够拥有高维状态和动作空间

表格强化学习的主要缺点是使用表格来表示值函数，在复杂问题中已不再实用。环境可以有高维的状态空间，这意味着组成单个状态的变量的数量是庞大的。例如，上述的 Atari 游戏是高维的，因为它有 210×160 像素和三个颜色通道。不管这些像素可以取什么值，当我们谈到维数时，指的都是组成单一状态的变量数量。

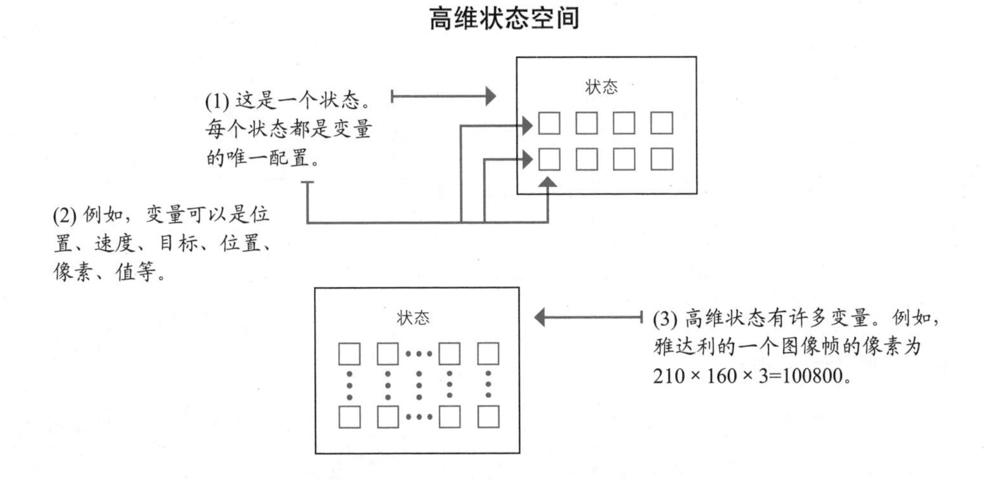

8.2.2 强化学习问题可以具有连续的状态和动作空间

环境还可以有连续变量，这意味着变量可以呈现无穷多个值。在此说明，状态和空间对离散变量来说可以是高维的，对连续变量来说可以是低维的，等等。

因此，即使变量不是连续的、无限大的，也仍然可以呈现大量的值，使其不适用于没有函数逼近值情况下的学习。以 Atari 为例，每个图像像素都可以呈现 256 个值(0 ～ 255 范围内的整数值)。在那里，你有一个有限的状态空间，但足以使任何学习都需要逼近函数。

但有时，即使是低维的状态空间也可以是无限大的状态空间。例如，想象这样一个问题，其中状态空间仅包含机器人的(x, y, z)坐标。当然，三个变量的状态空间是一个非常低维的状态空间环境，但是如果任意一个变量都是连续形式呈现的，即这个变量可以是无限小的精度，会怎样？例如，它可以是 1.56、1.5683 或 1.56683256 等。你如何创建一个将所有这些值纳入考虑范围的表格呢？是的，你可将状态空间离散化，但让我来为你节省时间，直接开始吧：你需要使用函数逼近。

连续状态空间

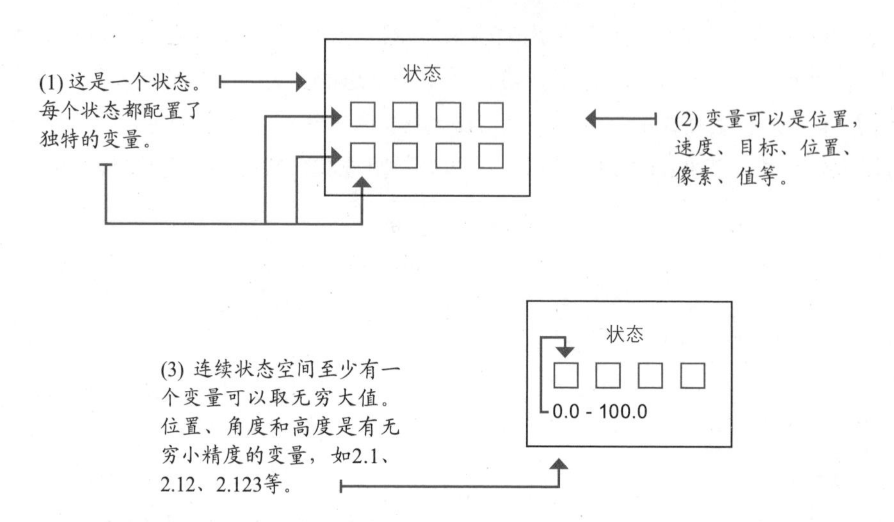

具体实例

Cart-pole环境

Cart-pole 环境是强化学习的经典。状态空间低维但连续，为开发算法提供了良好环境；训练是快速的，但仍具挑战性，函数逼近对此会有所帮助。

Cart-pole环境

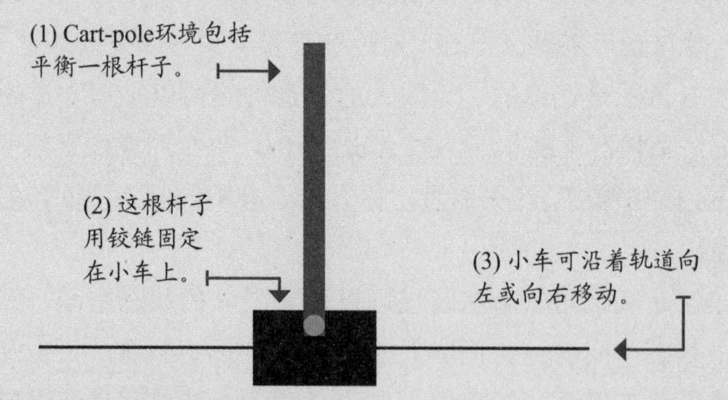

其状态空间由四个变量组成。

- 小车在轨道(x 轴)上的位置 (-2.4 ～ 2.4)。
- 小车沿轨道(x 轴)的速度(负无穷至正无穷)。
- 杆子角度(-40° ～ 40°)。
- 杆子尖端速度 (负无穷至正无穷)。

每个状态下都有两个可用的动作：

- 动作 0 对小车施加 -1 的力(向左推)。
- 动作 1 对小车施加 +1 的力(向右推)。

到达终端状态的前提条件：

- 杆子的角度与垂直位置的距离大于 12°。
- 小车中心与国道中心的距离超过 2.4个单位。
- 每一迭代的计数达到 500 个时间步(随时间递增)。

奖励功能是：

- 每个时间步 +1。

8.2.3 使用函数逼近有很多优点

你已经明白在高维或连续状态的空间环境中，没有不使用函数逼近的原因。在前面的章节中，我们讨论了规划和强化学习算法。所有这些方法均使用表格表示值函数。

知识回顾

价值迭代和Q学习等算法使用表格表示值函数

价值迭代是一种通过计算最优状态-值函数 v^*，将 MDP 引入并推导出该 MDP 最优策略的方法。要做到这一点，价值迭代需要通过多次迭代，跟踪状态-值变化函数 v。在价值迭代中，状态-值函数估计值表示为由状态索引的值向量。该向量存储于查找表中，用于查询和更新估计值。

状态–值函数

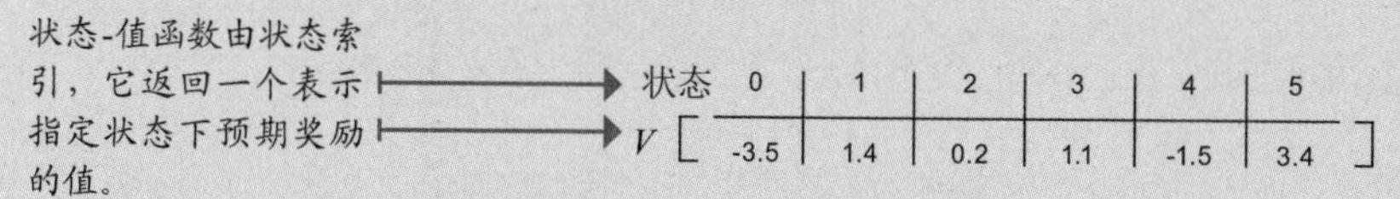

Q 学习算法不需要 MDP，也不使用状态-值函数。相反，在 Q 学习中，我们估计最优动作-值函数 q^* 的值。动作-值函数不是向量，而用矩阵表示。这些矩阵是按状态和动作索引的 2D 表格。

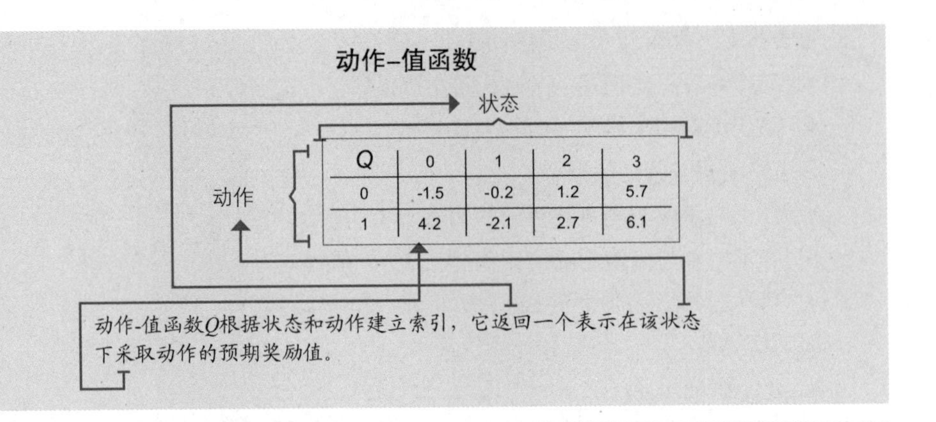

总结

函数逼近可以提高算法的效率

在 Cart-pole 环境中，我们希望使用泛化，因为它能更有效地应用经验。使用函数逼近，智能体可以用更少的数据更快地学习和利用模式。

适用函数逼近与不适用函数逼近的状态–值函数

(1) 考虑一下这个状态-值函数。 $V = [-2.5, -1.1, 0.7, 3.2, 7.6]$

(2) 不使用函数逼近的情况下，每个值都是独立的。

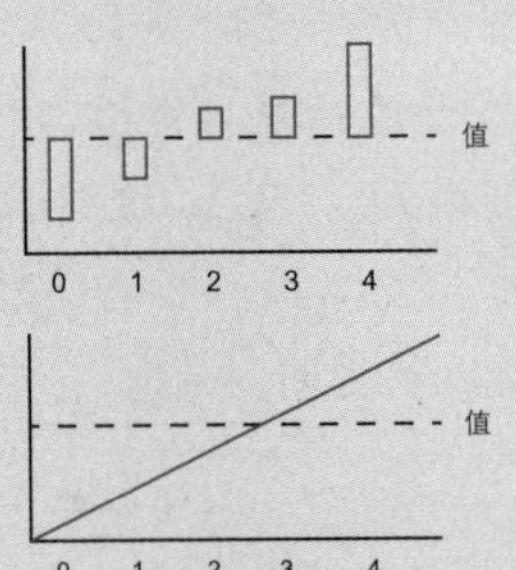

(3) 使用函数逼近时，可以学习和利用状态的潜在关系。

(4) 如果你在一次更新后考虑这些图表，使用函数逼近的优势就很明显了。

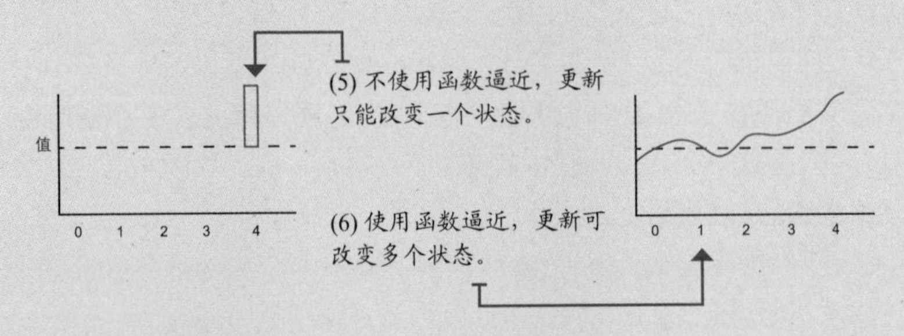

(7) 当然，这是一个简化的例子，但它有助于说明发生了什么。
在“真实”例子中会有什么不同呢?
首先，如果我们逼近一个动作-值函数Q，就不得不添加另一个维度。
此外，使用一个非线性函数逼近器(如神经网络)，就可以发现更多复杂的关系。

虽然价值迭代和 Q 学习无法用抽样反馈去解决问题，使得它们不切实际，但缺乏泛化使它们效率低下。我们可以找到在连续变量状态环境中使用表格的方法，但要为此付出代价。例如，离散值确实可使表格成为可能。但即使我们能设计出一种使用表格和存储值函数的方法，也会错过泛化的好处。

例如，在 Cart-pole 环境中，函数逼近可帮助智能体学习 x 距离中的关系。智能体很可能会学习到距中心 2.35 个单位比距 2.2 个单位更危险一点。我们知道 x 边界是 2.4 个单位。这一使用泛化的附加原因不容小觑。值函数通常有潜在的关系使得智能体可以学习和利用。函数逼近值(如神经网络)可以发现这些潜在的关系。

总结

使用函数逼近的原因

我们使用函数逼近的动机不仅是为了解决其他方法无法解决的问题，也是为了更有效地解决问题。

8.3 NFQ：对基于价值的深入强化学习的第一次尝试

下面的算法被称为神经拟合 Q(NFQ) 迭代，它可能是首先成功地利用神经网络作为函数逼近来求解强化学习问题的算法之一。

在本章的其余部分，将讨论几个深度强化学习算法中最具价值的组成部分。应当将这当成一个机会去决定可用的不同部分。例如，当引入使用 NFQ 的损失函数时，将讨论一些备选方案。我的选择不一定是这个算法最初被引入时的选择。同样，当我选择一种优化方法时，无论是均方根传播(RMSprop)还是自适应矩估计 (Adam)，都会给出使用这些方法的原因，但更重要的是，会给出一个背景，这样你可以选择你认为合适的。

我的目标不仅是讲授这个特定的算法，更重要的是去展示不同之处，你可以尝试不同的东西。许多 RL 算法都有这种“即插即用”的感觉，所以要注意。

8.3.1 第1个决策点：选择逼近一个值函数

用神经网络来逼近值函数可以采用很多不同的方法。首先，我们可以逼近很多不同的值函数。

知识回顾

值函数

目前已学习了以下值函数：

- 状态-值函数 $v(s)$
- 动作-值函数 $q(s, a)$
- 动作-优势函数 $a(s, a)$

你可能记得状态-值函数 $v(s)$，尽管对于很多目的都很有用，但单靠它还不足以解决控制问题。找到 $v(s)$ 可以帮助你了解到从 s 状态以及使用 π 策略后可获得的预期总折现奖励的数目。但要确定对 V 函数采取何种动作，还需要该环境的MDP，这样你就可提前一步，并在选择每个动作后考虑所有可能的区间。

你可能还记得，动作-值函数 $q(s, a)$ 允许我们解决控制问题，这与我们解决Cart-pole环境所需的更加相似。在Cart-pole环境中，我们想了解所有状态下的动作-值，以通过控制小车来平衡极点。如果我们有状态-动作对的值，就可以区分引导获得信息的探索动作，或引导将预期回报最大化的贪婪动作。

我也想让你注意到，我们想要估算的是最优动作-值函数，而不仅是一种动作-值函数。然而，正如我们在广义策略中学到的迭代模式，可以使用贪婪策略进行策略学习并直接估计它的值，或者可以进行异策学习，且总是估算当前估计值的贪婪策略，这将成为最优策略。

最后，还学习了动作-优势函数 $a(s, a)$，它可以帮助我们区分不同动作的值，也可以让我们很容易地看到一个动作比一般动作高出多少。

我们将在接下来的几章中学习如何使用 $v(s)$ 和 $a(s)$ 函数。现在，让我们着手估计动作-值函数 $q(s, a)$，就像 Q 学习一样。我们将近似的动作-值函数姑且称为 $Q(s, a; \theta)$，这意味着 Q 估算由神经网络的权值 θ、状态 s 和动作 a 参数化。

8.3.2 第2个决策点：选择神经网络体系结构

我们着手学习近似的动作-值函数 $Q(s, a; \theta)$。尽管我建议函数应该由 θ、s 和 a 作为参数，但情况不一定是这样的。我们讨论的下一部分是神经网络体系结构。

状态–动作输入，值输出体系结构

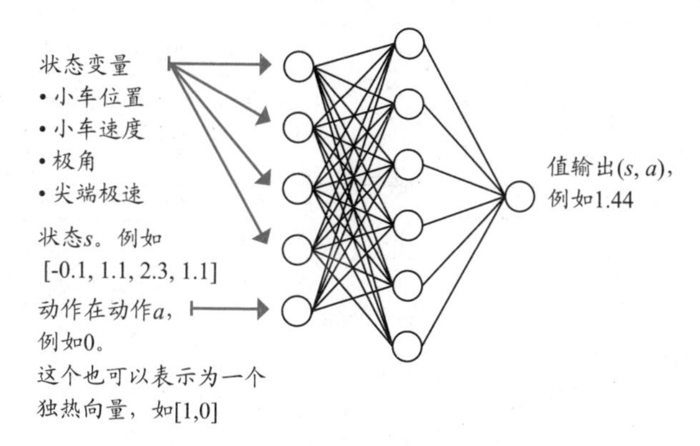

状态–动作输入，值输出体系结构

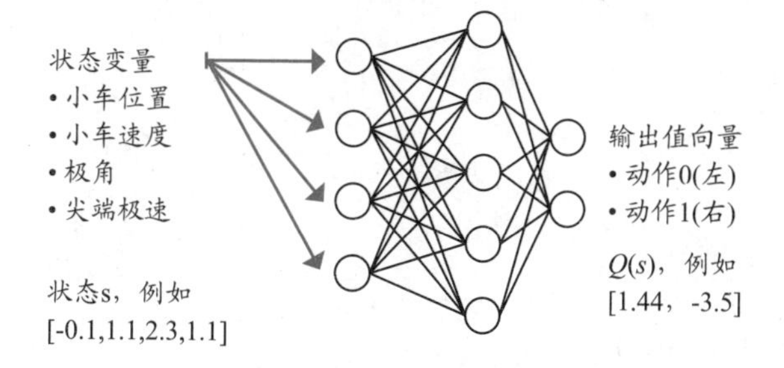

当我们执行 Q 学习智能体时，你注意到持有动作-值函数的矩阵是如何按照状态动作对进行索引的。一个直接的神经网络工作架构是输入状态(四个 Cart-pole 环境中的状态变量)以及评估的动作。输出的将是一个代表该状态-动作对 Q 值的节点。

这种体系结构将非常适用于 Cart-pole 环境。但一个更高效的架构只需要将状态(Cart-pole 环境中四个) 输入神经网络中以及输出该状态下所有动作的 Q 值(Cart-pole 环境中两个)。这在使用 ε 贪婪算法或 softmax 等探索策略时显然是有利的，因为只需要做一次传递就能获得任何给定状态的所有动作-值，从而实现较高的性能，在具有大量动作的环境中更是如此。

在实现 NFQ 时，我们使用 state-in-values-out 体系结构，即 Cart-pole 环境的四个输入节点和两个输出节点。

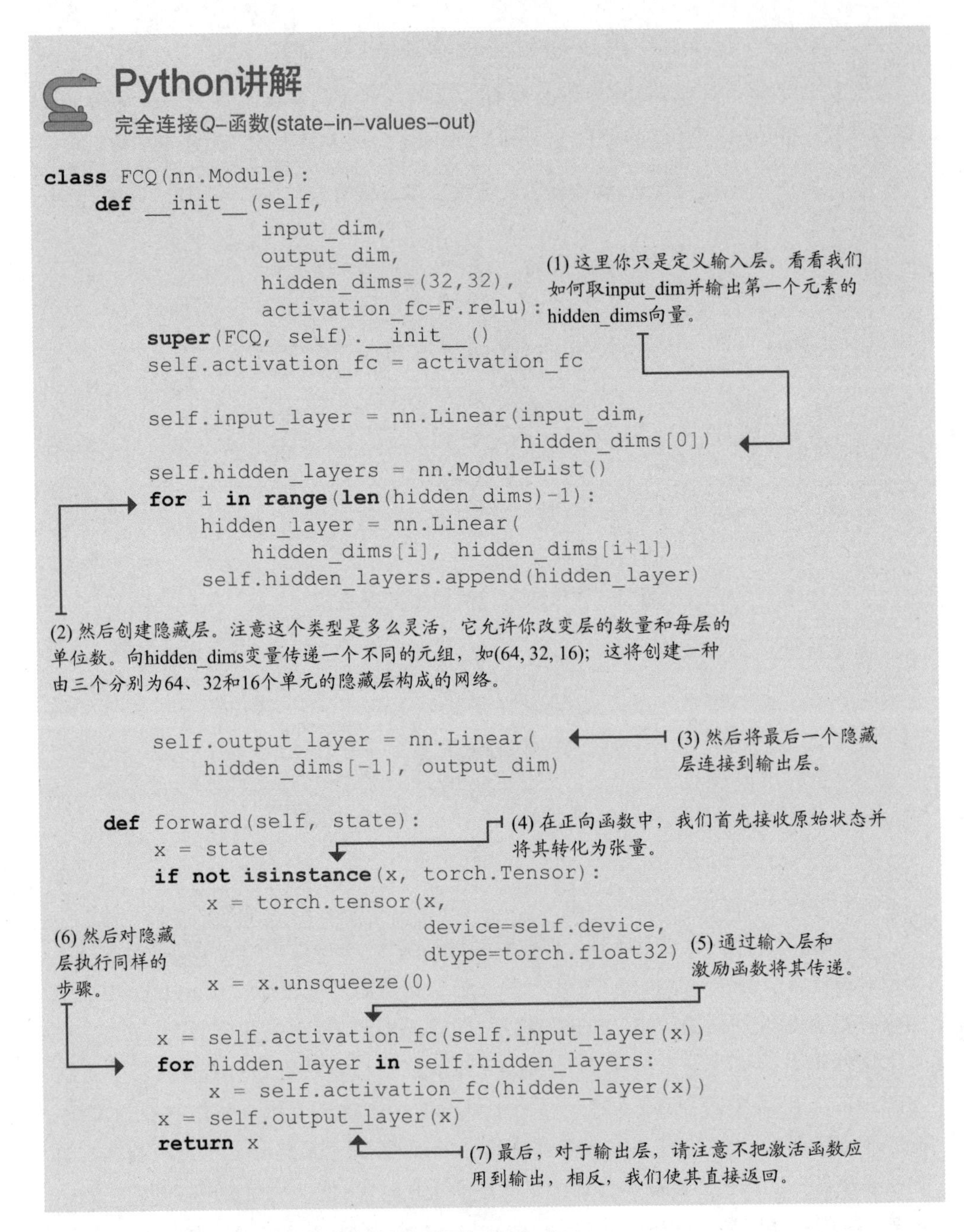

Python讲解

完全连接Q-函数(state-in-values-out)

```
class FCQ(nn.Module):
    def __init__(self,
                 input_dim,
                 output_dim,
                 hidden_dims=(32,32),
                 activation_fc=F.relu):
        super(FCQ, self).__init__()
        self.activation_fc = activation_fc

        self.input_layer = nn.Linear(input_dim,
                                     hidden_dims[0])
        self.hidden_layers = nn.ModuleList()
        for i in range(len(hidden_dims)-1):
            hidden_layer = nn.Linear(
                hidden_dims[i], hidden_dims[i+1])
            self.hidden_layers.append(hidden_layer)
```

(1) 这里你只是定义输入层。看看我们如何取input_dim并输出第一个元素的hidden_dims向量。

(2) 然后创建隐藏层。注意这个类型是多么灵活，它允许你改变层的数量和每层的单位数。向hidden_dims变量传递一个不同的元组，如(64, 32, 16)；这将创建一种由三个分别为64、32和16个单元的隐藏层构成的网络。

```
        self.output_layer = nn.Linear(
            hidden_dims[-1], output_dim)
```

(3) 然后将最后一个隐藏层连接到输出层。

```
    def forward(self, state):
        x = state
        if not isinstance(x, torch.Tensor):
            x = torch.tensor(x,
                             device=self.device,
                             dtype=torch.float32)
            x = x.unsqueeze(0)
        x = self.activation_fc(self.input_layer(x))
        for hidden_layer in self.hidden_layers:
            x = self.activation_fc(hidden_layer(x))
        x = self.output_layer(x)
        return x
```

(4) 在正向函数中，我们首先接收原始状态并将其转化为张量。

(5) 通过输入层和激励函数将其传递。

(6) 然后对隐藏层执行同样的步骤。

(7) 最后，对于输出层，请注意不把激活函数应用到输出，相反，我们使其直接返回。

8.3.4 第3个决策点：选择要优化的内容

让我们暂时假设，Cart-pole 环境是一个监督学习问题。假设你有一个以状态作为输入、以值函数作为标签的数据集。你希望使用哪个值函数作为标签？

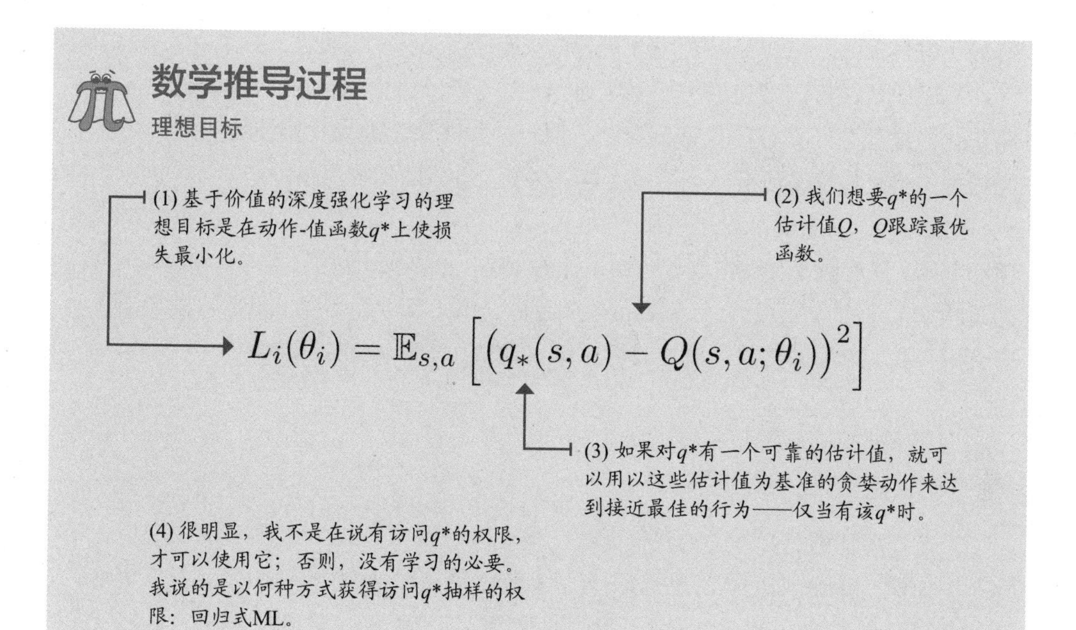

当然，学习最佳动作-值函数的理想标签是状态-动作输入对中的相应最佳 Q 值(注意，小写的 q 指的是真值；大写字母通常用于表示估计)。如你所知，这正是最优动作-值函数 $q^*(s, a)$所代表的。

如果拥有最优动作-值函数，我们会使用它，但如果可以对最优行为值函数进行抽样，就可将近似值和最优动作-值函数两者之间的损失降至最低。

我们追求的是最优动作-值函数。

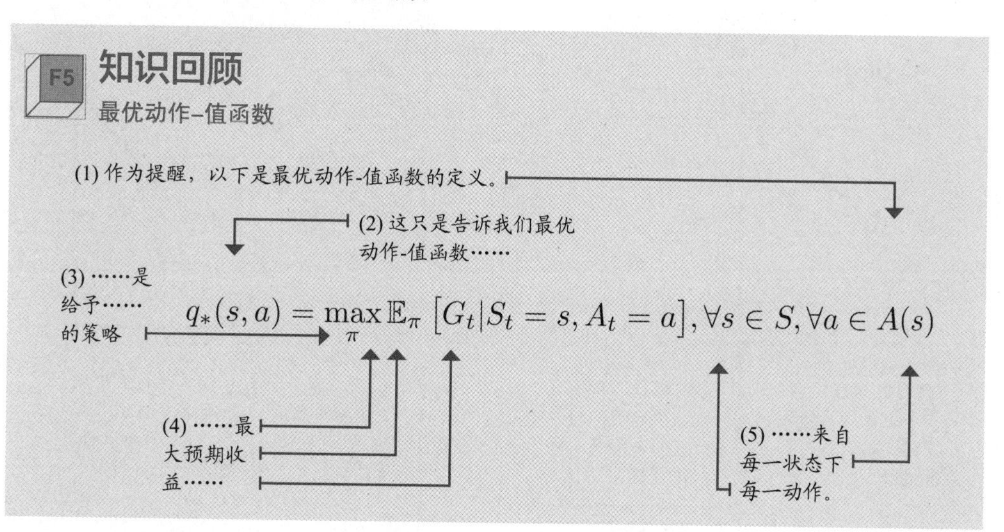

但为什么这是一个不可能实现的梦想呢？可见原因在于我们没有最优的动作-值函数 $q^*(s, a)$，但除此之外，我们甚至无法对这些最优函数进行抽样，因为我们也没

有最优策略。

幸运的是，我们可使用在广义策略迭代中学到的相同原则，即在策略评估和策略优化的过程之间交替寻找好的策略。但正如你所知，因为我们使用的是非线性函数逼近，因此收敛保证不再存在。这是“深度”世界的狂野西部。

对于NFQ的实现，可采用以下做法。从一个随机初始化的动作-值函数和隐式策略开始。然后通过对动作进行抽样来评估策略，正如我们在第5章学到的。再之后，通过探索策略(如ε贪婪)进行完善，正如我们在第4章学到那样。最后，继续迭代，直到取得我们想要的结果，就像我们在第6章和第7章学到的那样。

总结

不能使用理想目标

不能使用理想目标，因为我们无法获得最优动作-值函数，甚至没有一个最优策略从中抽样。相反，必须在评估策略(通过从策略中抽样)和优化策略(使用探索策略，如ε贪婪)中交替选择。正如在第6章的通用策略迭代模式中学到的一样。

8.3.5 第4个决策点：为策略评估选择目标

可以有多种方法来评估一项策略。更具体地说，可使用不同的目标来估计一个策略π的动作-值函数。你学到的核心目标分别是蒙特卡罗(MC)目标、时间差异(TD)目标、n步目标，以及λ目标。

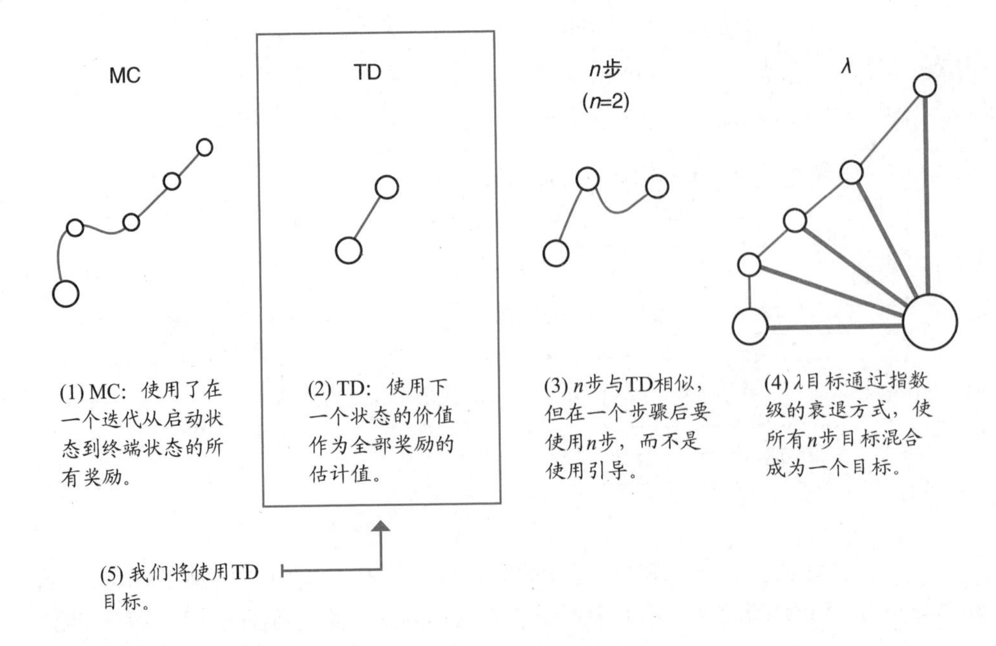

可使用这些目标中的任何一个，并获得可靠结果，但对于 NFQ 实现，我们为保持简单，在实验中使用 TD 目标。

你要记住，TD 目标可以是同策或异策的，这取决于枚举目标的方式。枚举 TD 目标的两种主要方法是采取动作 - 值函数使智能体处于着陆状态，或在下一个状态中使用具有最高估计值的动作 - 值。

通常在文献中，这个目标的同策版本被称为 SARSA 目标，异策版本被称为 Q 学习目标。

数学推导过程

同策TD目标和异策TD目标

(1) 注意，同策和异策目标都会评估一个动作-值函数。

(2) 然而，如果我们要使用同策目标，目标将逼近行为策略；产生行为的策略和被学习的策略是一样的。

$$y_i^{Sarsa} = R_{t+1} + \gamma Q(S_{t+1}, A_{t+1}; \theta_i)$$

$$y_i^{Q-learning} = R_{t+1} + \gamma \max_a Q(S_{t+1}, a; \theta_i)$$

(3) 这对于异策目标来说是不正确的，我们总是逼近贪婪策略，即使策略生成行为并不完全是贪婪的。

在实现 NFQ 的过程中，我们使用与 Q 学习算法中相同的异策 TD 目标。此时，为得到目标函数，需要代入最优动作 - 值函数 $q^*(s, a)$，即通过 Q 学习目标得到的理想目标方程。

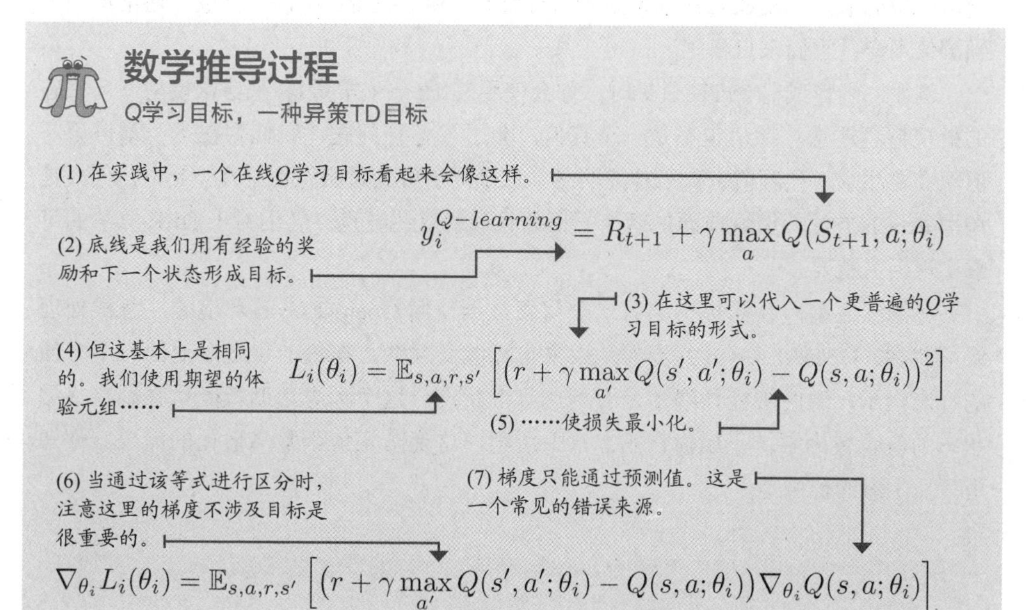

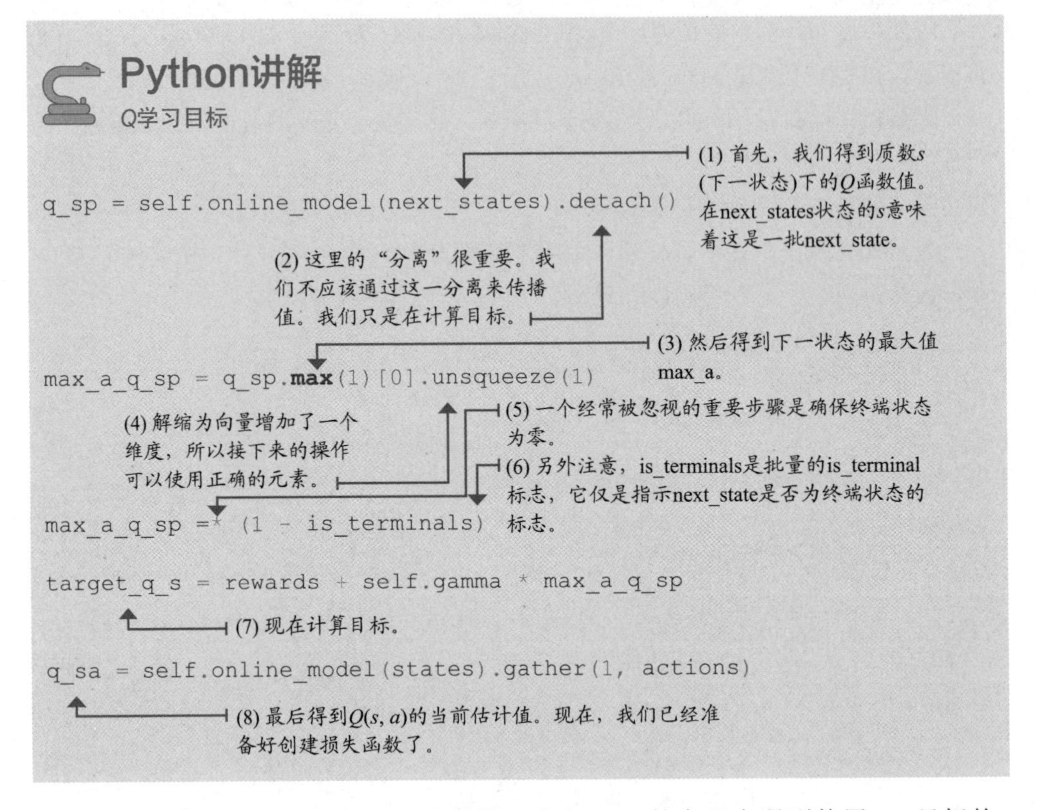

我想请你注意两个问题，不幸的是，我在 DRL 的实现中遇到使用 TD 目标的算法。

首先需要确保只通过预测值进行反向传播。在监督学习中，你已经预测了来自学习模型的值，以及通常是预先提供的常数的真值。在 RL 中，“真值”通常依赖于预测值本身：它们来自模型。

例如，当形成一个 TD 目标时，你会使用奖励(一个常量)和来自该模型下一状态的折现值。注意，该值也不是一个真值，会引起各种问题，我们将在下一章讨论。但现在要注意，预测值来自于神经网络。该预测值应为常数。在 PyTorch 中，你只是调用 detach 方法。请看前面的两个方框并且理解这些要点。它们对于 DRL 算法的可靠实现至关重要。

在继续之前，我想提出的第二个问题是当使用 OpenAI Gym 环境时，怎样处理终端状态。OpenAI Gym 的步骤是用来与环境交互的，在每一步之后返回一个方便的标志指示，表明智能体刚才是否到达终端状态。这个标志帮助智能体强制将终端状态的值设置为零，正如你在第 2 章中所学，这是防止值函数离散化的需要。你知道死后生命的价值是零。

该状态的值是多少

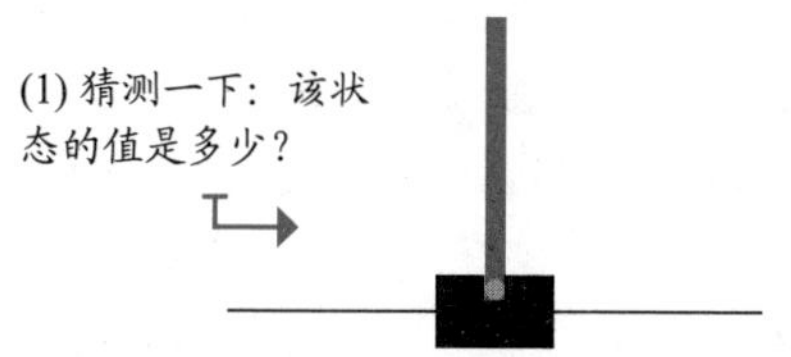

棘手的部分是一些 OpenAI Gym 的环境，例如 Cart-pole 环境，使用一个包装器代码，在一段时间后人为结束一个迭代。在 CartPole-v0 中，时长限制为 200，在 Cartpole-v1 中为 500。这个包装器代码也有助于防止智能体完成一个迭代的时间过长，这可能很有用，也会给你带来麻烦。思考一下：你认为让杆子在 500 时长中直立的值是多少呢？我是说，如果杆子是竖直的，每一步都得到 +1，那么杆子直立的真值就是无穷大的。然而，由于在时长 500 时，智能体超时，并且一个终端标志会传递给智能体，如果你不小心，就会在 0 处启动。这是不好的。这一点我怎么强调都不过分。有几个处理这个问题的方法，下面是两种常见的方法。并不是在 0 处启动，而是按照网络的预测去引导下一个状态的值，如果达到环境的时长限制或在信息字典中找到关键字 TimeLimit.truncated。我来告诉你第二种方法。

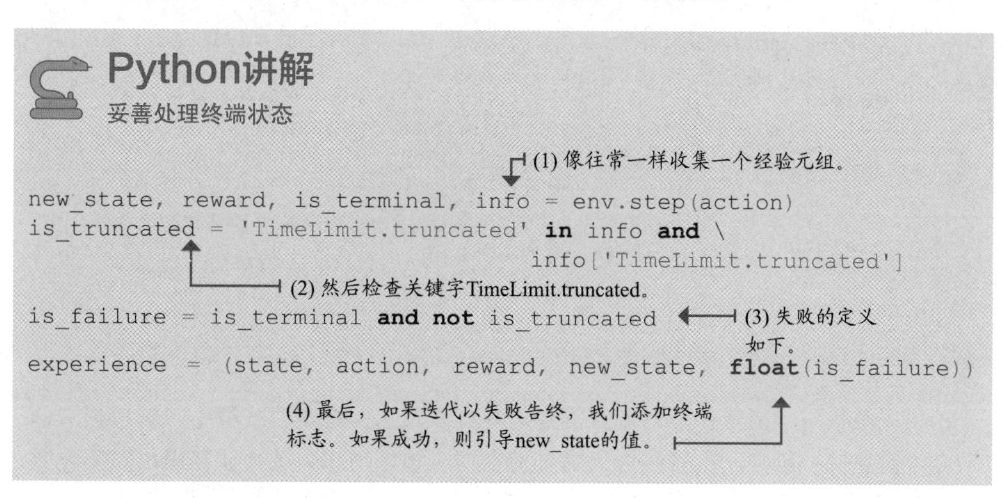


```
new_state, reward, is_terminal, info = env.step(action)
is_truncated = 'TimeLimit.truncated' in info and \
                                    info['TimeLimit.truncated']
is_failure = is_terminal and not is_truncated
experience = (state, action, reward, new_state, float(is_failure))
```

8.3.6 第5个决策点: 选择探索策略

我们需要决定的另一件事是要使用哪些策略改优化骤来满足一般化策略迭代的需求。你从第 6 章和第 7 章中就知道了这一点，在那两章中我们选择了一种策略评估方法，如 MC 或 TD，以及对策略优化方法的解释，如衰减 ε 贪婪策略。

在第 4 章中，我们探讨了多种“探索-利用”方法的权衡，几乎所有方法都可达到很好的效果。但为了使其简单，将在 NFQ 实现上使用 ε 贪婪策略。

但是，我想强调的是，我们正在训练一种异策学习算法。这意味着有两种策略：一种是生成行为的策略(这种情况下是 ε 贪婪策略)，另一种是我们学过的策略，也就是贪婪策略(一种最终最优的策略)。

关于你在第 6 章中学过的异策学习算法，一个有趣的事实是生成行为的策略几乎可以是任何东西。也就是说，只要它具有广泛的支持，便可以是任何东西，这意味着它必须确保对所有状态 - 动作对进行足够的探索。在 NFQ 实现中，我使用了 ε 贪婪策略，该策略在训练时间的 50% 内随机选择一个动作。然而，在评估智能体时，我使用关于学习动作 - 值函数的动作贪婪策略。

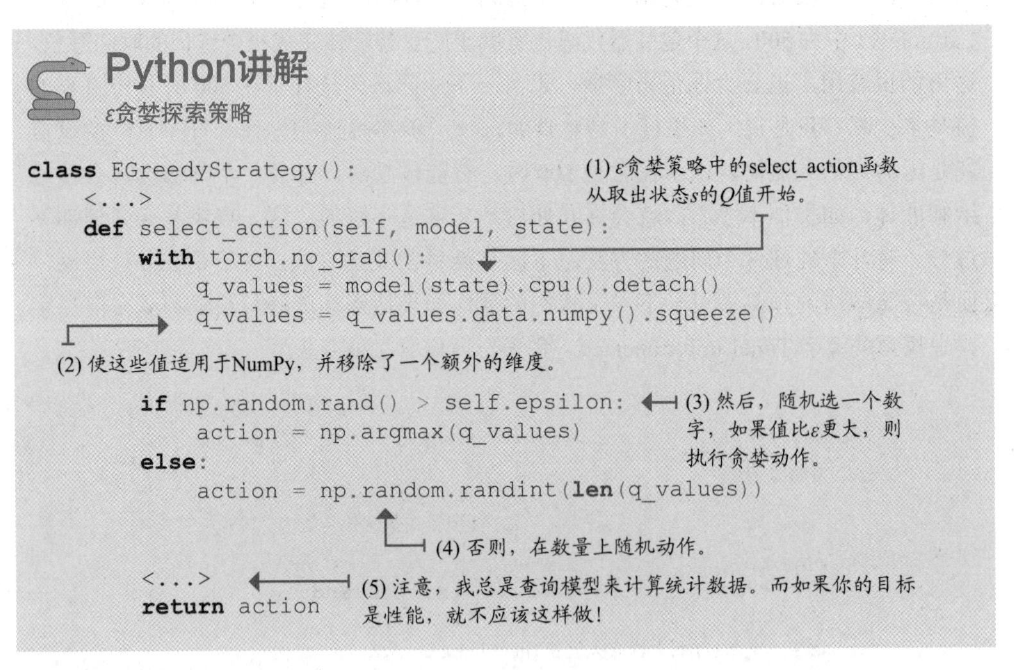

8.3.7　第6个决策点: 选择损失函数

损失函数用于衡量神经网络预测的好坏程度。在监督学习过程中，解释损失函数是更直接的：给定一批预测以及它们对应的真值，用损失函数计算出的距离分数来表示在这批产品中网络的表现如何。

有许多不同的方法来计算这个距离分数，但在本章中，为简单起见，使用了最常见的一个方法：MSE(均方误差，或 L2 损失)。但在此重申一下，强化学习相对于监督学习的一个挑战，就是“真值”使用来自网络的预测值。

MSE(或 L2 损失)被定义为在预测值和真实值之间的平均平方差。在这里，预测值就是直接来自神经网络的动作-值函数的预测值。但真值是 TD 目标，也依赖于来自网络的预测值，即下一个状态的值。

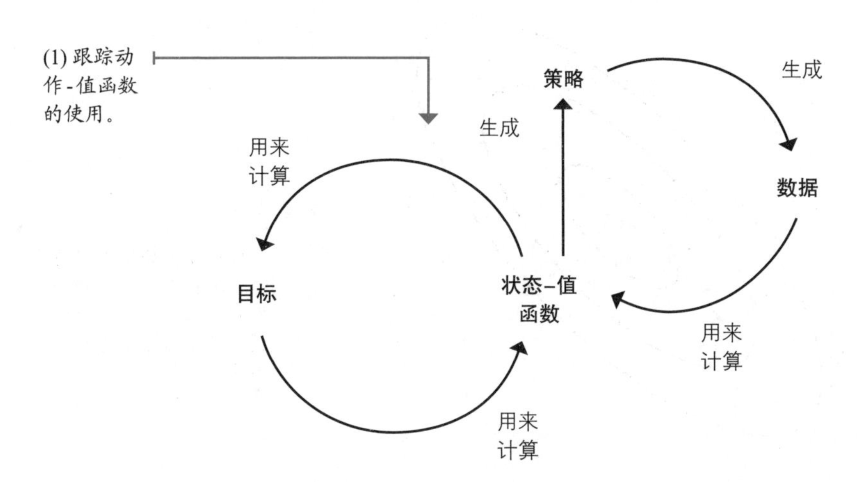

你可能会想，这种循环依赖性是不好的。它表现不好是因为它没有考虑到在监督学习问题中做出的一些假设。稍后将讨论这些假设究竟是什么，并在下一章讨论当我们违反这些假设后出现的一些问题。

8.3.8 第7个决策点: 选择一种最优方法

梯度下降在这两种给定假设下是一种稳定的优化方法：数据必须独立且恒等分布(IID)，并且目标必须是平稳的。然而，在强化学习中，我们不能保证这些假设中的任何一个都成立，所以选择一个稳健的优化方法使损失函数最小化，往往会在收敛和分散之间产生差异。

如果将损失函数想象为具有谷、峰和面的景观，那么一种优化方法就是寻找感兴趣区域的徒步旅行策略，通常是景观的最低点或最高点。

有监督学习中的一种经典优化方法叫作分批梯度下降法。分批梯度下降法一次取整个数据集，计算给定数据集的梯度，并一步步地朝着这个梯度前进。然后，它重复这个循环直到收敛。在景观类比中，这个梯度代表一个告诉我们前进方向的信号。分批梯度下降法并不是研究人员的首选，因为一次处理大量数据集是不现实的。当你有具有数百万个样本的庞大数据集时，分批梯度下降法太慢且不实用。此外，在强化学习中，我们甚至提前缺少数据集，所以分批梯度下降也不是一个实用的方法。

分批梯度下降法

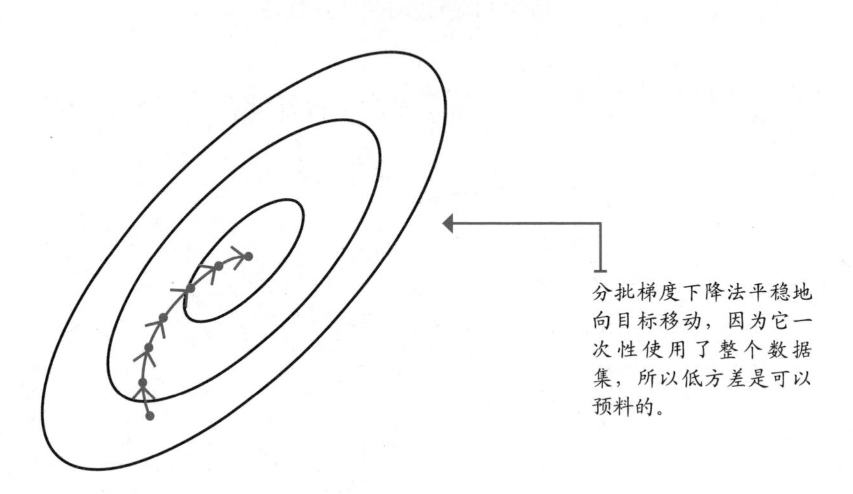

一种能够处理小批量数据的优化方法称为小批量梯度下降法。在小批量梯度下降中，每次只使用一小部分数据。

我们对一小批样本进行处理，找出其损失，反向传播计算这一损失的梯度，然后调整网络的权值，使网络更好地预测小批量产品的值。使用小批量梯度下降，你可以控制小批量样本的大小，允许其处理大数据集。

小批量梯度下降法

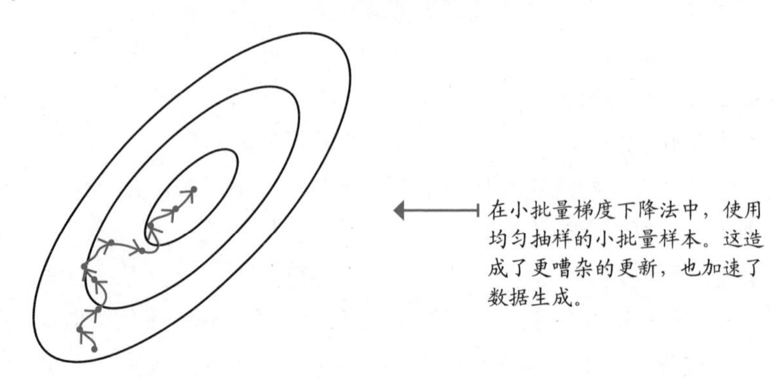

在一个极端，你可将小批处理的大小设置为数据集的大小；这种情况下，你又回到分批梯度下降。在另一个极端，可设置小批量的大小使得每个步骤只需要一个样本。这种情况下，你使用的是随机梯度(stochastic gradient)下降法。

随机梯度下降法

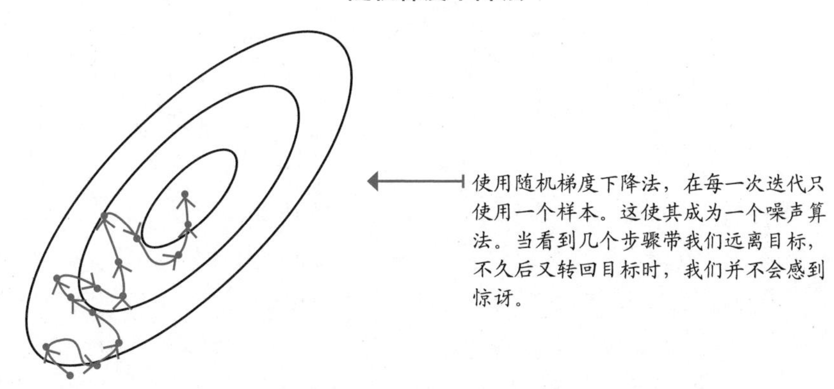

该批次数量越大，优化步骤的方差越小。但如果使用过大的批量，学习速度会大大降低。这两个极端在实践中过于缓慢。出于这些原因，通常会看到数值在 32 到 1024 范围内的小批量处理。

锯齿形式的小批量梯度下降法

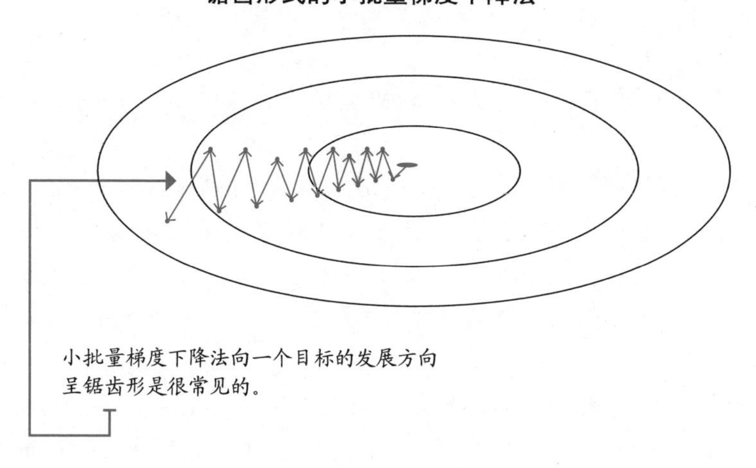

优化梯度下降算法称为带动量梯度下降(gradient descent with momentum)法，或简称为动量(momentum)。该方法在一定平均方向上更新了网络权重，而不是梯度本身。

带动量梯度下降法

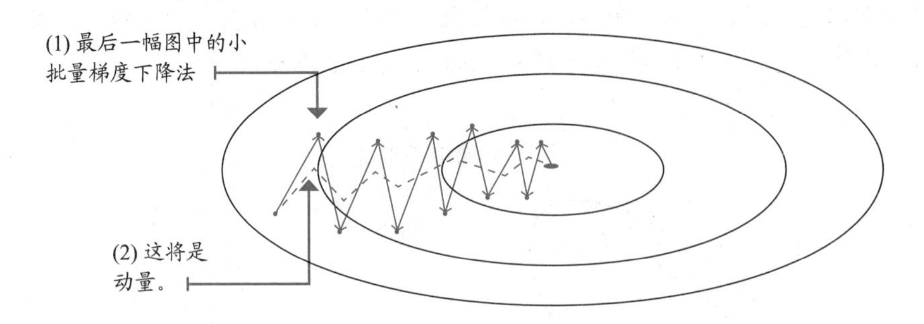

另一种使用动量的方法叫作均方根传播(Root Mean Square propagation，RMSprop)。RMSprop 和动量都能抑制震荡并直接移向目标，但采取的方式不同。

当动量在梯度的移动平均方向上前进时，RMSprop 采用了更安全的方法，将梯度按移动平均值的比例缩放梯度的大小。它通过按比例缩放梯度来减少振荡梯度移动平均值的平方根，或者更简单地说，与近期梯度的平均强度成正比。

米格尔的类比

基于价值的深度强化学习中的优化方法

为使 RMSprop 可视化，考虑一下损失函数表面的陡度变化。如果梯度很高 (如下坡)，表面变成了平坦的山谷，在梯度很小的地方，梯度的移动平均幅度大于最近的梯度；因此减小了步长以防止振荡或过度。

如果梯度很小(例如在一个接近平坦的表面上)，它们就变成显著的梯度(与下坡时一样)，梯度的平均幅度很小，而新梯度大，因此增加了步长，加快了学习。

我想介绍的最后一种优化方法是自适应矩估计(adaptive moment estimation，Adam)。Adam 是 RMSprop 与动量的结合。Adam 方法在梯度速度方向上前进，与在动量中一样。但是，它根据梯度大小的平均移动值按比例缩放更新，就像在 RMSprop 中一样。这些属性使作为一种优化方法的 Adam 比 RMSprop 更激进一些，也不像动量那样咄咄逼人。

在实践中，Adam 和 RMSprop 都是基于价值的深度强化学习方法的明智选择。在前面的章节中，我广泛使用了这两种方法。然而，我更喜欢将 RMSprop 用于基于价值的方法，你很快就会知道原因。RMSprop 稳定且对超参数灵敏度较低，这在基于价值的深度强化学习中尤为重要。

0001 历史小览

NFQ算法介绍

NFQ 于 2005 年由 Martin Riedmiller 在一篇名为 Neural Fitted Q Iteration–First Experiences with a Data Efficient Neural Reinforcement Learning Method 的论文中提出。Martin 在欧洲几所大学当过 13 年教授，而后在谷歌 DeepMind 担任研究科学家。

关于细节

全神经拟合Q–迭代(NFQ)算法

目前，我们已经做出以下选择。

- 逼近动作 - 值函数 $Q(s, a; \theta)$。
- 使用 state-in-values-out 结构(节点：4, 512, 128, 2)。
- 优化动作 - 值函数，以逼近最优动作 - 值函数 $q^*(s, a)$。
- 使用异策 TD 目标 ($r + \gamma^* max\_a'Q(s', a'; \theta)$) 评估策略。
- 使用 ε 贪婪策略(设置 ε 为 0.5) 来优化策略。
- 对损失函数使用均方误差 (MSE)。
- 使用 RMSprop 作为优化器，学习率为 0.0005。

NFQ 有三个主要步骤。

(1) 收集 E 个经验：(s, a, r, s',d) 元组。使用 1024 个样本。

(2) 计算异策 TD 目标：$r + \gamma^* max\_a'\ q(s', a'; \theta)$。

(3) 使用 MSE 和 RMSprop 拟合动作 - 值函数 $Q(s, a; \theta)$。

在回到步骤 (1) 之前，该算法将步骤 (2) 和 (3) 重复 K 次。正是嵌套循环使其拟合。我们将使用 40 个拟合步骤 K。

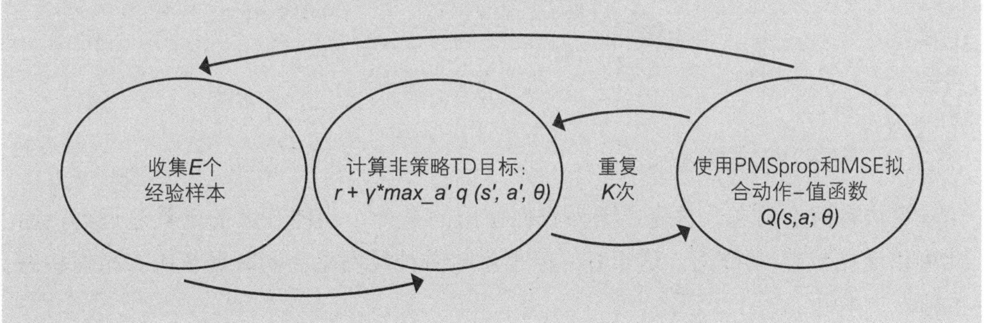

总结

NFQ通过Cart-pole环境

尽管 NFQ 远不是最先进的基于价值的深度强化学习方法，但在一个比较简单的环境(如 Cart-pole) 中，NFQ 展现了其良好性能。

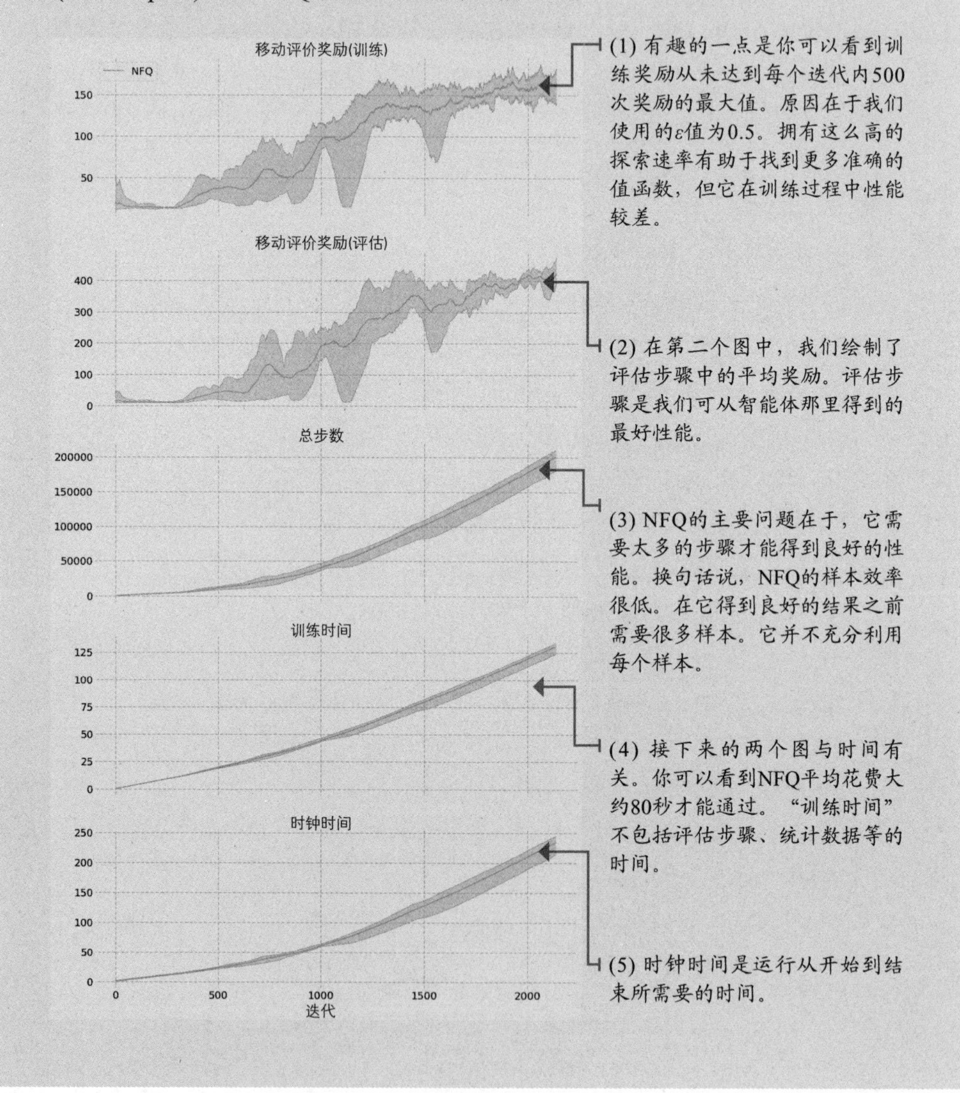

8.3.9 可能出错的事情

算法有两个问题。首先，因为我们使用的是一个功能强大的函数逼近器，因此可以泛化状态-动作对，这很好，但也意味着神经网络会同时调整所有相似状态的值。

目标值取决于下一个状态的目标值，可以安全地假设它与我们首先正在调整的值相似。换句话说，为学习更新创建了一个非平稳的目标。当更新近似 Q 函数的权值时，目标也会移动，使最近的更新过期。因此，训练很快就变得不稳定了。

不稳定的目标

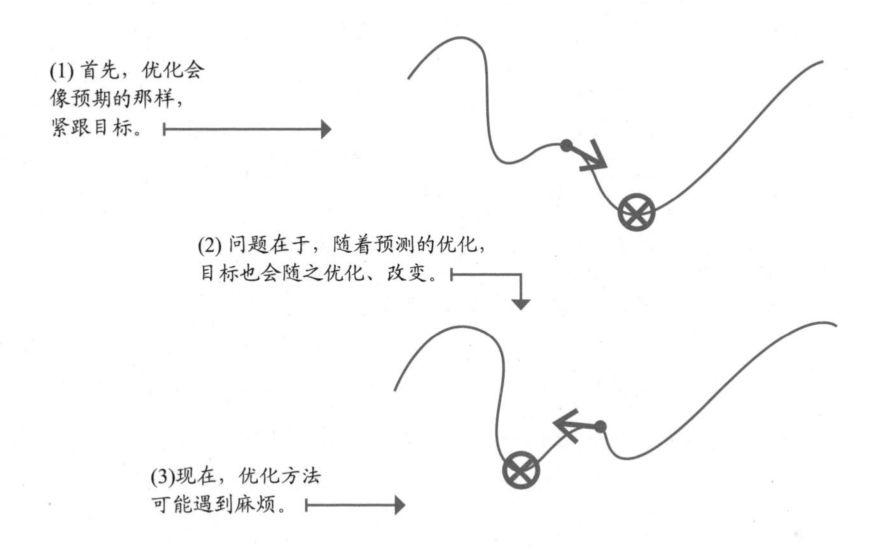

其次，在 NFQ 中，我们分批处理在线收集的 1024 个经验样本，并从这个小批量中更新网络。正如想象的那样，这些样本相互关联，且大多样本都来自于相同的抽样和策略。这意味着网络会从相似的小批量样本中学习，然后使用不同的、内部相关的小批量样本；但可能不同于之前的小批次，主要适用于不同的、较旧的策略收集样本的情况。

所有这些都意味着不支持 IID 假设，这是一个问题，因为优化方法假定用于训练的数据样本是独立且均等分布的。但是训练的样本几乎是完全相反的：我们所用分布下的样本不是独立的，因为一个新状态 s 的结果依赖于现有的状态 s。

而且，样本不是恒等分布的，因为基础数据生成的过程(也就是策略)是随着时间而变化的。这意味着没有固定的数据分布。相反，负责生成数据的策略正在发生变化，并定期优化。每当策略发生改变时，都会收到新的、也可能不同的经验。优化方法允许在一定程度上放宽 IID 假设，但强化学习的问题一直存在，因此我们也要有所行动。

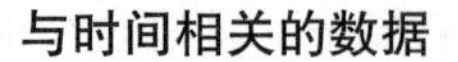

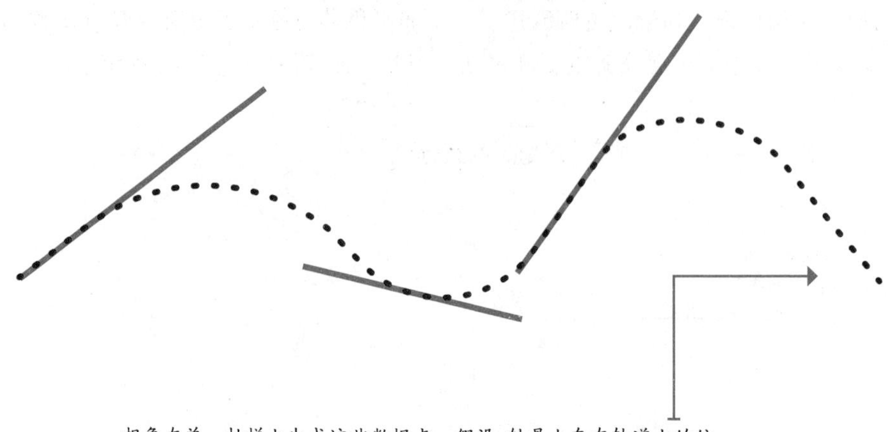

想象在单一抽样上生成这些数据点。假设y轴是小车在轨道上的位置，x轴是迭代的采用量。可看到相邻步长内的数据点会相似的可能性，使函数逼近器可能过拟合该局部区域。

在下一章中，我们将探讨缓解这两个问题的方法。首先使用 DQN(该算法可以说是深度强化学习改革的开端)来优化 NFQ。然后研究过去几年对原始的 DQN 算法提出的诸多改进。还将在下一章讨论双 DQN，然后在第 10 章讨论 DQN 与 PER 之间的竞争。

8.4 小结

在本章中，我们概述了抽样性反馈如何与惯序性和评估反馈性相互作用。同时引入一个简单的深度强化学习智能体(它近似于 Q 函数，在前面的章节中，我们用带有查找表的表格形式来表示)。这一章介绍基于价值的深度强化学习方法。

你学习到高维连续状态和动作空间的区别。前者表示构成单个状态的大量数值；后者提示至少有一个变量可以取无限量的值。你知道决策问题可同时是高维变量和连续变量，这使得非线性函数逼近的使用非常有趣。

你学习到函数逼近不仅有利于估计仅有几个样本值的期望值，也有利于学习状态和动作维度中的潜在关系。通过一个良好的模型，我们可在既未收到样本，又没有运用经验的情况下进行估值。

你已经深入了解了构建深度强化学习智能体时常用的不同组成部分。你知道你可以近似处理不同种类的值函数，从状态-值函数 $v(s)$ 到动作-值函数 $q(s, a)$。也可以用不同的神经网络架构近似处理这些值函数；我们研究了状态-动作对输入、值输出、更有效的状态输入和值输出。你学到了使用与 *Q* 学习相同的目标，使用 TD 目标进行异策控制。有很多种不同的目标可用来训练网络。你了解到探索策略、损失函数和优化方法，了解到深度强化学习智能体中易受损失及所选最优方法的影响，了解到 RMSprop 和 Adam 是优化方法的两个稳定选项。

你学会了将所有组成部分整合成神经拟合 Q-iteration 的算法，了解了在基于价值的深度强化学习方法中经常出现的问题，学习了 IID 假设和目标的平稳性，也知道粗心地处理这两个问题会给我们带来麻烦。

现在，你已经：

- 了解如何在惯序性、评估性以及抽样性反馈中学习。
- 可解决具有连续状态空间的强化学习问题。
- 了解基于价值的 DRL 方法的组成部分和问题。

分享成果

独立学习，分享发现

关于如何在下一阶段运用自己已经学到的知识，我有一些想法。如果愿意，可将成果分享出来，也一定要看看其他人的成果。这是个双赢的机会，希望你能把握住。

- #gdrl_ch08_tf01：在表格强化学习之后，在深度强化学习之前，有一些事情需要我们去探索。有了这个标签，探索并共享状态离散化和 tile 编码技术的结果。结果是什么？还有我们应该知道的其他技巧吗？
- #gdrl_ch08_tf02：我希望你们探索的另一件事是线性函数逼近的使用，而不是深度神经网络。你能告诉我们其他函数逼近方法的比较结果吗？什么方法能带来良好效果？
- #gdrl_ch08_tf03：本章介绍了梯度下降作为本书后续章节使用的最优方法的类型。然而，梯度下降并不是优化神经网络的唯一方法；你知道吗？不管怎样，你都应该去探索其他优化神经网络的方法，从黑盒优化方法(如遗传算法)开始，到其他不太流行的方法结束。分享你的发现，创建一个 Notebook 示例，并分享你的成果。
- #gdrl_ch08_tf04：本章首先介绍通过使用 *Q* 学习来达到函数逼近的方法。与了解一种更好的方法同样重要的是实现最简单、但不能运作的方法。实现最小改变，使 *Q* 学习与神经网络共同运作，正如你在第 6 章所学。测试并分享你的成果。

- #gdrl_ch08_tf05：在每一章中，我们都把最后一个标签(hashtag)定为概括性标签。欢迎用这个标签来讨论与本章有关的其他内容。没有什么任务是比你为自己布置任务更令人兴奋的了。记得分享你的调查内容和结果。

用你的发现发个推特，打上标签 @mimoralea(我会转发)，使用列表里的标签，以便能让感兴趣的人看到你的成果。成果不分对错；你只管分享你的发现，也去检查别人的发现。借此机会进行交流、做出贡献、有所进步。期待你的分享！

以下是推特示范：

你好，@mimoralea。我写了一个博客，列出研究深度强化学习的资源。可单击<link>.#gdrl_ch01_tf01。

我保证会转发，以便别人找到你的成果。

第9章 更稳定的基于价值方法

本章内容：

- 对前几章学过的方法进行优化，使其更加稳定，不易分散。
- 探索高级的、基于价值的深度强化学习方法，以及优化基于价值的方法的组成部分。
- 用更少的样本处理 Cart-pole 环境，并得到更可靠、更一致的结果。

“你的脚步要缓慢稳当，免得跌倒。”

——德川家康

日本德川幕府的创始人和第一位掌门人、

日本三大统一者之一

在上一章中，你学习了基于价值的深度强化学习。我们开发的 NFQ 算法可解决基于价值的方法面临的两大常见问题。RL 中的数据不是独立的，经验依赖于生成它们的策略。它们不是恒等分布的，因为策略在整个训练过程中发生了变化。我们使用的目标也不是平稳的。优化方法需要固定目标来实现稳健性。在监督学习中很容易看到这一点。我们有一个预先制作且使用标签作为常量的数据集，优化方法是使用这些固定目标随机逼近基础数据生成的函数。另一方面，在 RL 中，TD 目标等使用奖励和来自着陆状态的贴现预测回报作为目标。但这个预测回报来自于我们正在优化的网络，该网络随着我们每次执行优化步骤改变。这一问题会创建一个移动目标，在训练过程中会导致不稳定性。

NFQ 使用批量处理来解决这一问题。通过批量处理，我们有机会同时优化多个样本。批量越大，收集一套不同经验样本的机会就越多。这在一定程度上解释了 IID 假设。NFQ 通过使用在多个序列优化步骤中相同的小批处理来解决目标需求的平稳性问题。记住，在 NFQ 中，对于每一个 E 迭代，我们将神经网络“拟合”到相同的小批量 K 次。K 使得优化方法朝着目标更稳定地前进。收集一批并将模型拟合与多重迭代类似于我们训练监督学习的方式，其中收集数据集，并为多个迭代进行训练。

NFQ 做得不错，但我们可以做得更好。既然我们知道了问题所在，就可以使用更好的方法解决问题。在这一章中，我们探索的算法能够解决的不仅仅是这些问题，还有其他关于使基于价值的方法更稳定的问题。

9.1 DQN: 使强化学习更像是监督学习

我们在本章中讨论的第一个算法叫作深度 Q 网络 (DQN)。DQN 是最流行的 DRL 算法之一，因为它开启了一系列标志着 RL 历史的研究创新。DQN 首次在 Atari 基准测试中展现出卓越性能，测试中智能体从纯图像的原始像素数据中学习。

多年来，人们对 DQN 的优化提出了建议。虽然最近 DQN 的原始形式不是首选算法，但 DQN 算法在具有最佳性能的 DRL 智能体中仍有一席之地。

9.1.1 基于价值的深度强化学习的普遍问题

我们必须清楚理解两个经常出现在基于价值的深度强化学习中的问题：违反 IID 假设问题，以及目标的平稳性问题。

在监督学习中，我们提前获得了一个完整的数据集。对它进行预处理，洗牌，然后将它分成若干组进行训练。这个过程中的一个关键步骤是对数据集进行洗牌。通过这样做，优化方法可以避免开发过拟合偏差、减少训练过程的方差、加速收敛，并对潜在数据生成过程的更普遍表示进行全面学习。遗憾的是，在强化学习中，数据通常是在线收集的；因此，生成于时间步长 t+1 的经验样本与生成于时间步长 t 的经验样本是相互关联的。此外，由于策略有待优化，它也改变了潜在数据的生成过程的变化，这意味着新数据局部相关且非均匀分布。

总结

非独立恒等分布(IID)数据

第一个问题是不符合数据的 IID 假设。优化方法是在这样的假设下开发的：我们所训练数据集中的样本是独立且恒等分布的。

然而，我们知道样本不是独立的，正相反，它们来自序列，一种时间序列或迭代。时间步长 t+1 的样本依赖于时间步长 t 的样本。样本是彼此相关的，我们无法阻止这种情况的发生；这是在线学习的自然结果。

但样本也不是恒等分布的，原因在于它们依赖于可以生成动作的策略。策略会随着时间的推移而改变，这对我们来说是好事。我们希望策略得到优化。但这也意味着样本的分布(已访问的状态-动作对)将随着我们的不断优化而改变。

此外，在监督学习中，用于训练的目标是数据集上的固定值；它们在整个训练过程中都是固定的。在一般的强化学习中，目标随着网络训练的每一步而移动，在线学习的极端情况下更是如此。在每一个训练更新步骤中，我们优化近似值函数并因此改变函数(可能是整个值函数)的形状。改变值函数意味着目标值也会发生变化，而目标值又会因发生变化而不再有效。因为目标来自网络，甚至在我们使用目标值前，可假设目标至少是无效或有偏差的。

总结

目标的非平稳性

下面对目标的平稳性问题进行描述。这些是我们用来训练网络的目标，但这些目标是通过网络本身计算出来的。因此，函数随着每次更新而变化，进而改变目标。

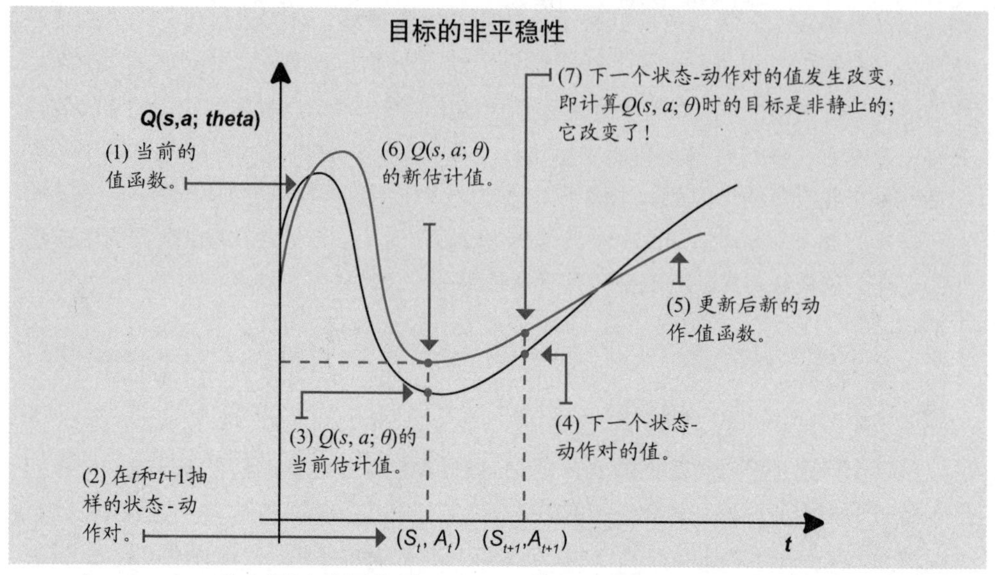

在 NFQ 中，我们通过使用批量处理以及将网络拟合到一个固定的小数据集进行多次迭代来减少这个问题。在 NFQ 中，我们收集小的数据集，计算目标，并在收集更多样本前对网络进行多次优化。对大批量样本进行如此处理后，神经网络的更新由多个点跨函数组成，还可以使更改更稳定。

DQN 是解决这一问题的算法，我们如何使强化学习看起来更像监督学习？考虑一下这个问题，然后想想你可以做出怎样的微调，使得数据符合 IID、目标固定。

9.1.2 使用目标网络

使目标值更平稳的一个简单方法，是拥有一个独立网络，它可以用于修复多个步骤，以及计算更平稳的目标。在 DQN 中具有此目的的网络称为目标网络。

无目标网络的Q函数优化

(1) 起初一切看起来都是正常的。我们只是追逐目标。

(2) 但目标会随着Q函数的优化而移动。

(3) 然后，事情变糟了。

(4) 移动的目标会引起分散。

有目标网络的Q函数逼近

(1) 假设我们将在几个步骤中冻结目标。

(2) 这样，优化器就可以向目标稳步前进。

(3) 我们最终更新锁定目标，并重复步骤。

(4) 这使得算法得以稳步前进。

通过使用目标网络来固定目标，我们可通过人为创造几个小的监督学习问题，按顺序呈现给智能体，从而缓解“追自己尾巴”的问题。固定目标与固定目标网络的步骤数量一致。这会提高收敛机会，但并不能达到最优值，因为最优值不与非线性函数逼近共存，通常是收敛的。但更重要的是，它大大减少了离散的可能性，这种情况在基于价值的深度强化学习方法中极为罕见。

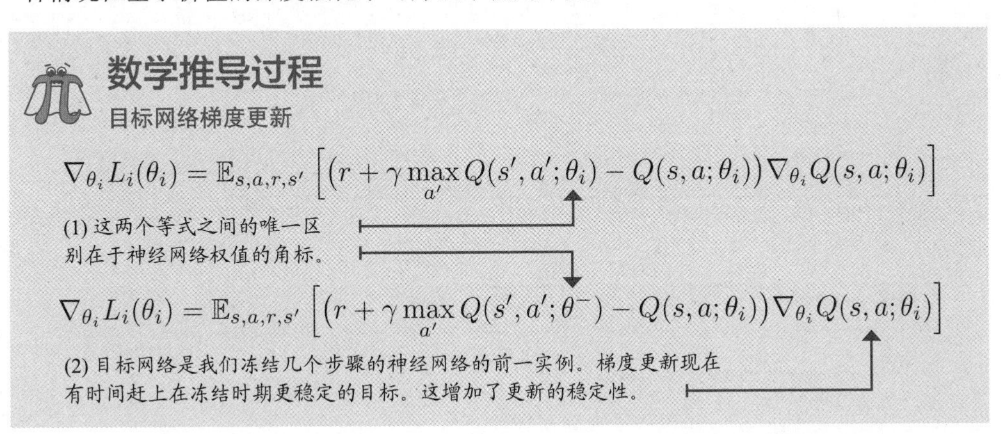

需要注意，实际上我们并没有两个“网络”，而有两个神经网络权值的实例。我们使用相同的模型体系且频繁更新目标网络的权值，使其与在线网络(在每一步骤中优化)权值匹配。但是，其中“频繁”的意思根据问题不同，也有所不同。一次冻结目标网络权值 10 步到 10 000 步是很常见的，这同样取决于问题。这是时间步，不是迭代，注意区分。

如果你用的是卷积神经网络，例如你在 Atari 游戏中学习时使用的方法，那么 10 000 步就是标准。但对于更直接的问题，如 Cart-pole 环境，10 ～ 20 步更合适。

通过使用目标网络，可防止训练过程不断循环，因为我们将目标设置为多个时间步，从而允许在线网络权值在更新改变优化问题之前，始终朝着目标前进，然后一个新的权值便被确定了。通过使用目标网络，我们稳定了训练，但也放慢了学习速度，因为你不再训练最新值；目标网络的冰冻权值每次延迟可多达 10 000 步。平衡稳定性和速度，并调整这个超参数是至关重要的。

Python讲解

DQN中目标网络和在线网络的使用

```
def optimize_model(self, experiences):
    states, actions, rewards, \
        next_states, is_terminals = experiences
    batch_size = len(is_terminals)
                        (1) 注意我们现在是如何查询目标网络，以获
                        得下一个状态的估计值。
    q_sp = self.target_model(next_states).detach()
                        (2) 获取这些值的最大值，并确保正确处理终端
                        状态。
    max_a_q_sp = q_sp.max(1)[0].unsqueeze(1)
    max_a_q_sp *= (1 - is_terminals)
                        (3) 最后，创建TD目标。
    target_q_sa = rewards + self.gamma * max_a_q_sp
                        (4) 查询当前“在线”估计值。
    q_sa = self.online_model(states).gather(1, actions)
                        (5) 使用这些值来创建误差。
    td_error = q_sa - target_q_sa
    value_loss = td_error.pow(2).mul(0.5).mean()
    self.value_optimizer.zero_grad()
    value_loss.backward()                  (6) 计算损失，
    self.value_optimizer.step()            优化在线网络。

def interaction_step(self, state, env):
    action = self.training_strategy.select_action(
                        self.online_model, state)
(7) 注意我们如何使用在线
模型来选择动作。

    new_state, reward, is_terminal, _ = env.step(action)
    <...>
    return new_state, is_terminal

                        (8) 这是目标网络(滞后网络)依据在线
                        网络(最新网络)进行更新的方式。
def update_network(self):
    for target, online in zip(
                    self.target_model.parameters(),
                    self.online_model.parameters()):
        target.data.copy_(online.data)
```

9.1.3 使用更大网络

另一种可在一定程度上减轻非平稳性问题的方法是使用更大的网络。有了更强大的网络，状态之间的细微差异才可能被检测到。较大的网络减少了状态 - 动作对的混叠程度；越强大的网络，其混叠程度越低；混叠程度越低，连续样本之间的相关性就越不明显。所有这些都可使目标值和当前估计值看起来彼此更加独立。

这里的“混叠”指的是两种状态对于神经网络来说看起来相同(或十分相似)的状态，但仍可能需要不同的动作。当网络缺乏代表性力量时可能出现状态混叠的情况。毕竟，神经网络试图找到相似性进行总结；工作就是找到这些相似之处。但是，太小的网络可能使总结出错。网络会专注于简单且易于发现的模式。

使用目标网络的动机之一在于，它们使区分关联状态变得更容易。使用更强大的网络也有助于网络了解细微差别。

但是，更强大的神经网络需要更长时间来训练。它不仅需要更多数据(交互时间)，也需要更多计算(处理时间)。对于减缓非平稳问题，使用目标网络是一种更稳健的方式，但我想让你们知道所有技巧。知道学习智能体的两个技能(网络的规模，目标网络的使用及更新频率)如何交互并以类似方式影响最终表现，对你来说十分有益。

总结

减缓强化学习中非平稳目标的方法

请允许我重申，为减缓非稳定性问题，我们可以这样做：

(1) 创建一个可提供临时固定目标值的目标网络。

(2) 建立足够大的网络，使其能够“看到”相似状态下两者的细微差别(例如那些时间相关的状态)。

目标网络工作良好，并已被证实可多次工作。“更大的网络”的技术更像是一个简单的解决方案，而不是什么被科学证明每次都有效的东西。请随意探索本章的Notebook。你会发现变化值和测试假设非常容易。

9.1.4 使用经验回放

在 NFQ 实验中，我们使用一个数量为 1024 的小批量样本，训练其用于 40 次迭代，交替计算新目标和优化网络。这 1024 个样本与时间相关，因为它们大多数属于同一抽样，并且 Cart-pole 环境中的最大步数是 500。可以使用“经验回放”(experience replay)这一技术来改善这一问题。经验回放由数据结构组成，通常是指回放缓存或回放存储器。它保存了几个经验样本的步骤(远超1024个步骤)，允许对具有经验的小批量进行抽样。回放缓存允许智能体做这两件关键的事情。首先，训练过程可使用更加多样化的小批处理进行更新。其次，智能体不再必须拟合于相同的小批处理以进行多次迭代。对足够大的回放缓存进行抽样会导致目标移动缓慢，因此智能体现在可以较低的离散风险对每个时间步长进行抽样和训练。

0001 历史小览

经验回放简介

林龙吉在发表于1992年的Self-Improving Reactive Agent Based On Reinforcement Learning, Planning and Teaching一文中介绍了经验回放，你没看错，是在1992年，正是神经网络被称为“连接主义”的年代！

从卡内基·梅隆大学获得博士学位后，林博士辗转多个公司从事技术工作。目前，他是西尼菲德的首席科学家，领导着一个研究预测和预防网络诈骗系统的团队。

使用经验回放有很多好处。通过随机抽样，我们增加了在较低程度上更新神经网络的可能性。在NFQ中使用分批处理时，该批次中的大部分样本是相关且相似的。类似样本的更新将变化集中在函数的一个有限区域，这可能导致过分强调更新的规模。然而，如果我们在大批量的缓存中均匀随机抽样，我们对网络的更新可能分布在整个函数，因此更能代表真值函数。

使用回放缓存也使我们认为数据是IID，因此优化方法是稳定的。由于同时从多个迭代甚至策略中取样，样本显示为独立且恒等分布的。

利用存储经验并随后对其进行均匀抽样，我们使数据输入优化方法的过程看起来是独立且恒等分布的。在实践中，回放缓存需要有相当大的容量才能达到最佳性能；根据不同问题，容量可为10 000～1 000 000。一旦达到最大值，就会在插入新经验前排除最老的经验。

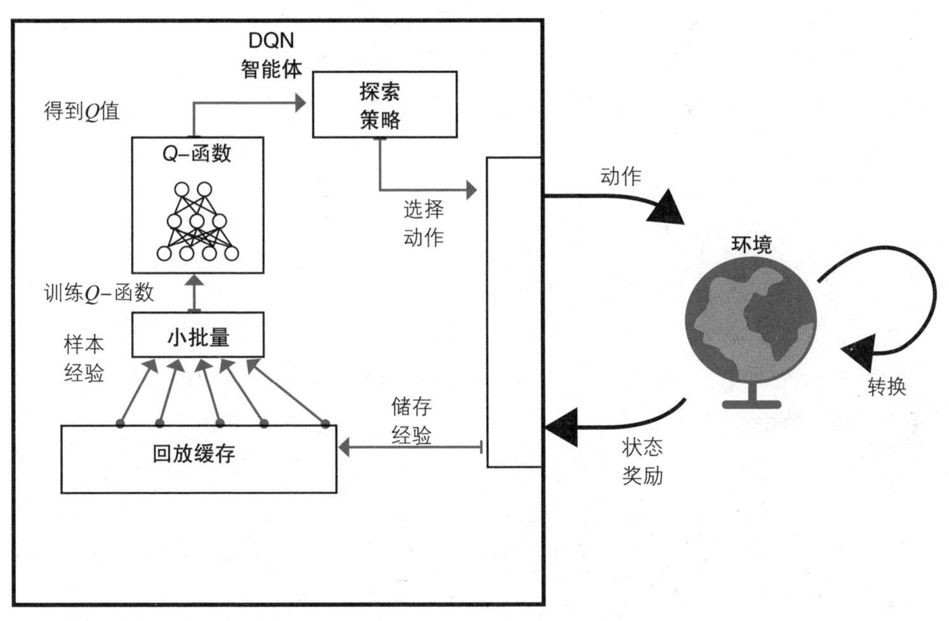

不幸的是，在进行高维观察时执行回放缓存就有些挑战性了，因为执行不佳的回放缓存会使硬件存储器在高维环境中很快受到限制。例如，在基于图像的环境中，每个状态代表四个最新图像帧的堆栈，这对 Atari 游戏很常见，但你自己计算机的存储器可能不足以存储 1 000 000 个经验样本。对于 Cart-pole 环境来说，这并不是个大问题。首先，我们不需要 1 000 000 个样本，而改用 50 000 大小的缓存。但由于状态是用四元向量表示的，所以改善性能并没有那么难。

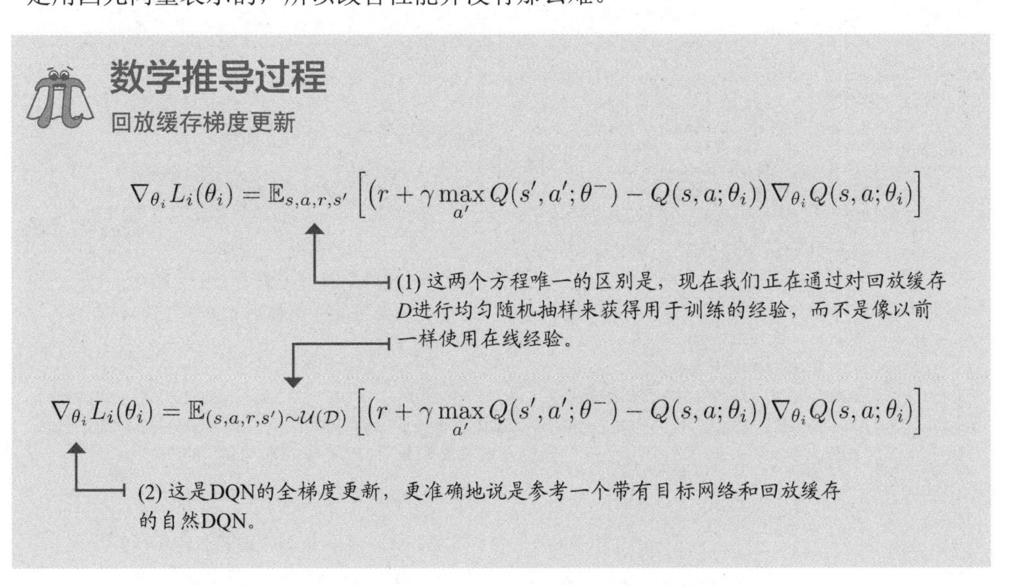

然而，使用回放缓存，使得数据看起来更符合 IID，目标比实际更稳定。通过从均匀抽样的小批量中进行训练，就使得 RL 在线收集的经验看起来更像是带有 IID 数据和固定目标的传统监督学习数据集。当然，随着新样本的添加和旧样本的丢弃，数据仍然在变化，但这些变化发生得很慢，所以它们在某种程度上没有被神经网络和优化器注意到。

总结

经验回放使数据看起来像IID，且目标较为固定

解决数据不是 IID 问题的最佳方案称为经验回放。

这种技术很简单，已存在了几十年：当你的智能体在线收集经验元组 $e_t=(S_t, A_t, R_{t+1}, S_{t+1})$ 时，将其插入一个数据结构，通常指回放缓存 D，如 $D=\{e_1, e_2, \cdots, e_M\}$。$M$ 是返回缓存的规模，通常是 10 000 到 1 000 000 之间的值(视具体问题而定)。

然后，我们训练智能体在缓存中进行小批量抽样，通常是均匀随机抽样，这样每个样本被选择的概率相等。不过，正如下一章中将学到的，你可能使用另一个分布进行抽样。我们将在下一章详细讨论。

Python讲解

一个简单的回放缓存

```
class ReplayBuffer():
    def __init__(self,
                 m_size=50000,
                 batch_size=64):
        self.ss_mem = np.empty(shape=(m_size), dtype=np.ndarray)
        self.as_mem = np.empty(shape=(m_size), dtype=np.ndarray)
          <...>
          self.m_size, self.batch_size = m_size, batch_size
          self._idx, self.size = 0, 0

    def store(self, sample):
          s, a, r, p, d = sample
          self.ss_mem[self._idx] = s
          self.as_mem[self._idx] = a
          <...>

          self._idx += 1
          self._idx = self._idx % self.m_size

          self.size += 1
```

(1) 这是最大默认值为50 000，默认批量处理64个样本的简单回放缓存。

(2) 初始化5个数组来保存状态、动作、奖励、下一状态和完成标志。简洁明了。

(3) 初始化几个变量进行存储和抽样。

(4) 存储一个新样本时，首先展开样本变量，然后将每个数组的元素设置为对应的值。

(5) 为求简洁，再次省略。

(6) _idx指向下一个要修改的索引，因此我们增加它，并确保它在达到最大值(缓存的末尾)后循环回来。

(7) 存储每个新样本时，大小也会增加，但不会回退到0，而是停止增长。

```
        self.size = min(self.size, self.m_size)

    def sample(self, batch_size=None):
        if batch_size == None:
            batch_size = self.batch_size
        idxs = np.random.choice(
            self.size, batch_size, replace=False)
        experiences = np.vstack(self.ss_mem[idxs]), \
                      np.vstack(self.as_mem[idxs]), \
                      np.vstack(self.rs_mem[idxs]), \
                      np.vstack(self.ps_mem[idxs]), \
                      np.vstack(self.ds_mem[idxs])
        return experiences

    def __len__(self):
        return self.size
```

(8)在样本函数中，我们首先确定批量大小。如果没有传递任何其他信息，则使用默认值64。

(9) 从0到size对 batch_size进行抽样。

(10) 然后，使用抽样的id从缓存中提取经验。

(11) 然后返回那些经验。

(12) 这是一个方便的函数，用于在调用len(buffer)时返回缓存的正确大小。

9.1.5 使用其他探索策略

探索是强化学习的一个重要组成部分。在NFQ算法中，我们使用ε贪婪探索策略，它包含概率为ε的随机行为。我们从均匀分布的(0, 1)中抽样一个数字。如果这个数字小于超参数常数(即 epsilon)，则智能体将均匀地随机地选择一个动作(包括贪婪行为)；否则，它就会变得贪婪。

对于 DQN 实验，我在第 9 章的 Notebook 中添加了一些在探索第 4 章时介绍的其他策略，进行改造，应用于神经网络。确保检查所有的 Notebook 并付诸实践。

Python讲解

线性衰减的ε贪婪探索策略

```
class EGreedyLinearStrategy():
    <...>
   def _epsilon_update(self):
      self.epsilon = 1 - self.t / self.max_steps
      self.epsilon = (self.init_epsilon - self.min_epsilon) * \
                           self.epsilon + self.min_epsilon
       self.epsilon = np.clip(self.epsilon,
                              self.min_epsilon,
                              self.init_epsilon)
       self.t += 1
       return self.epsilon

    def select_action(self, model, state):
        self.exploratory_action = False
        with torch.no_grad():
```

(1) 在线性衰减的ε贪婪策略中，我们从一个高的ε值开始，并以线性方式衰减其值。

(2) 我们将ε置于初始值和最小值之间。

(3) 这是一个表示更新次数的变量。

(4) 在select_action方法中，使用一个模型和一个状态。

```
        q_values = model(state).cpu().detach()
        q_values = q_values.data.numpy().squeeze()
    if np.random.rand() > self.epsilon:
        action = np.argmax(q_values)
    else:
        action = np.random.randint(len(q_values))
    self._epsilon_update()
    self.exploratory_action = action != np.argmax(q_values)
    return action
```

(5)出于记录的目的，我总是提取q_values。

(6)从均匀分布中抽取随机数并将其与ε比较。

(7) 如果数值更高，我们使用q_values的选择机制；否则，使用随机动作。

(8) 最后更新ε，设置变量，以方便记录，并返回所选择的动作。

Python讲解

指数衰减的ε贪婪探索策略

```
class EGreedyExpStrategy():
    <...>

    def _epsilon_update(self):
        self.epsilon = max(self.min_epsilon,
                           self.decay_rate * self.epsilon)
        return self.epsilon
    # def _epsilon_update(self):
    #     self.decay_rate = 0.0001
    #     epsilon = self.init_epsilon * np.exp( \
    #                          -self.decay_rate * self.t)
    #     epsilon = max(epsilon, self.min_epsilon)
    #     self.t += 1
    #     return epsilon

    def select_action(self, model, state):
        self.exploratory_action = False
        with torch.no_grad():
            q_values = model(state).cpu().detach()
            q_values = q_values.data.numpy().squeeze()
        if np.random.rand() > self.epsilon:
            action = np.argmax(q_values)
        else:
            action = np.random.randint(len(q_values))
        self._epsilon_update()
        self.exploratory_action = action != np.argmax(q_values)
        return action
```

(1) 在指数衰减策略中，唯一的区别在于，现在是以指数曲线衰减。

(2) 这是指数衰减的另一种方法，使用指数函数。ε值基本相同，但以不同速率衰减。

(3) 该select_action函数与前面的策略相同。我想强调一点，我每次查询q_values仅仅是因为我在收集要展示给你们的信息。但如果你关心性能，这是一个坏消息。更快的执行只会在确定需要贪婪动作后才会查询网络。

(4) 这里的exploratory_action是一个变量，用于计算每个迭代所采取的探索动作的百分比。仅用于记录信息。

Python讲解

softmax探索策略

```
class SoftMaxStrategy():
    <...>
    def _update_temp(self):
        temp = 1 - self.t / (self.max_steps * self.explore_ratio)
        temp = (self.init_temp - self.min_temp) * \
                                  temp + self.min_temp
```

(1) 在softmax策略中，我们使用了一个temp参数，该参数值越接近0，值的差异就越明显，使得动作选择更贪婪。温度呈线性衰减。

```
        temp = np.clip(temp, self.min_temp, self.init_temp)
        self.t += 1
        return temp
```

(2) 这里，在温度线性衰减后，我们修改其值，以确保它处于可接受的范围内。

```
    def select_action(self, model, state):
        self.exploratory_action = False
        temp = self._update_temp()
        with torch.no_grad():
```

(3) 注意，在softmax策略中，我们确实没有机会避免从模型中提取q_values。毕竟，动作直接依赖于这些值。

```
            q_values = model(state).cpu().detach()
            q_values = q_values.data.numpy().squeeze()
```

(4) 提取值之后，想强调它们的差异(除非temp等于1)。

```
            scaled_qs = q_values/temp
```

(5) 我们将它们规范化，以免在实验操作中发生溢位。

```
            norm_qs = scaled_qs - scaled_qs.max()
            e = np.exp(norm_qs)
            probs = e / np.sum(e)
            assert np.isclose(probs.sum(), 1.0)
```

(6) 计算指数。

(7) 转换为概率。

(8) 最后使用概率来选择一个动作。注意我们是如何将probs变量传递给p函数参数的。

```
        action = np.random.choice(np.arange(len(probs)),
                                  size=1, p=probs)[0]
```

(9) 与之前一样；这种动作是贪婪还是探索？

```
        self.exploratory_action = action != np.argmax(q_values)
        return action
```

关于细节

探索策略对性能有重要影响

(1) 在NFQ中，我们使用了常数为0.5的ε贪婪。是的！一半时间我们进行贪婪动作，剩下的一半时间中，都是随机选择。鉴于这个环境中只有两个动作，选择贪婪动作的实际概率是75%，选择非贪婪动作的概率是25%。请注意，在一个大的动作空间中选择贪婪动作的概率是更小的。在Notebook中，我在“ex 100”条件下输出这个有效概率值，即“在过去100个步骤中探索动作的比率”。

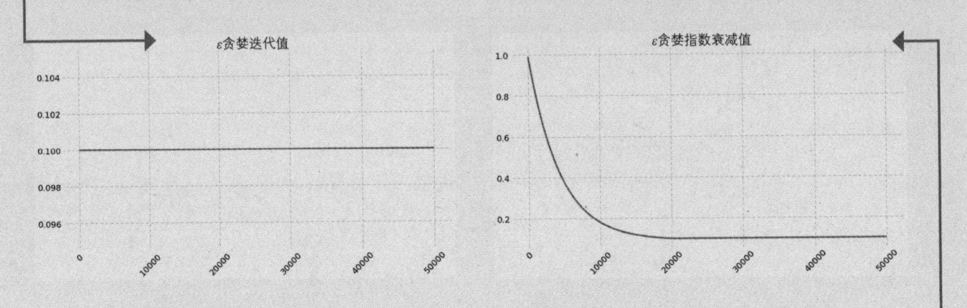

(2) 在本章及后续章节中包含的DQN和其他所有基于价值的算法中，使用指数衰减的ε贪婪策略。我更喜欢这一策略是因为它很简单，而且效果很好。当然还有其他更先进的策略也许值得一试。我注意到，在超参数中，即使是很小的差异对性能也有很大的影响。一定要自己测试一下。

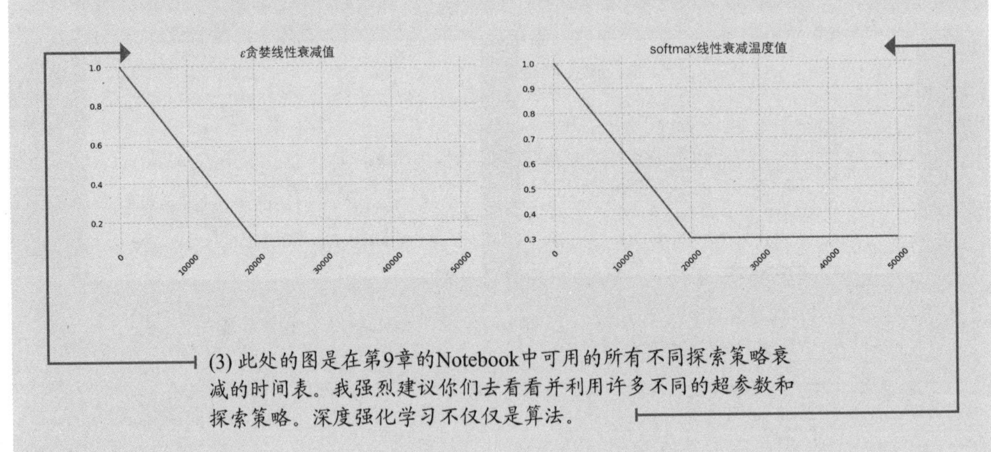

(3) 此处的图是在第9章的Notebook中可用的所有不同探索策略衰减的时间表。我强烈建议你们去看看并利用许多不同的超参数和探索策略。深度强化学习不仅仅是算法。

关于细节
全深度Q网络(DQN)算法

DQN 实现具有类似于 NFQ 的组成部分和设置：

- 逼近动作-值函数 $Q(s, a; \theta)$。
- 使用 state-in-values-out 架构(节点：4, 512, 128, 2)。
- 优化动作-值函数以接近最优动作-值函数 $q^*(s, a)$。
- 使用异策 TD 目标($r + gamma*max\_a'Q(s', a'; \theta)$)来评估策略。
- 对损失函数使用均方误差 (MSE)。
- 使用 RMSprop 作为优化器，学习率为 0.0005。

DQN 实现中的一些差异如下：

- 使用指数衰减的 ε 贪婪策略来优化策略，大约在 20 000 步范围内从 1.0 衰减到 0.3。
- 使用样本为 320 ～ 50 000，小批量为 64 的回放缓存。
- 使用每 15 步更新一次的目标网络。

DQN 主要有三个步骤：

(1) 收集经验($S_t, A_t, R_{t+1}, S_{t+1}, D_{t+1}$)，插入回放缓存。

(2) 从缓存中随机抽样一个小批量，并计算整个批次的异策 TD 目标：$r + gamma*max\_a'Q(s', a'; \theta)$。

(3) 使用 MSE 和 RMSprop 拟合动作-值函数 $Q(s，a；\theta)$。

0001 历史小览
DQN算法简介

DQN 于 2013 年由 Volodymyr Vlad Mnih 在一篇名为 Playing Atari with Deep Reinforcement Learning 的论文中提出。本文介绍了具有经验回放的 DQN。在 2015 年发表了第二篇论文 Human-level control through deep reinforcement learning。第二篇论文引入了添加目标网络的 DQN；你刚学到的就是完整的 DQN 版本。

Vlad 在 Geoffrey Hinton(深度学习之父之一)的指导下获得博士学位，并在谷歌 DeepMind 担任研究科学家。他对 DQN 的贡献得到了认可，并被列入 2017 年麻省理工学院 35 位 35 岁以下创新者名单中。

知识回顾

DQN通过Cart-pole环境

结果中最显著的部分是 NFQ 需要比 DQN 多得多的样本来解决环境问题；DQN 的抽样效率更高，花费的时间近乎相同，包括训练时间(计算时间)和工作时间。

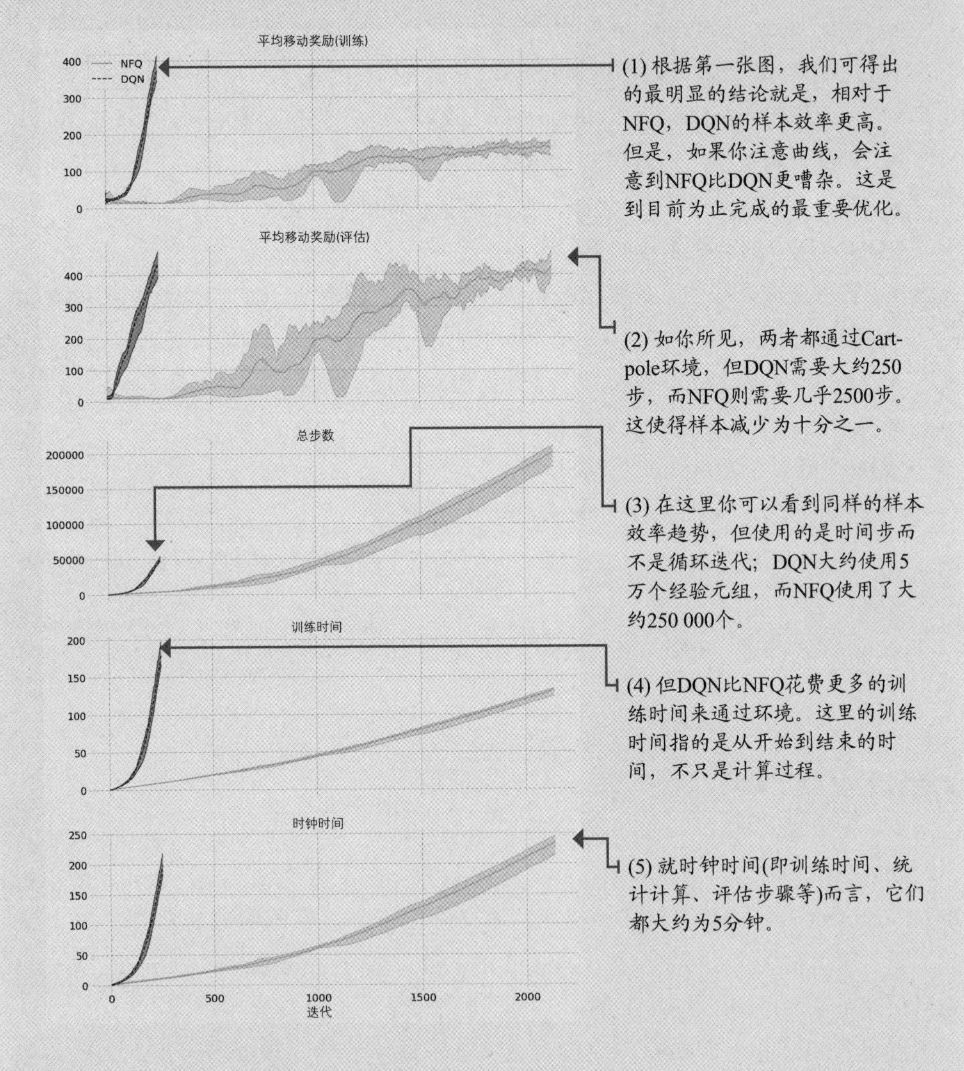

9.2 双重DQN：减少对动作-值函数的高估

在本节中，我们将介绍近年来对 DQN 提出的主要改进之一，即双重深度 Q 网络(Double DQN，或 DDQN)。这种改进包括在 DQN 智能体中添加双重学习。它实现起来很简单，并且产生的智能体始终具有比 DQN 更好的性能。需要做出的改变与应用于 Q 学习来发展双 Q 学习的改变相似，但二者之间也有一些区别，我们需要讨论一下。

9.2.1 高估问题

你可能还记得第 6 章中，Q 学习倾向于高估动作-值函数。我们的 DQN 智能体也不例外；我们使用了相同的异策 TD 目标，毕竟，还有最大运算符。问题的关键很简单：我们取估计值的最大值。估计值经常偏离中心，有些高于真实值，有些低于真实值，但底线是它们偏离了。问题在于我们总是取这些值的最大值，所以倾向于更高的值，即使它们并不正确也是如此。我们的算法显示了正偏差，并且性能也受到影响。

米格尔类比

过度乐观的智能体和人的问题

我以前喜欢积极的“人”，直到我知道了双重 DQN。说真的，假设你遇到一个非常乐观的“人”；我们叫她 DQN。DQN 非常乐观。她在生活中经历了许多事情，从最艰难的失败到最完美的成功。然而，DQN 仍有一个问题，那就是她期待从每一件事情中得到最甜蜜的结果，不管她真正做了多少。这是问题吗？

一天 DQN 去了当地的一家赌场。这是她第一次去，但幸运的 DQN 中了老虎机的头奖。乐观的 DQN 立即调整了自己的值函数。她认为“去赌场是很值得的($Q(s, a)$ 的值应该很高)，因为在赌场你可以玩老虎机(下一个状态 s')，并通过玩老虎机得到头奖 [$max\_a'\ Q(s', a')$]。

但是，这种想法有很多问题。首先，DQN 去赌场不会每次都玩老虎机。她也喜欢尝试新事物(她会探索)，有时会尝试轮盘赌、扑克或 21 点(尝试不同的动作)。有时老虎机区域正在维护中，不可访问(环境将其转移到其他地方)。另外，当 DQN 玩老虎机的时候，大多数时间没有中头彩(环境是随机的)。

9.2.2 将动作选择从动作评估剥离

一种更好地理解正偏差以及我们在使用函数时如何处理函数逼近的方法，是通过在目标计算时展开 max 运算符。Q 函数的最大值与 argmax 动作下的 Q 函数相同。

知识回顾

什么是argmax?

argmax 函数是 maxima 的参数。argmax 动作-值函数，即 argmax Q 函数，$\text{argmax}_a Q(s, a)$是给定状态 s 下动作最大值的索引。

例如，如果动作 0～3 的 $Q(s)$ 值为[-1, 0, -4, -9]，那么 $\max_a Q(s, a)$是 0，这是最大值，$\text{argmax}_a Q(s, a)$是 1，是最大值的索引。

让我们用 max 和 argmax 来分析一下前面的句子。注意，从"Q 学习"到"双重 Q 学习"的变化大致相同，但考虑到我们用的是函数逼近，需要谨慎。起初，这种展开看起来似乎是一个愚蠢的步骤，但它能帮助我们理解如何减轻这个问题。

数学推导过程

展开argmax

$$\nabla_{\theta_i} L_i(\theta_i) = \mathbb{E}_{(s,a,r,s')\sim\mathcal{U}(\mathcal{D})} \left[\left(r + \gamma \max_{a'} Q(s', a'; \theta^-) - Q(s, a; \theta_i) \right) \nabla_{\theta_i} Q(s, a; \theta_i) \right]$$

(1) 这里做的事很愚蠢。看一下这个方框顶部和底部的方程并将它们进行比较。

$$\max_{a'} Q(s', a'; \theta^-) \qquad Q(s', \operatorname*{argmax}_{a'} Q(s', a'; \theta^-); \theta^-)$$

(2) 这两个方程之间没有真正的区别，因为它们都使用了相同的目标Q值。最重要的是，这两者是相同的东西，只是形式不同。

$$\nabla_{\theta_i} L_i(\theta_i) = \mathbb{E}_{(s,a,r,s')\sim\mathcal{U}(\mathcal{D})} \left[\left(r + \gamma Q(s', \operatorname*{argmax}_{a'} Q(s', a'; \theta^-); \theta^-) - Q(s, a; \theta_i) \right) \nabla_{\theta_i} Q(s, a; \theta_i) \right]$$

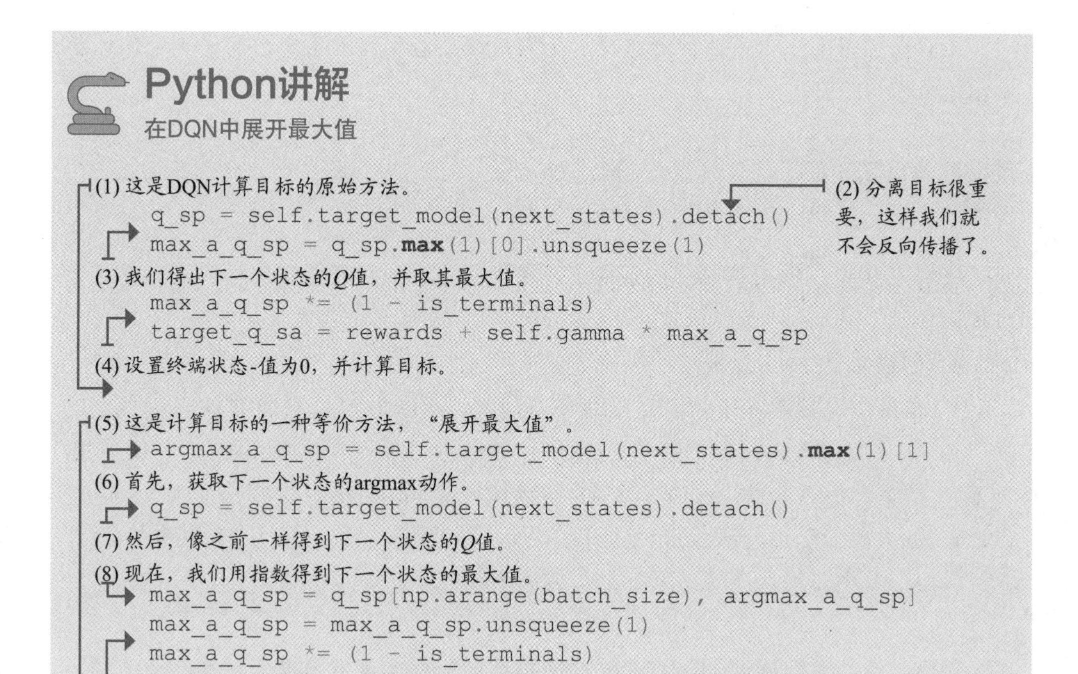

我们在这里说的是，获取最大值 max 就像访问网络“状态 s 中拥有最高值动作的值是什么”。

但实际上，我们是用一个问题来问两个问题。首先执行 argmax，这相当于问，“哪个动作是状态 s 中的最高值动作”。

然后，用这个动作来得到它的值，相当于问，“这个状态 s 中的行为(碰巧是价值最高的行为)的值是多少”。

其中一个问题是我们对同一个 Q 函数提出两个问题，在两个答案中都显示出同一方向的偏见。也就是说，函数逼近器会回答：“我认为这是状态 s 中的最高值动作，这就是它的值。”

9.2.3 一个解决方案

减少正偏差的一种方法是使用两个动作-值函数实例，就像我们在第 6 章中所做的那样。

如果你有估计值的另一个来源，可向一个人问其中一个问题，然后问另一个人另一问题。这有点像投票，或者像“跳过我，你先选”步骤，或像在健康问题上征求第二个医生的意见。

在双重学习中，一个估计器选择它认为是最高值动作的索引，而另一个估计器给出这个动作的值。

知识回顾

双重学习过程

我们在双重 Q 学习智能体的条件下，使用第 6 章中的表格强化学习来完成这一过程。

- 创建两个动作-值函数，Q_A 和 Q_B。
- 掷硬币决定更新哪个动作-值函数。例如，正面为 Q_A，反面为 Q_B。
- 如果掷到正面，则更新 Q_A：你从 Q_B 中选择要评估的动作索引，并使用 Q_A 的估计值对其进行评估。然后，继续像往常一样更新 Q_A，保留 Q_B。
- 如果掷到反面，因此可以更新 Q_B，你可以采用另一种方法：从 Q_A 中获得索引，从 Q_B 中获得估计值。更新 Q_B，保留 Q_A。

然而，使用函数逼近(用于 DQN)像所描述的一样实现双重学习过程，会产生不必要的额外负担。如果这样做，我们最终就有四个网络：两个用于训练网络(Q_A, Q_B)和两个目标网络，每个在线网络各一个。

此外，它会减慢训练过程，因为我们一次只能训练众多网络中的一个。因此，每一步只有一个网络会得到优化。这当然是一种浪费。

用函数逼近器进行重复学习总比什么都不做要好，尽管有额外的开销。幸运的是，可以对原始的双重学习过程进行简单修改，使其适应 DQN，并在没有额外开销的情况下提供大量优化。

9.2.4 一个更实用的解决方案

可通过已经拥有的其他网络(也就是目标网络)执行双重学习，这样就不再添加额外负担从而避免减缓速度。我们不再同时训练在线和目标网络，只继续训练在线网络，但要使用目标网络，在某种意义上交叉验证估计值。

要谨慎选择哪个网络用于动作选择，哪个网络用于动作评估。最初，我们添加了目标网络，通过避免追逐移动目标来稳定训练。要继续这条路径，我们需要确保使用正在训练的网络(在线网络)来回答第一个问题。换句话说，利用在线网络寻找最佳动作的索引。然后，用目标网络提出第二个问题，也就是评估前面选择的动作。

这是在实践中最有效的排序。通过使用目标网络进行值估计，可确保目标值在需要稳定性时被冻结。如果我们用另一种方法来实现，这些值就会来自在线网络。在线网络在每一时间步都会更新，因此会不断变化。

选择动作，评估动作

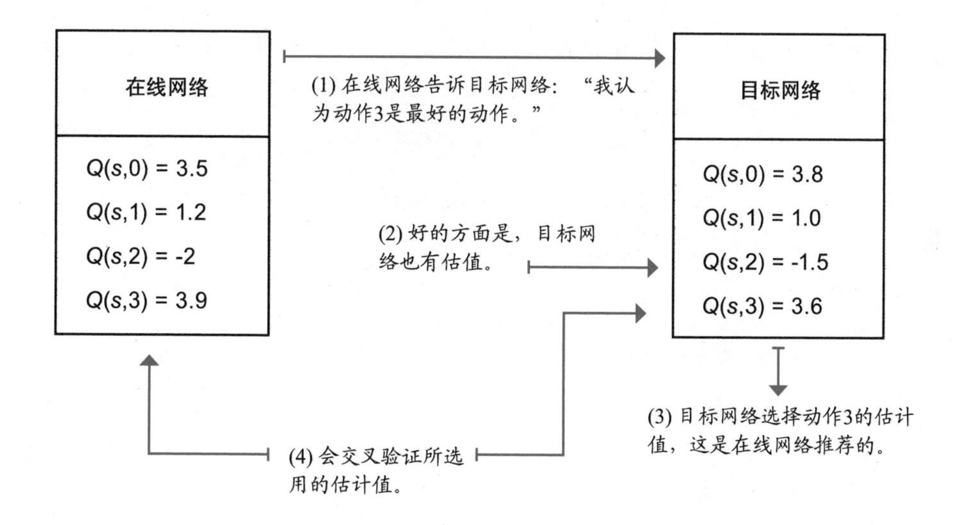

0001 历史小览

双重DQN算法的介绍

2015 版 DQN 发布不久之后，Hado van Hasselt 于 2015 年提出了双重 DQN。2015 版 DQN 有时被称为自然 DQN，因为它发表在《自然》科学期刊上，有时也被称为 vanilla DQN，是多年来诸多改进中的第一个。

2010 年，Hado 还编写了双重 Q 学习算法(双重学习的表格案例)，作为对 Q 学习算法的改进。这是你在第 6 章学习和实现的算法。

双重 DQN 也称为 DDQN，是多年来对 DQN 提出的诸多改进中的第一个。早在 2015 年，DDQN 首次被引入 Atari 领域时，就获得了最先进(当前最好)的结果。

Hado 在荷兰乌得勒支大学获得人工智能(强化学习)博士学位，此后，担任了谷歌 DeepMind 研究科学家。

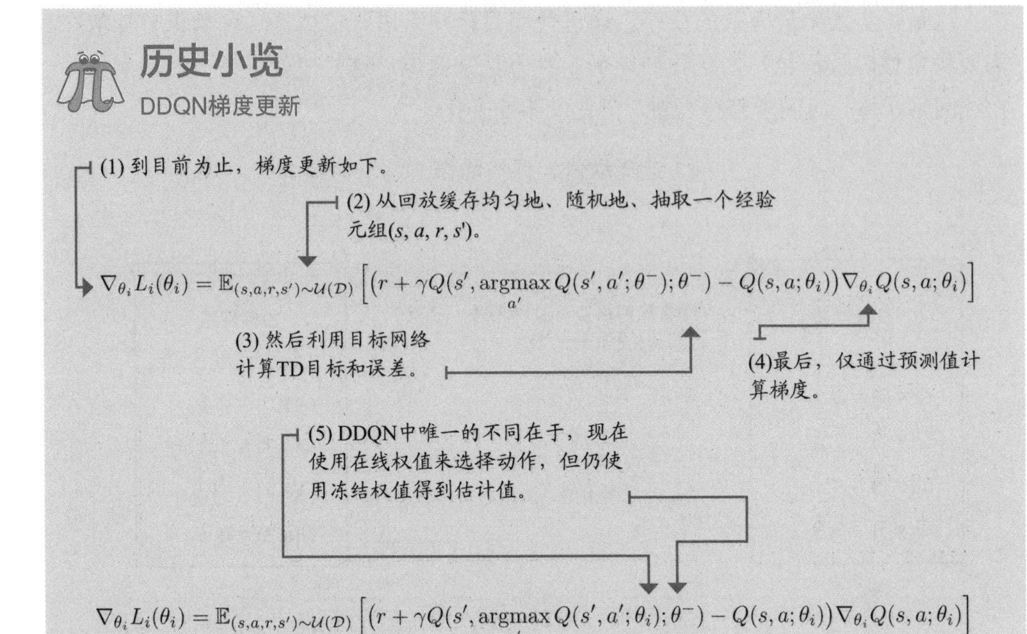

Python讲解

双重DQN

```
def optimize_model(self, experiences):
    states, actions, rewards, \
        next_states, is_terminals = experiences
    batch_size = len(is_terminals)
```

(1) 在双重DQN中，我们使用在线网络来获取下一个状态最高值动作的索引，即argmax。注意我们没有分离argmax，因为它们是不可区分的。max(1)[1]返回max的索引，它已经“分离”了。

```
    #argmax_a_q_sp = self.target_model(next_states).max(1)[1]
    argmax_a_q_sp = self.online_model(next_states).max(1)[1]
```

(2) 然后，根据目标网络提取下一个状态的Q值。

```
    q_sp = self.target_model(next_states).detach()
```

(3) 然后，我们将目标网络提供的Q值与在线网络提供的动作指数进行索引。

```
    max_a_q_sp = q_sp[np.arange(batch_size), argmax_a_q_sp]
```

(4) 然后像往常一样设定目标。

```
    max_a_q_sp = max_a_q_sp.unsqueeze(1)
    max_a_q_sp *= (1 - is_terminals)
    target_q_sa = rewards + (self.gamma * max_a_q_sp)
```

(5) 获得当前的估算值。注意，这是梯度流过的地方。

```
    q_sa = self.online_model(states).gather(1, actions)
    td_error = q_sa - target_q_sa
    value_loss = td_error.pow(2).mul(0.5).mean()
    self.value_optimizer.zero_grad()
    value_loss.backward()
```

(6) 计算损失，并执行优化器。

```
        self.value_optimizer.step()

    def interaction_step(self, state, env):
        action = self.training_strategy.select_action(
                                    self.online_model, state)
                 (7) 在这里，我们继续使用在线网络进行动作选择。
        new_state, reward, is_terminal, _ = env.step(action)
        return new_state, is_terminal


    def update_network(self):  ◄── (8)更新目标网络仍与之前相同。
        for target, online in zip(
                             self.target_model.parameters(),
                             self.online_model.parameters()):
            target.data.copy_(online.data)
```

9.2.5 一个更宽容的损失函数

在前一章中，我们选择了L2损耗，也称为均方误差(MSE)，作为我们的损失函数，主要是因为它的广泛应用和简单性。实际上，在一个问题(如Cart-pole环境)中，可能没有很好的理由去进一步研究。然而，因为我教你的是算法的细节，而不仅仅是“如何钉钉子”，所以我还想让你知道有不同的旋钮可以使你在处理更有挑战性的问题时得心应手。

MSE是一个普遍存在的损失函数，因为它简单、有意义，效果很好。但在强化学习中使用MSE的问题之一，就是相对于小误差，它对大误差惩罚更多。这在进行监督学习时成立，因为我们的目标从开始就是真值，在整个训练过程中都是固定的。这意味着我们确信，如果模型极度错误，该模型就应该比只是有错误的模型受到更重的惩罚。

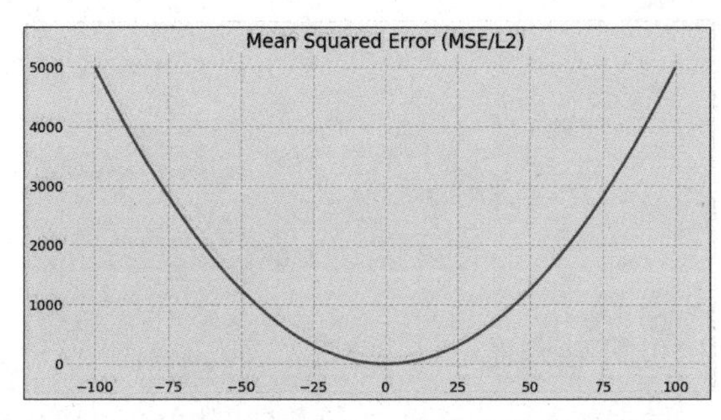

但是就像现在说过的，在强化学习中，我们没有这些真值，我们用来训练网络的值依赖于智能体本身。这是思想的转变。此外，目标是不断变化的；即使使用目标网络行得通，它们仍然经常变化。在强化学习中，我们期待并欢迎极度错误。在一天结束的时候，如果你仔细想想，我们不是在“训练”智能体；智能体是在自行学习。思考一下。

如果损失函数不具有宽容性，且对异常值更具鲁棒性，就属于绝对平均值误差(mean absolute error)，也称为 MAE 或 L1 损失。MAE 被定义为预测值和真实值，即预测动作-值函数和 TD 目标之间的平均绝对差。假设 MAE 是一个线性函数，而不是二次函数(如 MSE)；我们可以期望 MAE 在用与处理小误差同样的方法处理大误差时，能够更成功。这在我们的例子中可以派上用场，因为我们期望动作-值函数可在训练期间的某一点(尤其是开始时) 给出错误值。对异常值更具弹性通常意味着，提及网络的改变时，其误差的影响力与 MSE 相比更小，即学习更稳定。

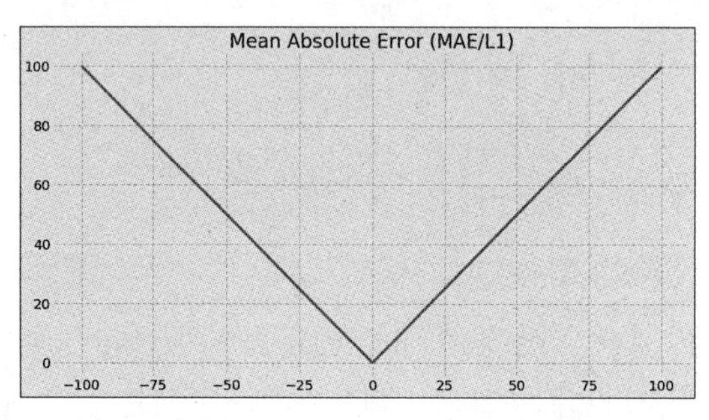

现在，另一方面，MSE 拥有而 MAE 没有的好处在于，MSE 的梯度随着损失趋于零而减小。这个特性有助于优化方法，因为它使得达到最优更加容易：较低的梯度意味着网络的改变更小。但幸运的是，有一种损失函数是 MSE 和 MAE 的混合，称为 Huber 损失。

Huber 损失与 MSE 相同，都具有二次惩罚接近于零的属性，但对于巨大误差并非自始至终是二次的。相反，Huber 的损失是二次曲线接近于零的误差，当误差大于预设的阈值时会变成线性(直线)误差。同时具有这两个属性使得 Huber 损失对异常值具有鲁棒性(如 MAE)，并可在 0 处开始区分(如 MSE)。

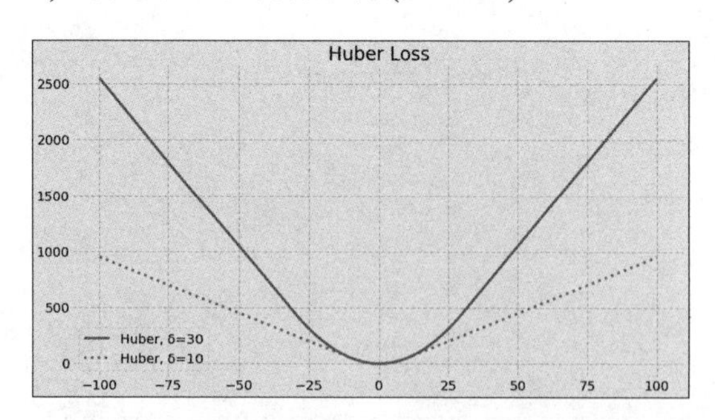

Huber 损耗使用一个超参数 δ 来设置这个阈值，其中会出现二次损失到线性损失的转变，本质上是从 MSE 到 MAE 的转变。如果 δ 是零，则剩下 MAE，如果 δ 是无穷大，那么只剩下 MSE。δ 的典型值是 1，但是请注意损失函数、优化和学习率会以复杂的方式相互作用。如果更改其中一个，可能需要调整其他几个。查看本章的 Notebook，并加以应用。

有趣的是，至少有两种不同方法来实现 Huber 损失函数。你可按定义计算 Huber 损失，也可计算 MSE 损失，然后将所有大于阈值的梯度设置为固定的幅度值。对梯度的大小进行剪辑。前者取决于你使用的深度学习框架，但问题是，有些框架不允许你访问 δ 超参数，因此你只能将 δ 设置为 1。这并不总是有效，也并不总是最好的。后者通常称为损失剪辑(loss clipping)或梯度剪辑(gradient clipping)。这种方法更灵活，因此，我在 Notebook 中实现了这种剪辑。

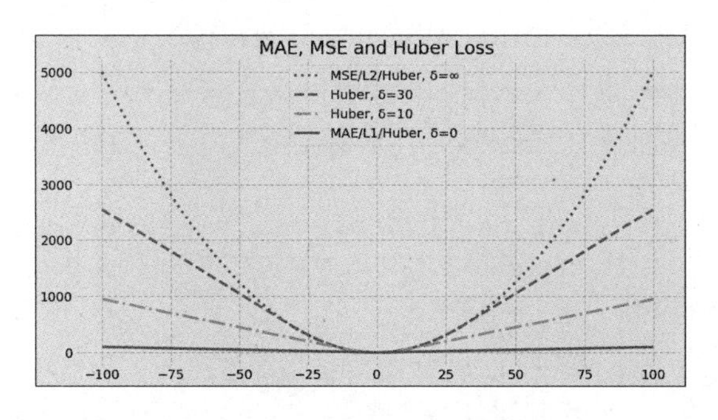

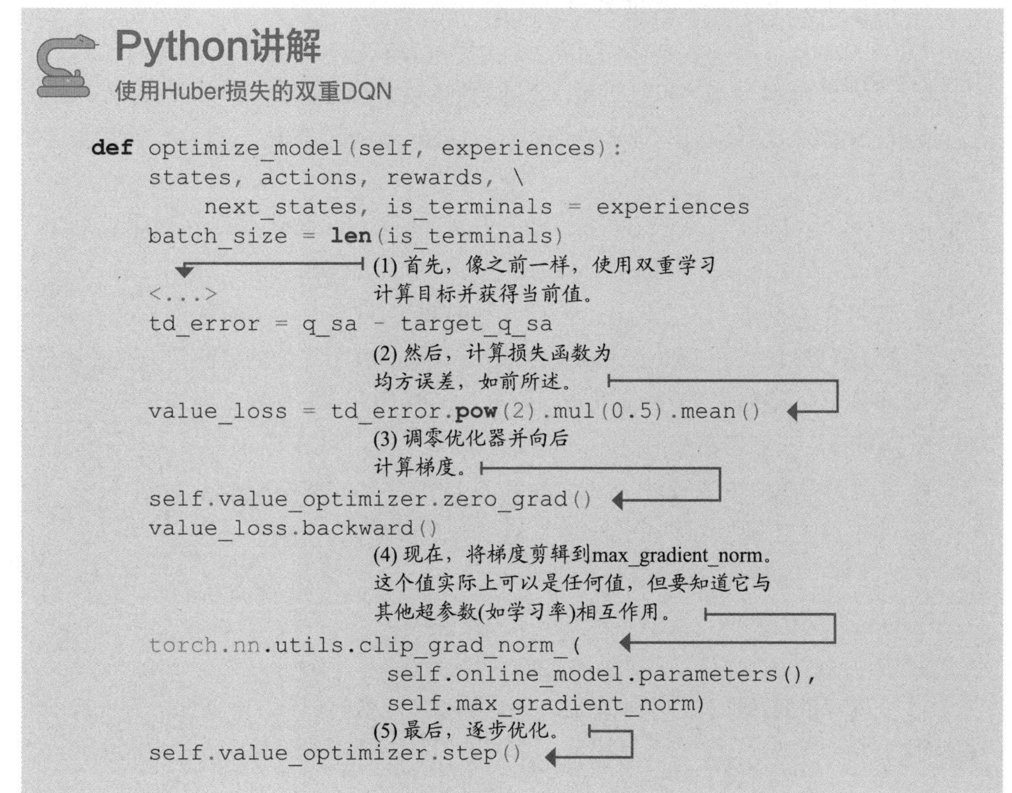

Python讲解

使用Huber损失的双重DQN

```
def optimize_model(self, experiences):
    states, actions, rewards, \
        next_states, is_terminals = experiences
    batch_size = len(is_terminals)
    <...>
    td_error = q_sa - target_q_sa
    value_loss = td_error.pow(2).mul(0.5).mean()
    self.value_optimizer.zero_grad()
    value_loss.backward()
    torch.nn.utils.clip_grad_norm_(
                    self.online_model.parameters(),
                    self.max_gradient_norm)
    self.value_optimizer.step()
```

(1) 首先，像之前一样，使用双重学习计算目标并获得当前值。

(2) 然后，计算损失函数为均方误差，如前所述。

(3) 调零优化器并向后计算梯度。

(4) 现在，将梯度剪辑到max_gradient_norm。这个值实际上可以是任何值，但要知道它与其他超参数(如学习率)相互作用。

(5) 最后，逐步优化。

要知道奖励剪辑(reward clipping)与梯度剪切是不同的。这是两件非常不同的事情，所以要多加注意。一个致力于奖励，另一个致力于误差(损失)。首先，不要将任何一者与 Q 值剪辑相混淆，这无疑是一种错误。

记住，我们的目标是防止梯度变得太大。为此，要么将线性损失置于给定的绝对 TD 误差阈值之外，要么将梯度常数置于最大梯度幅度阈值之外。

在 Cart-pole 环境实验(在 Notebook 中可以找到)中，我利用梯度剪辑技术实现 Huber 损失函数。也就是说，我计算 MSE 和然后剪辑梯度。然而，正如我前面提到的，将最大梯度值的超参数设置为无穷大。因此，它有效地使用了 MSE。但请做实验，去实践，去探索！我创造的 Notebook 几乎覆盖全书内容。在那里自由学习吧。

关于细节

全面双重深度Q网络(DDQN)算法

DDQN 与 DQN 几乎相同，但仍有几个不同之处：

- 近似动作-值函数 $Q(s, a; \theta)$。
- 使用 state-in-values-out 结构(节点：4, 512, 128, 2)。
- 优化动作-值函数，以接近最优动作-值函数 $q^*(s, a)$。
- 使用异策 TD 目标 ($r+gamma*max\_a'\ q(s', a'; \theta)$) 评估策略。

注意，我们现在：

- 使用可调节的 Huber 损失，因为我们设置 max_gradient_norm 能够执行 float('inf')，对损失函数有效地使用平均平方误差 (MSE)。
- 使用 RMSprop 作为优化器，学习率为 0.0007。注意，在没有双重学习 (vanilla DQN) 的情况下，我们使用 0.0005 的学习率，当使用 0.0007 的学习率时，几个种子会失败。这是稳定的吗？而在 DDQN 中，学习率高的训练效果最好。

在 DDQN 中我们仍在使用：

- 指数衰减的 ε 贪婪策略(从 1.0 到 0.3 大约需要 20 000 步)来优化策略。
- 样本为 320 ～ 50 000，小批量为 64 的回放缓存。
- 目标网络冻结 15 步，然后完全更新。

DDQN 类似于 DQN，有相同的三个主要步骤：

(1) 收集经验 ($S_t, A_t, R_{t+1}, S_{t+1}, D_{t+1}$)，插入回放缓存。

(2) 从缓存中随机取样一个小批次，并计算整个批量的异策 TD 目标：$r+gamma*max\_a' Q(s', a'; \theta)$。

(3) 使用 MSE 和 RMSprop 拟合动作-值函数 $Q(s, a; \theta)$。

底线是 DDQN 的实现和超参数与 DQN 的实现和超参数是相同的；我们现在使用双重学习，因此训练的学习速率会稍高一些。添加 Huber 损失不会改变什么，因为我们将梯度“剪辑”到无穷大(最大值)，这相当于使用 MSE。然而，你会发现它在许多其他环境中都很有用，所以要对该超参数进行调整。

总结

DDQN比NFQ或DQN更稳定

DQN 和 DDQN 在 Cart-pole 环境下具有相似的性能。然而，这是一个带有平滑奖励函数的简单环境。实际上，DDQN 应该始终提供更好的性能。

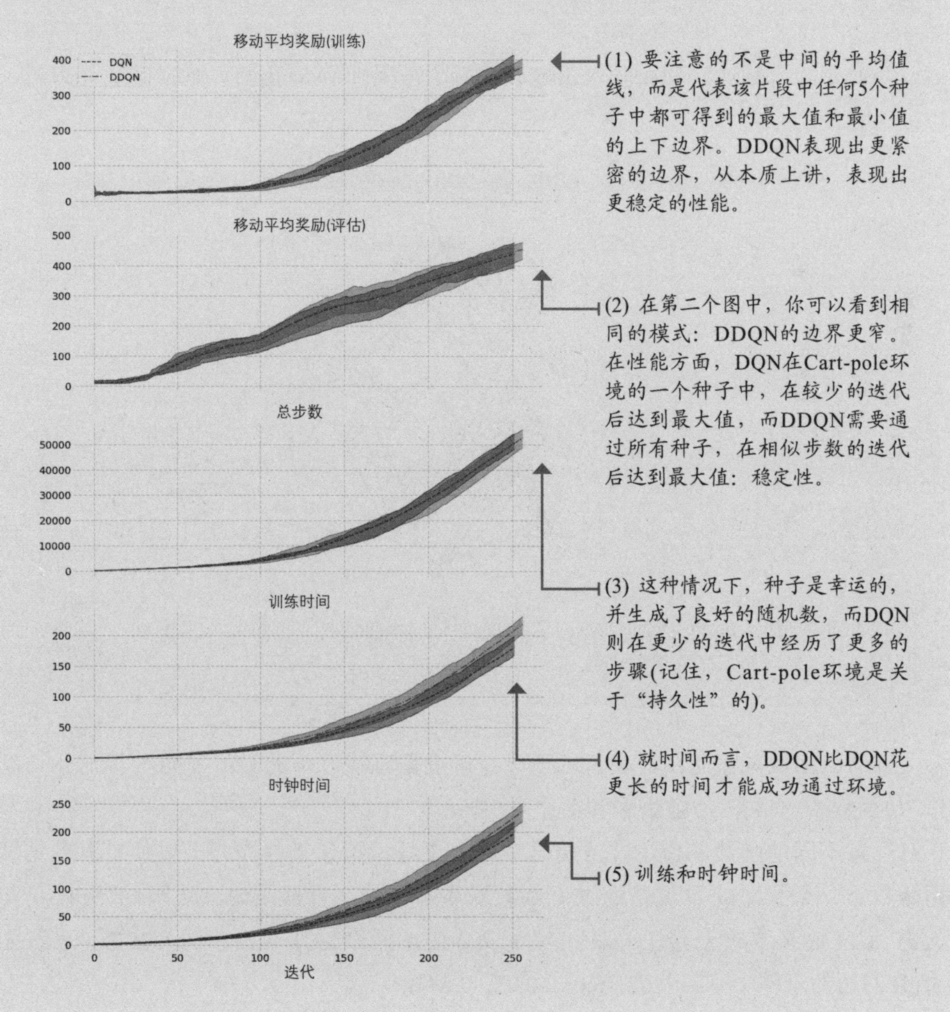

9.2.6 仍可改进之处

当然，我们目前基于价值的深度强化学习方法并不完美，但它十分牢固。DDQN 在 Atari 的许多游戏中都能达到卓越的性能。复制这些结果，你必须改变网络以获取图像作为输入(能够从图像中推断出方向和速度等要素的四幅图像)，当然，要调整超参数。

然而，我们还可再进一步。至少还有一些其他的改进需要考虑，这些改进很容易实现，并且会对性能产生积极影响。

第一个改进要求我们重新考虑现有的网络架构。到目前为止，在神经网络架构中，有一种对 Q 函数的简单表示。

知识回顾

当前神经网络架构

我们实际上是“让强化学习看起来像监督学习”。但我们可以打破这种束缚，打破陈规。

state-in-values-out结构

状态变量在
• 小车位置
• 小车速度
• 极角

状态s下的极点速度，
例如[-0.1, 1.1, 2.3, 1.1]

输出值的向量
• 动作0(左)
• 动作1(右)
例如，$Q(s)$
[1.44, -3.5]

还有什么更好的方式来表示 Q 函数呢？在你浏览下一页中的图像时，思考一下这个问题。

下面的图像是条状图，表示用于极点接近垂直状态下的 Cart-pole 环境的预估动作-值函数 Q、状态-值函数 V 和动作-优势函数 A。

注意不同的函数和值，并开始思考如何更好地构建神经网络，以便更有效地使用数据。一个状态的 Q 值是通过 V 函数联系起来的。也就是说，动作-值函数 Q 与状态-值函数 V 本质上存在关联，因为 $Q(s)$ 中的两个动作都由相同的状态 s 进行索引(在右边的示例中，s=[0.02, -0.01, -0.02, -0.04])。

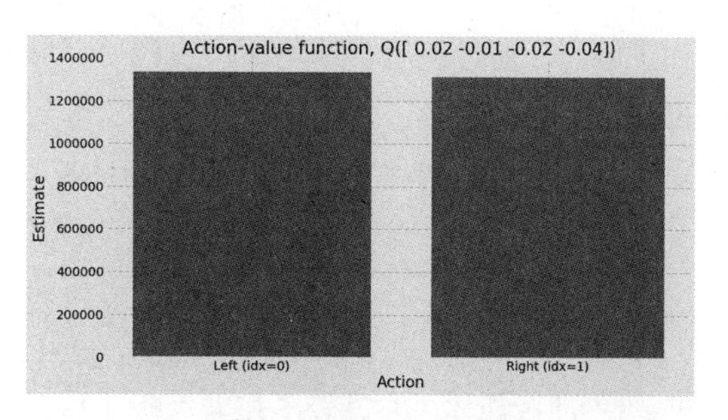

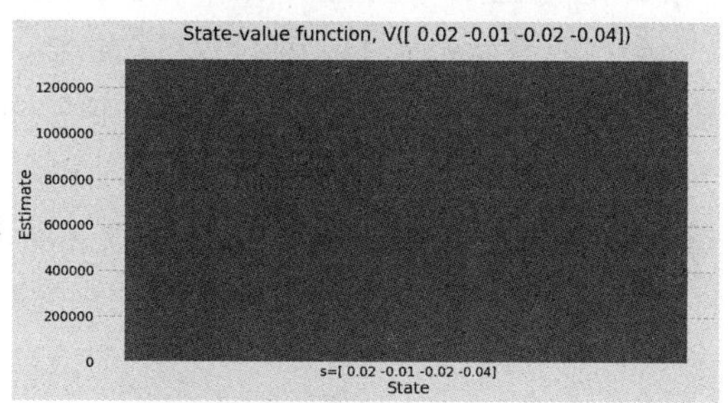

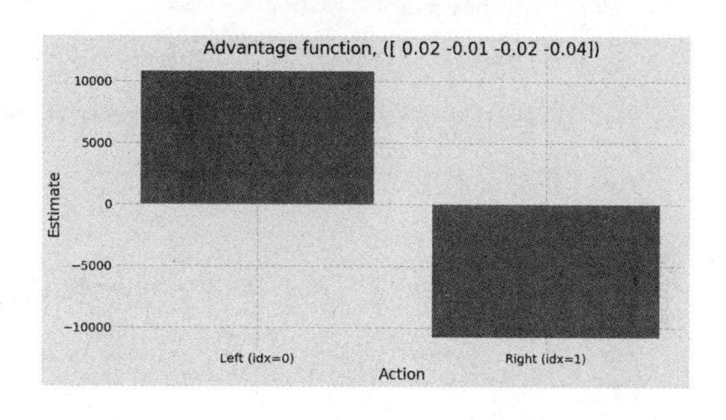

问题是，如果使用 $Q(s, 1)$ 样本，你能学到关于 $Q(s, 0)$ 的东西吗？看看表示动作-优势函数 $A(s)$ 的图，并注意，相对于使用动作-值函数 $Q(s)$ 的图，在这些估计中观察贪婪动作是多么容易。你能做些什么呢？在下一章中，我们将研究一种称为决斗网络 (Dueling network) 的网络架构，它能帮助我们开发这些关系。

另一件需要考虑改进的事情是，我们从回放缓存中对经验进行抽样的方式。到目前为止，我们从缓冲中随机取样，你或许质疑这种方法并认为我们可以做得更好，我们确实可以。

人类不再通过环游世界、在任意时间记住随机事件来学习。有一种更系统的方式可让智能体“回放记忆”。我很确信我的狗会在睡梦中追赶兔子。对我们的目标而言，某些经验比其他经验更重要。人类经常回忆那些带给他们意想不到的快乐或疼痛的经验。这是有道理的，你需要从这些经验中学习来产生或多或少的情绪。在下一章中，当我们学习优先级经验回放 (PER) 时，我们会优先考虑经验抽样，以最大限度利用每个样本的方法。

9.3 小结

在本章中，你了解了基于价值的深度强化学习方法的广泛问题。事实上，在线数据不是固定的，也不像大多数优化方法所期待的那样——是独立恒等分布的。在线数据带来了基于价值的方法容易遇到的大量问题。

你学习了在几个基准测试中有试验结果的各种技术，来稳定基于价值的深度强化学习方法，并深入研究了这些使基于价值的方法更稳定的组成部分。也就是说，你学到了在DQN算法中使用目标网络和回放缓存(自然DQN，或vanilla DQN)的优点。

你了解到，通过使用目标网络，我们使目标在优化器中看起来是平稳的，这有利于稳定性，尽管牺牲了收敛速度。你还了解到，通过使用回放缓存，在线数据看起来更符合 IID，即你曾经学过的基于价值的枚举方法中重要问题的来源。这两种技术结合起来，使算法足够稳定，可在多个深度强化学习任务中表现优良。

然而，基于价值的方法还有很多潜在的改进。你大体上实现了一个对性能有重大影响的简单更改。当使用函数逼近时，你向基线 DQN 智能体添加了双重学习策略，即 DDQN 智能体，它减轻了在非策略、基于价值的方法中过高估值的问题。

除了这些新的算法，你还学习了如何将不同的探索策略与基于价值的方法一起使用。你学习了线性和指数衰减 ε 贪婪和 softmax 等探索策略，这次是以函数逼近为背景。你还学习了不同的损失函数，以及哪些损失函数对于深度强化学习来说更加合理及其原因。你学习到 Huber 损失函数允许只用一个超参数在 MSE 和 MAE 之间调整，这是众多应用于基于价值的深度强化学习方法中，更受青睐的损失函数之一。

现在，你已经：

- 理解为什么难以在基于价值的 DRL 方法中使用在线数据训练神经网络，以及使用期望平稳性和 IID 数据的优化器。
- 可用更稳定的算法解决连续状态空间的强化学习问题，从而给出更一致的结果。
- 了解最先进的、基于价值的深度强化学习方法，并能解决复杂问题。

分享成果

独立学习，分享发现

关于如何在下一阶段运用自己已经学到的知识，我有一些想法。如果你愿意的话，可将成果分享出来，也一定要看看其他人的成果。这是个双赢的机会，希望你能把握住。

- #gdrl_ch09_tf01：在本章和下一章中，我们只在 Cart-pole 环境中测试算法。找到一些其他的环境并在其中测试智能体。如 lunar lander 环境(https://gym.openai.com/envs/#box2d) 和这里的 mountain car 环境(https://gym.openai.com/env/# classic_control)。你能对智能体做任何改变(超参数除外)，使智能体可在这些环境中运作吗？一定要找到一组可以解决所有环境的超参数。澄清一下，我的意思是你使用一组超参数，在每个环境中从头开始训练智能体，而不是在所有环境下都能产生较好效果的单一受训智能体。

- #gdrl_ch09_tf02：在本章和下一章中，我们将在连续但低维的环境中测试算法。你知道高维环境是什么吗？Atari 环境。可访问 https://gym.openai.com/envs/#atari。现在，修改本章中的网络、回放缓存和智能体代码，使智能体能应对基于图像的环境。要注意，这并不是一项微不足道的任务，而且训练需要几小时到几天的时间。
- #gdrl_ch09_tf03：我提到过，基于价值的方法对超参数很敏感。在现实中，有一种叫做 deadly triad 的东西，它基本上告诉我们使用枚举和非策略神经网络是不好的。去调查吧！
- #gdrl_ch09_tf04：在每一章中，我都把最后一个标签 (hashtag) 定为概括性标签。欢迎用这个标签来讨论与本章有关的其他内容。没有什么任务比你为自己布置的任务更令人兴奋的了。记得分享你的调查内容和结果。

用你的发现发个推特，打上标签 @mimoralea(我会转发)，使用列表里的标签，以便让感兴趣的人看到你的成果。成果不分对错；你只管分享你的发现，也去检查别人的发现。借此机会进行交流、做出贡献、有所进步。期待你的分享！

以下是推特示范：

你好，@mimoralea。我写了一个博客，列出研究深度强化学习的资源。可单击<link>.#gdrl_ch01_tf01。

我保证会转发，以便别人找到你的成果。

第10章 高效抽样的基于价值学习方法

本章内容：

- 实现一个深度学习网络架构，去研究那些基于价值的深度强化学习方法中的细微区别。
- 创建一个回放缓存，根据程度决定优先经验。
- 构建一个智能体；相对于我们曾讨论的所有基于价值的深度强化学习智能体，该智能体可在更少的迭代内训练到接近最优的策略。

> “智力是基于一个物种为了生存所需而做出行为的效率。”
>
> ——查尔斯•达尔文
>
> 英国自然学家、地质学家、生物学家，
>
> 因对进化科学所做的贡献而闻名于世

在前一章中，我们实现了 DQN 和 DDQN，从而优化了 NFQ。在本章中，我们将延续之前改进的思路，用另外两种技巧去改进基于价值的深度强化学习方法。但是，这一次我们不再过多关注于改进稳定性，因为这可轻而易举地成为此次改进的附加技术。更准确地说，本章中运用到的技巧能在 DQN 和其他基于价值的 DRL 方法中，改进其抽样的有效性。

首先，我们创建一个能把 Q 函数表达式拆分成两条分支的功能性神经网络架构。一条分支估计出 V 函数，另一条分支估算出 A 函数。V 函数表达的是每个状态的值，A 函数则表达 V 函数输出的动作之间的差距。

这对设计特殊的 RL 结构很有利。这些 RL 结构能够从指定状态下的所有动作中把信息抽取出来，输入到 V 函数中的相同状态下。换句话来说，单一一个经验的元组就能改进一个状态下所有动作的值预测。这样能提升智能体抽样有效性。

在本章中，我们会介绍到的第二种优化方法与回放缓存相关。回顾前一章的内容，我们知道 DQN 里的标准回放缓存会以均匀分布的方式随机提取经验样本。我们很有必要知道，以均匀分布的方式随机抽样，有利于使梯度和真实数据生成的潜在分布成比例，从而使得更新没有偏差。如果能设计出一种能排列经验优先级的方法，就能提取那些对于机器学习最有价值的样本。所以，在这一章中，我们会介绍一种经验抽样技巧。它能把最具信息量的样本提取出来传输给智能体，进而优化智能体。

10.1 Dueling DDQN：具备强化学习意识的神经网络架构

我们先深入详细地研究一下这一种特殊神经网络结构，即 Dueling 网络架构。Dueling 网络是对于网络架构而非算法的改进。我们并没有对算法做出任何改变，只是对网络架构做出了调整。Dueling 网络的这种特征能让其与历年来几乎所有对 DQN 算法的改进结合在一起。举个例子，我们能够搭建起一个 Dueling DQN 智能体，也可搭建起一个双重 Dueling DQN 智能体(或称为 Dueling DDQN)或更多组合。很多类似这样的改进方式都是即插即用，我们将在本章中利用这一优点。我们马上开始搭建一个应用于实验的 Dueling 结构，一边构建结构，一边更深入地学习吧。

10.1.1 强化学习不属于监督学习问题

在前一章中，我们注重于让强化学习看起来更接近一个监督学习问题。通过使用回放缓存，我们让智能体有序地体验并且收集在线数据，使这些数据像是在监督学习中常见的独立恒等分布数据集。

同时，我们使目标更加平稳，这也是监督学习问题的一个常见特点。不可否认，这种操作能让训练更稳定，但忽略了“强化学习本身就是问题”这一事实并不是解决这些问题的最明智方法。

本章将探讨基于价值的强化学习的其中一个微妙之处，即值函数与其他函数之间存在联系的方式。具体而言，通过动作-优势函数 $A(s, a)$利用状态-值函数 $V(s)$和动作-值函数 $Q(s, a)$之间的联系。

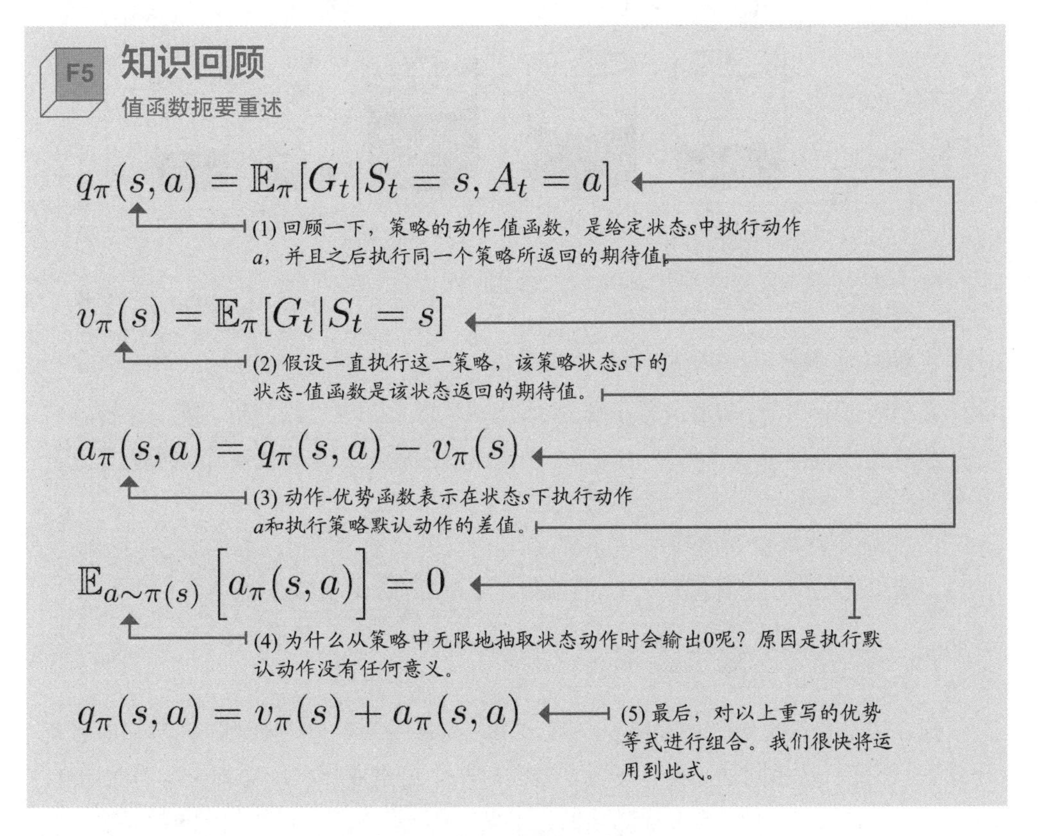

10.1.2 基于价值的强化学习方法的微妙区别

动作-值函数 $Q(s, a)$可以定义为状态-值函数 $V(s)$和动作-优势函数 $A(s, a)$的总和。所以我们可以把 Q 函数分解成两部分：贯穿全部动作的部分，和仅针对一个动作的部分。换句话来说，只有其中一部分依赖于动作，另一部分则相反。

现阶段我们正在分别学习每个动作的动作-值函数 $Q(s, a)$。这种方案并不高效。这种说法或许有些笼统，因为神经网络内部存在着联系。信息在神经网络中会被传输于点与点之间。但是，当我们研究 $Q(s, a_1)$ 的时候，会忽略可以利用相同的信息获

得 $Q(s, a_2)$、$Q(s, a_3)$和状态 s 下其他可能动作这一个情况。实际上 $V(s)$ 对于 $a_1, a_2, a_3, \cdots, a_N$ 都是相同的。

高效地利用经验

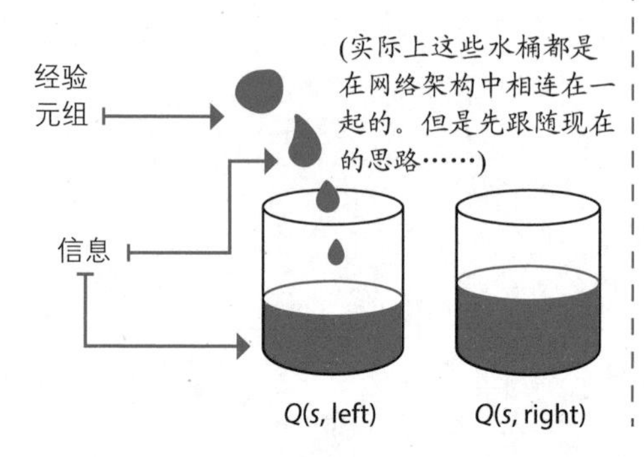

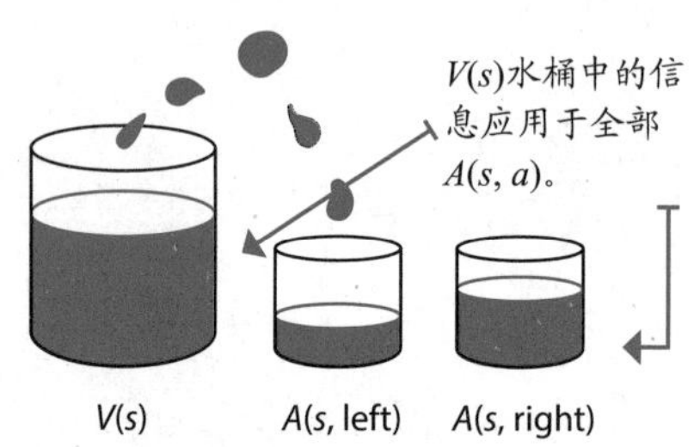

总结

动作–值函数Q(s, a)依赖于状态–值函数V(s)

我们应该利用动作-值依赖于状态-值这一关键点。可以推断出，在一个好的状态中执行一个差的动作，将胜过在一个差的状态中执行一个好的动作。我们以这种逻辑去理解“动作-值依赖于状态-值”这句话。

Dueling 网络架构利用动作-值函数 $Q(s, a)$对于状态-值函数 $V(s)$依赖性，在每次网络更新中优化对状态-值函数 $V(s)$的预测。这是所有动作的共同点。

10.1.3 利用优点的优势

现在请看具体实例。在 Cart-pole 环境中，当杆子处于直立状态，向左和向右两个动作-值几乎是相同的。当杆子完全直立时，之后采取什么动作都无所谓(由于自变量的原因，我们假设小车处于轨道的正中央，且速率为 0)。在如此完美的状态下，下一个向右或向左的动作都具有同样的值。

但当杆子向右倾斜 10 度时，下一步采取的动作的确重要。智能体最佳的下一个动作是迎合倾斜的方向，向右推动小车。相反，向左移动小车对于杆子来说是一个错误决定。

注意，这就是动作-优势函数 $A(s, a)$所要表达的内容：如果在状态 s 下采取动作 a，会比平均值胜出多少。

值函数之间的关系

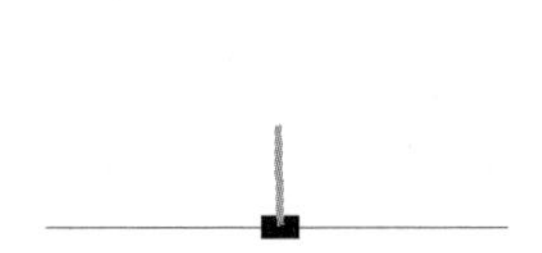

(1) 左图中展示的是一个较好的状态，因为杆子是处于几乎直立的状态，小车也接近轨道的正中央。相反，右图中展示的状态不太好，杆子正向右倾斜。

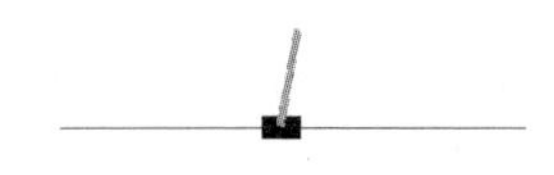

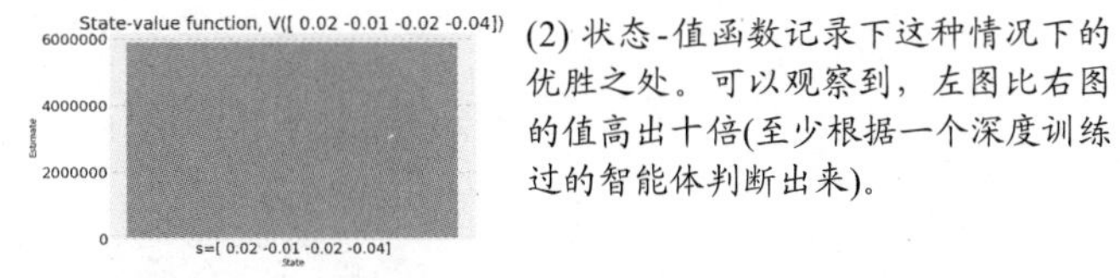

(2) 状态-值函数记录下这种情况下的优胜之处。可以观察到，左图比右图的值高出十倍(至少根据一个深度训练过的智能体判断出来)。

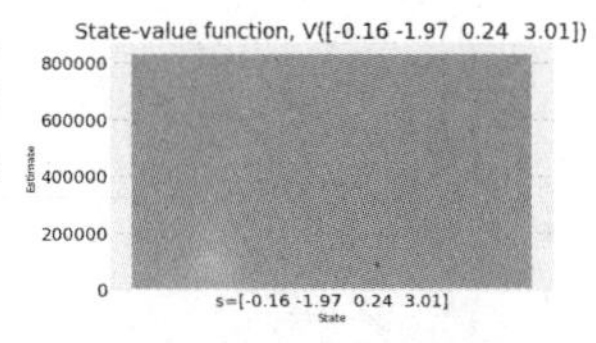

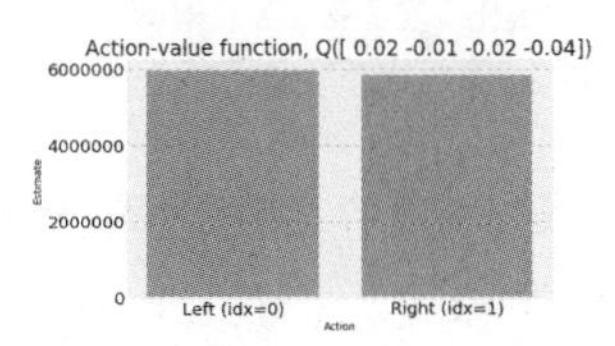

(3) 动作-值函数没有直接捕捉到这种关系。然而它定义了几个更受喜爱的动作。在左图中，我们无法判断出下一个动作。但在右图，我们能清晰地知道小车应该向右移动。

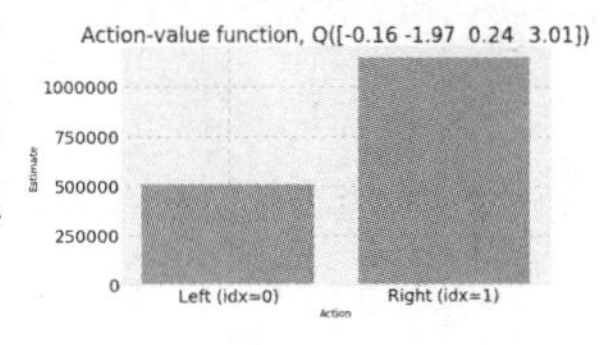

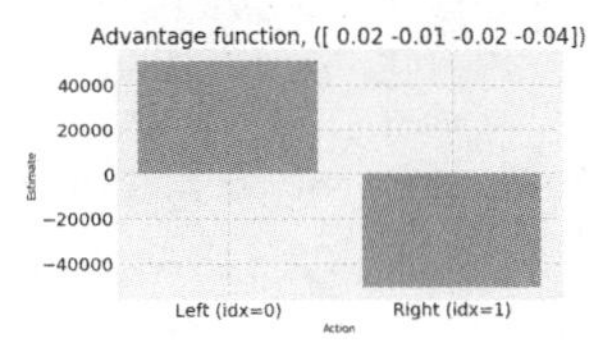

(4) 动作-优势函数也捕捉到这种优势。但从动作-值函数中能更容易地看出更具优势的动作与其他动作的区别。与右图相比，左图较好地展示出这种情况。

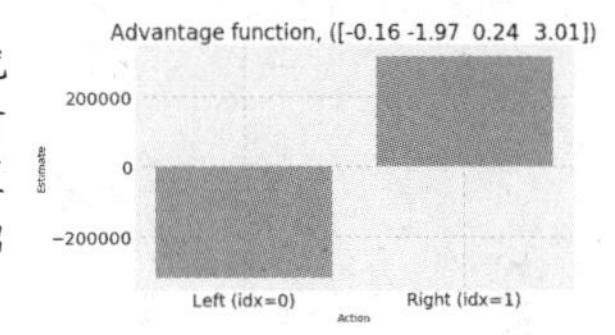

10.1.4 有意识强化学习框架

Dueling 网络有两个分开的估计器，一个是状态-值函数 $V(s)$，另一个是动作-优势函数 $A(s, a)$。在把网络架构拆分之前，我们要保证网络内部的节点都保持着公用关系。举个例子，我们把一张图片输入网络中。因为特征提取层是公用的，所以要保证卷积也是共享的。在 Cart-pole 环境中，隐藏层是公用的。

在共享大部分内部节点和网络层后，我们把输出层的前一层拆分为两条分支：一条是状态-值函数 V，另一条是动作-优势函数 $A(s, a)$。因为状态-值总是单个数值，所以 V 函数输出点的个数为一个。但 Q 函数的输出层点数应该与动作的个数相同。在 Cart-pole 环境中，动作-优势函数的输出层点数是两个。一个代表向左运动，一个代表向右运动。

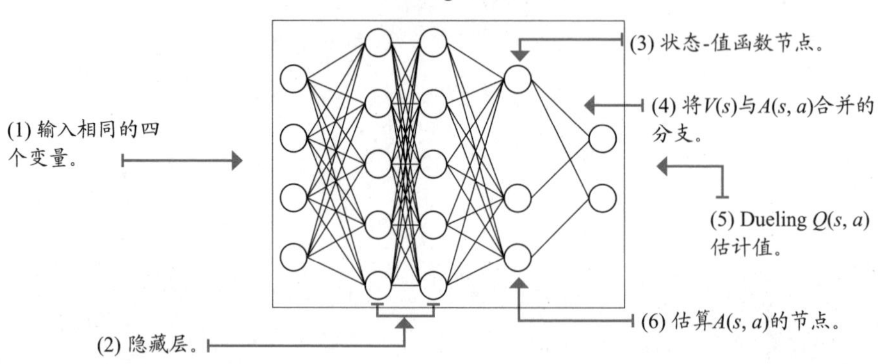

0001 历史小览

Dueling网络架构的介绍

在 2015 年，牛津大学博士 Ziyu Wang 发表了一篇题目为 Dueling Network Architectures For Deep Reinforcement Learning 的论文。在该论文中，他介绍了 Dueling 神经网络。这篇论文首次介绍为基于价值的深度学习量身定造的深度神经网络架构。

现在，Ziyu 在 Google DeepMind 的团队里担任学术研究科学家，继续为深度强化学习做贡献。

10.1.5 建立一个Dueling网络架构

建立一个 Dueling 网络架构的过程简洁易懂。我们在输入层后的任何一层拆分网络架构都是可行的。虽然你可分别创建两个网络架构，但是这样做并没有显著优势。通常的做法是使网络中尽量多的层被共享，仅拆分输出层的前一层。

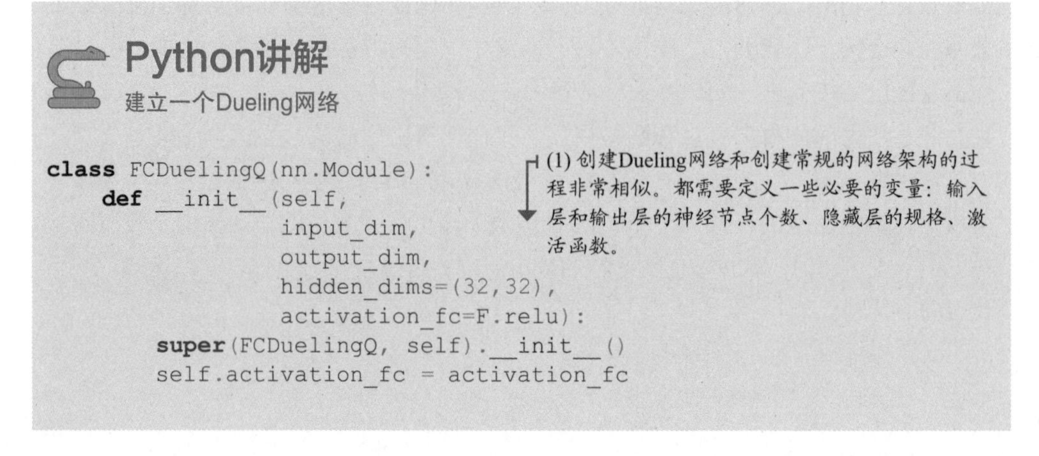

Python讲解

建立一个Dueling网络

```
class FCDuelingQ(nn.Module):
    def __init__(self,
                 input_dim,
                 output_dim,
                 hidden_dims=(32,32),
                 activation_fc=F.relu):
        super(FCDuelingQ, self).__init__()
        self.activation_fc = activation_fc
```

(1) 创建Dueling网络和创建常规的网络架构的过程非常相似。都需要定义一些必要的变量：输入层和输出层的神经节点个数、隐藏层的规格、激活函数。

(2) 下一步，建立输入层并将其与第一个隐藏层“相连”。input_dim是输入点的节点个数；hidden_dims[0]是第一个隐藏层的神经节点个数。layer.nn.Linear创建一层具有特定输入和输出的网络层。

```
        self.input_layer = nn.Linear(input_dim,
                                     hidden_dims[0])
```

(3) 通过创建hidden_dims变量中定义的网络层，来创建隐藏层。具体来说，(64, 32, 16)这一串数值会先创建一个具有64个输入点、32个输出节点的网络层。之后创建一个具有32个输入节点、16个输出节点的网络层。

```
        self.hidden_layers = nn.ModuleList()
        for i in range(len(hidden_dims)-1):
            hidden_layer = nn.Linear(
                hidden_dims[i], hidden_dims[i+1])
            self.hidden_layers.append(hidden_layer)
```

(4) 最后，我们创建两个输出层并将它们连接到最后的隐藏层上。value_output的输出节点数为一个。advantage_output输出output_dim个神经节点。在Cart-pole环境中，output_dim等于2。

```
        self.value_output = nn.Linear(hidden_dims[-1], 1)
        self.advantage_output = nn.Linear(
            hidden_dims[-1], output_dim)
```

10.1.6 重构动作–值函数

首先我们要明白一点，我们创建 Dueling 网络架构的目的是在不改变底层控制算法的前提下，对神经网络做改进。因为我们需要和原来的网络架构做对比，所以这种改进的影响程度不能太大。我们仅仅需要替换一下神经网络。

首先，我们需要聚合原来网络的两个输出值。之后重构动作 - 值函数 $Q(s, a)$。这种做法可以保证之前定义的算法能被成功地挪用到 Dueling 模型中。举两个具体例子，我们在 DDQN 智能体的基础上加入 Dueling 结构，创建出 Dueling DDQN 智能体。也能在 DQN 智能体的基础上加入 Dueling 结构，创建出 Dueling DQN 智能体。

数理推导过程

Dueling架构的聚合公式

(1) Q函数采用超参数θ、α、β。θ表示共享层的权重，α表示动作-优势函数分支的权重，β表示状态-值函数分支的权重：

$$Q(s,a;\theta,\alpha,\beta) = V(s;\theta,\beta) + A(s,a;\theta,\alpha)$$

$$Q(s,a;\theta,\alpha,\beta) = V(s;\theta,\beta) + \left(A(s,a;\theta,\alpha) - \frac{1}{|\mathcal{A}|}\sum_{a'} A(s,a';\theta,\alpha)\right)$$

(2)我们在实践中使用上述方程，因为我们不能唯一地从V和A中恢复Q，这使Q函数少了一个自由度。动作-优势和状态-值函数在此过程中失去了真正的意义。但在实践中，一个常量使它们偏离中心，它们在进行优化时也更稳定。

那我们要如何合并结果呢？能不能把结果加在一起呢？我们没办法仅仅根据 $Q(s, a)$恢复 $V(s)$和 $A(s, a)$。但是我们要再进一步。如果在 $V(s)$上加 10，从 $A(s, a)$中减去 10，虽然这两个函数的值改变了，但依然得到相同的 $Q(s, a)$。

在 Dueling 架构中，我们利用的解决方法是从聚合动作 - 值函数 $Q(s, a)$ 的估计值中减去优势平均值。这种情况下，常数值会使 $V(s)$和 $A(s, a)$偏离，但是它们可以稳定优化过程。

当常数值使估计值偏离时，$A(s, a)$的等级不会变化，$Q(s, a)$也会得到合适的等级。整个控制算法从始至终没有改变过。这简直就是双赢。

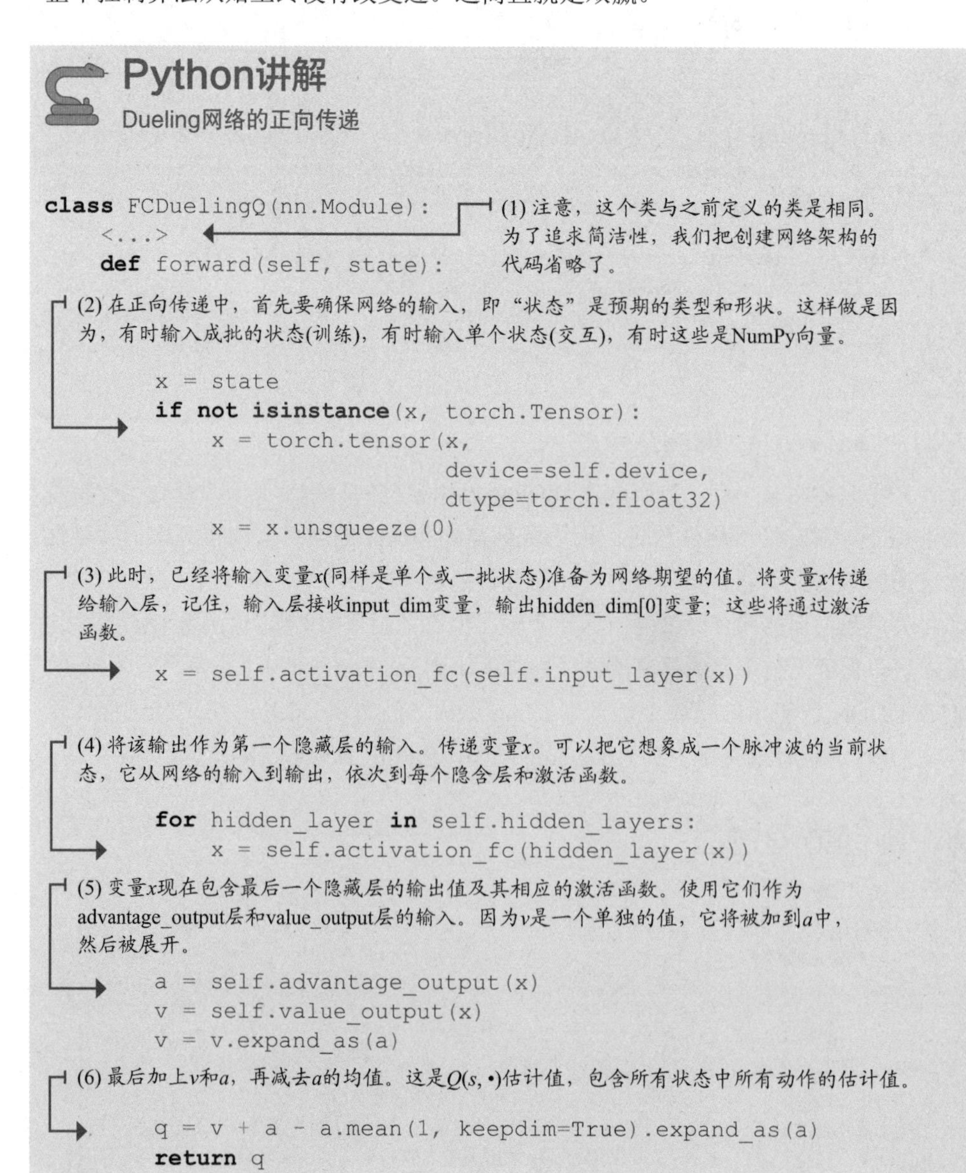

Python讲解

Dueling网络的正向传递

```
class FCDuelingQ(nn.Module):
    <...>
    def forward(self, state):
```

(1) 注意，这个类与之前定义的类是相同。为了追求简洁性，我们把创建网络架构的代码省略了。

(2) 在正向传递中，首先要确保网络的输入，即“状态”是预期的类型和形状。这样做是因为，有时输入成批的状态(训练)，有时输入单个状态(交互)，有时这些是NumPy向量。

```
        x = state
        if not isinstance(x, torch.Tensor):
            x = torch.tensor(x,
                             device=self.device,
                             dtype=torch.float32)
            x = x.unsqueeze(0)
```

(3) 此时，已经将输入变量x(同样是单个或一批状态)准备为网络期望的值。将变量x传递给输入层，记住，输入层接收input_dim变量，输出hidden_dim[0]变量；这些将通过激活函数。

```
        x = self.activation_fc(self.input_layer(x))
```

(4) 将该输出作为第一个隐藏层的输入。传递变量x。可以把它想象成一个脉冲波的当前状态，它从网络的输入到输出，依次到每个隐含层和激活函数。

```
        for hidden_layer in self.hidden_layers:
            x = self.activation_fc(hidden_layer(x))
```

(5) 变量x现在包含最后一个隐藏层的输出值及其相应的激活函数。使用它们作为advantage_output层和value_output层的输入。因为v是一个单独的值，它将被加到a中，然后被展开。

```
        a = self.advantage_output(x)
        v = self.value_output(x)
        v = v.expand_as(a)
```

(6) 最后加上v和a，再减去a的均值。这是Q(s, •)估计值，包含所有状态中所有动作的估计值。

```
        q = v + a - a.mean(1, keepdim=True).expand_as(a)
        return q
```

10.1.7 连续更新目标网络

现阶段我们运用的目标网络，在它与在线网络同步时得到大程度更新之前，可能会有多次信息滞后。在 Cart-pole 环境中，信息仅滞后大约 15 个步骤，但在更复杂的环境中，信息滞后能持续上万个步骤。

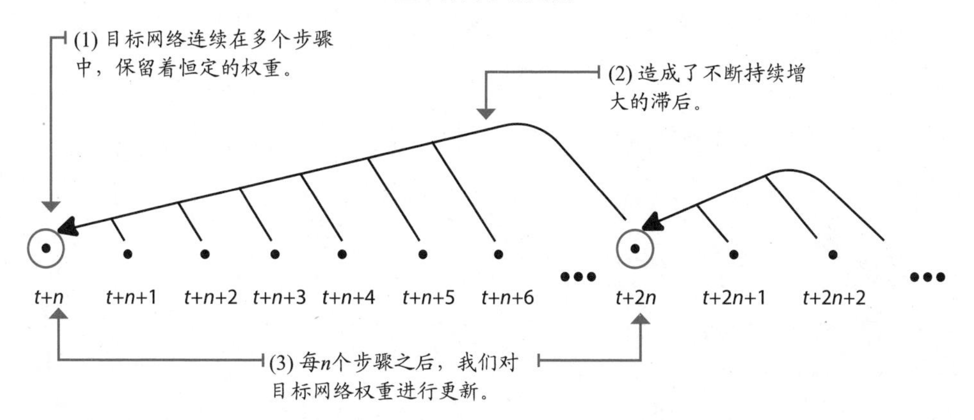

这样的操作方式存在多个缺点。一方面，连续多个步骤冻结了目标网络的权重，并使用不断增多的陈旧信息去做评估。到达了更新周期的结尾时，用这些滞后的信息去做评估很大可能已经失去了意义。另一方面，目标网络的权重会定期进行大幅更新。这样的更新很可能影响到损失函数。这种更新方法既过于保守，又太过于激进。

我们思考这个更新问题，是因为我们不想更新速度太快。这样会导致不稳定性。同时我们又想保留那些重要特征。我们能想到其他能达到相似效果，但更流畅的更新方法吗？能不能降低更新的速度而并非停止更新？

可使用一种叫 Polyak 平均(Polyak Averaging)的技巧，它在每一步都将在线网络权重与目标网络相混合。可用另一种方法理解这一技巧。在每一个步骤中创建新的目标函数。新的目标函数中有大部分的权重来自于目标函数，有小部分的权重来自于在线网络。在每一步中都向网络中加入大约 1% 的新信息。因此，尽管网络仍有滞后，但差距缩小了。并且，我们可在每一步中更新目标网络。

数理推导过程

Polyak Averaging

(1) 并非使目标网络在每N个时间步中等于在线网络，而是保持它在同一时间冻结。

(2) 为什么不更频繁地将目标网络与在线网络的一小部分混合在一起，也许每一时间步都是如此？

$$\theta_i^- = \tau\theta_i + (1-\tau)\theta_i^-$$

(3) 混合因子。

(4) 因为我们使用的是Dueling网络，所以所有参数，包括动作-优势分支和状态-值分支，都将混合在一起。

$$\alpha_i^- = \tau\alpha_i + (1-\tau)\alpha_i^-$$

$$\beta_i^- = \tau\beta_i + (1-\tau)\beta_i^-$$

Python讲解

目标网络权重与在线网络权重的混合

```
class DuelingDDQN():
    <...>
    def update_network(self, tau=None):
        tau = self.tau if tau is None else tau
        for target, online in zip(
                self.target_model.parameters(),
                self.online_model.parameters()):
            target_ratio = (1.0 - self.tau) * target.data
            online_ratio = self.tau * online.data
            mixed_weights = target_ratio + online_ratio
            target.data.copy_(mixed_weights)
```

(1) 这是相同的Dueling DDQN类，但是为了简洁起见，删除了大部分代码。

(2) 变量tau表示将被混合到目标网络中的在线网络的比例。值为1相当于完全更新。

(3) zip进行迭代并返回迭代器的元组

(4) 现在，计算目标权重和在线权重的比值。

(5) 最后，混合权值并将新的值复制到目标网络中。

10.1.8 Dueling网络能为表格带来什么

当我们具有价值相似的动作时，动作-优势函数是很有作用的。从技术角度看，Dueling 架构能够优化策略评估，特别是当动作-值十分相似时。例如 Cart-pole 环境中，我们利用 Dueling 网络，帮助智能体更快、更准确地在具有相似价值的动作中做出对比。

我们能预料到，像神经网络这样的函数逼近是存在误差的。在之前利用的神经网络架构中，状态动作对都具有这种潜在的误差。但是我们知道，状态-值函数是动作-值函数的一部分。而动作-值函数在同一个状态下所有动作中都是相同的。通过使用 Dueling 结构，我们可以减少函数误差和误差的方差。这是因为成分里具有最大数值的误差在每个相似的价值动作(状态-值函数 $V(s)$)中都是相同的。

假设 Dueling 网络能够优化智能体的策略预估能力，那么一个充分训练过 Dueling DDQN 智能体的性能会比 DDQN 的性能要好。此时通过 Dueling DDQN 的训练，Cart-pole 环境中向左和向右的动作的值几乎相同。在这个游戏环境中，分别把 DDQN 和 Dueling DDQN 训练了 100 个回合。直觉告诉我，更好的智能体会在轨道上产生范围更小的数值。这是因为更好的智能体能够学习到向左和向右动作的区别，即使杆子是完全直立起来的。提示，我没有学习过深度学习动作测量学，但是我的粗略实验结果能够体现出 Dueling DDQN 智能体在那些状态下，的确具备更好的评估能力。

充分训练的Cart-pole智能体访问的状态空间

(1) 我不打算在此得出任何结论。注意两个得到充分训练的DDQN和Dueling DDQN智能体在五个单元中访问的各个状态的情况。

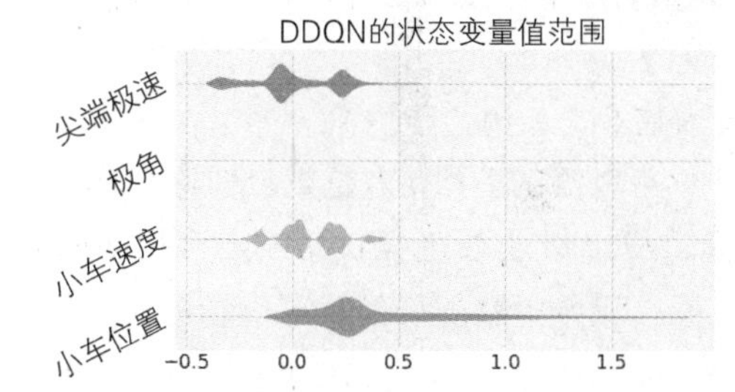

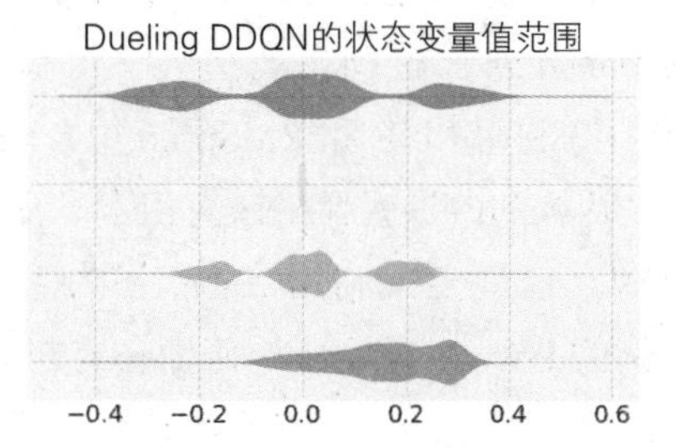

(2) 观察左边完全训练过的DDQN智能体如何访问最右边的推车位置，一直到超过1.5个单位，而完全训练过的Dueling DDQN智能体使用相同的超参数训练停留在中心附近。这能否为Dueling DDQN智能体提供一个更好的策略评估？思考一下，自己去尝试。

关于细节

Dueling 双重深度Q网络(Dueling DDQN)算法

Dueling DDQN 与 DDQN、DQN 几乎完全相同，只是做出了一些微调。我想在将算法之间的差距保持在最小的同时，给你们展现可以做到的多种不同优化。我很确定细微地改变超参数会给算法的性能造成很大影响。所以我没有优化智能体。现在重新回顾一次那些保持不变的成分。

- 网络输出动作-值函数 $Q(s, a; \theta)$。
- 优化动作-值函数 $q^*(s, a)$。
- 利用异策 TD 目标(r+*gamma***max*_a' $Q(s', a'; \theta)$)去评估策略。
- 利用可调整的 Huber 损失函数。但设置 max_gradient_norm 这个变量为 float('inf')。因此可以使用 MSE。
- 利用 RMSprop 作为优化器，学习率为 0.000 7。
- 利用指数衰减 ε 贪婪策略(在 20 000 步内从 1.0 降到 0.3)去优化策略。
- 利用贪婪动作选择策略评估每一个步骤。
- 建立一个存储 320 ~ 50 000 个样本，每次抽样数目为 64 的回放缓存。

被替换的成分如下。

- 神经网络架构。我们现在利用状态输入值输出的 Dueling 网络架构(网络节点：4, 512, 128, 1; 2, 2)
- 用 Polyak 平均代替之前每 15 步更新一次目标网络权重的方式。把 10% 的在线网络权重和 90% 的目标网络权重混合在一起，创建一个新的目标网络。

Dueling DDQN 和 DDQN 利用完全相同的算法，但在网络架构中有一些区别：

(1) 收集($S_t, A_t, R_{t+1}, S_{t+1}, D_{t+1}$)后输入到回放缓存中。

(2) 利用双重学习，从缓存里抽取一定数量的样本，并计算出非策略 TD target：r+*gamma***max*_*a*' $Q(s', a', \theta)$。

(3) 利用 MSE 和 RMSprop 拟合动作-值函数 $Q(s, a; \theta)$。

这样的改进就像拼乐高积木一样有趣，你可以尝试不利用双重学习创建 Dueling DQN。也可尝试利用 Huber 损失函数来剪辑梯度。或者可尝试每 5 步利用 50:50 比例的 Polyak 平均。如何操作完全取决于你。我希望整理好的代码能帮助你实现想法。

卌 总结

Dueling DDQN比之前的方法在信息处理方面更高效

在 Cart-pole 环境中，Dueling DDQN 和 DDQN 具有相似的性能。Dueling DDQN 对于信息处理稍微高效一些。输入 DDQN 的环境样本数量比 Dueling DDQN 更多。但 Dueling DDQN 比 DDQN 花费更多的时间。

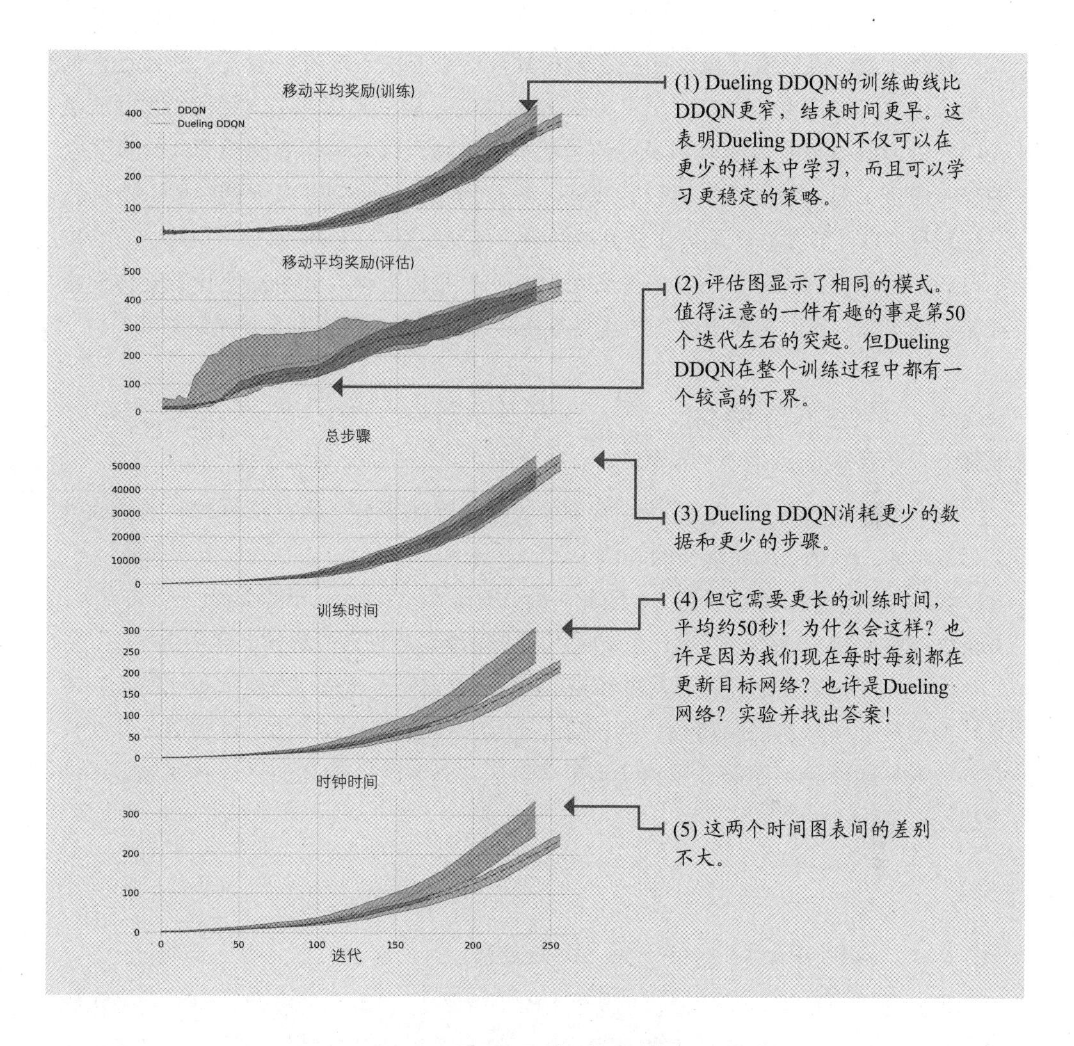

10.2 PER：优先有意义经验的回放

在这一节，我们会介绍另一个更加智能的经验回放技巧。这种技巧的作用是把资源分配给那些对于强化学习最有潜力的训练经验元组。优先级经验回放(Prioritized Experience Replay，PER) 就是能达成此目的的特殊回放缓存。

10.2.1 更明智的回放经验方法

智能体在此阶段会均匀地从缓存中随机抽取出经验元组。从数学层面去思考，这个操作的确是正确的。但直觉告诉我们，这是一种欠佳的回放经验的操作。我们这么做，只会把资源分配在不重要的经验上。我们不应该对现阶段智能体的无意义的经验浪费时间和运算能力。

需要注意，虽然有证据证明均匀随机抽样这个方法不够好，但是人类通过直觉判断最优学习模式也是如此。在我阅读 PER 论文之前，我在首次实现优先化回放缓存的时候，希望智能体能得到最高的累积折扣奖励，认为只需要回放那些最多奖励的经验即可。但这种做法不可行。我马上意识到智能体也需要负面的经验。所以我又想到我可以回放那些奖励等级最高的经验。何况我喜欢用 abs 函数。但这一方法也不可行。你能想到为什么这些方法都不可行吗？我们觉得，如果需要让智能体学会经验奖励状态，我们需要回放那些具有最高奖励的状态。但事实是不是这样呢？

米格尔的类比

人类直觉与对幸福的不懈追求

我非常爱我的女儿，爱到我只希望她体验最好的事物。我是认真的。当你成为父母的时候，你就知道我现在的心情了。

我注意到她特别爱吃巧克力。因此，每当她说“一小块”，我会给她一点巧克力，并且给的频率越来越高。但是，当我觉得不该给她吃巧克力的时候，她会生气。

你看，这就是奖励经验过高的情况。智能体(甚至是人类)需要平衡好的经验或者坏的经验，同时也需要得到一些低等级奖励的普通经验。因此可以知道，这些只有好的或坏的经验都不能让我们学到最多。这就是我们所关注的。这种现象是不是很违反直觉？

10.2.2 如何较好地衡量“重要”经验

我们寻找的是从具有意外值的经验中学习那些意想不到的经验。我们会猜想经验值会是这样的，但最终结果却是那样的。这也说得通，这些经验给我们带来更多的现实感。我们探索到世界，并且判断出结果。如果结果和现实存在极大差异，我们就应该从中学到一些东西。

在强化学习中，这种差异就是 TD 误差。准确而言，这叫完全 TD 误差。这是当前估计值和目标值之间的差别。当前估计值是智能体通过某一特殊动作想要得到的值。而目标值是对同一个状态动作对做出的估计值，我们可将它看作真实值。这两个值之间的绝对差值体现了这些值的偏离程度，体现了这个经验有多么不可预测，还能给我们提供多少新信息。这些信息是评价学习状态的指标。

数理推导过程

绝对TD error拥有优先权

(1) 之所以称其为Dueling DDQN，是为了特指我们在使用这个Dueling结构的目标网络。但我们会简称它为“TD 目标”。

$$|\delta_i| = \underbrace{\underbrace{|\underbrace{r + \gamma Q(s', \underset{a'}{\operatorname{argmax}} Q(s', a'; \theta_i, \alpha_i, \beta_i); \theta^-, \alpha^-, \beta^-)}_{\text{Dueling DDQN目标}} - Q(s, a; \theta_i, \alpha_i, \beta_i)}_{\text{Dueling DDQN误差}}|}_{\text{绝对Dueling DDQN误差}}$$

虽然 TD 误差并不是最高学习机会的绝佳指标，但它是最合理的指标。实际上，对学习状态最好的评判标准是网络内部和隐藏层的变量更新。但在每一步中，计算出在缓存中所有经验的梯度是不太可行的。相比之下，TD 误差的计算机制是现成的，所以 TD 误差依然是对于优先级回放经验做出评估的优秀指标。

10.2.3 利用TD 误差做出贪婪优先级操作

利用 TD 误差优先经验的流程如下：

- 在状态 s 下执行动作 a，得到新状态 s'，奖励 r，完成标识 d。
- 通过网络查询当前状态 $Q(s, a; \theta)$ 的预测。
- 根据公式 target=r+*gamma***max_a'Q*(s', a', θ) 计算出这个新训练经验的目标价值。
- 根据公式 atd_err=abs($Q(s, a; \theta)$-target) 计算出 TD 误差。
- 将经验当作元组(s, a, r, s', d, atd_err)插入回放缓存。
- 通过 atd_err 把回放缓存的经验排序，并抽出最上层的经验。
- 利用这些抽选的经验训练网络。之后重复以上步骤。

这个方法中有多个漏洞，我们现在将其一一解决。首先，我们计算了两次 TD 误差。在经验插入缓存前计算了一次，之后在训练网络的时候又计算了一次。另外，我们忽略了一点：TD 误差的计算依赖于网络。所以每一次对网络做出调整，TD 误差都会随之改变。我们不能在每一步中都计算 TD 误差，因为这样十分耗损资源。

对这两个问题都可行的解决方案是仅更新那些用于更新网络的经验(回放经验)的 TD 误差。之后把具有最大 TD 误差绝对值的经验存放到缓存中。这样能保证所有经验都至少被回放了一遍。

但是，这种解决方法引起了其他问题。在第一次更新中出现了 TD 误差为 0 的经验，那么这些经验非常有可能不会被回放。另一个问题是，我们利用函数逼近的时候，误差会缓慢收缩。这意味着更新会集中于缓存里的一小部分样本子集。还有一点，TD 误差含有较大噪声。

所以我们需要一种基于 TD 误差的特殊抽样策略，一种随机的(而并非贪婪的)策略。如果对经验进行随机抽样，可确保每个经验都有机会被回放。并且这样基于 TD 误差绝对值的方式，抽样经验的概率是单一的。

总结

TD误差、优先权、概率

本节讨论了 TD 误差的不足之处。我们利用 TD 误差去计算优先权，从而计算出概率。

10.2.4 随机对优先的经验进行抽样

现在进一步了解需要随机优先过程的原因。在一个高度随机的环境中，利用贪婪法基于 TD 误差学习训练经验，会引领我们找到噪声传播的方向。

TD 误差依赖于每一步的奖励和下一步的动作-值函数。这两个值都是完全随机的，所以高度随机的环境会导致更大的 TD 误差方差。在这种环境中不应该继续着重于利用 TD 误差。我们不希望让智能体只关注于那些无法预料到的经验；那不是重点。TD 误差中的另一个噪声源是神经网络。利用高度非线性预测函数，会导致 TD 误差存在大量噪声。特别是当刚开始训练的时候，这时误差是最大的。如果我们单单利用基于 TD 误差的贪婪去抽样，那么大量训练时间都会用于那些存在大量潜在的不准确性，并具有较大 TD 误差的经验中。

总结

随机对优先化的经验抽样

TD 误差噪声大且收敛慢。我们不希望因为这些噪声而停止回放那些 TD 误差为 0 的经验。我们也不希望陷入噪声大的经验中，从而产生较大的 TD 误差。我们也不愿意固定关注那些起初就具有较高 TD 误差的经验。

0001 历史小览

优先级经验回放缓存的介绍

2015 年 的 时 候， 一 篇 题 为 Prioritized Experience Replay 的 论 文 和 Google DeepMind 科研人员编写的关于 Dueling 网络架构的论文同时发布。

Google DeepMind 的高级学术研究科学家 Tom Schaul 是第一篇论文的主要作者。Tom 在 2011 年在慕尼黑科技大学获得博士学位。在纽约大学做两年博士后，加入 DeepMind Technologies；六个月后该公司被 Google 收购，变成了今天的 Google DeepMind。

Tom 也是 PyBrain 框架的关键创作者。PyBrain 是 Python 的一个机器学习模块库，是最早的实现机器学习、强化学习、黑箱优化算法的框架。Tom 也是 PyVGDL 的关键创作者；PyVGDL 是一种基于 Py.game 的高级游戏描述语言。

10.2.5 成比例的优先级

我们现在就算出缓存中每个样本的基于 TD 误差的优先级。首先要与 TD 误差成比例地收取样本。利用 TD 误差绝对值，并加入一个很小的常数 ε，以保证具有 TD 误差为 0 的经验依然会回放。

数学推导过程

成比例的优先级

(1) 样本i的优先级。

(2)……是绝对的TD误差。

$$p_i = |\delta_i| + \epsilon$$

(3)一个小常数，避免零优先级。

我们利用 γ(一个处于 0 ～ 1 范围内的超参数)指数放大优先权，从而可在均匀抽样和优先抽样这两种模式中来回变换，实现之前讨论过的随机优化抽样方式。

当 γ 等于 0 时，所有数值都变成 1，所以拥有相同的优先权。当 γ 等于 1 时，所有数值都等于绝对 TD 误差，所以优先权与绝对 TD 误差成正比。这是两种抽样策略的结合体。

这样的放大属性变化成一个实际概率，是要把数值除以这些数值的总和。然后就能运用这些概率在回放缓存中抽样。

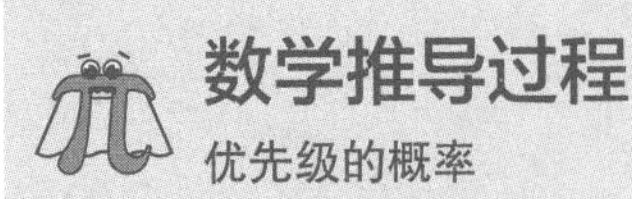

数学推导过程

优先级的概率

(1) 计算概率……

(2) ……通过提高γ的优先级来混合统一和优先级的经验回放。

$$P(i) = \frac{p_i^\alpha}{\sum_k p_k^\alpha}$$

(3)然后将其标准化，使概率之和等于1。

10.2.6 基于排名的优先级

利用成比例的优先级会导致结果对异常值特别敏感。这意味着拥有较高 TD 误差的经验，无论是真实值还是噪声值，都会比其他小数值的经验拥有更多抽样次数。我们不需要这种副作用。

计算优先级的一种略有不同的经验优先级方法是：在根据绝对 TD 误差排序时，使用样本的排序进行抽样。

这里提到的排序，是指利用 TD 误差，降序排列样本而得到的样本序号。举个例子，我们把拥有最大 TD 误差绝对值的排在第一位，把第二大 TD 误差排在第二位，以此类推。

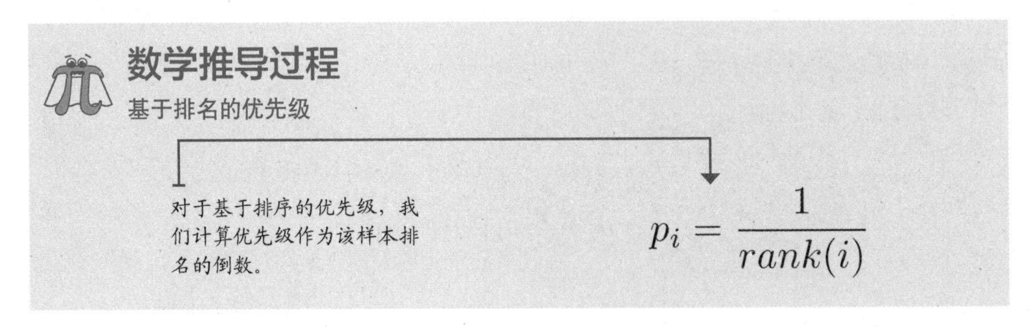

根据 TD 误差排序后，计算它们的优先级作为排名的倒数。再一次，为了计算优先级，我们继续用 γ 来缩放优先级。然后根据这些优先级计算实际概率；与之前计算的一样，将这些值标准化，使总和为 1。

总结

基于排名的优先级

正比例的优先级利用 TD 误差绝对值和一个小的常数值。小常数值的作用是涵盖 TD 误差为 0 的经验。而基于排名的优先方法利用样本排名的倒数，降序排列 TD 绝对值。

两种策略都运用同一种优先方法来生成抽样概率。

10.2.7 优先偏倚

在估算过程中，通过一个分布来预测另一个分布会产生偏倚。因为我们需要依赖于概率、优先值和 TD 误差进行抽样。

首先，我们先详细分析一下这个问题。更新的分布一定来自于与其预期相同的分布。我们在更新状态 s 和动作 a 的动作-值函数时也肯定更新目标。

目标是期待的样本。这意味着下一步的奖励和状态是随机的。在状态 s 下执行动作 a，下一步可能获得多个不同的奖励和状态。

如果忽略这一点，继续以比预测速度更快的经验去更新一个样本，那么结果将存在偏倚。这样最终收敛结果会受到很大的影响。

有一种称为加权重要性抽样(weighted importance sampling)的减缓偏倚技巧。先利用每个样本的概率求出权重，之后按照权重放大 TD 误差。

这种技巧通过改变更新的数值，从而以均匀分布的方式抽取样本。

数学推导过程

计算重要性抽样权重

(1) 通过把回放缓存里的样本个数与每个概率相乘，得到重要性抽样权重。

$$w_i = (NP(i))^{-\beta}$$

(2) 利用β求出倒数，从而得到最终的重要性抽样权重。

$$w_i = \frac{w_i}{\max_j(w_j)}$$

(3) 缩小权重，所以最大的权重是1，其他权重会更小。

为更高效地计算优先化回放缓存的重要性抽样权重，我们加入一个超参数 β 去调节正确率。当 β 是 0 时，则没有正确调节。当 β 是 1 时，则完全对偏倚正确调节。

另外，利用最大值正规化权重。当最大权重是 1 时，其他权重会降低 TD 误差。这么做是为了避免 TD 误差过快上升，保持训练的稳定性。

我们在损失函数里利用这些重要性抽样权重。在 PER 中，对梯度进行更新的时候不再直接利用 TD 误差，而把 TD 误差和重要性样本权重相乘，之后把所有 TD 误差降低，从而补偿分配值的不协调之处。

数学推导过程

带有PER梯度更新的Dueling DDQN

(1) 我不想让这个方程一直膨胀，所以只用θ来表示所有的参数，包括共享的动作-优势函数α和状态-值函数β。

$$\nabla_{\theta_i} L_i(\theta_i) = \mathbb{E}_{(w,s,a,r,s')\sim\mathcal{P}(\mathcal{D})}\left[w\big(r + \gamma Q(s', \underset{a'}{\operatorname{argmax}}\, Q(s', a'; \theta_i); \theta^-) - Q(s, a; \theta_i)\big)\nabla_{\theta_i} Q(s, a; \theta_i)\right]$$

(2) 注意这里如何将U换成P的，因为我们在做一个优先抽样，而不是均匀随机抽样。

(3) 最后，注意我们是如何使用标准化的重要性抽样权重来修改TD 误差的大小的。

Python讲解

优先回放缓存1/2

```
class PrioritizedReplayBuffer():
    <...>
    def store(self, sample):
```

(1) PritizedReplayBuffer类的存储函数很简单。要做的第一件事是计算样本的优先级。记住，我们把优先级设为最大值。下面的代码显示1为默认值，然后用最大值将其覆盖。

```
        priority = 1.0
        if self.n_entries > 0:
            priority = self.memory[
                :self.n_entries,
                self.td_error_index].max()
```

(2) 将已有的优先级和样本(经验)插入存储器中。

```
        self.memory[self.next_index,
                    self.td_error_index] = priority
        self.memory[self.next_index,
                    self.sample_index] = np.array(sample)
```

(3) 增加了表示缓存中经验次数的变量，但需要确保缓存的增长不超过max_samples。

```
        self.n_entries = min(self.n_entries + 1,
                             self.max_samples)
```

(4) 下一个变量表示下一个经验将插入的索引。这个变量从max_samples循环到0，然后返回。

```
        self.next_index += 1
        self.next_index = self.next_index % self.max_samples

    def update(self, idxs, td_errors):
```

(5) 更新函数接收经验idxs和新的TD误差值的数组。然后将绝对TD误差插入正确位置。

```
        self.memory[idxs,
```

```
                    self.td_error_index] = np.abs(td_errors)
```
(6)如果是基于秩的抽样，我们会对数组进行额外排序。注意，数组对于实现优先级回放缓存来说不是最优的，主要是因为这种排序依赖于样本数量。这将对性能产生不良影响。
```
        if self.rank_based:
            sorted_arg = self.memory[:self.n_entries,
                    self.td_error_index].argsort()[::-1]
            self.memory[:self.n_entries] = self.memory[
                                                sorted_arg]
```

Python讲解

优先回放缓存2/2

```
class PrioritizedReplayBuffer():
    <...>
    def sample(self, batch_size=None):
```
(1) 计算batch_size，并从条目中删除零行。
```
        batch_size = self.batch_size if batch_size == None \
                                             else batch_size
        self._update_beta()
        entries = self.memory[:self.n_entries]
```
(2) 现在计算优先级。如果它是基于排序的优先级，它就是排序之上的1（在更新函数中对它们进行了排序）。比例是绝对TD误差加上一个小的常数ε，以避免零优先级。
```
        if self.rank_based:
            priorities = 1/(np.arange(self.n_entries) + 1)
        else: # proportional
            priorities = entries[:, self.td_error_index] + EPS
```
(3) 现在，将目光从优先级转移到概率。首先混合均匀，然后对其进行检验。
```
        scaled_priorities = priorities**self.alpha
        pri_sum = np.sum(scaled_priorities)
        probs = np.array(scaled_priorities/pri_sum,
                                           dtype=np.float64)
```
(4) 接着使用概率计算重要性抽样权重。
```
        weights = (self.n_entries * probs)**-self.beta
```
(5) 使权重正规化，最大权重为1。
```
        normalized_weights = weights/weights.max()
```
(6) 使用概率对缓存中的经验指数进行抽样。
```
        idxs = np.random.choice(self.n_entries,
                           batch_size, replace=False, p=probs)
```
(7) 从缓存中取出样本。
```
        samples = np.array([entries[idx] for idx in idxs])
```
(8) 最后，将样本按idxs、权重和经验元组进行堆栈处理，并返回。
```
        samples_stacks = [np.vstack(batch_type) for \
    batch_type in np.vstack(samples[:, self.sample_index]).T]
        idxs_stack = np.vstack(idxs)
        weights_stack = np.vstack(normalized_weights[idxs])
        return idxs_stack, weights_stack, samples_stacks
```

Python讲解

优先回访缓存损失函数1/2

```
class PER():
    <...>
```

(1) 正如我在其他场合指出的，这是代码的一部分。我觉得这些片段值得在这里展示。

```
    def optimize_model(self, experiences):
```

(2) 需要注意，现在除了经验外，我们还有idxs和权重。

```
        idxs, weights, \
        (states, actions, rewards,
                  next_states, is_terminals) = experiences
        <...>
```

(3) 与前面一样，我们计算目标值。

```
        argmax_a_q_sp = self.online_model(next_states).max(1)[1]
        q_sp = self.target_model(next_states).detach()
        max_a_q_sp = q_sp[np.arange(batch_size), argmax_a_q_sp]
        max_a_q_sp = max_a_q_sp.unsqueeze(1)
        max_a_q_sp *= (1 - is_terminals)
        target_q_sa = rewards + (self.gamma * max_a_q_sp)
```

(4) 查询当前的估计：没有新内容。

```
        q_sa = self.online_model(states).gather(1, actions)
```

(5) 用同样的方法计算TD 误差。

```
        td_error = q_sa - target_q_sa
```

(6) 但是，现在损失函数的TD 误差被权值缩小。

```
        value_loss = (weights * td_error).pow(2).mul(0.5).mean()
```

(7) 继续前面的优化。

```
        self.value_optimizer.zero_grad()
        value_loss.backward()
        torch.nn.utils.clip_grad_norm_(
                                self.online_model.parameters(),
                                self.max_gradient_norm)
        self.value_optimizer.step()
```

(8) 使用绝对TD 误差更新回放批次的优先级。

```
        priorities = np.abs(td_error.detach().cpu().numpy())
        self.replay_buffer.update(idxs, priorities)
```

Python讲解

优先回访缓存损失函数2/2

```
class PER():
    <...>
```
(1) 这是相同的PER类，但现在我们在训练函数中。

```
    def train(self, make_env_fn, make_env_kargs, seed, gamma,
              max_minutes, max_episodes, goal_mean_100_reward):
        <...>
```
(2) 迭代循环内。

```
        for episode in range(1, max_episodes + 1):
            <...>
```
(3) 时间步长内循环。

```
            for step in count():
                state, is_terminal = \
                                self.interaction_step(state, env)

                <...>
```
(4) 训练期间的每一个时间步。

```
                if len(self.replay_buffer) > min_samples:
```
(5) 看看我们是怎么从缓存中提取经验的。

```
                    experiences = self.replay_buffer.sample()
```
(6) 从经验中提取idxs、权重和经验元组。注意是如何将样本变量加载到GPU的。

```
                    idxs, weights, samples = experiences
                    experiences = self.online_model.load(
                                                        samples)
```
(7) 再次将变量放入堆栈中。注意，这样做只是为了将样本加载到GPU中，并让它们为训练做好准备。

```
                    experiences = (idxs, weights) + \
                                               (experiences,)
```
(8) 然后对模型进行优化(这是上一页的功能)。

```
                    self.optimize_model(experiences)
```
(9) 一切照常进行。

```
                if np.sum(self.episode_timestep) % \
                        self.update_target_every_steps == 0:
                    self.update_network()

                if is_terminal:
                    break
```

关于细节

使用优先回放缓存算法的Dueling DDQN

最后，我们改进了之前所有基于值的深度强化学习方法。这一次，我们通过改进回放缓存来做到这一点。可以想象，大多数超参数与前面的方法保持相同。我们来谈谈细节。这些都是和以前一样的东西：

- 网络输出动作-值函数 $Q(s, a; \theta)$。
- 使用一种状态输入值输出的 Dueling 网络架构(节点：4, 512, 128, 1; 2, 2)。
- 优化动作-值函数，以接近最佳动作-值函数 $q^*(s, a)$。
- 使用异策 TD 目标($r + gamma*max\_a'\ q(s', a'; \theta)$) 评估策略。
- 使用可调节的 Huber 损失，max_gradient_norm 变量设置为 float(' inf ')。因此，我们使用 MSE。
- 使用 RMSprop 作为优化器，学习率为 0.0007。
- 一个指数衰减的贪婪策略(从 1.0 到 0.3，大约 20 000 步)来优化策略。
- 用于评估步骤的贪婪动作选择策略。
- 使用 Polyak 平均 tau 值 0.1 来更新每个时间步长的目标网络。
- 一个至少有 320 个样本和 64 个批次的回放缓存。

我们已经改变的事项包括：

- 使用加权重要抽样来调整 TD 误差(改变损失函数)。
- 使用一个具有比例优先级的优先级回放缓存，最大样本数为 10 000；使用值为 0.6 的 γ(优先级与均匀——1 是完全优先级)，值为 0.1 的 β(β 的初始值，偏差校正 -1 是完全校正)和值为 0.999 92 的 β 退火率(在大约 30 000 个时间步)完全退火。

PER与Dueling DDQN、DDQN、DQN 是相同的基本算法：

(1) 收集经验($S_t, A_t, R_{t+1}, S_{t+1}, D_{t+1}$)，插入回放缓存。

(2) 从缓存中提取一批量，并使用双重学习计算异策 TD 目标：$R+gamma*max\_a'\ Q(s', a'; \theta)$。

(3) 使用 MSE 和 RMSprop 拟合动作-值函数 $Q(s, a; \theta)$。

(4) 调整回放缓存中的 TD 误差。

总结

PER能进一步提高数据效率

优先级回放缓存使用的样本比以前的任何方法都少。正如你在下图中所看到的，它甚至能使事物看起来更稳定。

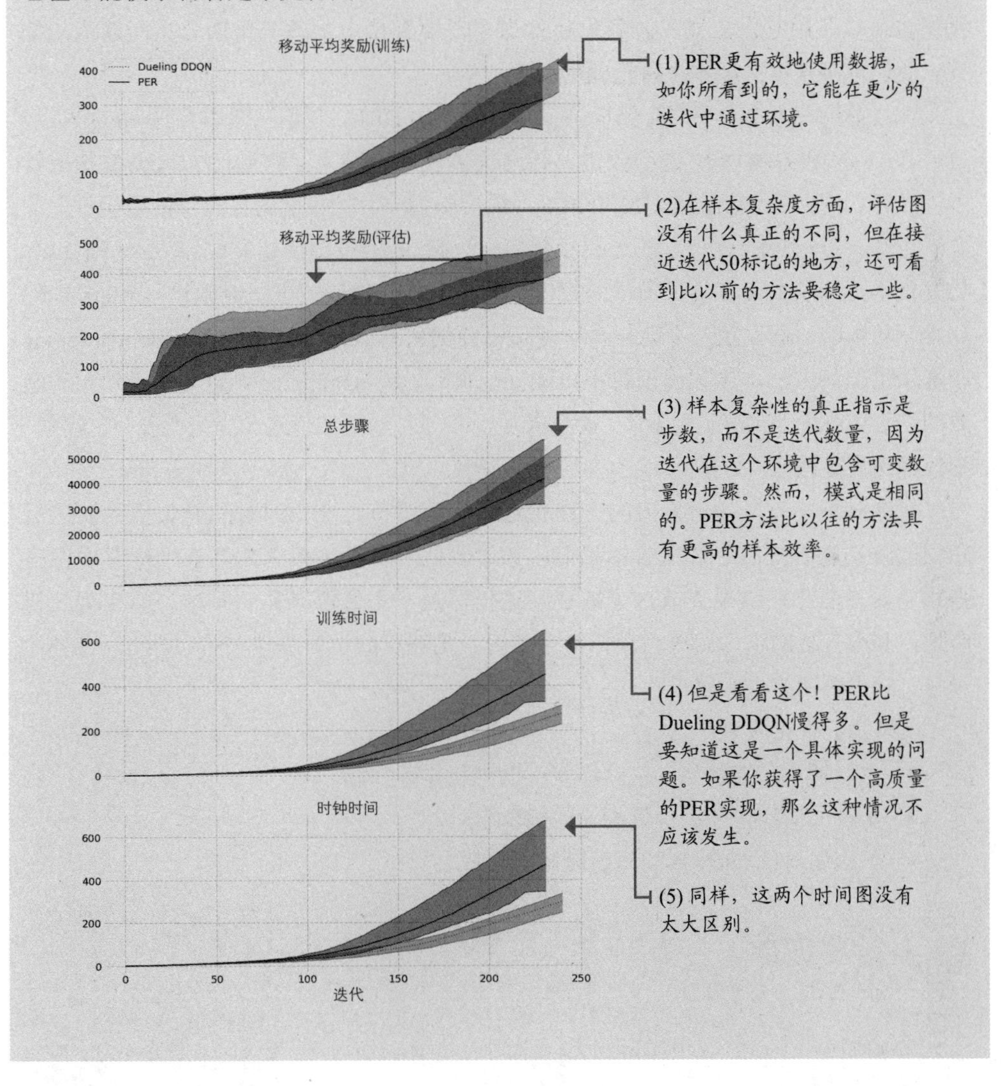

10.3 小结

这一章概述了基于价值的 DRL 方法，深入讨论了如何让基于价值的方法更加高效。我们学习了 Dueling 结构。通过把 $Q(s, a)$拆分成两个部分，很好地利用了基于价值的 RL。这两个部分是状态-值函数 $V(s)$和动作-优势函数 $A(s, a)$。这样的拆分在每一个用于更新网络的经验上增加新信息，从而对每个动作中相同的状态-值函数 $V(s)$ 做出预测。这种技巧可以让我们更快、更准确地做出预测，并减少样本的复杂性。

同时研究了经验的优先级。我们学到了 TD 误差在设立优先级时是个很好的指标。我们也可以利用它求出概率。我们还知道了需要补偿由于改变预期分布而造成的损失。我们运用重要的样本去修正偏倚。

在之前的三章中，我们简单探讨了基于价值的 DRL。我们从基本方法 NFQ 入手。之后在 DQN 和 DDQN 中进行改进，让之前的技巧更稳定。再通过加入高效抽取样本的技巧，例如 Dueling DDQN 和 PER，最后得到一个较稳健的算法。但基于价值的方法也有缺点。首先，这种方法对超参数特别敏感。我们可改变超参数，感受这种变化。会发现不可行的数值多于可操作的数值。另外，基于价值的方法会假设与 Markovian 环境互相影响，假设状态中会包含智能体需要的所有信息。当我们远离 bootstrapping 和基于价值的方法，这种假设将不再成立。最后，bootstrapping、异策学习和预测函数的结合体称为“致命三因素”。研究人员至今还不知道如何避免因为“致命三因素”导致的结果离散。

我绝对不是说，基于价值的方法相对于后续章节中介绍的方法是欠佳的。之后介绍的方法也有缺点。从本章中我们应该学到的一个基本概念是，基于价值的深度强化学习方法存在结果离散这个缺点。这仍然是一个值得研究的问题。但完善的建议是，利用目标网络、回放缓存、双重学习、足够小的学习率(但不能太小)，再进行一些实验去解决这个问题。

所以我们现在应该：

- 可以解决在连续状态空间环境下的强化学习问题。
- 了解如何稳定基于价值的 DRL 智能体。
- 了解如何让 DRL 智能体更高效地取样。

分享成果

独立学习，分享发现

关于如何在下一阶段运用自己已经学到的知识，我有一些想法。如果你愿意的话，可将你的成果分享出来，也一定要看看其他人的成果。这是个双赢的机会，希望你能把握住。

- #gdrl_ch10_tf01：本章及之前章节中使用的回放缓存，对于 Cart-pole 环境和其他低维环境来说是足够用的。然而，你可能会注意到，优先级缓存成为所有更复杂环境的阻碍。尝试重写所有回放缓存代码来加快这一过程。不要去查找别人编写的代码；试着加速回放缓存。在优先级缓存中，你会发现对样本的排序是瓶颈。也试着找出能加快这一进程的方法。

- #gdrl_ch10_tf02：当我们尝试着去解决高维环境(如 Atari 游戏)时，回放缓存代码便会变得非常缓慢，并且完全不现实。现在怎么办呢？研究其他人如何解决这个问题，这是一个阻塞优先缓存的问题。分享你的发现并自行实现数据结构。好好理解它们，并写一篇博文详细解释使用它们的好处。
- #gdrl_ch10_tf03：在前两章中，你已经学习了解决高维连续状态空间问题的方法，那么动作空间呢？这些算法每次只能选择一个动作，而且这些动作具有离散值，这似乎很差劲。但是，诸如 DQN 的方法是否只能解决规模为 1 的离散作用空间的问题？调查一下，告诉我们你的成果！
- #gdrl_ch10_tf04：在每一章中，我们都把最后一个标签定为概括性标签。欢迎用这个标签来讨论与本章有关的其他内容。没有什么任务是比你为自己布置的任务更令人兴奋的了。记得分享你的调查内容和结果。

用你的发现发个推特，打上标签 @mimoralea(我会转发)，使用列表里的标签，以便能让感兴趣的人看到你的成果。成果不分对错；你只管分享你的发现，也去检查别人的发现。借此机会进行交流、做出贡献、有所进步。期待你的分享！

以下是推特示范：

你好，@mimoralea。我写了一个博客，列出研究深度强化学习的资源。可单击<link>.#gdrl_ch01_tf01。

我保证会转发，以便别人找到你的成果。

第11章 策略梯度与actor-critic方法

本章内容：

- 学习一系列深度强化学习法，这些方法可以直接优化自身性能，而不必使用值函数。
- 学习如何使用值函数对这些算法进行优化。
- 执行同时使用多个进程进行快速学习的深度强化学习算法。

> “逆境往往是最好的。每场失败、每次心碎、每个遗憾，都孕育着一粒种子，蕴含着指引你下次做得更好的经验。”
>
> ——Malcolm X.
>
> 美国穆斯林牧师和人权活动家

前面已经探讨了在值函数的帮助下找到最优策略和次优策略的方法。然而，所有这些算法都在学习值函数，而我们需要的是策略。

本章将探索全然不同的另一部分与中间部分，将研究直接进行策略优化的方法。这些方法将策略参数化，并对其进行调整，以最大化预期收益——被称为基于策略学习或策略梯度法。

介绍基础策略梯度法后，本章将探索一类能同时学习策略与值函数的组合方法，称为 actor-critic 法。策略选择动作被视为 actor；值函数对策略进行评估，被视为 critic，该方法因此得名 actor-critic 法。在许多深度强化学习基准上，actor-critic 法通常比仅基于价值或策略梯度的方法表现得更好。学习 actor-critic 法可让你解决更具挑战性的问题。

这类方法结合前三章介绍的关于学习值函数的内容，以及你在本章第一部分学到的关于学习策略的内容。在各种不同的深度强化学习基准中，actor-critic 法通常具有最先进的性能。

基于策略法、基于价值法和actor-critic法

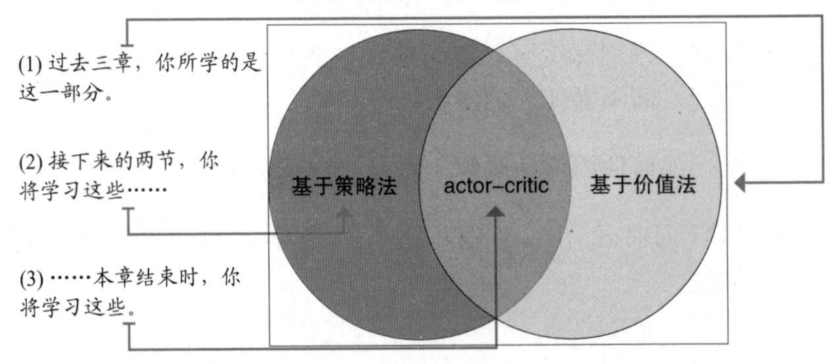

11.1 REINFORCE算法：基于结果策略学习

本节开始介绍基于策略法。本节首先介绍基于策略法，然后讨论使用这类方法时可以预期的优势，最后介绍最简单的策略梯度法，即 REINFORCE 算法。

11.1.1 策略梯度法简介

我想强调的第一点是，与基于价值法不同，策略梯度法试图使性能目标最大化；而基于价值法的重点是学习策略评估。为此，策略梯度法的目标是使预测值和目标值之间的差值最小化。更具体地说，目标是匹配给定策略的真实动作-值函数，因此

将值函数参数化，并最小化预测值和目标值之间的均方误差。注意，我们并没有真正的目标值。相反，我们在蒙特卡洛法中使用实际收益或在自举法中使用预测收益。

另一方面，基于策略法的目标是使参数化策略的性能最大化，因此要使梯度上升(或使负性能执行规则梯度下降)。很明显，智能体的性能是初始状态下的预期总折扣回报，这与给定策略中所有初始状态下的预期状态-值函数相同。

数学推导过程

基于价值法的目标与基于策略法的目标

$$L_i(\theta_i) = \mathbb{E}_{s,a}\left[\left(q_\pi(s,a) - Q(s,a;\theta_i)\right)^2\right]$$

(1) 基于价值法的目标是最小化损失函数，即真实Q函数和参数化Q函数之间的平均平方误差。

(2) 基于策略法的目标是最大化性能指标，即所有初始状态下参数化策略的真实值函数。

$$J_i(\theta_i) = \mathbb{E}_{s_0 \sim p_0}\left[v_{\pi_{\theta_i}}(s_0)\right]$$

ŘŁ 知识回顾

基于价值法、基于策略法、策略梯度法与actor-critic法

基于价值法：学习并只学习值函数的算法。Q 学习、SARSA、DQN 和 company 都属于基于价值法。

基于策略法：优化策略的算法，涉及范围广，如遗传算法的黑箱优化方法。

策略梯度法：在参数化策略的性能梯度上解决优化问题的方法。本章将学习这类方法。

actor-critic 法：同时学习策略和值函数的方法，主要通过自举法学习值函数，并将其作为随机策略梯度的分数。本章与下一章将研究这类方法。

11.1.2 策略梯度法之优势

学习参数化策略的主要优点在于，该策略可以是可学习的任何函数。基于价值法使用离散动作空间，主要是因为需要计算动作最大值。在高维动作空间中，最大值可能非常昂贵；且基于价值法在连续动作空间情况下严重受限。

另一方面，基于策略法学习随机策略更容易，这又带来了多个额外优势。首先，学习随机策略意味着在部分可观测环境下有更好的性能。直观上是因为我们可以学习任意动作概率，所以智能体对马尔可夫假设的依赖性较低。例如，如果智能体无法从其发出的观测结果中区分少数状态，那么，最优策略往往以特定的概率产生随机动作。

学习随机策略，摆脱困境

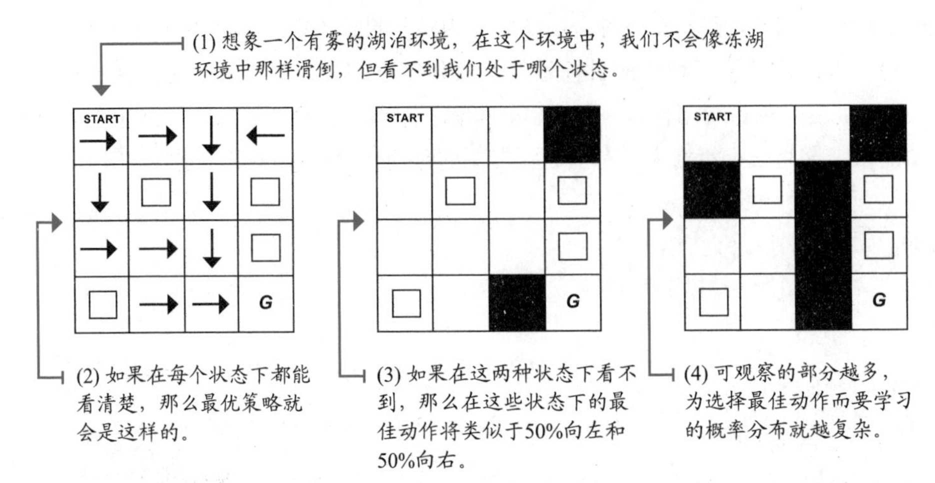

有趣的是，即使学习随机策略，也必然要学习算法以接近确定性策略。与基于价值法不同，在整个训练过程中，我们必须以一定的概率强制探索，以确保最佳性。在具有随机策略的基于策略法中，探索被嵌入所学的函数并可能在训练时收敛到特定状态的确定性策略。

学习随机策略的另一个优点在于，函数逼近可以比值函数更直接地表示策略。有时值函数的信息量远大于真实所需。计算一个状态或状态 - 动作对的精确值可能很复杂或没有必要。

学习策略可能是一个更易解决、更普遍的问题

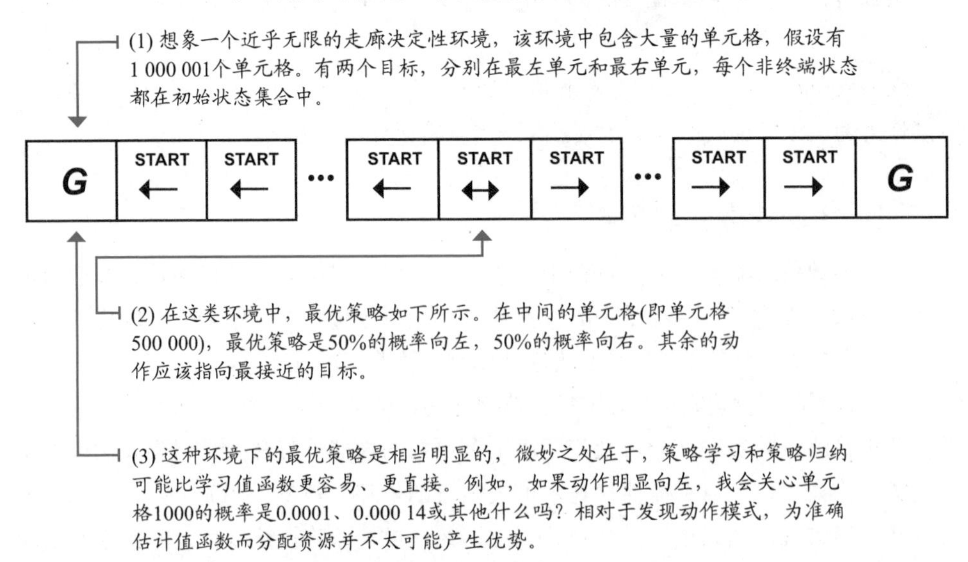

另外，由于策略参数化使用的是连续值，所以动作概率随着所学参数的函数变化而平稳变化。因此，基于策略法往往具有更好的收敛性。正如前几章所讲，基于

价值法容易出现振荡，甚至会发散。导致这一结果的一个原因是，值函数空间的微小变化可能意味着动作空间的重大变化。动作上的显著差异会产生完全不同寻常的新轨迹，从而产生不稳定性。

基于价值法使用攻击性算子来改变值函数；取 Q 值最大估计值。而基于策略法遵循随机策略梯度，随机策略逐步平稳地改变动作。如果直接遵循策略梯度，至少可以保证收敛到局部最优。

Python讲解

离散动作空间的随机策略 1/2

```
class FCDAP(nn.Module):
    def __init__(self,
                 input_dim,
                 output_dim,
                 hidden_dims=(32,32),
                 init_std=1,
                 activation_fc=F.relu):
        super(FCDAP, self).__init__()
        self.activation_fc = activation_fc

        self.input_layer = nn.Linear(
            input_dim, hidden_dims[0])

        self.hidden_layers = nn.ModuleList()
        for i in range(len(hidden_dims)-1):
            hidden_layer = nn.Linear(
                hidden_dims[i], hidden_dims[i+1])
            self.hidden_layers.append(hidden_layer)

        self.output_layer = nn.Linear(
            hidden_dims[-1], output_dim)

    def forward(self, state):
        x = state
        if not isinstance(x, torch.Tensor):
            x = torch.tensor(x, dtype=torch.float32)
            x = x.unsqueeze(0)

        x = self.activation_fc(self.input_layer(x))

        for hidden_layer in self.hidden_layers:
            x = self.activation_fc(hidden_layer(x))

        return self.output_layer(x)
```

(1) FCDAP代表全连接离散-动作策略。

(2) 参数允许你指定全连接架构、激活函数以及权重和偏置的最大幅度。

(3) 初始函数在输入和第一个隐藏层之间创建一个线性连接。

(4) 然后，在所有隐藏层之间建立连接。

(5) 最后，将最后隐藏层连接到输出节点，创建输出层。

(6) 此处有一个处理前向功能的方法。

(7) 首先要确保状态处于期望的变量类型和形状，然后才可以将其传递给网络。

(8) 接下来，将正确格式化的状态传入输入层，然后通过激活函数。

(9) 然后，将第一个激活的输出传递给隐藏层序列和各自的激活体。

(10) 最后获得动作的输出偏好，即logits。

Python讲解

离散动作空间的随机策略 2/2

```
        return self.output_layer(x)
```
(11) 此行重复上页最后一行。

```
    def full_pass(self, state):
```
(12) 这里做完整的正向传递。这一函数方便灵活，可以获得概率、动作以及训练所需的一切。

```
        logits = self.forward(state)
```
(13) 正向传递返回logits，即动作偏好。

```
        dist = torch.distributions.Categorical(logits=logits)
```
(14) 接下来，从概率分布中抽取动作。

```
        action = dist.sample()
```
(15) 然后，计算该动作的对数概率，并将其格式化用于训练。

```
        logpa = dist.log_prob(action).unsqueeze(-1)
```
(16) 此处计算策略的熵。

```
        entropy = dist.entropy().unsqueeze(-1)
```
(17) 此处为了统计，需要确定所选择的策略是否具有探索性。

```
        is_exploratory = action != np.argmax( \
                                  logits.detach().numpy())
```
(18) 最后，返回一个可以直接传入环境的动作，表示该动作是不是探索性标志，还表示该动作的对数概率，以及策略的熵。

```
        return action.item(), is_exploratory.item(), \
                                              logpa, entropy
```
(19) 抽样动作的辅助函数。

```
    def select_action(self, state):
        logits = self.forward(state)
        dist = torch.distributions.Categorical(logits=logits)
        action = dist.sample()
        return action.item()
```
(20) 用于根据策略选择贪婪动作方法。

```
    def select_greedy_action(self, state):
        logits = self.forward(state)
        return np.argmax(logits.detach().numpy())
```

11.1.3 直接学习策略

直接优化策略的主要优势之一在于其努力的方向是正确的。我们直接学习优化值函数的策略，而不需要学习值函数，也不需要考虑环境的动态变化。这怎么可能呢？让我告诉你。

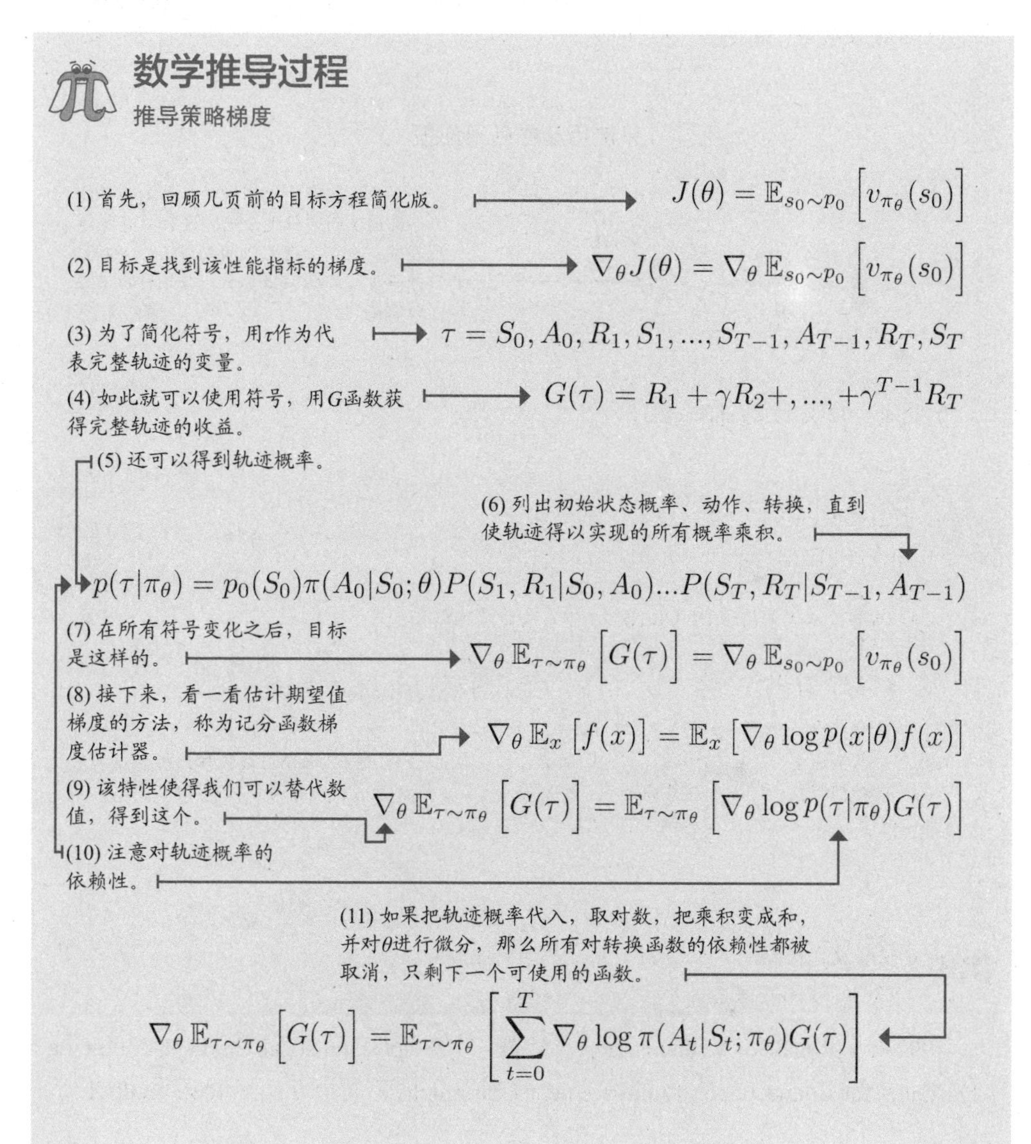

11.1.4 减少策略梯度方差

在不了解环境转换函数的情况下，有一种计算策略梯度的方法非常有用。该算法增加了轨迹中所有动作的对数概率，与全部收益的好坏成正比。换言之，首先收集一个完整轨迹，并计算完整的折后收益，然后使用该分数来加权该轨迹中采取每个动作的对数概率：$A_t, A_{t+1}, \cdots, A_{T-1}$。

只使用动作后果回报

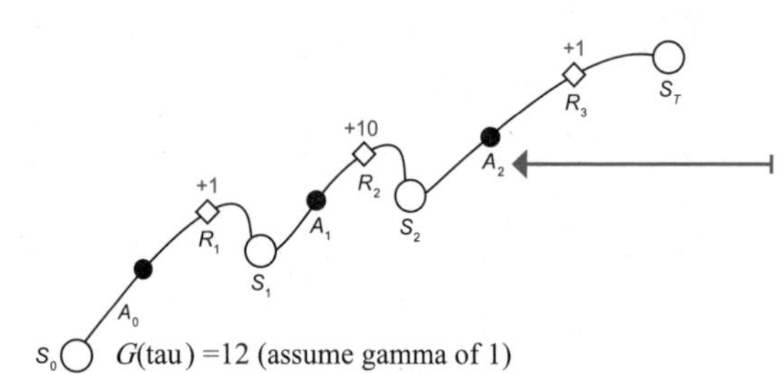

以与动作A_0相同的比例增加动作A_2的可能性，即使A_0的回报大于A_2。这么做有些违反直觉。我们知道无法回到过去，当前动作并不对过去的回报负责。我们可以在这方面做些什么？

数学推导过程

减少策略梯度方差

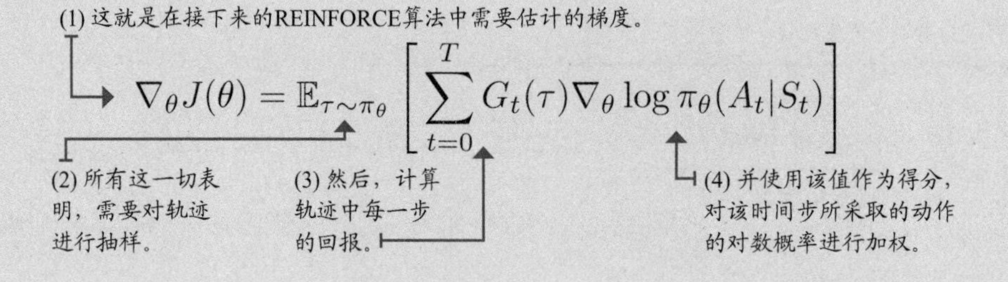

0001 历史小览

REINFORCE算法

1992 年，Ronald J. Williams 在一篇题为 Simple Statistical Gradient-Following Algorithms for Connectionist Reinforcement Learning 的论文中介绍了 REINFORCE 系列算法。

1986 年，他与 Geoffrey Hinton 等人共同发表了一篇名为 Learning Representations by Back-propagating Errors 的论文，促进了当时人工神经网络(ANN)的研究发展。

Python讲解

REINFORCE 1/2

```
class REINFORCE():
    <...>
```

(1) 这就是REINFORCE算法。<…>表示为了简洁而删除了代码。请到本章的笔记中查看完整代码。

```
    def optimize_model(self):
        T = len(self.rewards)
        discounts = np.logspace(0, T, num=T, base=self.gamma,
                                endpoint=False)
```

(2) 首先，像所有蒙特卡洛法一样计算折扣。带有[1, 0.99, 0.9801, ...]等参数的logspace函数返回每个时间步的gamma系列。

```
        returns = np.array(
            [np.sum(discounts[:T-t] * self.rewards[t:]) \
                                  for t in range(T)])
```

(3) 接下来，计算所有时间步的折现收益之和。

(4) 强调一下，收益是迭代中每个时间步的收益，从时间步0的初始状态，到终端状态前一个T-1。

(5) 注意此处使用的是数学上正确的策略梯度更新，并不常见。额外折扣假设我们需要优化初始状态下的预期折扣收益，所以后期收益会被折扣。

```
        <...>
        policy_loss = -(discounts * returns * \
                        self.logpas).mean()
```

(6) 这是策略损失；即所选动作的对数概率用该动作所得的收益加权。请注意，由于PyTorch默认进行梯度下降，需要将性能最大化，所以使用性能的负平均值来翻转函数，可将其看作在性能上做梯度上升。此外考虑了策略梯度的折扣，所以将收益乘以折扣。

```
        self.policy_optimizer.zero_grad()
        policy_loss.backward()
        self.policy_optimizer.step()
```

(7) 共三个步骤。首先将优化器中的梯度归零，然后向后传递，再沿着梯度方向迈进。

(8) 该函数获得要传递给环境的动作和训练需要的所有变量。

```
    def interaction_step(self, state, env):
        action, is_exploratory, logpa, _ = \
                        self.policy_model.full_pass(state)
        new_state, reward, is_terminal, _ = env.step(action)
        <...>
        return new_state, is_terminal
```

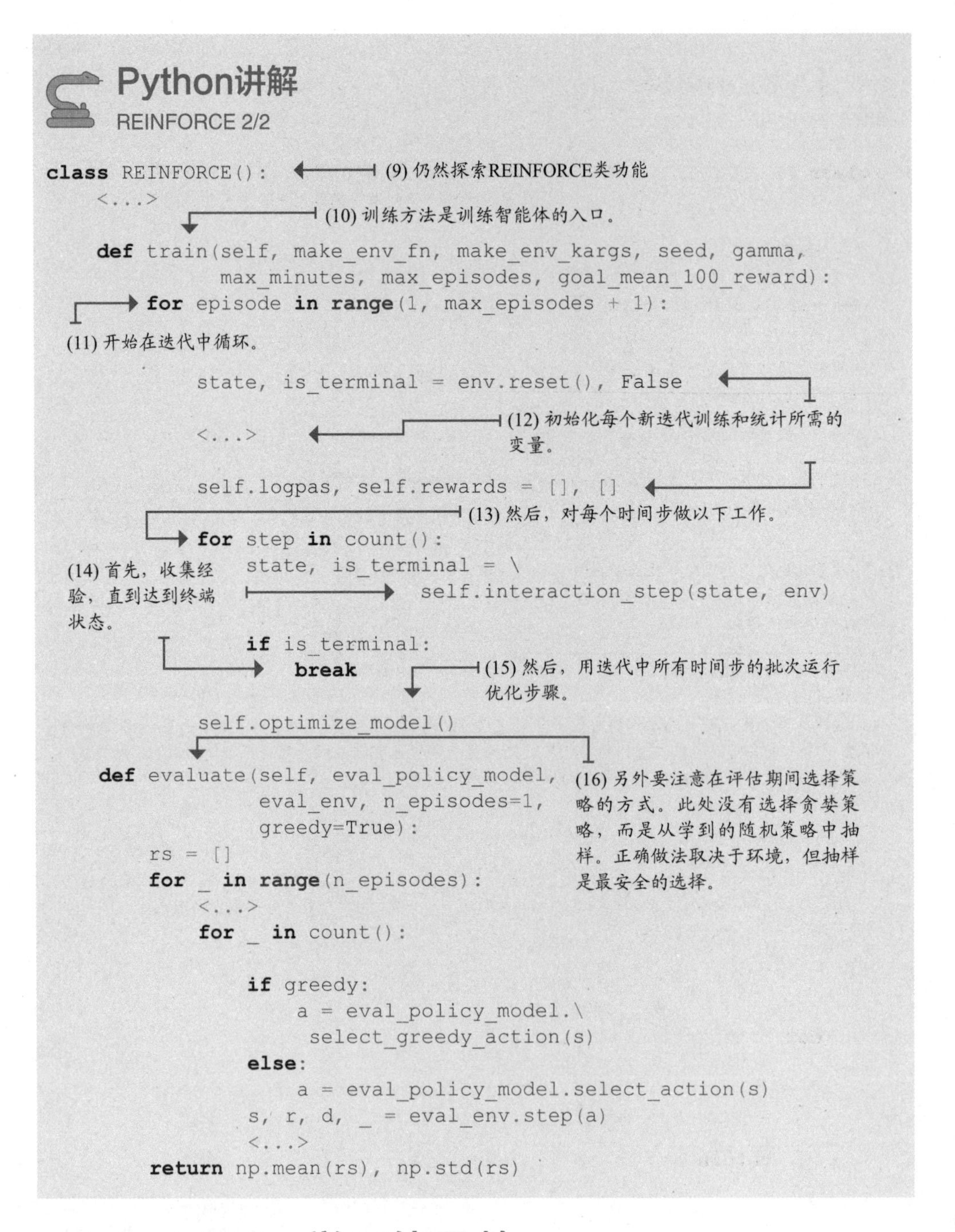

Python讲解
REINFORCE 2/2

```
class REINFORCE():
    <...>

    def train(self, make_env_fn, make_env_kargs, seed, gamma,
              max_minutes, max_episodes, goal_mean_100_reward):
        for episode in range(1, max_episodes + 1):

            state, is_terminal = env.reset(), False

            <...>

            self.logpas, self.rewards = [], []

            for step in count():
                state, is_terminal = \
                                self.interaction_step(state, env)

                if is_terminal:
                    break

            self.optimize_model()

    def evaluate(self, eval_policy_model,
                 eval_env, n_episodes=1,
                 greedy=True):
        rs = []
        for _ in range(n_episodes):
            <...>
            for _ in count():

                if greedy:
                    a = eval_policy_model.\
                     select_greedy_action(s)
                else:
                    a = eval_policy_model.select_action(s)
                s, r, d, _ = eval_env.step(a)
                <...>
        return np.mean(rs), np.std(rs)
```

(9) 仍然探索REINFORCE类功能

(10) 训练方法是训练智能体的入口。

(11) 开始在迭代中循环。

(12) 初始化每个新迭代训练和统计所需的变量。

(13) 然后，对每个时间步做以下工作。

(14) 首先，收集经验，直到达到终端状态。

(15) 然后，用迭代中所有时间步的批次运行优化步骤。

(16) 另外要注意在评估期间选择策略的方式。此处没有选择贪婪策略，而是从学到的随机策略中抽样。正确做法取决于环境，但抽样是最安全的选择。

11.2 VPG: 学习值函数

你在上一节学习的REINFORCE算法在处理简单问题时效果很好，而且有收敛性保证。但由于我们使用完全蒙特卡洛收益来计算梯度，因此其方差是个问题。本节将讨论几种处理方差的方法，这种算法称为 vanilla 策略梯度或基线 REINFORCE。

11.2.1 进一步减少策略梯度方差

REINFORCE 是一种原则性算法，但其方差很高。你可能还记得第 5 章中关于蒙特卡洛目标的讨论，我将重述一下。随机事件沿着轨迹进行累积，包括从初始状态分布中抽样的初始状态(转换函数概率)，但在本章随机策略中，这一累计是动作选择加入的随机性。所有这些随机性都在收益中得到复合，使其成为一个难以解释的高方差信号。

减少方差的一种方法是使用部分收益(而非完全收益)来改变动作的对数概率，这一改进已经得以实现。但另一问题是，动作对数概率随收益率的比例而变化。这意味着，如果我们获得显著的正收益，那么导致该收益的动作概率会大幅度增加；如果获得显著的负收益，则概率会大幅度降低。

然而，想象一下 Cart-pole 环境，该环境中所有的奖励和回报都是正的。我们需要大量的数据以准确区分动作的好坏，否则，这种差异很难消除。如果不使用嘈杂收益，而是使用一些能区分相同状态下动作-值的收益，就会很方便。一起回顾一下。

温故知新

在策略梯度法中使用估计优势

(1) 记住真实动作-优势函数的定义。

$$a_\pi(s,a) = q_\pi(s,a) - v_\pi(s)$$

(2) 优势函数逼近如下。

$$A(S_t, A_t) \approx R_t + \gamma R_{t+1} + \ldots + \gamma^{T-1} R_T - v_\pi(S_t)$$

(3) 一般估计是收益 G_t 减去该状态下的估计预期收益。

$$A(S_t, A_t) = G_t - V(S_t)$$

11.2.2 学习值函数

如前所述，可通过使用动作-优势函数的估计值而非实际回报来进一步减少策略梯度的方差。利用优势在一定程度上将分数集中在零左右；好于平均水平的动作得到正分数，低于平均水平的得到负分数。前者降低概率，而后者则增加概率。

我们要做的正是这样。现在创建两个神经网络，一个用于学习策略，另一个用于学习状态-值函数 V。然后，使用状态-值函数和收益来计算优势函数的估计值，如下所示。

两个神经网络，分别用于学习策略和值函数

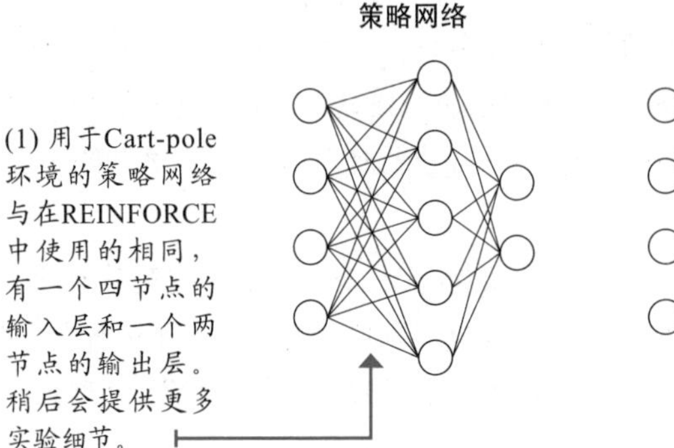

价值网络

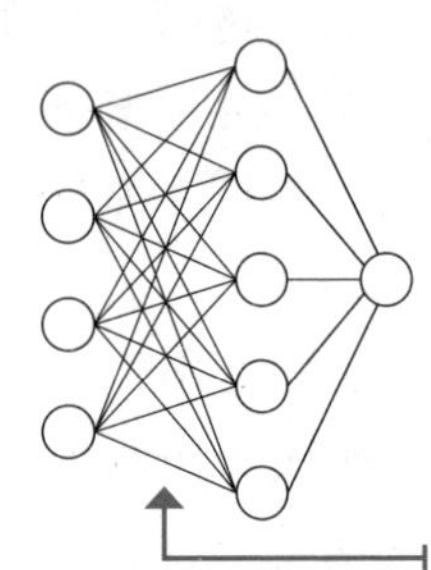

(2) 在Cart-pole环境中使用的价值网络也是四节点输入，代表状态；还有一个单节点输出，代表该状态价值。这个网络输出的是输入状态的预期收益。

ŘŁ 知识回顾

REINFORCE、vanilla策略梯度、REINFORCE基线与actor-critic法

一些接触过 DRL 的人可能会想，这是所谓的“actor-critic 法”吗？它学习策略和值函数，所以这似乎应该是 actor-critic 法。遗憾的是，这正是让初学者感到困惑的概念之一。以下是原因。

首先，根据 RL 创始人之一 Rich Sutton 的观点，无论是否学习近似值函数，策略梯度方法都近似于性能度量的梯度。然而，DRL 领域最杰出的人物之一 Sutton 曾经的学生 David Silver 却不同意这一观点。他认为，基于策略法不会额外学习值函数，只有 actor-critic 法才会学习值函数。但是，Sutton 进一步解释说，只有通过自举学习值函数的方法才应该被称为 actor-critic 法，因为正是自举让值函数增加了偏差，使其成为一个 critic，即批评者。我喜欢这种区别；因此，本书中的 REINFORCE 和 VPG 不是 actor-critic 法。但要注意专业术语并不一致。

11.2.3 鼓励探索

对策略梯度法的另一个重要改进是在损失函数中加入熵。从分布抽样所获得的信息量，到集合的排序方法数量，有许多不同的方法可以解释熵。

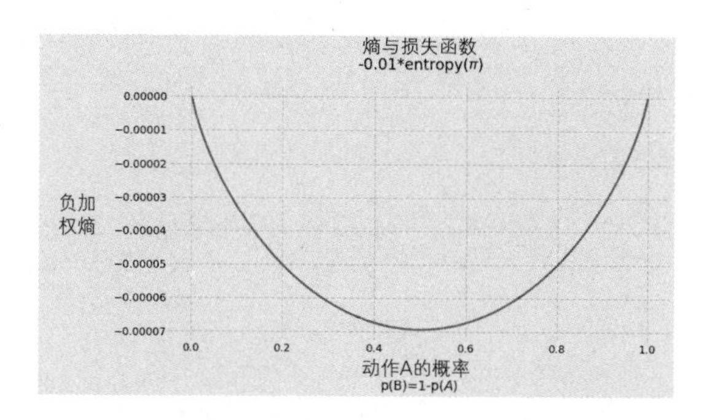

我对熵的理解很简单。样本分布平均的均匀分布的熵值很高，实际上，其熵值可以是最高的。例如，如果有两个样本，且两个样本被抽取的概率都是50%，那么对于两个样本集而言，熵是最高值。如果有四个样本，每个样本被抽取的概率都是25%，那么熵值也是一样的，是四个样本集的最高值。相反，如果两个样本，一个被抽取的概率为100%，另一个为0%，那么熵最低，永远是零。PyTorch用自然对数代替二进制对数来计算熵，这主要是因为自然对数使用欧拉数e，使数学上更加自然。但实际上没有区别，效果是一样的。在有两个动作的Cart-pole环境中，熵在0到0.6931之间。

在策略梯度法中，熵的使用方法是在损失函数中加入负的加权熵，以鼓励采取均匀分布的动作。这样，具有均匀分布动作的策略(产生最高熵)有助于将损失最小化。另一方面，收敛到单一动作(即熵为零)并不能减少损失。这种情况下，智能体最好收敛到最优动作。

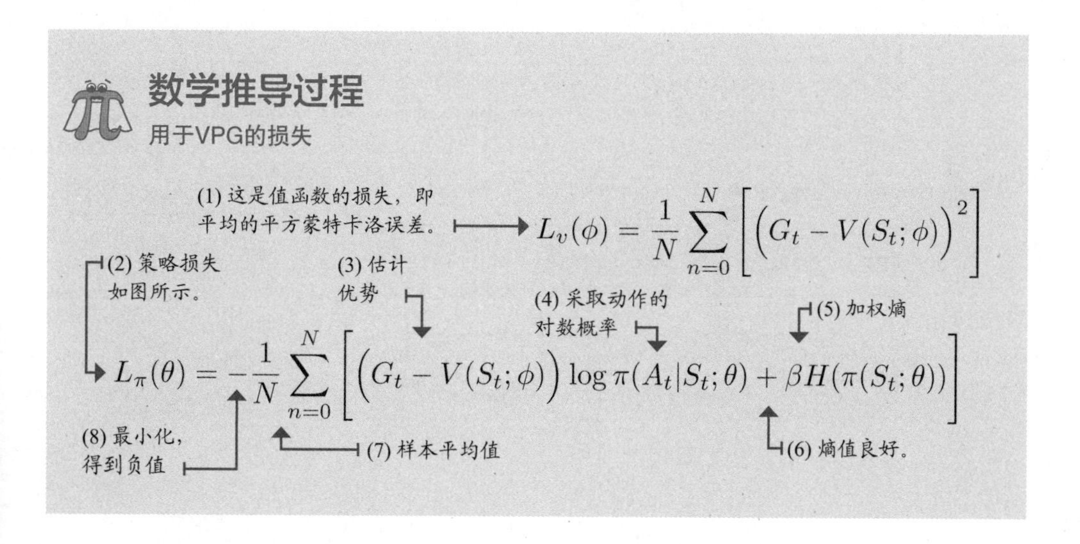

Python讲解

状态-值函数神经网络模型

```
class FCV(nn.Module):
    def __init__(self,
                 input_dim,
                 hidden_dims=(32,32),
                 activation_fc=F.relu):
        super(FCV, self).__init__()
        self.activation_fc = activation_fc
        self.input_layer = nn.Linear(input_dim,
                                     hidden_dims[0])
        self.hidden_layers = nn.ModuleList()
        for i in range(len(hidden_dims)-1):
            hidden_layer = nn.Linear(
                hidden_dims[i], hidden_dims[i+1])
            self.hidden_layers.append(hidden_layer)
        self.output_layer = nn.Linear(
            hidden_dims[-1], 1)

    def forward(self, state):
        x = state
        if not isinstance(x, torch.Tensor):
            x = torch.tensor(x, dtype=torch.float32)
            x = x.unsqueeze(0)
        x = self.activation_fc(self.input_layer(x))
        for hidden_layer in self.hidden_layers:
            x = self.activation_fc(hidden_layer(x))
        return self.output_layer(x)
```

(1) 图示为状态-值函数神经网络，类似于我们过去使用的Q-函数网络。

(2) 注意此处有超参数供你方便使用，可以试试。

(3) 此处在输入节点和第一个隐藏层之间建立线性连接。

(4) 此处创建隐藏层之间的连接。

(5) 此处将最后一个隐藏层连接到输出层，输出层只有一个节点，代表状态-值。

(6) 前向函数，状态-值。

(7) 按照期望进行格式化输入。

(8) 做一个完整的前向传递……

(9) ……返回状态-值

Python讲解

vanilla策略梯度，又名REINFORCE基线

```
class VPG():
    <...>
```

(1) 这就是VPG算法。此处删除了许多代码，请到本章笔记中寻找完整版。

```
    def optimize_model(self):
        T = len(self.rewards)
        discounts = np.logspace(0, T, num=T, base=self.gamma,
                                endpoint=False)
        returns = np.array(
[np.sum(discounts[:T-t] * self.rewards[t:]) for t in range(T)])
```

(2) 计算从时间步0到T的折扣回报之和的简便方法。

(3) 需要强调的是，该循环通过所有的时间步，从0开始，然后是1、2、3，直到终端状态T，并计算该状态的收益，即从时间步t的状态到终端状态T的折扣回报之和。

```
        value_error = returns - self.values
        policy_loss = -(
         discounts * value_error.detach() * self.logpas).mean()
```

(4) 首先计算价值误差，用该误差给动作的对数概率评分。然后，对这些进行折扣，使之与折扣策略梯度相适应。最后使用负平均值。

```
        entropy_loss = -self.entropies.mean()
        loss = policy_loss + \
               self.entropy_loss_weight * entropy_loss
```

(5) 计算熵，并将损失与分数相加。

```
        self.policy_optimizer.zero_grad()
        loss.backward()
        torch.nn.utils.clip_grad_norm_(
                              self.policy_model.parameters(),
                              self.policy_model_max_grad_norm)
        self.policy_optimizer.step()
```

(6) 现在，优化策略。将优化器归零，进行后向传递；如有必要，对梯度进行修剪。

(7) 对优化器进行步进。

(8) 最后，优化值函数神经网络。

```
        value_loss = value_error.pow(2).mul(0.5).mean()
        self.value_optimizer.zero_grad()
        value_loss.backward()
        torch.nn.utils.clip_grad_norm_(
                              self.value_model.parameters(),
                              self.value_model_max_grad_norm)
        self.value_optimizer.step()
```

11.3 A3C：平行策略更新

对于简单的问题，VPG 是一种相当稳健的方法；它使用一个无偏差的目标来学习策略和值函数，因此大多数情况下都无偏差。也就是说，VPG 使用蒙特卡洛收益，这是在环境中直接经历的完整的实际收益，不经历任何自举。整个算法中的唯一偏差来源于我们使用的函数逼近，函数逼近本身就是有偏差的，但由于 ANN 只是用于减少实际收益方差的基线，所以即使有偏差，偏差也很小。

然而，偏差算法必须要避免。通常会增加偏差以减少方差。一种称为异步优势 actor-critic(asynchronous advantage actor-critic，A3C)的算法可以进一步减少方差。首先，它使用 n_step 自举收益来学习策略和值函数，其次，它使用并发动作来并行生成一组广泛的经验样本集。我们来了解一下细节。

11.3.1 使用actor工作器

DRL 算法中，方差的主要来源之一是在线样本的相关性和非平稳性。在基于价值法中，我们使用重放缓冲区，对大多数独立且恒等分布的数据进行小批量的均匀抽样。然而，这种经验重放方案仅限于在异策方法中减少方差，因为同策智能体不能重用以前策略生成的数据。换句话说，每个优化步骤都需要一批新的策略经验。

与使用重放缓冲区不同，可在同策方法(如本章所学的策略梯度算法)中做的是让多个工作器并行产生经验，并异步更新策略和值函数。让多个工作器在多个环境实例上并行生成经验，可以消除用于训练的数据的相关性，减少算法方差。

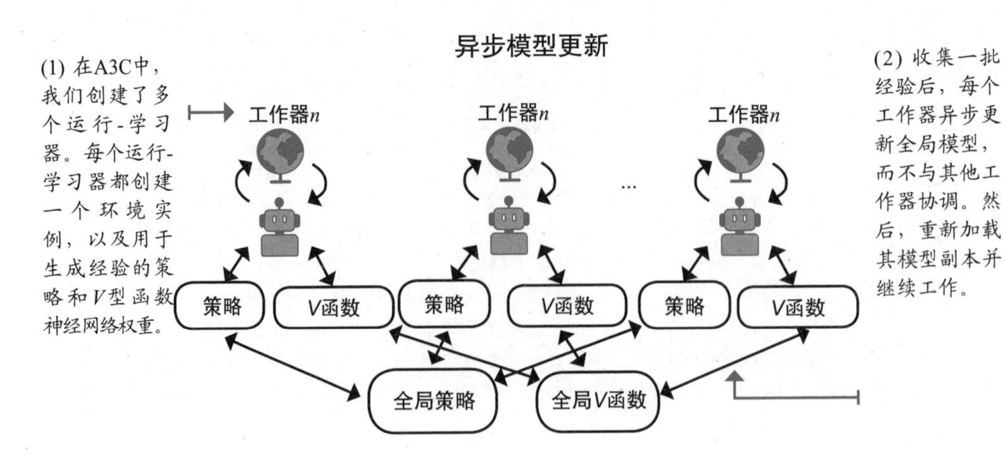

Python讲解

A3C工作器逻辑1/2

```
class A3C():         ← (1) A3C智能体
    <...>            ← (2) 此处依旧是代码片段。你知道在哪里可以找到运行代码。

    def work(self, rank):   ← (3) 这是每个工作器循环的运行函数。rank参数代表工作器ID。

        local_seed = self.seed + rank
        env = self.make_env_fn(
            **self.make_env_kargs,
            seed=local_seed)
```

(4) 请注意为每个工作器创建独属种子的方式。我们想要多样化的经验。

(5) 为每个工作器创建一个独一无二的种子环境。

```
        torch.manual_seed(local_seed)
        np.random.seed(local_seed)
        random.seed(local_seed)
```

(6) 对PyTorch、NumPy和Python使用该种子。

```
        nS = env.observation_space.shape[0]
        nA = env.action_space.n              ← (7) 可用的变量。
```

(8) 此处创建了一个本地策略模型。看看如何用共享策略网络的权重来初始化它的权重。这个网络使我们能定期同步智能体。

```
        local_policy_model = self.policy_model_fn(nS, nA)
        local_policy_model.load_state_dict(
                        self.shared_policy_model.state_dict())
```

(9) 对价值模型重复以上操作。注意，我们不需要nA的输出维度。

```
        local_value_model = self.value_model_fn(nS)
        local_value_model.load_state_dict(
                        self.shared_value_model.state_dict())
```

(10)开始训练循环，直到示意退出工作器。

```
        while not self.get_out_signal:
            state, is_terminal = env.reset(), False
```

(11) 首先要做的是重置环境，并将done或is_terminal标志设置为失败。

(12) 如你所见，我们使用n_step收益来训练策略和值函数。

```
            n_steps_start = 0
            logpas, entropies, rewards, values = [], [], [], []

            for step in count(start=1):
```

(13)下页继续。

Python讲解

A3C工作器逻辑2/2

```
for step in count(start=1):
```

(14) 缩进部分去掉了8个空格，以便阅读。

(15) 迭代循环中。首先要收集一步经验。

```
    state, reward, is_terminal, is_truncated, \
       is_exploratory = self.interaction_step(
         state, env, local_policy_model,
         local_value_model, logpas,
         entropies, rewards, values)
```

(16)收集n_step最大值。遇到终端状态就停止。

```
    if is_terminal or step - n_steps_start == \
                                   self.max_n_steps:

        is_failure = is_terminal and not is_truncated
```

(17) 检查是时间包装器被触发还是遇到真正终端状态。

```
        next_value = 0 if is_failure else \
                   local_value_model(state).detach().item()
```

(18) 如果失败，那么下一状态的值就为0；如果不是，就进行自举。

```
        rewards.append(next_value)
```

(19) 看！这里悄悄地把next_value追加到回报中，来自VPG的优化代码会基本保持不变。注意观察。

```
        self.optimize_model(
            logpas, entropies, rewards, values,
            local_policy_model, local_value_model)
```

(20) 接下来优化模型。我们很快就会深入研究这个函数。

```
        logpas, entropies, rewards, values = [], [], [], []
        n_steps_start = step
```

(21) 在优化步骤后重置变量并继续。

```
    if is_terminal:
        break
```

(22) 如果状态是终端的，当然要退出迭代循环。

```
<...>
```

(23) 此处省略。

11.3.2 使用n-step估计

上文中，我把下一状态-值附加到回报序列中，无论它是否为终端状态。这意味着回报变量包含部分轨迹的所有奖励和最后状态的状态-值估计。我们也可将其视为把部分收益和预测的剩余收益放在同一位置。部分收益是回报序列，而预测的剩余收益是单一的数字估计，它不是收益的唯一原因是，它不是折扣总和，但这个问题也能得到解决。

你应该意识到这是一个 n_step 收益，第 5 章学习过相关知识。我们收集奖励，然后在第 n_step 状态后或到达终端状态前进行自举，以先到者为准。

与蒙特卡洛收益相比，A3C 利用了 n_step 收益方差较小的优势。我们还使用值函数来预测用于更新策略的收益。你应该记得，自举法可减少方差，但会增加偏差，因此，我们在策略梯度算法中加入一个 critic。欢迎来到 actor-critic 法的世界。

数学推导过程

使用n-step自举估计

(1) 以前，使用全部收益进行优势估计。

$$A(S_t, A_t; \phi) = G_t - V(S_t; \phi)$$

(2) 现在，使用n-step自举法收益。

$$A(S_t, A_t; \phi) = R_t + \gamma R_{t+1} + ... + \gamma^n R_{t+n} + \gamma^{n+1} V(S_{t+n+1}; \phi) - V(S_t; \phi)$$

(3) 使用n-step的优势估计值来更新动作概率

$$L_\pi(\theta) = -\frac{1}{N}\sum_{n=0}^{N}\left[A(S_t, A_t; \phi)\log\pi(A_t|S_t;\theta) + \beta H(\pi(S_t;\theta))\right]$$

(4) 还用n-step收益来改进值函数估计。注意此处的自举。这就是使该算法成为actor-critic法的原因。

$$L_v(\phi) = \frac{1}{N}\sum_{n=0}^{N}\left[\left(R_t + \gamma R_{t+1} + ... + \gamma^n R_{t+n} + \gamma^{n+1} V(S_{t+n+1}; \phi) - V(S_t; \phi)\right)^2\right]$$

Python讲解

A3C优化步骤1/2

```
class A3C():                    ⟵ (1) A3C，优化函数
    <...>

    def optimize_model(
            self, logpas, entropies, rewards, values,
            local_policy_model, local_value_model):
                                ⟵ (2) 首先得到奖励长度。记住，奖励包括自举值。
        T = len(rewards)
        discounts = np.logspace(0, T, num=T, base=self.gamma,
                                endpoint=False)
# (3) 接下来，计算到n+1的所有折扣。
        returns = np.array(
    [np.sum(discounts[:T-t] * rewards[t:]) for t in range(T)])
# (4) 现在这是n-step的预测回报。
        discounts = torch.FloatTensor(
                                 discounts[:-1]).unsqueeze(1)
        returns = torch.FloatTensor(returns[:-1]).unsqueeze(1)
# (5) 为执行余下的操作，需要删除多余元素，并按照预期格式化变量。
        value_error = returns - values
# (6) 现在，计算价值误差，即预测收益减去估计值。
        policy_loss = -(discounts * value_error.detach() * \
                                              logpas).mean()
        entropy_loss = -entropies.mean()
        loss = policy_loss + self.entropy_loss_weight * \
                                                 entropy_loss
# (7) 计算损失。
        self.shared_policy_optimizer.zero_grad()
        loss.backward()           ⟵ (8) 注意，现在将共享策略优化器归零，
                                        然后计算损失。
        torch.nn.utils.clip_grad_norm_(
              local_policy_model.parameters(),
              self.policy_model_max_grad_norm)
# (9) 然后，剪辑梯度的大小。
        for param, shared_param in zip(   ⟵ (10) 下页重复该行。
```

Python讲解

A3C优化步骤2/2

(11) 此处迭代所有本地和共享策略网络参数。

(12) 需要把每个梯度从本地复制到共享模型中。

```
for param, shared_param in zip(
        local_policy_model.parameters(),
        self.shared_policy_model.parameters()):
    if shared_param.grad is None:
        shared_param._grad = param.grad
```

(13) 一旦梯度被复制到共享优化器中，就运行优化步骤。

```
self.shared_policy_optimizer.step()
```

(14) 然后立即将共享模型加载到本地模型中。

```
local_policy_model.load_state_dict(
        self.shared_policy_model.state_dict())
```

(15) 接下来，对状态-值网络重复以上操作。计算损失。

```
value_loss = value_error.pow(2).mul(0.5).mean()
```

(16) 将共享值优化器归零。

```
self.shared_value_optimizer.zero_grad()
value_loss.backward()
```

(17) 对梯度进行反向传播。

(18) 然后，剪辑梯度。

```
torch.nn.utils.clip_grad_norm_(
        local_value_model.parameters(),
        self.value_model_max_grad_norm)
```

(19) 再将所有梯度从本地模型复制到共享模型中。

```
for param, shared_param in zip(
        local_value_model.parameters(),
        self.shared_value_model.parameters()):
    if shared_param.grad is None:
        shared_param._grad = param.grad

self.shared_value_optimizer.step()
```

(20) 步进优化器。

(21) 最后，将共享模型加载到本地变量中。

```
local_value_model.load_state_dict(
        self.shared_value_model.state_dict())
```

11.3.3 无障碍模型更新

A3C 最关键的一个方面在于其网络更新是异步且非锁定的。拥有共享模型会使有能力的软件工程师倾向于想要有一个阻止机制来防止工作器覆盖其他更新。有趣的是，A3C 使用了一种称为“Hogwild! 算法”的更新方式，这种方式不仅可获得接近最优的收敛率，而且其性能比使用锁定的替代方案好一个数量级。

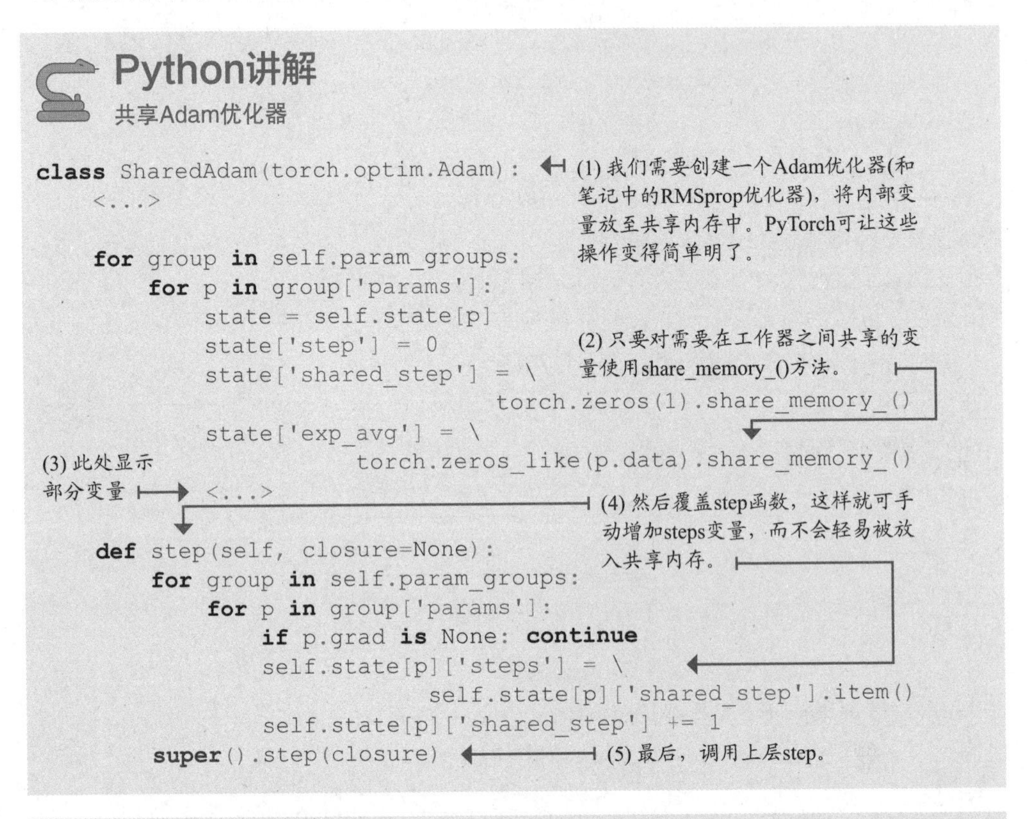

0001 历史小览

异步优势actor-critic(A3C)

Vlad Mnih 等人于 2016 年在一篇题为 Asynchronous Methods for Deep Reinforcement Learning 的论文中介绍了 A3C。如果你没记错的话，Vlad 还在两篇论文中介绍了 DQN 智能体，一篇发表于 2013 年，另一篇发表于 2015 年。虽然 DQN 在总体上促进了 DRL 研究的发展，但 A3C 使得大众更关注 actor-critic 法。

11.4 GAE: 稳健优势估计

A3C 使用 n_step 收益来减少目标方差。不过，你可能还记得第 5 章介绍过一种更稳健的方法，它将多个 n_step 自举目标组合到单个目标中，创建出比单个 n-step 更健壮的目标：λ-target。广义优势估计(Generalized Advantage Estimation，GAE)类似于 TD(λ)中的 λ-target，但具有许多优点。

广义优势估计

GAE 本身并不是智能体，而是一种估计优势函数目标的方法，大多数 actor-critic 法都可以使用这种方法。更具体地说，GAE 使用 n-step 动作-优势函数目标的指数加权组合，就像 λ-target 是 n-step 状态-值函数目标的指数加权组合一样。以调整 λ-target 的相同方式调整这类目标，可极大地减少策略梯度估计的方差，但偏差会增大。

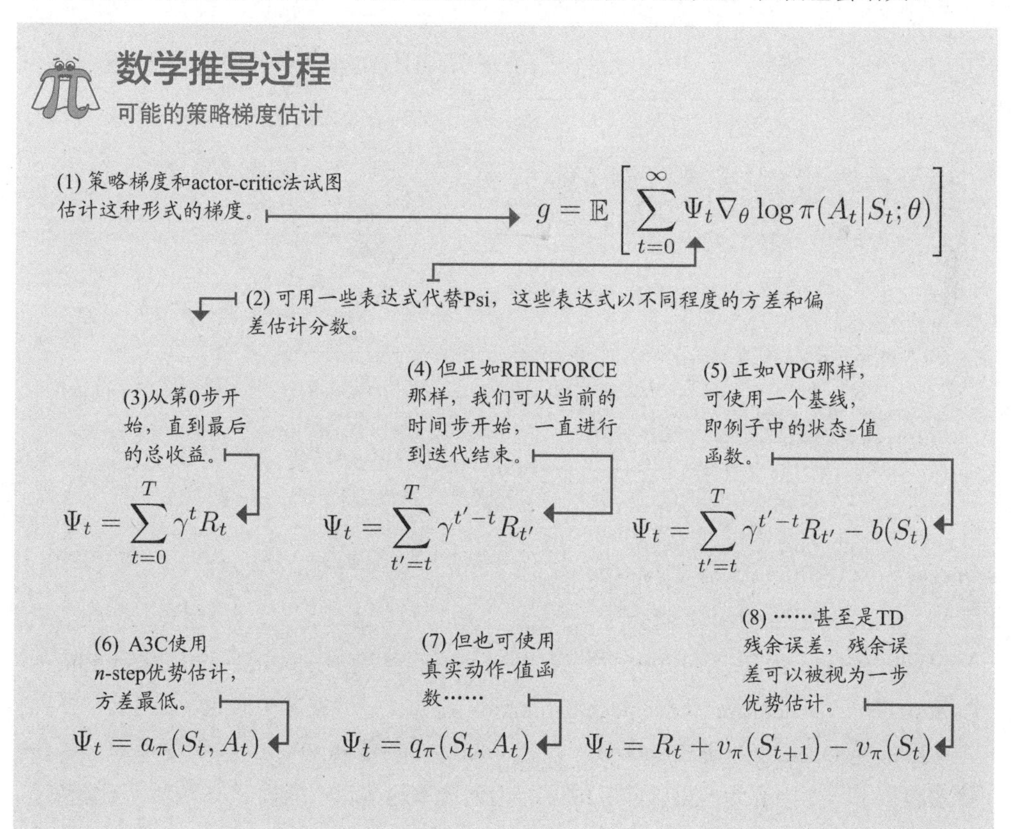

数学推导过程

GAE：优势函数的稳健估计

(1) n-step优势估计……

$$A^1(S_t,A_t;\phi)=R_t+\gamma V(S_{t+1};\phi)-V(S_t;\phi)$$
$$A^2(S_t,A_t;\phi)=R_t+\gamma R_{t+1}+\gamma^2 V(S_{t+2};\phi)-V(S_t;\phi)$$
$$A^3(S_t,A_t;\phi)=R_t+\gamma R_{t+1}+\gamma^2 R_{t+2}+\gamma^3 V(S_{t+3};\phi)-V(S_t;\phi)$$
$$\cdots$$
$$A^n(S_t,A_t;\phi)=R_t+\gamma R_{t+1}+\ldots+\gamma^n R_{t+n}+\gamma^{n+1} V(S_{t+n+1};\phi)-V(S_t;\phi)$$

(2) ……可以混合起来做一个对于优势的类似TD λ估计。

$$A^{GAE(\gamma,\lambda)}(S_t,A_t;\phi)=\sum_{l=0}^{\infty}(\gamma\lambda)^l\delta_{t+l}$$

(3) 同样，λ为0返回one-step优势估计值，λ为1返回无穷步优势估计值。

$$A^{GAE(\gamma,0)}(S_t,A_t;\phi)=R_t+\gamma V(S_{t+1};\phi)-V(S_t;\phi)$$

$$A^{GAE(\gamma,1)}(S_t,A_t;\phi)=\sum_{l=0}^{\infty}\gamma^l R_{t+l}-V(S_t;\phi)$$

数学推导过程

可能的价值目标

(1) 注意，可使用数个不同的目标来训练用于计算GAE值的状态-值函数神经网络。

(2) 可以使用奖励，即蒙特卡洛收益。

$$y_t=\sum_{t'=t}^{T}\gamma^{t'-t}R_{t'}$$

(3) n-step自举目标，包括TD目标

$$y_t=R_t+\gamma R_{t+1}+\ldots+\gamma^n R_{t+n}+\gamma^{n+1}V(S_{t+n+1};\phi)$$

(4) 或GAE，即TD(λ)估计值

$$y_t=A^{GAE(\gamma,\lambda)}(S_t,A_t;\phi)+V(S_t;\phi)$$

0001 历史小览

广义优势估计

John Schulman 等人于 2015 年发表了一篇题为 High-dimensional Continuous Control Using Generalized Advantage Estimation 的论文，并在其中介绍了 GAE。

John 是 OpenAI 的研究科学家，也是 GAE、TRPO 和 PPO 的主要发明人，这些算法将在下一章中介绍。2018 年，John 因为创造了这些算法而被“35 岁以下创新者”认可，这些算法至今仍是最先进的。

数学推导过程

GAE的策略优化步骤

(1) GAE优化模型逻辑。

```
class GAE():
    <...>
    def optimize_model(
            self, logpas, entropies, rewards, values,
            local_policy_model, local_value_model):
```

(2) 首先，创建折扣收益，就像在A3C中所做那样。

```
        T = len(rewards)
        discounts = np.logspace(0, T, num=T, base=self.gamma,
                                endpoint=False)
        returns = np.array(
      [np.sum(discounts[:T-t] * rewards[t:]) for t in range(T)])
```

(3) 这两行首先创建一个包含所有状态-值的NumPy数组，其次创建一个包含$(\gamma*\lambda)$^t的数组。注意，λ也经常被称为τ，此处用τ表示λ。

```
        np_values = values.view(-1).data.numpy()
        tau_discounts = np.logspace(0, T-1, num=T-1,
                     base=self.gamma*self.tau, endpoint=False)
```

(4) 该行创建一个TD错误数组：对于从t=0到T，有R_t + gamma * value_t+1 - value_t。

```
        advs = rewards[:-1] + self.gamma * \
                                 np_values[1:] - np_values[:-1]
```

(5) 此处创建GAE，通过将τ折扣乘以TD误差。

```
        gaes = np.array(
[np.sum(tau_discounts[:T-1-t] * advs[t:]) for t in range(T-1)])
```

(6)现在使用GAE来计算策略损失。

```
        <...>

        policy_loss = -(discounts * gaes.detach() * \
                                             logpas).mean()
        entropy_loss = -entropies.mean()
        loss = policy_loss + self.entropy_loss_weight * \
                                              entropy_loss
```

(7) 像往常一样进行。

```
        value_error = returns - values
        value_loss = value_error.pow(2).mul(0.5).mean()
        <...>
```

11.5 A2C: 同步策略更新

在 A3C 中，工作器异步更新神经网络。但是，异步工作器可能不是 A3C 成为如此高性能算法的原因。优势 actor-critic(Advantage actor-critic，A2C)是 A3C 的同步版本，尽管其编号顺序较低，但它是在 A3C 之后提出的，并表现出与 A3C 相当的性能。本节中，我们将探讨 A2C，以及其他一些可以应用于策略梯度法的更改。

11.5.1 权重分担模型

现有算法的一个变化是对策略和值函数使用单个神经网络。当从图像中学习时，其特征提取可能是计算密集型的，因此共享同一个模型可能特别有利。然而，由于策略和值函数更新的规模可能并不相同，模型共享可能具有挑战性。

策略和价值输出之间的权重分担

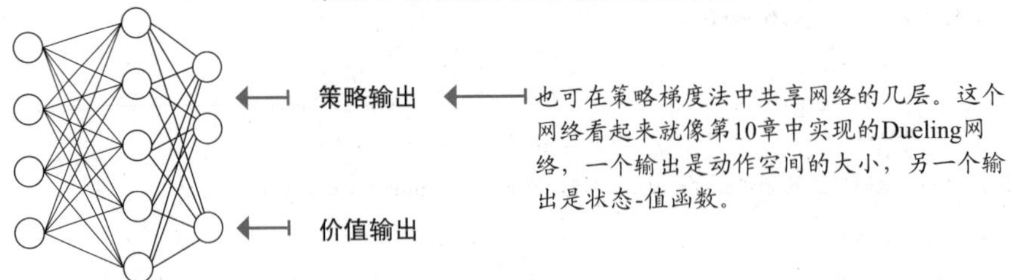

Python讲解

权重分享actor-critic法神经网络模型 1/2

```
class FCAC(nn.Module):                    ← (1) 完全连接的actor-critic模型。
    def __init__(
        self, input_dim, output_dim,
        hidden_dims=(32,32), activation_fc=F.relu):
  (2) 网络实例化过程，与独立网络模型类似。
        super(FCAC, self).__init__()
        self.activation_fc = activation_fc
        self.input_layer = nn.Linear(input_dim, hidden_dims[0])
        self.hidden_layers = nn.ModuleList()
        for i in range(len(hidden_dims)-1):
            hidden_layer = nn.Linear(
                hidden_dims[i], hidden_dims[i+1])
            self.hidden_layers.append(hidden_layer)
        self.value_output_layer = nn.Linear(    ← (3) 继续，在下页重复。
```

Python讲解

权重分享actor-critic法神经网络模型 2/2

```
        self.value_output_layer = nn.Linear(
            hidden_dims[-1], 1)
        self.policy_output_layer = nn.Linear(
            hidden_dims[-1], output_dim)
```

(4) 在这里建立，价值输出和策略输出都连接到隐藏层的最后一层。

```
    def forward(self, state):
        x = state
        if not isinstance(x, torch.Tensor):
            x = torch.tensor(x, dtype=torch.float32)
            if len(x.size()) == 1:
                x = x.unsqueeze(0)
        x = self.activation_fc(self.input_layer(x))
        for hidden_layer in self.hidden_layers:
            x = self.activation_fc(hidden_layer(x))
        return self.policy_output_layer(x), \
               self.value_output_layer(x)
```

(5) 前向通道开始重塑输入，以匹配预期的变量类型和形状。

(6) 注意它是如何从策略层和价值层输出的。

```
    def full_pass(self, state):
        logits, value = self.forward(state)
        dist = torch.distributions.Categorical(logits=logits)
        action = dist.sample()
        logpa = dist.log_prob(action).unsqueeze(-1)
        entropy = dist.entropy().unsqueeze(-1)
        action = action.item() if len(action) == 1 \
                                        else action.data.numpy()
        is_exploratory = action != np.argmax(
            logits.detach().numpy(), axis=int(len(state)!=1))
        return action, is_exploratory, logpa, entropy, value
```

(7) 该函数非常便捷，可以一次性获得对数概率、熵和其他变量。

(8)为给定的状态或一批状态选择一个或多个动作。

```
    def select_action(self, state):
        logits, _ = self.forward(state)
        dist = torch.distributions.Categorical(logits=logits)
        action = dist.sample()
        action = action.item() if len(action) == 1 \
                                        else action.data.numpy()
        return action
```

11.5.2 恢复策略更新秩序

以 Hogwild! 算法的方式更新神经网络可能很混乱，但引入锁定机制会大大降低 A3C 的性能。在 A2C 中，我们将工作器从智能体转移到环境中，不再有多个动作-学习者，而是有多个动作和一个学习者。事实证明，在策略梯度法中，让工作器积累出经验才是优势所在。

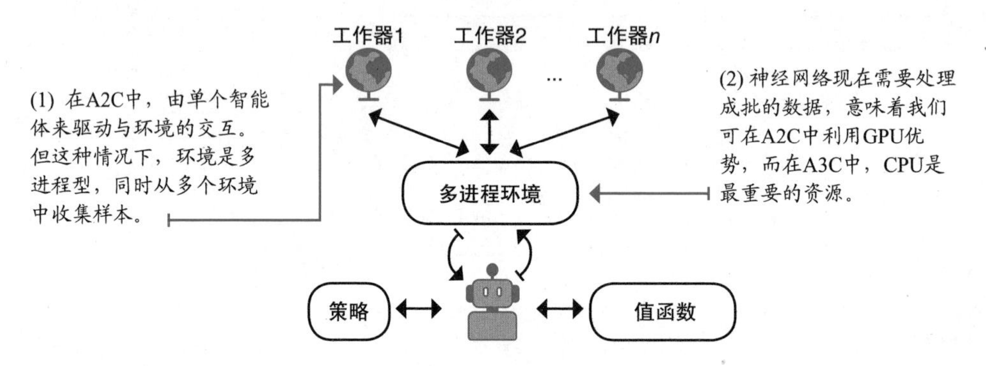

Python讲解

多进程环境包装器 1/2

```
class MultiprocessEnv(object):
    def __init__(self, make_env_fn,make_env_kargs,
                 seed, n_workers):
        self.make_env_fn = make_env_fn
        self.make_env_kargs = make_env_kargs
        self.seed = seed
        self.n_workers = n_workers

        self.pipes = [
                 mp.Pipe() for rank in range(self.n_workers)]
        self.workers = [
            mp.Process(target=self.work,
                       args=(rank, self.pipes[rank][1])) \
                             for rank in range(self.n_workers)]
        [w.start() for w in self.workers]
```

(1) 多进程环境创建了与工作器的通信管道，并创建了工作器本身。

(2) 此处创建工作器。

(3) 此处启动工作器。

Python讲解

多进程环境包装器 2/2

```
        [w.start() for w in self.workers]         (4) 继续

    def work(self, rank, worker_end):
        env = self.make_env_fn(          (5) 工作器首先创建环境。
         **self.make_env_kargs, seed=self.seed + rank)
        while True:          (6) 进入循环，侦听命令。
            cmd, kwargs = worker_end.recv()
            if cmd == 'reset':
                worker_end.send(env.reset(**kwargs))
            elif cmd == 'step':
                worker_end.send(env.step(**kwargs))
            elif cmd == '_past_limit':
                # Another way to check time limit truncation
                worker_end.send(\
                  env._elapsed_steps >= env._max_episode_steps)
            else:
                env.close(**kwargs)
                del env
                worker_end.close()
                break
```

(7) 每个命令都调用相应的env函数，并将响应发回给上层进程。

(8) 例如，这是主步骤函数。

(9) 当被调用时，它把命令和参数广播给工作器。

```
    def step(self, actions):
        assert len(actions) == self.n_workers
        [self.send_msg(('step',{'action':actions[rank]}),rank)\
                           for rank in range(self.n_workers)]
        results = []
        for rank in range(self.n_workers):
            parent_end, _ = self.pipes[rank]
            o, r, d, _ = parent_end.recv()
            if d:
                self.send_msg(('reset', {}), rank)
                o = parent_end.recv()
            results.append((o,
                            np.array(r, dtype=np.float),
                            np.array(d, dtype=np.float), _))
        return \
            [np.vstack(block) for block in np.array(results).T]
```

(10) 工作器完成工作并发回数据，此处进行数据收集。

(11) 完成后自动重置。

(12) 最后，通过观察和奖励，参考完成情况和信息来追加并累积结果。

Python讲解

A2C训练逻辑

```
class A2C():
    def train(self, make_envs_fn, make_env_fn,
              make_env_kargs, seed, gamma, max_minutes,
              max_episodes, goal_mean_100_reward):
```

(1) 多进程环境进行训练的方式。

```
        envs = self.make_envs_fn(make_env_fn,
                         make_env_kargs, self.seed,
                         self.n_workers)
        <...>
```

(2) 注意如何创建向量环境。

(3) 此处创建一个单一的模型，即具有策略和价值输出的actor-critic模型。

```
        self.ac_model = self.ac_model_fn(nS, nA)
        self.ac_optimizer = self.ac_optimizer_fn(
                             self.ac_model, self.ac_optimizer_lr)
```

(4) 重置多进程环境，得到叠层状态。

```
        states = envs.reset()

        for step in count(start=1):
            states, is_terminals = \
                        self.interaction_step(states, envs)
```

(5) 最主要的是，现在运行的是叠层。

```
            if is_terminals.sum() or \
                    step - n_steps_start == self.max_n_steps:

                past_limits_enforced = envs._past_limit()
                failure = np.logical_and(is_terminals,
                          np.logical_not(past_limits_enforced))

                next_values = self.ac_model.evaluate_state(
                    states).detach().numpy() * (1 - failure)

                self.rewards.append(next_values)
                self.values.append(torch.Tensor(next_values))
                self.optimize_model()
                self.logpas, self.entropies = [], []
                self.rewards, self.values = [], []
                n_steps_start = step
```

(6) 但其核心部分都是相同的。

Python讲解

A2C优化模型逻辑

```
class A2C():                    (1) 这就在A2C中优化模型的方法。
    def optimize_model(self):
        T = len(self.rewards)
        discounts = np.logspace(0, T, num=T, base=self.gamma,
                                endpoint=False)
        returns = np.array(
                         [[np.sum(discounts[:T-t] * rewards[t:, w])
                            for t in range(T)] \
                            for w in range(self.n_workers)])
```

(2) 需要注意，现在用每个工作器的时间步数向量来处理矩阵。

```
        np_values = values.data.numpy()
        tau_discounts = np.logspace(0, T-1, num=T-1,
                          base=self.gamma*self.tau, endpoint=False)
        advs = rewards[:-1] + self.gamma * np_values[1:] \
                                              - np_values[:-1]
```

(3) 有些操作的工作方式完全相同，令人惊讶。

```
        gaes = np.array(
            [[np.sum(tau_discounts[:T-1-t] * advs[t:, w]) \
                for t in range(T-1)]
                for w in range(self.n_workers)])
        discounted_gaes = discounts[:-1] * gaes
```

(4) 而对于某些操作，只需要添加一个循环来囊括所有的工作器。

(5) 注意建立单一损失函数的方法。

```
        value_error = returns - values
        value_loss = value_error.pow(2).mul(0.5).mean()
        policy_loss = -(discounted_gaes.detach() * \
                                              logpas).mean()
        entropy_loss = -entropies.mean()

        loss = self.policy_loss_weight * policy_loss + \
                self.value_loss_weight * value_loss + \
                self.entropy_loss_weight * entropy_loss

        self.ac_optimizer.zero_grad()
        loss.backward()
        torch.nn.utils.clip_grad_norm_(
            self.ac_model.parameters(),
            self.ac_model_max_grad_norm)
        self.ac_optimizer.step()
```

(6) 最后，优化单一的神经网络。

细节展示

在CartPole-v1环境中运行所有策略梯度法

为了演示策略梯度法，并使其更容易地与前几章中探讨的基于价值法进行比较，我使用与基于价值法实验中相同的配置进行实验。下面列出详细信息。

REINFORCE：

- 运行一个包含 4-128-64-2 节点、Adam 优化器和 0.0007 学习率的策略网络。
- 在每次迭代结束时用没有基线的蒙特卡洛收益进行训练。

VPG(REINFORCE 与蒙特卡洛基线)：

- 与 REINFORCE 相同的策略网络，但在损失函数中加入了熵项，权重为 0.001，并将梯度范数剪辑为 1。
- 现在学习值函数，并将其作为基线而非 critic，这意味着 MC 收益是在没有自举的情况下使用的，值函数只会缩小收益规模。使用 4-256-128-1 策略网络、RMSprop 优化器和 0.001 学习率学习值函数。即使可以进行梯度剪辑，也不执行此操作。

A3C：

- 以完全相同的方式训练策略和价值网络。
- 最多每隔 50 步(或当到达终端状时)就对回报进行自举。这是一种 actor-critic 法。
- 使用八个工作器，每个工作器都有网络副本，并进行 Hogwild! 更新。

GAE：

- 超参数与其他算法完全相同。
- 主要区别在于 GAE 增加了 τ 以折扣优势，此处使用的 τ 值为 0.95。注意，智能体风格具有相同的 *n*-step 自举逻辑，这可能使其无法成为纯粹的 GAE 实现。通常情况下，会一次性处理一批完整的迭代，但它仍然表现良好。

A2C：

- A2C 改变了大部分超参数。首先，A2C 有单一网络 4-256-128-3(2 和 1)。其次，A2C 用 Adam 优化器训练，学习率为 0.002，梯度范数为 1。
- 策略权重为 1.0，值函数为 0.6，熵为 0.001。
- 采用 10 步自举法，有 8 个工作器，且 τ 为 0.95。

这些算法并不是独立进行调整的，我相信它们可以做得更好。

总结

CartPole-v1环境下的策略梯度法和actor-critic法

(1) 我在Cart-pole环境下运行了所有策略梯度算法，这样比较基于策略法和基于价值法就更容易。

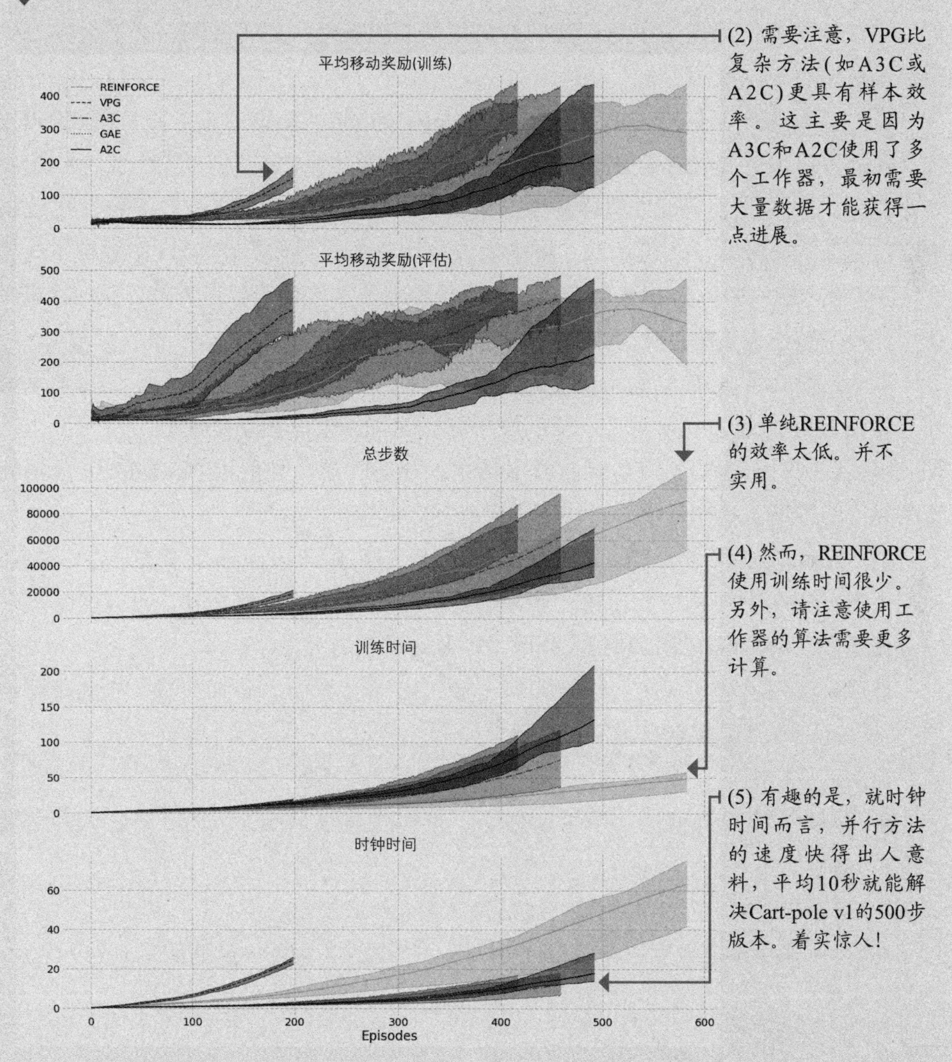

(2) 需要注意，VPG比复杂方法(如A3C或A2C)更具有样本效率。这主要是因为A3C和A2C使用了多个工作器，最初需要大量数据才能获得一点进展。

(3) 单纯REINFORCE的效率太低。并不实用。

(4) 然而，REINFORCE使用训练时间很少。另外，请注意使用工作器的算法需要更多计算。

(5) 有趣的是，就时钟时间而言，并行方法的速度快得出人意料，平均10秒就能解决Cart-pole v1的500步版本。着实惊人！

11.6 小结

本章中，研究了策略梯度法和 actor-critic 法。首先提出了考虑研究梯度法和 actor-critic 法的理由。你知道了强化学习方法的真正目标是直接学习一个策略；知道了学习策略使得我们可以使用随机策略，在部分可观察的环境中，随机策略比基于价值法性能更好；还知道了尽管我们通常学习随机策略，但神经网络必然会学习确定性策略。

首先，本章研究了 REINFORCE 算法以及直接改进策略的方式。在 REINFORCE 中，我们可以用全部收益或奖励作为改善策略的分数。

随后，你了解了 vanilla 策略梯度，也称为 REINFORCE 基线。该算法使用蒙特卡洛收益作为目标来学习值函数，将值函数用作基线。我们不在 VPG 中做自举；相反，我们在 REINFORCE 中使用回报减去所学的值函数来减少梯度方差。换句话说，使用优势函数作为策略得分。

本章还研究了 A3C 算法。在 A3C 中，我们对值函数进行自举，用于学习值函数和对策略进行评分。具体而言，我们使用 *n*-step 收益改进模型。此外，使用多个动作-学习者，每个动作-学习者各自推出策略，评估收益，并使用 Hogwild! 方法更新策略和价值模型。换句话说，工作器更新非锁定模型。

然后，我们学习了 GAE，以及它评估类似 TD(λ) 和 λ-return 优势的方法。GAE 使用所有 *n*-step 优势的指数加权之和来创建一个更稳健的优势估计，可以轻易调整以进行更多自举，或调整以获得实际收益，从而产生方差。

最后，我们了解了 A2C，以及如何去除 A3C 异步部分，进而生成一个具有可比性的算法，而不需要实现自定义优化器。

至此，你已经：

- 了解了基于价值法、基于策略法、策略梯度法和 actor-critic 法之间的主要区别。
- 可以自己实现基本的策略梯度法和 actor-critic 法。
- 可以调整策略梯度法和 actor-critic 法，以通过各种环境的考验。

分享成果

独立学习，分享发现

有一些想法可帮助你将所学知识提升到一个新水平。如果你愿意的话，可以把你的研究结果分享出来，也一定要看看别人的成果。这是一个双赢的机会，希望你能把握住。

- #gdrl_ch11_tf01：本章前面，我提到了一个虚构的雾湖环境，但这一环境只是虚构的，你还没有实现它，对吗？来吧，实现一个雾湖环境和一个有雾的冻湖(frozen lake)环境。这类环境要确保传递给智能体的观察结果与环境的实际内部状态不同。例如，如果智能体在第3单元，内部状态是保密的，智能体只能观察到它在一个有雾的单元中。这种情况下，所有有雾的单元都应该发出相同的观察结果，所以智能体无法知道它在哪里。实现该环境后，测试一下只能学习确定性策略的DRL智能体(如前几章)，以及可以学习随机性策略的智能体(如本章)。观察结果进行一次编码，以传入神经网络。用这个环境创建一个Python包，以及一个包含有趣的测试和结果的笔记。
- #gdrl_ch11_tf02：在本章中，我们仍然使用CartPole-v1环境作为测试平台，但你知道交换环境很简单。首先，在类似环境中测试相同的智能体，如LunarLander-v2环境或MountainCar-v0环境。注意，其相似之处在于，观测是低维且连续的，而作用是低维且离散的。其次，在不同环境中和高维或连续的观察或动作中对其进行测试。
- #gdrl_ch11_tf03：在每一章中，都会将最后的标签作为一个概括性标签。欢迎用这个标签讨论与本章相关的任何其他内容。没有什么任务比你为自己布置的任务更令人兴奋的了。一定要分享你的调查内容和结果。

用你的发现写一条推特，打上@mimoralea标签(我会转发)，并使用这个列表中的特定标签来帮助感兴趣的人看到你的成果。成果没有对错之分，你分享自己的发现并核对别人的发现。借此机会进行交流、做出贡献、有所进步！我们等你的好消息！

推特样例：

嘿，@mimoralea。我写了一篇博文，其中列出研究深度强化学习的资源。请单击链接<link>.#gdrl_ch01_tf01。

我一定会转发以帮助其他人看到你的成果。

第12章 高级actor-critic方法

本章内容：

- 学习更多高级的深度强化学习法，这些方法至今仍是深度强化学习中最为先进的。
- 学习如何解决从连续动作空间到高维动作空间的各种深度强化学习问题。
- 从头开始建立最先进的 actor-critic 法，并开始理解与通用人工智能有关的高级概念。

> “批评也许令人不快，却必不可缺。它像人体的疼痛一样，唤起人们对不健康事物状态的关注。”
>
> ——Winston Churchill
>
> 英国政治家、军官、作家，曾任英国首相

在上一章中，你学习了另一种更直接的方法来解决深度强化学习问题。上一章首先介绍了策略梯度法；在该方法中，智能体通过直接逼近策略来学习策略。纯粹策略梯度法不使用值函数作为智能体去查找策略，实际上，纯粹策略梯度法根本不使用值函数，而是直接学习随机策略。

但是，你很快就发现值函数仍可发挥重要作用，并使策略梯度法的性能更好，所以你又学习了 actor-critic 法。在 actor-critic 法中，智能体同时学习策略和值函数。actor-critic 法帮助你利用函数逼近的一个优点来弥补函数逼近的一个缺点。例如，在某些环境中，动作空间中的关系可能比价值关系更紧密，因此学习策略可能比学习足够精确的值函数更直接。然而，即使明确知道状态-值可能更复杂，粗略逼近也有助于减少策略梯度目标的方差。正如上一章所述，学习值函数并将其作为基线或用于计算，可以大大减少用于策略梯度更新的目标方差。此外，减少方差通常会提高学习速度。

然而，上一章重点讨论了使用值函数评判随机策略更新。我们使用不同的目标来学习值函数，并以几种不同方式并行处理工作流程。但由于学习的策略是一种随机策略，因此算法同样使用所学的值函数进行训练，且所学策略具有相同的性质。我们初步了解了如何使用已学的策略和值函数。本章将深入研究 actor-critic 法的范例，并在四种不同的挑战性环境中对其进行训练：pendulum 环境、hopper 环境、cheetah 环境和 lunar lander 环境。你即将看到，这些环境除了更具挑战性之外，其中大多数都有连续的动作空间。我们第一次面对这样的环境，将要使用独特的策略模型。

为应对这些环境，首先要探索学习确定性策略的方法；即策略呈现相同状态时，会返回相同动作，该动作就是最优动作。我们还研究了一系列改进方案，使确定性策略梯度算法成为解决深度强化学习问题的最新方法之一。然后探讨了一种 actor-critic 法，这种方法不在损失函数中使用熵，而直接在值函数方程中使用熵。换言之，它将收益与策略的长期熵一起最大化。最后采用一种算法，该算法限制策略更新，使策略的改进步骤更稳定。策略的微小变化使得策略梯度法的性能稳步改进，从而在一些 DRL 基准中获得最先进的性能。

12.1 DDPG: 逼近确定性策略

本节将探讨一种名为深度确定性策略梯度(Deep Deterministic Policy Gradient，DDPG)的算法。将DDPG看作一个近似的DQN，或看作连续动作空间的DQN更合适。DDPG使用了许多与DQN相同的技术：使用重放缓冲区以异策方式训练动作-值函数，并使用目标网络来稳定训练。然而，DDPG还训练了一个近似最优行为的策略。正因为如此，DDPG是一种仅限于连续动作空间的确定性策略梯度法。

12.1.1 DDPG使用DQN中的许多技巧

首先将DDPG想象成一个与DQN架构相同的算法。训练过程也是相似的：智能体以在线方式收集经验，并将这些在线经验样本存储到重放缓冲区。在每一步，智能体从重放缓冲区中取出一个小量批次，该批次通常是随机均匀抽样。然后，智能体使用这个小量批次来计算自举TD目标，并训练 Q 函数。

DQN和DDPG之间的主要区别在于，DQN使用目标 Q 函数获得贪婪动作的argmax函数，而DDPG使用目标确定的策略函数，该函数被训练以逼近贪婪动作。DDPG不像DQN那样使用下一状态 Q 函数argmax来获得贪婪动作，而是直接使用策略函数来逼近下一状态的最佳动作。这两种情况都用 Q 函数来得到最大值。

数学推导过程

DQN值函数目标与DDPG值函数目标

(1) 回顾该函数。这是Q函数的DQN损失函数，很直接明确。

$$L_i(\theta_i) = \mathbb{E}_{(s,a,r,s') \sim \mathcal{U}(\mathcal{D})} \left[\left(r + \gamma \max_{a'} Q(s', a'; \theta^-) - Q(s, a; \theta_i) \right)^2 \right]$$

(2) 缓冲区D中均匀随机抽取一个小量批次。

(3) 然后，根据目标网络，用奖励和下一状态的折扣最大值来计算TD目标。

$$L_i(\theta_i) = \mathbb{E}_{(s,a,r,s') \sim \mathcal{U}(\mathcal{D})} \left[\left(r + \gamma Q(s', \underset{a'}{\operatorname{argmax}}\, Q(s', a'; \theta^-); \theta^-) - Q(s, a; \theta_i) \right)^2 \right]$$

(4) 回顾一下这个重写的完全相同的方程式，把max换成argmax。

$$L_i(\theta_i) = \mathbb{E}_{(s,a,r,s') \sim \mathcal{U}(\mathcal{D})} \left[\left(r + \gamma Q(s', \mu(s'; \phi^-); \theta^-) - Q(s, a; \theta_i) \right)^2 \right]$$

(5) 在DDPG中，也像DQN一样对minibatch进行抽样。

(6) 但并不学习Q函数argmax，而是学习策略μ。

(7) μ学习该状态下的确定性贪婪动作。另外注意，φ也是一个目标网络(-)。

Python讲解

DDPG的Q函数网络

```
class FCQV(nn.Module):
    def __init__(self,
                 input_dim,
                 output_dim,
                 hidden_dims=(32,32),
                 activation_fc=F.relu):
        super(FCQV, self).__init__()
        self.activation_fc = activation_fc

        self.input_layer = nn.Linear(input_dim, hidden_dims[0])
        self.hidden_layers = nn.ModuleList()
        for i in range(len(hidden_dims)-1):
            in_dim = hidden_dims[i]

            if i == 0:
                in_dim += output_dim

            hidden_layer = nn.Linear(in_dim, hidden_dims[i+1])
            self.hidden_layers.append(hidden_layer)

        self.output_layer = nn.Linear(hidden_dims[-1], 1)

    <...>

    def forward(self, state, action):
        x, u = self._format(state, action)
        x = self.activation_fc(self.input_layer(x))

        for i, hidden_layer in enumerate(self.hidden_layers):

            if i == 0:
                x = torch.cat((x, u), dim=1)

            x = self.activation_fc(hidden_layer(x))

        return self.output_layer(x)
```

(1) 这是DDPG中使用的Q函数网络。

(2) 此处像往常一样开始使用架构。

(3) 此处是第一个例外：用输出维度增加第一个隐藏层的维度。

(4) 注意网络输出是单一节点，代表状态-动作对的值。

(5) 前向传递按计划开始。

(6) 但要在第一个隐藏层上将动作和状态连接起来。

(7) 然后，按照预期继续。

(8) 最后，返回输出。

12.1.2 学习确定性策略

现在，我们需要在这个算法中添加一个策略网络，使其运转。我们想训练这个网络，在给定状态下提供最佳动作。该网络必须对动作是可分的，因此，动作必须连续，以便进行有效的基于梯度的学习。目标很简单，可以使用策略网络的预期 Q 值 μ。也就是说，智能体试图找到使该值最大化的动作。注意，实践中使用的是最小化技术，因此要最小化该目标的负值。

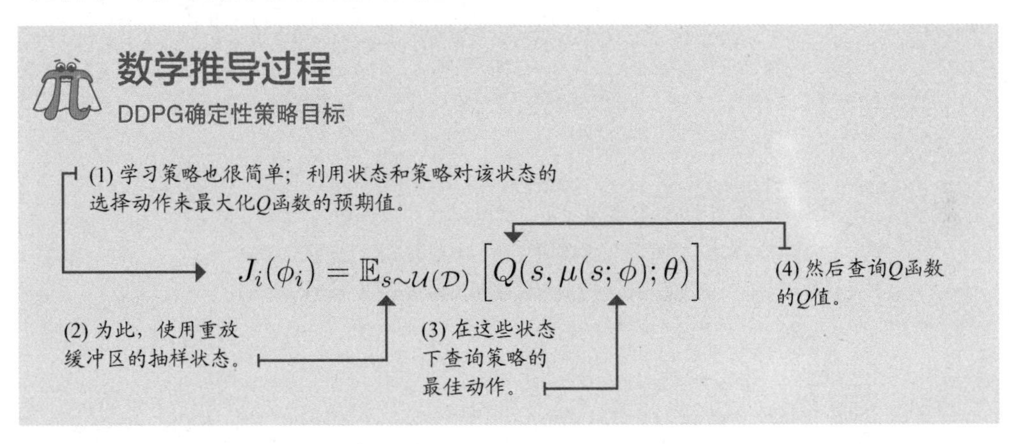

另外注意，本例不使用目标网络，而使用用于策略(即动作选择部分)和值函数(动作评估部分)的在线网络。此外，考虑到需要抽取一小批状态来训练值函数，我们可使用这些相同的状态来训练策略网络。

0001 历史小览

DDPG算法

2015 年，一篇题为 Continuous Control with Deep Reinforcement Learning 的论文首次提出 DDPG。作者 Timothy Lillicrap 在谷歌 DeepMind 担任研究科学家期间撰写该论文。自 2016 年以来，Timothy 一直在谷歌 DeepMind 担任研究科学家，并在伦敦大学学院担任兼职教授。

Timothy 还参与了其他几篇 DeepMind 的论文，如 A3C 算法、AlphaGo、AlphaZero、Q-Prop 和《星际争霸 II》等。有趣的是，Timothy 有认知科学和系统神经科学的知识背景，而不是从传统的计算机科学路径进入深度强化学习领域的。

Python讲解

DDPG确定性策略网络

```
class FCDP(nn.Module):
    def __init__(self,
                 input_dim,
                 action_bounds,
                 hidden_dims=(32,32),
                 activation_fc=F.relu,
                 out_activation_fc=F.tanh):
        super(FCDP, self).__init__()

        self.activation_fc = activation_fc
        self.out_activation_fc = out_activation_fc
        self.env_min, self.env_max = action_bounds
```

(1) 这是DDPG中使用的策略网络：全连接确定性策略。

(2) 注意，这次输出层的激活不同，使用tanh激活函数将输出压缩为(-1, 1)。

(3) 我们需要得到动作的最小值和最大值，这样就可将网络的输出(-1, 1)重新缩放到预期范围。

```
        self.input_layer = nn.Linear(input_dim, hidden_dims[0])
        self.hidden_layers = nn.ModuleList()
        for i in range(len(hidden_dims)-1):
            hidden_layer = nn.Linear(hidden_dims[i],
                                     hidden_dims[i+1])
            self.hidden_layers.append(hidden_layer)

        self.output_layer = nn.Linear(hidden_dims[-1],
                                      len(self.env_max))

    def forward(self, state):
        x = self._format(state)
        x = self.activation_fc(self.input_layer(x))
        for hidden_layer in self.hidden_layers:
            x = self.activation_fc(hidden_layer(x))
        x = self.output_layer(x)
```

(4) 架构如预期的一样：输入状态，输出动作。

(5) 前向传递也是直接的。

(6) 输入

(7) 隐藏

(8) 输出

(9) 然而注意，我们使用输出激活函数激活输出。

```
        x = self.out_activation_fc(x)
```

(10) 把从-1到1的动作范围重新调整为环境的特定范围也同样重要。此处没有显示rescale_fn，但笔记上有相关细节。

```
        return self.rescale_fn(x)
```

Python讲解

DDPG模型优化步骤

```
def optimize_model(self, experiences):
```

(1) optimize_model函数接收了小量批次的经验。

```
    states, actions, rewards, \
                next_states, is_terminals = experiences
    batch_size = len(is_terminals)
```

(2) 该经验帮助我们使用预测的下一状态最大值来计算目标，该值来自于策略动作和Q函数值。

```
    argmax_a_q_sp = self.target_policy_model(next_states)
    max_a_q_sp = self.target_value_model(next_states,
                                         argmax_a_q_sp)
    target_q_sa = rewards + self.gamma * max_a_q_sp * \
                                         (1 - is_terminals)
```

(3) 得到预测值，并计算误差和损失。注意使用目标和在线网络的位置。

```
    q_sa = self.online_value_model(states, actions)
    td_error = q_sa - target_q_sa.detach()
    value_loss = td_error.pow(2).mul(0.5).mean()

    self.value_optimizer.zero_grad()
    value_loss.backward()
    torch.nn.utils.clip_grad_norm_(
                       self.online_value_model.parameters(),
                       self.value_max_grad_norm)
    self.value_optimizer.step()
```

(4) 优化步骤与其他所有网络一样。

(5) 接下来，得到在线策略对小量批次中的状态所预测的动作，然后用这些动作得到在线价值网络的价值估计。

```
    argmax_a_q_s = self.online_policy_model(states)
    max_a_q_s = self.online_value_model(states,
                                        argmax_a_q_s)
    policy_loss = -max_a_q_s.mean()
```

(6) 接下来，得到策略损失。

(7) 最后，将优化器归零，对损失进行后向传递，剪辑梯度，并升级优化器。

```
    self.policy_optimizer.zero_grad()
    policy_loss.backward()
    torch.nn.utils.clip_grad_norm_(
                      self.online_policy_model.parameters(),
                      self.policy_max_grad_norm)
    self.policy_optimizer.step()
```

12.1.3 用确定性策略进行探索

DDPG 训练确定性贪婪策略。在完美世界中，这种类型的策略接受状态并返回该状态的最佳动作。但在未经培训的策略中，返回动作不够准确，却仍然具有确定性。如前所述，智能体需要平衡知识开发与知识探索，但由于 DDPG 智能体学习确定性策略，所以并不会探索同策。想象一下，智能体很顽固，总是选择相同动作。要解决这一问题，必须探索异策。因此在 DDPG 中，我们在策略选择的动作中注入高斯噪声。

你已经了解了多个 DRL 智能体中的探索。NFQ、DQN 等使用基于 Q 值的探索策略，利用所学的 Q 函数得到给定状态下的动作-值，并在此基础上进行探索。REINFORCE、VPG 等使用随机策略，因此，探索是同策的。也就是说，由于策略本身是随机的，所以探索是由策略本身处理的，具有随机性。在 DDPG 中，智能体使用异策探索策略，通过向动作中添加外部噪声进行探索。

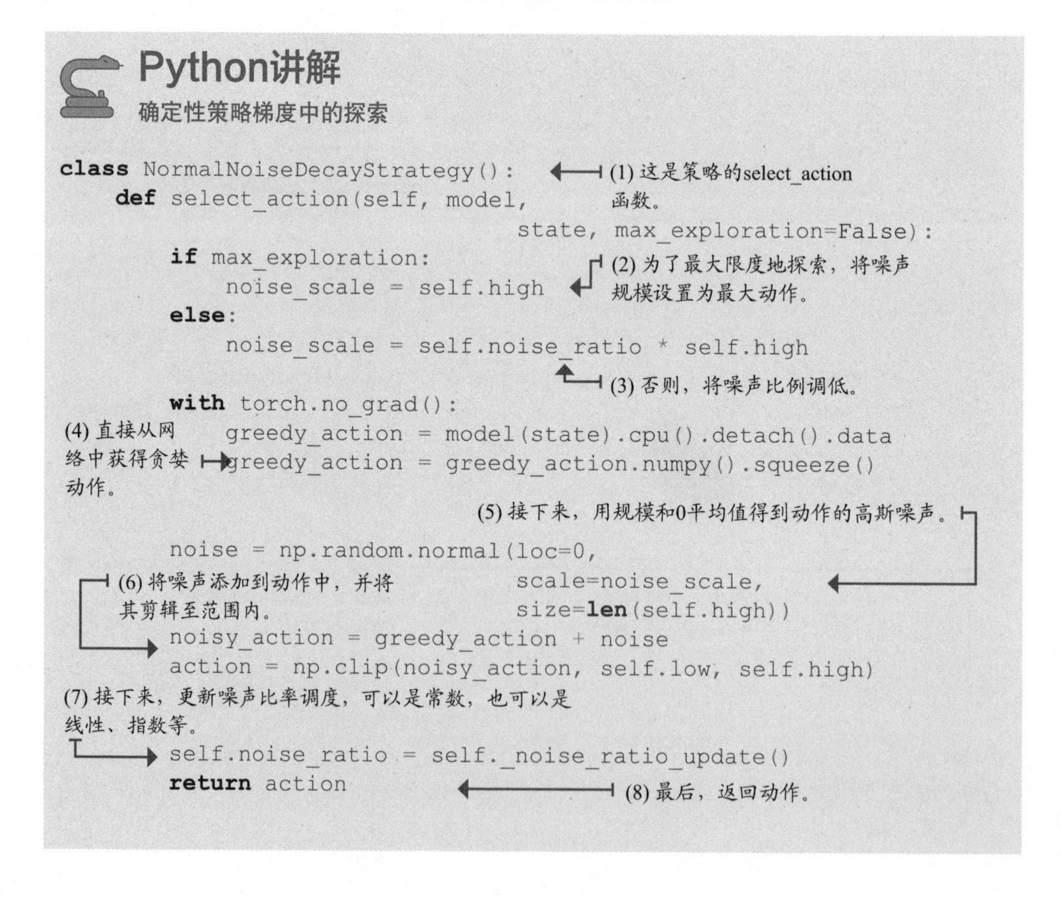

具体案例

pendulum环境

pendulum-v0 环境由一个倒立的钟摆组成，智能体需要摆动起来，所以要尽可能保持直立。该环境的状态空间是由三个变量 ($\cos\theta$, $\sin\theta$, theta_dt) 组成的向量，表示摆杆角度的余弦、正弦和角速度。

动作空间是从 -2 到 2 的单一连续变量，共同努力才能实现这一动作空间范围。接合处是摆杆底部的黑点，动作是顺时针或逆时针方向上的力。

奖励函数是一个基于角度、速度和力的方程式。目标是在无外力的情况下保持完全平衡的直立。在这样一个理想的时间步中，智能体收到 0 个奖励，是其最佳状态。智能体能得到的最高成本 (最低奖励) 大约是 -16 个奖励。精确的方程式是 -(theta^2 + 0.1×theta_dt^2 + 0.001×action^2)。

这是一个持续性任务，所以没有终端状态。然而，环境在 200 步后超时，从而达到与终端状态同样的目的。该环境尚未解决，这意味着没有目标返回，但 -150 是一个合理的阈值。

小结

pendulum环境下的DDPG

右侧是DDPG在评估迭代中获得-150奖励前的训练结果。此处使用了五个种子，但是图表在第一个种子的迭代结束处被截断了。如你所见，该算法很快就能做好工作。pendulum环境非常简单。

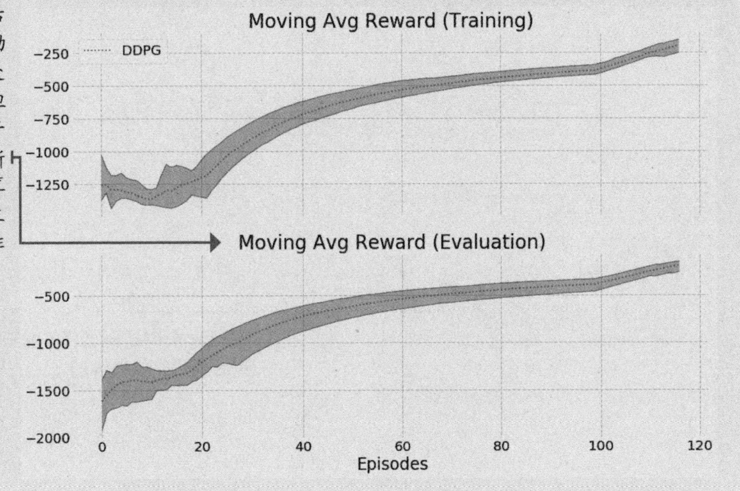

12.2 TD3: 最先进的DDPG改进

数年来，DDPG 一直是控制领域最先进的深度强化学习方法之一。然而，有人对 DDPG 提出了一些改进措施，使其性能大不相同。本节将讨论 DDPG 的一系列改进，这些改进共同构成了一个新算法，称为双延迟 DDPG(Twin-Delayed DDPG，TD3)。TD3 对 DDPG 算法主要做出了三个改变。首先，TD3 增加了一个双重学习技术，类似于你在双重 Q 学习和 DDQN 中学到的东西，但这次有一个独特的“双”网络结构。第二，TD3 不仅给传递到环境中的行为增加了噪声，也给目标行为增加了噪声，使得策略网络对逼近误差具有更强的健壮性。第三，TD3 延迟对策略网络、目标网络和双目标网络的更新，因此双目标网络更新更频繁。

12.2.1 DDPG中的双重学习

TD3 使用了一种特殊的 Q 函数网络，这种网络有两个独立的流，分别以其状态-动作对的两个独立估计值为终点。大多数情况下，这两个流是完全独立的，因此可将其看作两个独立网络；但如果环境基于图像，那么共享特征层就有意义。这样一来，CNN 就可提取共同特征，并可能学习得更快。尽管如此，共享层通常也难以训练，所以你必须自己试验并决定。

在下面的实现中，这两个流是完全独立的，这两个网络之间唯一共享的是优化器。正如你在双网损失函数中所见，我们将每个网络的损失相加，并在联合损失上优化两个网络。

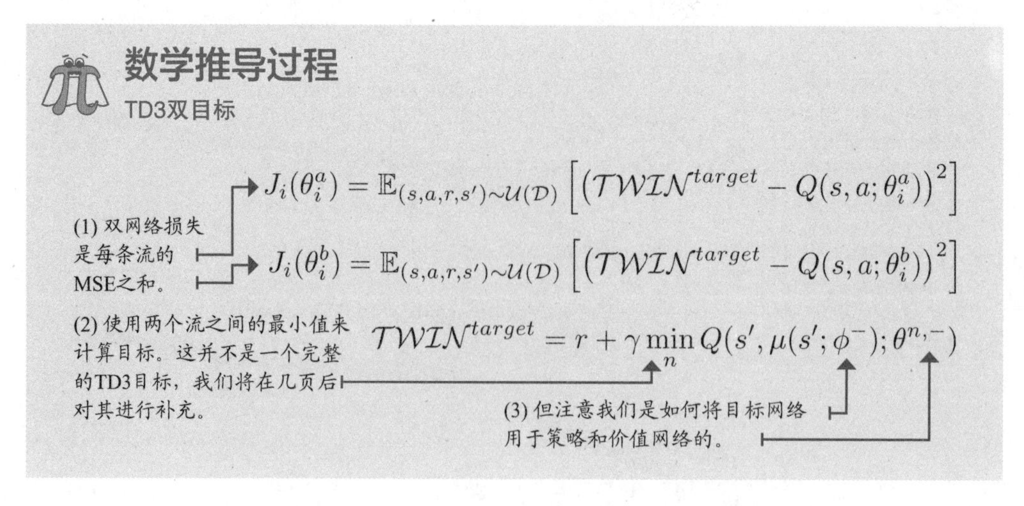

数学推导过程

TD3双Q网络1/2

```
class FCTQV(nn.Module):
    def __init__(self,
                 input_dim,
                 output_dim,
                 hidden_dims=(32,32),
                 activation_fc=F.relu):
        super(FCTQV, self).__init__()
        self.activation_fc = activation_fc
```

(1) 这是完全连接的双Q值网络，TD3用双流逼近Q值。

(2) 注意，有两个输入层。同样，这些流实际上是两个独立的网络。

```
        self.input_layer_a = nn.Linear(input_dim + output_dim,
                                       hidden_dims[0])
        self.input_layer_b = nn.Linear(input_dim + output_dim,
                                       hidden_dims[0])
```

(3) 接下来，为每个流创建隐藏层。

```
        self.hidden_layers_a = nn.ModuleList()
        self.hidden_layers_b = nn.ModuleList()
        for i in range(len(hidden_dims)-1):
            hid_a = nn.Linear(hidden_dims[i], hidden_dims[i+1])
            self.hidden_layers_a.append(hid_a)
            hid_b = nn.Linear(hidden_dims[i], hidden_dims[i+1])
            self.hidden_layers_b.append(hid_b)
```

(4) 以有两个输出层结束，每个输出层都有一个代表Q值的节点。

```
        self.output_layer_a = nn.Linear(hidden_dims[-1], 1)
        self.output_layer_b = nn.Linear(hidden_dims[-1], 1)
```

(5) 开始前向传递，格式化输入以符合网络的期望。

```
    def forward(self, state, action):
        x, u = self._format(state, action)
```

(6) 接下来，将状态和动作串联起来，并通过每个流。

```
        x = torch.cat((x, u), dim=1)
        xa = self.activation_fc(self.input_layer_a(x))
        xb = self.activation_fc(self.input_layer_b(x))
```

(7) 在下一页重复。

```
        for hidden_layer_a, hidden_layer_b in zip(
                self.hidden_layers_a, self.hidden_layers_b):
```

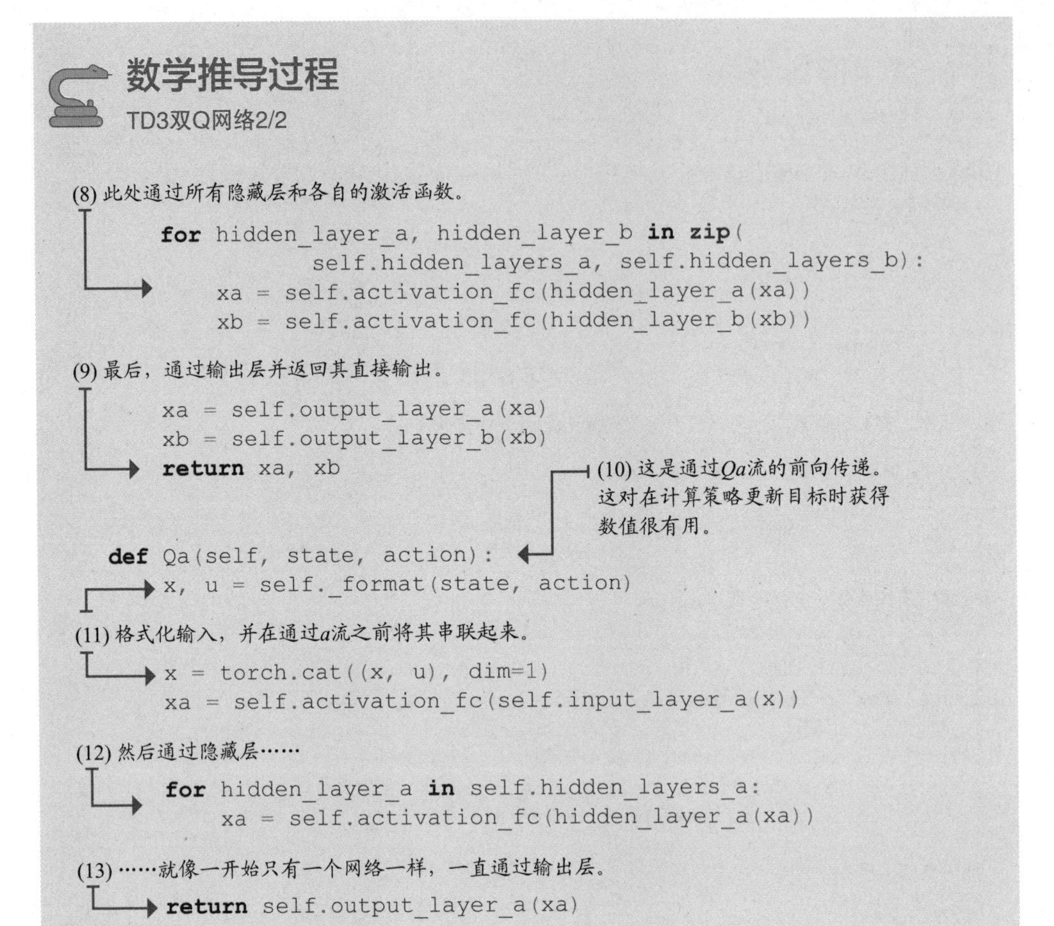


```python
        for hidden_layer_a, hidden_layer_b in zip(
                self.hidden_layers_a, self.hidden_layers_b):
            xa = self.activation_fc(hidden_layer_a(xa))
            xb = self.activation_fc(hidden_layer_b(xb))

        xa = self.output_layer_a(xa)
        xb = self.output_layer_b(xb)
        return xa, xb

    def Qa(self, state, action):
        x, u = self._format(state, action)

        x = torch.cat((x, u), dim=1)
        xa = self.activation_fc(self.input_layer_a(x))

        for hidden_layer_a in self.hidden_layers_a:
            xa = self.activation_fc(hidden_layer_a(xa))

        return self.output_layer_a(xa)
```

12.2.2 平滑策略更新目标

请记住，为改进 DDPG 中的探索，我们将高斯噪声注入用于环境的动作中。TD3 进一步利用了这个概念，不仅在用于探索的动作中加入噪声，而且在用于计算目标的动作中加入噪声。

现在，网络被迫对类似的动作进行概括，因此训练带有噪声目标的策略可以看作一个正则化器。这种技术可防止策略网络收敛到错误动作，因为在训练早期，Q 函数可能会过早地对某些动作进行不准确的估值。动作上的噪声将该值传播到比其他动作更具包容性的动作范围。

数学推导过程

目标平滑程序

(1)考虑一个clamp函数，它“钳制”或“夹住”一个高于l且低于h的值x。

$$\text{clamp}(x, l, h) = \max(\min(x, h), l)$$

$$a^{\prime,smooth} = \text{clamp}(\mu(s'; \phi^-) + \text{clamp}(\epsilon, \epsilon\_l), \epsilon\_h), a\_l, a\_h))$$

(2) TD3通过添加剪辑的高斯噪声E来平滑动作。我们首先对E进行抽样，并将其限制在E的预设最小值和最大值之间。我们将剪辑的高斯噪声添加到动作中，然后根据环境在动作允许的最小值和最大值之间钳制动作。最后，使用平滑化的动作。

$$TD3^{target} = r + \gamma \min_n Q(s', a^{\prime,smooth}; \theta^{n,-})$$

数学推导过程

TD3模型优化步骤1/2

(1) 为了优化TD3模型，接收小量批次经验。

```
def optimize_model(self, experiences):
    states, actions, rewards, \
       next_states, is_terminals = experiences
    batch_size = len(is_terminals)

    with torch.no_grad():
```

(2) 首先得到环境的最小值和最大值。

```
        env_min = self.target_policy_model.env_min
        env_max = self.target_policy_model.env_max
```

(3) 得到噪声，并将其扩展到动作范围。

```
        a_ran = env_max - env_min
        a_noise = torch.randn_like(actions) * \
                        self.policy_noise_ratio * a_ran
```

(4) 得到噪声的最小值和最大值。

```
        n_min = env_min * self.policy_noise_clip_ratio
        n_max = env_max * self.policy_noise_clip_ratio
```

(5) 然后，剪辑噪声。

```
        a_noise = torch.max(
                      torch.min(a_noise, n_max), n_min)
```

(6) 从目标策略模型中获取动作。

```
        argmax_a_q_sp = self.target_policy_model(
                                          next_states)
```

(7) 然后，将噪声添加到动作中，并剪辑动作。

```
        noisy_argmax_a_q_sp = argmax_a_q_sp + a_noise
        noisy_argmax_a_q_sp = torch.max(torch.min(
                noisy_argmax_a_q_sp, env_max), env_min)
```

数学推导过程

TD3模型优化步骤2/2

(8) 使用钳制噪声动作获取最大值。

(9) 回顾一下，我们通过获得两个流之间的最小预测值来获得最大值，并将其作为目标。

(10) 接下来，得到来自两个流的预测值，计算误差和共同损失。

(11) 然后，对双网络进行标准的反向传播。

(12) 注意此处延迟策略更新的方法。下页将对此项进行更多解释。

(13) 更新与DDPG类似，但使用单流Qa。

(14) 但损失相同。

(15) 此处是标准的策略优化步骤。

```
        noisy_argmax_a_q_sp = torch.max(torch.min(
                     noisy_argmax_a_q_sp, env_max), env_min)
        max_a_q_sp_a, max_a_q_sp_b = \
                   self.target_value_model(next_states,
                                          noisy_argmax_a_q_sp)
        max_a_q_sp = torch.min(max_a_q_sp_a, max_a_q_sp_b)
        target_q_sa = rewards + self.gamma * max_a_q_sp * \
                                          (1 - is_terminals)

    q_sa_a, q_sa_b = self.online_value_model(states,
                                          actions)
    td_error_a = q_sa_a - target_q_sa
    td_error_b = q_sa_b - target_q_sa
    value_loss = td_error_a.pow(2).mul(0.5).mean() + \
                 td_error_b.pow(2).mul(0.5).mean()

    self.value_optimizer.zero_grad()
    value_loss.backward()
    torch.nn.utils.clip_grad_norm_(
                    self.online_value_model.parameters(),
                    self.value_max_grad_norm)
    self.value_optimizer.step()

    if np.sum(self.episode_timestep) % \
                        self.train_policy_every_steps == 0:
        argmax_a_q_s = self.online_policy_model(states)
        max_a_q_s = self.online_value_model.Qa(
                                     states, argmax_a_q_s)
        policy_loss = -max_a_q_s.mean()
        self.policy_optimizer.zero_grad()
        policy_loss.backward()
        torch.nn.utils.clip_grad_norm_(
                       self.online_policy_model.parameters(),
                       self.policy_max_grad_norm)
        self.policy_optimizer.step()
```

12.2.3 延迟更新

TD3 对 DDPG 的最终改进是延迟对策略网络和目标网络的更新，从而使在线 Q 函数的更新速度高于其他网络。在线 Q 函数在训练早期会突然改变形状，因此延迟这些网络是有益的。减慢策略速度，使其在值函数更新两次之后更新，这样可以使值函数在指导策略之前先稳定为更精确的值。建议策略和目标网络延迟至“每隔一次”在线 Q 函数更新之后。

在策略更新中，你可能注意到另一件事，即我们必须使用在线价值模型的一个流来获取来自策略的动作估计 Q 值。TD3 使用两个流中的一个，但每次都使用同一个流。

0001 历史小览

TD3智能体

Scott Fujimoto 等人于 2018 年在一篇题为 Addressing Function Approximation Error in Actor-Critic Methods 的论文中介绍了 TD3。

Scott 是麦吉尔大学的研究生，正在攻读计算机科学博士学位，导师是 David Meger 教授和 Doina Precup 教授。

具体案例

hopper环境

我们使用的 hopper 环境是 MuJoCo 和 Roboschool hopper 环境的开源版本，由 Bullet 物理引擎驱动。MuJoCo 是一个具有各种模型和任务的物理引擎。虽然 MuJoCo 广泛应用于 DRL 领域研究，但它需要一个许可证。如果你不是学生，可能要花上几千美元。Roboschool 是 OpenAI 试图创建 MuJoCo 环境开源版本的一次尝试，但它最终被终止，转而使用 Bullet。Bullet Physics 是一个开源项目，拥有许多与 MuJoCo 相同的环境。

HopperBulletEnv-v0 环境以一个包含 15 个连续变量的向量作为无界观测空间，表示 hopper 机器人的不同关节。它有一个由三个连续变量组成的向量，限定在 -1 和 1 之间，表示大腿、腿和脚关节的动作。请注意，单个动作是同时包含三个元素的向量，智能体的任务是将 hopper 向前移动，奖励功能对这一任务进行了加强，同时提高了最小能源成本。

具体案例

在hopper环境下训练TD3

如果你查看本章的笔记，可能会注意到我们对智能体进行了训练，直到连续100次迭代的平均回报达到1500为止，而现实的推荐阈值是2500。但由于我们使用五种不同的种子进行训练，且每次训练大约需要一个小时，所以我想只要降低阈值就可以减少完成笔记上训练所需的时间。即使平均回报为1500，hopper环境下向前推进的工作也完成得很棒，就像笔记里GIF所显示的那样。

现在，你必须知道，书中所有的实现都需要花费很长时间，因为它们在每次迭代之后需要执行一次评估迭代。对每次迭代的性能进行评估并没有必要，且对于实现大多数目的而言可能过犹不及。如果你想重复使用代码，建议你删除这个逻辑，改为每隔每10～100次迭代检查一次评估性能。

另外注意一下实现细节，本书中TD3分别优化了策略和价值网络。例如，如果你想使用CNN进行训练，你可能想共享卷积，并一次性对所有卷积进行优化。但同样需要做出很多调整。

总结

hopper环境下的TD3

尽管hopper环境很具挑战性，但TD3依然表现良好。你能看到，在1000次次迭代之后，评估性能得到飞跃性提升。你应该前往笔记查看GIF，特别要看一看智能体的进展。看到性能的进步是很有趣的。

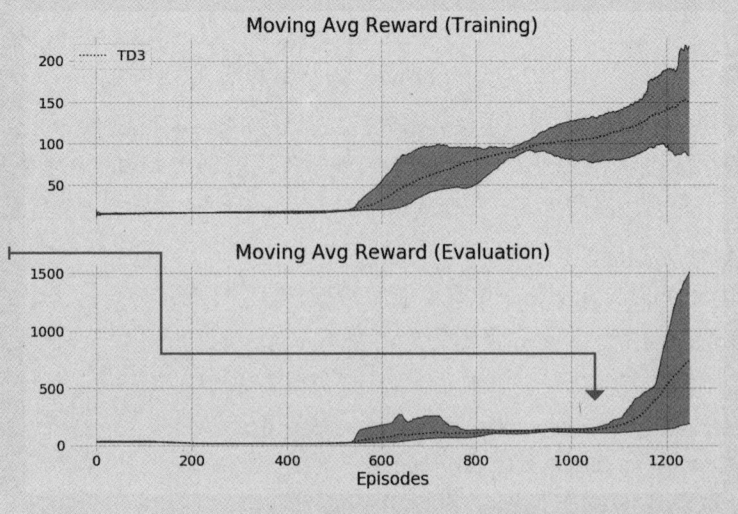

12.3 SAC: 最大化预期收益和熵

前两种算法(DDPG 和 TD3)是训练确定性策略的异策法。让我们回顾一下，异策意味着该方法使用由不同于优化策略的行为策略产生的经验。DDPG 和 TD3 都使用重放缓冲区，该缓冲区包含由先前策略生成的经验。另外，由于被优化的策略是确定性的，即每次查询时，该策略都返回相同动作，所以都使用异策探索策略。在实现过程中，都对进入环境的动作向量注入高斯噪声。

从长远看，上一章介绍智能体学习的是同策。记住，它们训练随机策略，这些策略本身就引入了随机性，因引入了探索。为提高随机策略的随机性，在损失函数中加入了熵项。

在这一节中，我们讨论一种称为 soft actor-critic(SAC)的算法，是这两种范式的混合。SAC 是一种类似于 DDPG 和 TD3 的异策算法，但它像 REINFORCE、A3C、GAE 和 A2C 那样训练随机策略，而不像 DDPG 和 TD3 那样训练确定性策略。

12.3.1 在贝尔曼方程中添加熵

SAC 最关键的特点是，随机策略的熵变成了智能体试图最大化的值函数的一部分。如本节所言，联合最大化预期总回报和预期总熵，自然会鼓励尽可能多样化的行为，同时最大化预期收益。

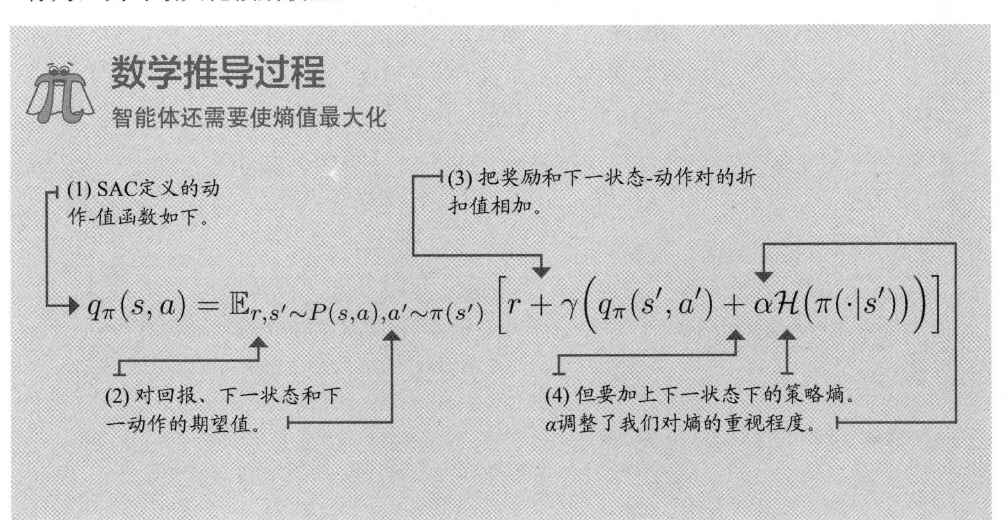

12.3.2 学习动作-值函数

在实践中，SAC 学习值函数的方式与 TD3 类似。也就是说，我们使用两个网络来逼近 Q 函数，并在大多数计算中采用最小估计值。然而，SAC 与 TD3 具有一些不同之处。首先，SAC 独立优化每个 Q 函数会产生更好的结果，这也是我们的操作方式。其次，SAC 在目标值中加入了熵项。最后，SAC 不像在 TD3 中那样直接使用目标动作进行平滑处理。其余模式与 TD3 相同。

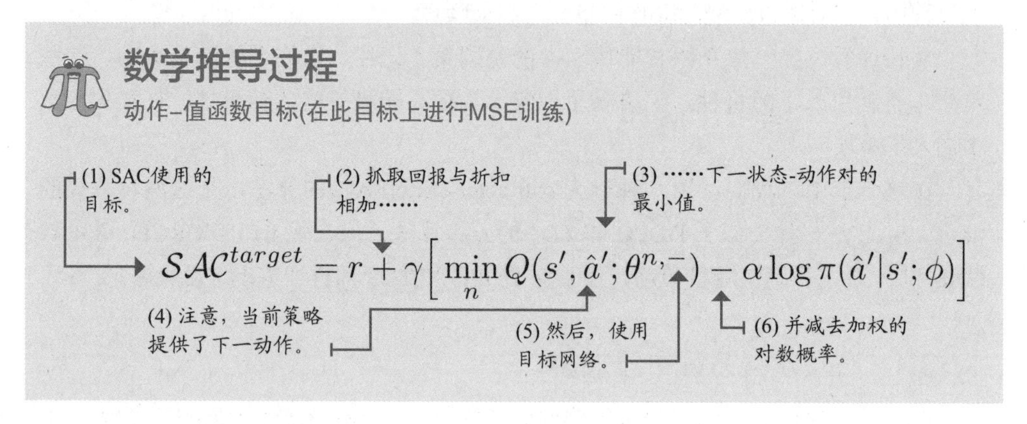

12.3.3 学习策略

为了学习随机策略，我们使用了压缩高斯策略，在前向传递中，输出平均值和标准差。然后，使用这些数据从该分布中抽样，用双曲正切函数 tanh 压缩这些值，然后将这些值重新缩放至环境所期望的范围。

我们使用重新参数化的技巧训练策略。这个“技巧”包括将随机性从网络中移出，转入输入。这样一来，网络是确定的，我们可顺利对其进行训练。这个技巧在 PyTorch 中可以直接实现，如下所示。

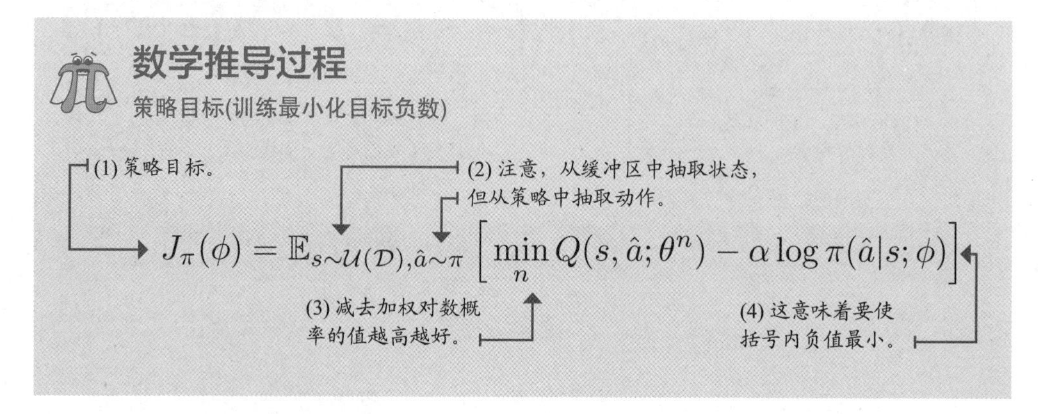

12.3.4 自动调整熵系数

SAC 的亮度是 α(即熵系数)，α 可以自动调整。SAC 采用基于梯度的 α 优化，以达到启发式的预期熵值。建议目标熵基于动作空间的形状；更确切地说，是动作形状的向量乘积的负值。使用这个目标熵可以自动优化 α，这样就几乎没有与调节熵项有关的超参数需要调整。

数学推导过程

α目标函数(训练最小化目标的负值)

(1) α目标。

(2) 与策略一样，从缓冲区得到状态，从策略得到动作。

$$J(\alpha) = \mathbb{E}_{s\sim\mathcal{U}(\mathcal{D}),\hat{a}\sim\pi}\left[\alpha\big(\mathcal{H} + \log\pi(\hat{a}|s;\phi)\big)\right]$$

(3) 加权H(即目标熵启发式)和对数概率都越高越好。

(4) ……这意味着要使负值最小。

Python讲解

SAC高斯策略1/2

```
class FCGP(nn.Module):
    def __init__(self,
        <...>
        self.input_layer = nn.Linear(input_dim,
                                     hidden_dims[0])
        self.hidden_layers = nn.ModuleList()
        for i in range(len(hidden_dims)-1):
            hidden_layer = nn.Linear(hidden_dims[i],
                                     hidden_dims[i+1])
            self.hidden_layers.append(hidden_layer)

        self.output_layer_mean = nn.Linear(hidden_dims[-1],
                                           len(self.env_max))

        self.output_layer_log_std = nn.Linear(
                                          hidden_dims[-1],
                                          len(self.env_max))
```

(1) SAC使用的高斯策略。

(2) 以与其他策略网络相同的方式开始一切：输入到隐藏层。

(3) 但隐藏层连接到两个流，一个代表动作平均值，另一个代表对数标准差。

Python讲解

SAC高斯策略2/2

(4) 此行重复，以保持代码流畅性。

(5) 计算H，即目标熵启发式。

(6) 接下来，创建一个变量，初始化为零，并创建优化器来优化对数α。

(7) 正向函数是我们所期望的。

(8) 格式化输入变量，并将其传递给整个网络。

(9) 将log_std固定在-20到2之间，将std值控制在合理范围。

(10) 返回这些值。

(11) 在整个传递过程中，我们得到平均值和log_std。

(12) 用这些值、平均值和log_std得到一个正态分布。

(13) r样本重新参数化。

(14) 然后压缩动作，使其在-1至1的范围内。

(15) 然后，重新缩放为环境预期范围。

(16) 重新缩放对数概率和平均值。

```
        self.output_layer_log_std = nn.Linear(
                                       hidden_dims[-1],
                                       len(self.env_max))
        self.target_entropy = -np.prod(self.env_max.shape)
        self.logalpha = torch.zeros(1,
                                 requires_grad=True,
                                 device=self.device)
        self.alpha_optimizer = optim.Adam([self.logalpha],
                                          lr=entropy_lr)
    def forward(self, state):
        x = self._format(state)
        x = self.activation_fc(self.input_layer(x))
        for hidden_layer in self.hidden_layers:
            x = self.activation_fc(hidden_layer(x))
        x_mean = self.output_layer_mean(x)
        x_log_std = self.output_layer_log_std(x)
        x_log_std = torch.clamp(x_log_std,
                                self.log_std_min,
                                self.log_std_max)
        return x_mean, x_log_std

    def full_pass(self, state, epsilon=1e-6):
        mean, log_std = self.forward(state)
        pi_s = Normal(mean, log_std.exp())
        pre_tanh_action = pi_s.rsample()
        tanh_action = torch.tanh(pre_tanh_action)
        action = self.rescale_fn(tanh_action)
        log_prob = pi_s.log_prob(pre_tanh_action) - torch.log(
                   (1 - tanh_action.pow(2)).clamp(0, 1) + epsilon)
        log_prob = log_prob.sum(dim=1, keepdim=True)
        return action, log_prob, self.rescale_fn(
                                      torch.tanh(mean))
```

Python讲解

SAC优化步骤1/2

```
def optimize_model(self, experiences):  ⟵ (1) SAC优化步骤。
    states, actions, rewards, \
                    next_states, is_terminals = experiences
    batch_size = len(is_terminals)
```

(2) 首先，从小量批次中得到经验。

```
    current_actions, \
             logpi_s, _ = self.policy_model.full_pass(states)
```

(3) 接下来，得到当前的动作、a-hat和状态s的对数概率。

```
    target_alpha = (logpi_s + \
                self.policy_model.target_entropy).detach()
    alpha_loss = -(self.policy_model.logalpha * \
                                   target_alpha).mean()
```

(4) 此处计算出α损失，步入α优化器。

```
    self.policy_model.alpha_optimizer.zero_grad()
    alpha_loss.backward()
    self.policy_model.alpha_optimizer.step()
```

(5) 得到α当前值。

```
    alpha = self.policy_model.logalpha.exp()
```

(6) 这几行使用在线模型得到Q值和a-hat。

```
    current_q_sa_a = self.online_value_model_a(
                                states, current_actions)
    current_q_sa_b = self.online_value_model_b(
                                states, current_actions)
```

(7) 然后使用最小Q值估计。

```
    current_q_sa = torch.min(current_q_sa_a,
                             current_q_sa_b)
```

(8) 此处使用最小Q值估计值来计算策略损失。

```
    policy_loss = (alpha * logpi_s - current_q_sa).mean()
```

(9) 在下一页重复，计算Q值损失。

```
    ap, logpi_sp, _ = self.policy_model.full_pass(
                                          next_states)
```

Python讲解

SAC优化步骤2/2

(10) 得到预测的下一动作以计算价值损失。

```
        ap, logpi_sp, _ = self.policy_model.full_pass(
                                                 next_states)
```

(11) 利用目标价值模型，计算出下一个状态-动作对的Q值估计。

```
        q_spap_a = self.target_value_model_a(next_states, ap)
        q_spap_b = self.target_value_model_b(next_states, ap)
        q_spap = torch.min(q_spap_a, q_spap_b) - \
                                             alpha * logpi_sp
```

(12) 得到最小Q值估计值，并将其作为熵因素。

(13) 这就是计算目标的方法：回报加下一状态的最小值折扣以及熵。

```
        target_q_sa = (rewards + self.gamma * \
                           q_spap * (1 - is_terminals)).detach()
```

(14) 此处用在线模型得到状态-动作对的预测值。

```
        q_sa_a = self.online_value_model_a(states, actions)
        q_sa_b = self.online_value_model_b(states, actions)
        qa_loss = (q_sa_a - target_q_sa).pow(2).mul(0.5).mean()
        qb_loss = (q_sa_b - target_q_sa).pow(2).mul(0.5).mean()
```

(15) 计算损失并分别优化每个Q函数。首先是a:

```
        self.value_optimizer_a.zero_grad()
        qa_loss.backward()
        torch.nn.utils.clip_grad_norm_(
                        self.online_value_model_a.parameters(),
                        self.value_max_grad_norm)
        self.value_optimizer_a.step()
```

(16) 然后是b:

```
        self.value_optimizer_b.zero_grad()
        qb_loss.backward()
        torch.nn.utils.clip_grad_norm_(
                        self.online_value_model_b.parameters(),
                        self.value_max_grad_norm)
        self.value_optimizer_b.step()
```

(17) 最后是策略。

```
        self.policy_optimizer.zero_grad()
        policy_loss.backward()
        torch.nn.utils.clip_grad_norm_(
                                self.policy_model.parameters(),
                                self.policy_max_grad_norm)
        self.policy_optimizer.step()
```

0001 历史小览

SAC智能体

2018 年，Tuomas Haaoja 在一篇题为 Soft actor-critic: Off-policy maximum entropy deep reinforcement learning with a stochastic actor 的论文中介绍了 SAC。论文发表时，Tuomas 是伯克利大学研究生，在 Pieter Abbeel 教授和 Sergey Levine 教授的指导下攻读计算机科学博士学位，同时在谷歌担任研究实习生。2019 年起，Tuomas 在谷歌 DeepMind 担任研究科学家。

具体案例

cheetah环境

HalfCheetahBulletEnv-v0 环境的特点是其观察空间有 26 个连续变量的向量，代表机器人的关节。它有一个由 6 个连续变量组成的向量，其边界在 -1 和 1 之间，代表动作。智能体的任务是使 cheetah 向前移动；与 hopper 环境一样，奖励函数也对这一点进行加强，提高了最小能源成本。

卌 小结

cheetah环境下SAC的表现

SAC在cheetah环境中表现良好，大约只用了300～600次，就学会了控制机器人。请注意，这个环境的建议奖励阈值为3000，但在2000时，智能体已经做得足够好。另外，它已经花了几个小时进行训练。

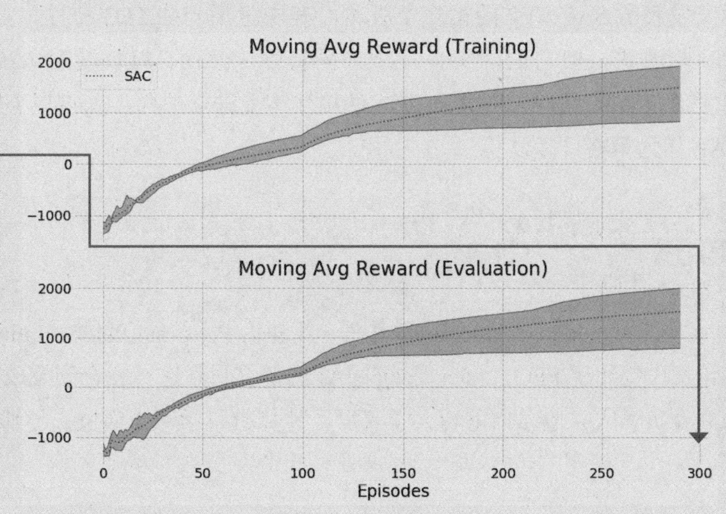

12.4 PPO：限制优化步骤

本节将介绍一种称为近端策略优化(Proximal Policy Optimization，PPO)的 actor-critic 算法。我们可将 PPO 视为一种与 A2C 具有相同基础架构的算法，PPO 可以重复使用为 A2C 开发的大部分代码。也就是说，我们可以并行使用多个环境，将经验汇总成小批量，使用 critic 获得 GAE 评估，并以类似于 A2C 的训练方式训练 actor 和 critic。

PPO 的关键创新之处是替代目标函数，该函数允许同策算法在同一小量批次经验上执行多个梯度步骤。正如上一章所介绍的，A2C 作为一种同策方法，不能重用用于优化步骤的经验。一般来说，同策法需要在步进优化器之后立即丢弃经验样本。

然而，PPO 引入一个经过剪切的目标函数，以防止策略在优化步骤后变得过于不同。通过对策略进行保守优化，不仅可以防止策略梯度法固有的高方差导致性能崩溃，还可以重复使用小量批次的经验，并对每个小量批次执行多个优化步骤。重用经验的能力使 PPO 比其他同策方法更有效。

12.4.1 使用与A2C相同的actor-critic架构

可将 PPO 看作是对 A2C 的改进。我们已经从本章了解到 DDPG、TD3 和 SAC，所有这些算法都有共同点，而 PPO 不应该被混淆为对 SAC 的改进。TD3 是对 DDPG 的直接改进，而 SAC 与 TD3 同时开发。然而，SAC 的作者在发表第一篇论文不久后又发表了 SAC 论文的第二个版本，其中包括一些 TD3 特性。虽然 SAC 不是 TD3 的直接改进，但它们确实有几个共同特性。然而，PPO 是对 A2C 的改进，重复使用了部分 A2C 代码。具体而言，对并行环境进行抽样，以收集小批量数据，并使用 GAE 作为策略目标。

0001 历史小览

PPO智能体

2017 年，John Schulman 等人在一篇题为 Proximal Policy Optimization Algorithms 的论文中提出了 PPO。John 是 OpenAI 的研究科学家、联合创始成员和强化学习团队的联合负责人。他在伯克利大学获得了计算机科学博士学位，导师为 Pieter Abbeel。

12.4.2 分批处理经验

PPO有一个特点：使用PPO可以重复使用经验样本，这一特点是A2C不具备的。要解决这个问题，我们可以像NFQ那样收集大量的轨迹批次，并将模型与数据相匹配，反复进行优化。但更好的方法是创建一个重放缓冲区，并在每个优化步骤中，从重放缓冲区抽取一个小批量的样本。样本并不总是相同，但我们可能会长期内重复使用所有样本，所以这给每个小量批次添加了随机性。

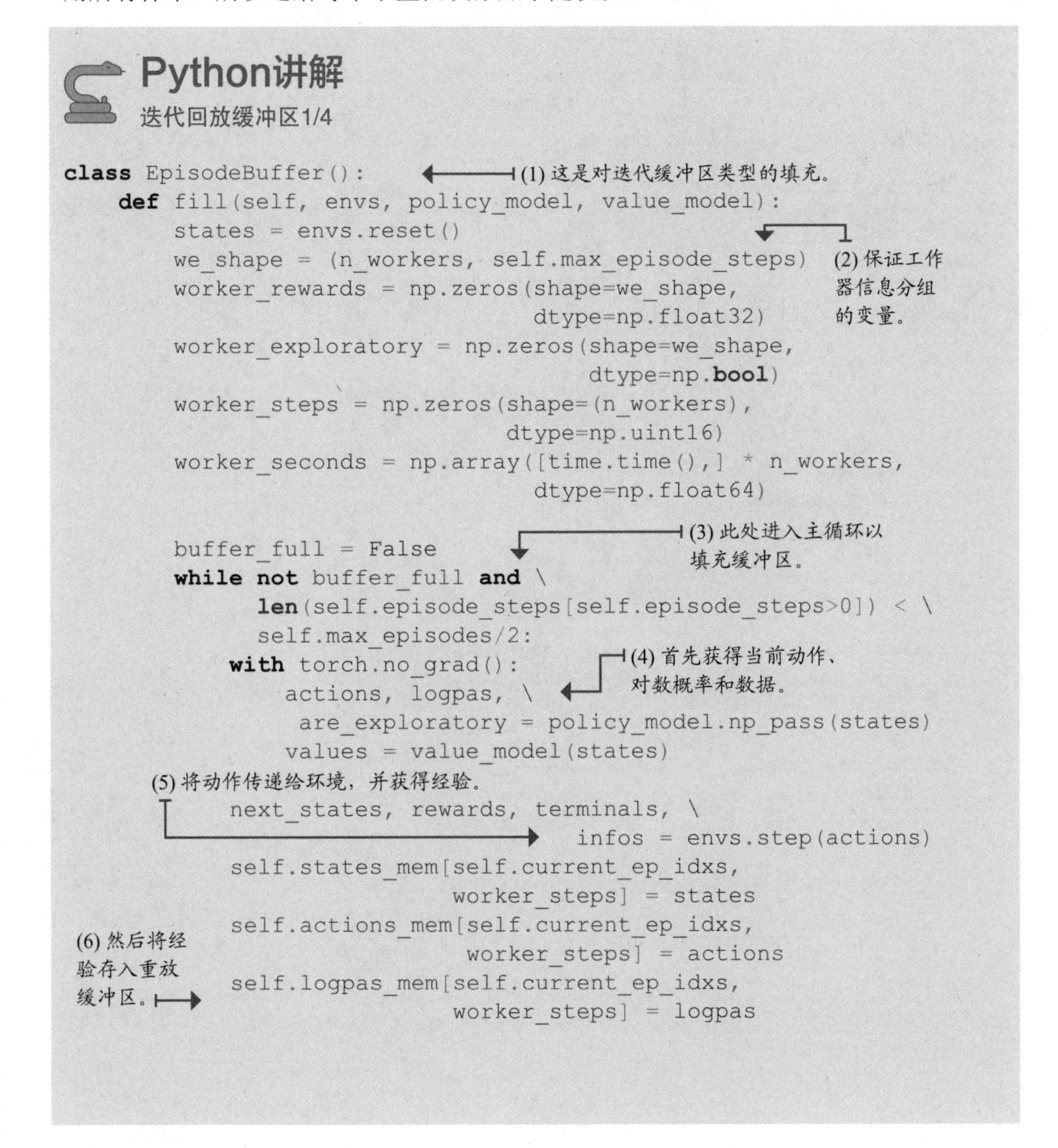

Python讲解

迭代回放缓冲区1/4

```
class EpisodeBuffer():                          (1) 这是对迭代缓冲区类型的填充。
    def fill(self, envs, policy_model, value_model):
        states = envs.reset()
        we_shape = (n_workers, self.max_episode_steps)   (2) 保证工作器信息分组的变量。
        worker_rewards = np.zeros(shape=we_shape,
                                  dtype=np.float32)
        worker_exploratory = np.zeros(shape=we_shape,
                                      dtype=np.bool)
        worker_steps = np.zeros(shape=(n_workers),
                                dtype=np.uint16)
        worker_seconds = np.array([time.time(),] * n_workers,
                                  dtype=np.float64)

        buffer_full = False                    (3) 此处进入主循环以填充缓冲区。
        while not buffer_full and \
              len(self.episode_steps[self.episode_steps>0]) < \
              self.max_episodes/2:
            with torch.no_grad():              (4) 首先获得当前动作、对数概率和数据。
                actions, logpas, \
                 are_exploratory = policy_model.np_pass(states)
                values = value_model(states)
      (5) 将动作传递给环境，并获得经验。
            next_states, rewards, terminals, \
                                 infos = envs.step(actions)
            self.states_mem[self.current_ep_idxs,
                            worker_steps] = states
(6) 然后将经验存入重放缓冲区。
            self.actions_mem[self.current_ep_idxs,
                             worker_steps] = actions
            self.logpas_mem[self.current_ep_idxs,
                            worker_steps] = logpas
```

Python讲解

迭代回放缓冲区2/4

(7) 重复上一行。

```
self.logpas_mem[self.current_ep_idxs,
                worker_steps] = logpas
```

(8) 为每个工作器创建这两个变量。记住，工作器在环境内部。

```
worker_exploratory[np.arange(self.n_workers),
                   worker_steps] = are_exploratory
worker_rewards[np.arange(self.n_workers),
               worker_steps] = rewards
```

(9) 此处手动移除步数太多的迭代。

```
for w_idx in range(self.n_workers):
    if worker_steps[w_idx] + 1 == self.max_episode_steps:
        terminals[w_idx] = 1
        infos[w_idx]['TimeLimit.truncated'] = True
```

(10) 检查终端状态并对其进行预处理。

```
if terminals.sum():
    idx_terminals = np.flatnonzero(terminals)
    next_values = np.zeros(shape=(n_workers))
    truncated = self._truncated_fn(infos)
    if truncated.sum():
        idx_truncated = np.flatnonzero(truncated)
        with torch.no_grad():
            next_values[idx_truncated] = value_model(\
                next_states[idx_truncated]).cpu().numpy()
```

(11) 自举被截断的终端状态。

(12) 更新状态变量并增加步数。

```
states = next_states
worker_steps += 1
```

(13) 若有终端，则处理工作器。

```
if terminals.sum():
    new_states = envs.reset(ranks=idx_terminals)
    states[idx_terminals] = new_states

    for w_idx in range(self.n_workers):
        if w_idx not in idx_terminals:
            continue

        e_idx = self.current_ep_idxs[w_idx]
```

(14) 同时处理每个终端工作器。

Python讲解

迭代回放缓冲区3/4

```
    e_idx = self.current_ep_idxs[w_idx]
    T = worker_steps[w_idx]
    self.episode_steps[e_idx] = T

    self.episode_reward[e_idx] = worker_rewards[w_idx,:T].sum()
    self.episode_exploration[e_idx] = worker_exploratory[\
                                            w_idx, :T].mean()
    self.episode_seconds[e_idx] = time.time() - \
                                        worker_seconds[w_idx]
    ep_rewards = np.concatenate((worker_rewards[w_idx, :T],
                                  [next_values[w_idx]]))
    ep_discounts = self.discounts[:T+1]
    ep_returns = np.array(\
             [np.sum(ep_discounts[:T+1-t] * ep_rewards[t:]) \
                                        for t in range(T)])
    self.returns_mem[e_idx, :T] = ep_returns
    ep_states = self.states_mem[e_idx, :T]
    with torch.no_grad():
        ep_values = torch.cat((value_model(ep_states),
                             torch.tensor(\
                                   [next_values[w_idx]],
                                   device=value_model.device,
                                   dtype=torch.float32)))

    np_ep_values = ep_values.view(-1).cpu().numpy()
    ep_tau_discounts = self.tau_discounts[:T]
    deltas = ep_rewards[:-1] + self.gamma * \
                      np_ep_values[1:] - np_ep_values[:-1]
    gaes = np.array(\
             [np.sum(self.tau_discounts[:T-t] * deltas[t:]) \
                                        for t in range(T)])
    self.gaes_mem[e_idx, :T] = gaes

    worker_exploratory[w_idx, :] = 0
    worker_rewards[w_idx, :] = 0
    worker_steps[w_idx] = 0
    worker_seconds[w_idx] = time.time()
```

(15) 重复上一行。

(16) 此处收集统计数据，以便事后显示和分析。

(17) 将自举值附加至回报向量。计算预测收益。

(18) 此处得到预测值，同时将自举值追加到向量中。

(19) 此处计算广义优势估计值，并将其保存到缓冲区。

(20) 开始重设所有工作器变量，以处理下一迭代。

Python讲解
迭代回放缓冲区4/4

(21) 重复上一行，再次编辑缩进。

```
                worker_seconds[w_idx] = time.time()
                new_ep_id = max(self.current_ep_idxs) + 1
                if new_ep_id >= self.max_episodes:
                    buffer_full = True
                    break
                self.current_ep_idxs[w_idx] = new_ep_id
```

(22) 检查队列中的下次迭代是哪个，如果迭代太多就中断。

(23) 如果缓冲区没有满，就为工作器设置新迭代的id。

(24) 如果处于这几行，就意味着迭代已满，所以要处理内存样本。

```
    ep_idxs = self.episode_steps > 0
    ep_t = self.episode_steps[ep_idxs]
```

(25) 因为一次性初始化了整个缓冲区，所以需要从内存的迭代和步维度中删除所有非数字内容。

```
    self.states_mem = [row[:ep_t[i]] for i, \
                  row in enumerate(self.states_mem[ep_idxs])]
    self.states_mem = np.concatenate(self.states_mem)
    self.actions_mem = [row[:ep_t[i]] for i, \
                  row in enumerate(self.actions_mem[ep_idxs])]
    self.actions_mem = np.concatenate(self.actions_mem)
    self.returns_mem = [row[:ep_t[i]] for i, \
                  row in enumerate(self.returns_mem[ep_idxs])]
    self.returns_mem = torch.tensor(np.concatenate(\
                 self.returns_mem), device=value_model.device)
    self.gaes_mem = [row[:ep_t[i]] for i, \
                  row in enumerate(self.gaes_mem[ep_idxs])]
    self.gaes_mem = torch.tensor(np.concatenate(\
                  self.gaes_mem), device=value_model.device)
    self.logpas_mem = [row[:ep_t[i]] for i, \
                  row in enumerate(self.logpas_mem[ep_idxs])]
    self.logpas_mem = torch.tensor(np.concatenate(\
                  self.logpas_mem), device=value_model.device)
```

(26) 最后，提取要显示的统计数据。

```
    ep_r = self.episode_reward[ep_idxs]
    ep_x = self.episode_exploration[ep_idxs]
    ep_s = self.episode_seconds[ep_idxs]

    return ep_t, ep_r, ep_x, ep_s
```

(27) 并返回统计信息。

12.4.3 剪裁策略更新

常规策略梯度的主要问题在于，即使是参数空间中的微小变化也会导致性能的巨大差异。参数空间和性能之间的差异导致我们需要在策略梯度法中使用小的学习率，即使如此，这些方法的方差仍然可能非常大。剪切 PPO 的全部意义在于为目标设定限制，即在每个训练步中，策略只允许相距这么远。直观地讲，你可以把这个经过剪裁的目标看作防止对结果反应过度的教练。昨晚球队有没有用新战术取得好成绩？很好，但不要夸大其辞。不要为了一个新的结果而丢掉整个赛季的成绩。相反，要保持一点一滴的进步。

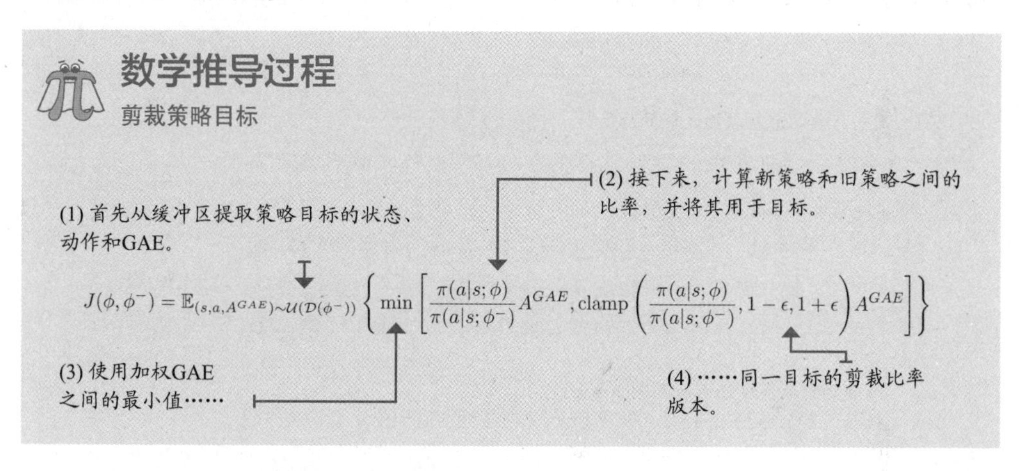

12.4.4 剪裁值函数更新

我们可以用同样的核心概念对值函数采用类似的剪裁策略：让参数空间的变化依照预期改变 Q 值，而不会改变太多。如你所知，无论参数空间中的更改是否平滑，这种剪裁技术都可以保持我们所关注的内容平滑变化。不一定需要参数空间做出小的改变；但是，我们希望性能和数值上有水平变化。

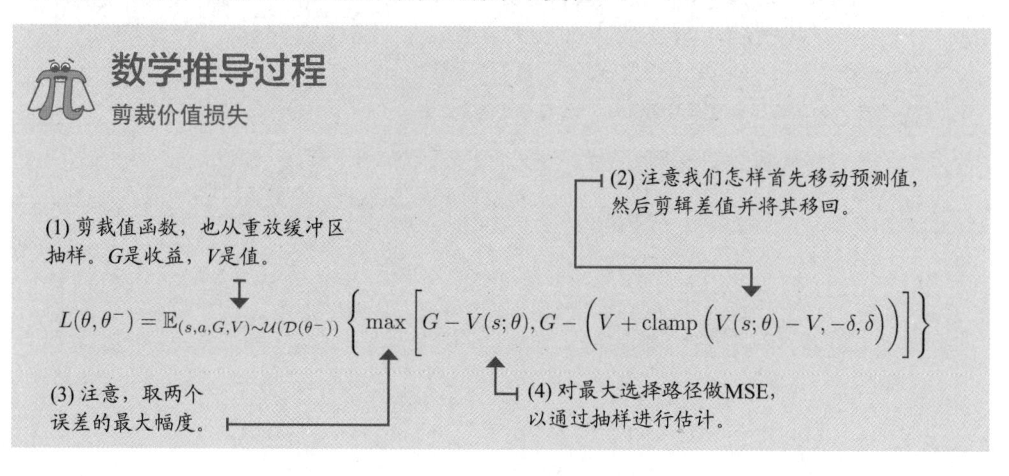

Python讲解

PPO优化步骤1/3

(1) 现在，看看这两个方程式的代码。

(2) 首先，从缓冲区提取全批经验。

(3) 在开始优化模型之前获得价值。

(4) 获得gaes，并对该批次进行标准化处理。

(5) 现在，首先开始优化预设迭代最多的策略。

(6) 再从全批中抽出一个小量批次。

(7) 使用随机抽样的指示提取小量批次。

(8) 使用在线模型来获得预测结果。

(9) 此处计算比率：对数概率与概率之比。

(10) 然后，计算目标和剪裁后的目标。在下一页重复。

```
    def optimize_model(self):
        states, actions, returns, \
                    gaes, logpas = self.episode_buffer.get_stacks()
        values = self.value_model(states).detach()

        gaes = (gaes - gaes.mean()) / (gaes.std() + EPS)
        n_samples = len(actions)

        for i in range(self.policy_optimization_epochs):

            batch_size = int(self.policy_sample_ratio * \
                                                     n_samples)
            batch_idxs = np.random.choice(n_samples,
                                          batch_size,
                                          replace=False)
            states_batch = states[batch_idxs]
            actions_batch = actions[batch_idxs]
            gaes_batch = gaes[batch_idxs]
            logpas_batch = logpas[batch_idxs]

            logpas_pred, entropies_pred = \
                self.policy_model.get_predictions( \
                        states_batch, actions_batch)

            ratios = (logpas_pred - logpas_batch).exp()
            pi_obj = gaes_batch * ratios

            pi_obj_clipped = gaes_batch * ratios.clamp( \
                                1.0 - self.policy_clip_range,
                                1.0 + self.policy_clip_range)
```

Python讲解

PPO优化步骤2/3

```
        pi_obj_clipped = gaes_batch * ratios.clamp( \
                                 1.0 - self.policy_clip_range,
                                 1.0 + self.policy_clip_range)
```

(11) 用目标最小值的负数来计算损失。

```
        policy_loss = -torch.min(pi_obj,
                                 pi_obj_clipped).mean()
```

(12) 同时，计算熵值损失，并对其进行相应的加权。

```
        entropy_loss = -entropies_pred.mean() * \
                                 self.entropy_loss_weight
```

(13) 将优化归零并开始训练。

```
        self.policy_optimizer.zero_grad()
        (policy_loss + entropy_loss).backward()
        torch.nn.utils.clip_grad_norm_( \
                           self.policy_model.parameters(),
                           self.policy_model_max_grad_norm)
        self.policy_optimizer.step()
```

(14) 在优化器步进后，我们这样操作，确保只有新策略在原始策略范围内时才再次优化。

```
        with torch.no_grad():
            logpas_pred_all, _ = \
                self.policy_model.get_predictions(states,
                                                  actions)
```

(15) 此处计算两个策略的kl-divergence。

```
            kl = (logpas - logpas_pred_all).mean()
```

(16) 如果大于停止条件，就断开训练循环。

```
            if kl.item() > self.policy_stopping_kl:
                break
```

(17) 此处开始对值函数做类似更新。

```
    for i in range(self.value_optimization_epochs):
        batch_size = int(self.value_sample_ratio * \
                                            n_samples)
```

(18) 与策略一样，从全批中抓取小量批次。最后一行在下一页重复。

```
        batch_idxs = np.random.choice(n_samples,
                                      batch_size,
                                      replace=False)
        states_batch = states[batch_idxs]
```

Python讲解

PPO优化步骤3/3

```
            states_batch = states[batch_idxs]
            returns_batch = returns[batch_idxs]
            values_batch = values[batch_idxs]
```

(19) 根据模型得到预测值，并计算标准损失。

```
            values_pred = self.value_model(states_batch)
            v_loss = (values_pred - returns_batch).pow(2)
```

(20) 此处计算剪裁预测值。

```
            values_pred_clipped = values_batch + \
                          (values_pred - values_batch).clamp( \
                                        -self.value_clip_range,
                                        self.value_clip_range)
```

(21) 然后，计算剪裁损失。

```
            v_loss_clipped = (values_pred_clipped - \
                                          returns_batch).pow(2)
```

(22) 使用标准损失和剪切损失之间的最大MSE。

```
            value_loss = torch.max(\
                      v_loss, v_loss_clipped).mul(0.5).mean()
```

(23) 最后，将优化器归零，反向传播损失，剪辑梯度，然后开始。

```
            self.value_optimizer.zero_grad()
            value_loss.backward()
            torch.nn.utils.clip_grad_norm_( \
                                self.value_model.parameters(),
                                self.value_model_max_grad_norm)
            self.value_optimizer.step()
```

(24) 可以做一些类似于提前停止的事情，但要使用值函数。

```
            with torch.no_grad():
                values_pred_all = self.value_model(states)
```

(25) 通常，检查新旧策略预测值的MSE。

```
                mse = (values - values_pred_all).pow(2)
                mse = mse.mul(0.5).mean()
                if mse.item() > self.value_stopping_mse:
                    break
```

具体案例

lunar lander环境

与本章讨论的其他所有环境不同，lunar lander 环境具有离散的动作空间。DDPG 和 TD3 等算法只适用于连续动作环境，无论是单变量(如 pendulum)，还是向量(hopper 环境和 cheetah 环境)。像 DQN 这样的智能体只在离散的动作空间环境(如 Cart-pole 环境) 中工作。A2C 和 PPO 等 actor-critic 法有一个很大的优点，即可使用几乎与任何动作空间兼容的随机策略模型。

在这种环境中，智能体需要在每步的四个可能操作中选择一个：0 表示不采取任何动作，1 表示启动左引擎，2 表示启动主引擎，3 表示启动右引擎。观测空间是一个由八个元素组成的向量，代表坐标、角度、速度以及立柱是否接触地面。奖励函数基于与着陆平台的距离和燃料消耗。解决环境问题的奖励阈值为 200，时间步长限制为 1000。

总结

lunar lander环境下的PPO

这个环境并不困难，PPO算法精妙，10分钟左右就解决了这个环境中的问题。你可能注意到曲线并不连续，是因为在这个算法中，我们只在每次迭代批量采集后运行评估步骤。

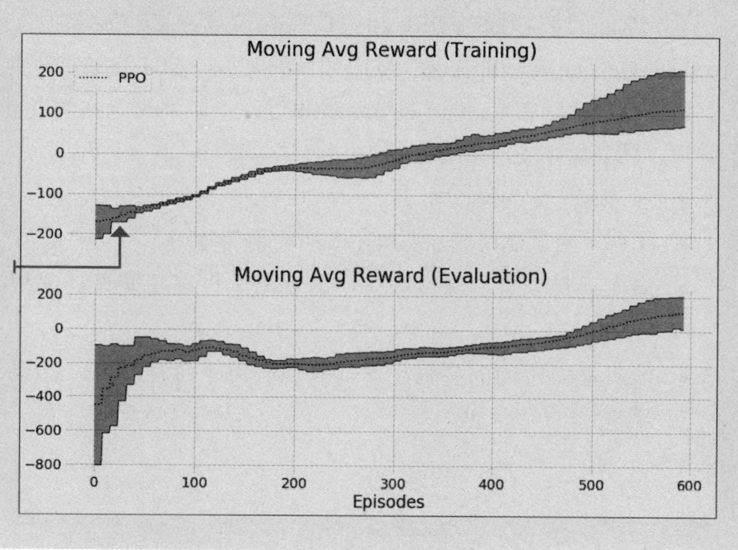

12.5 小结

本章研究了最先进的 actor-critic 法和总体的深度强化学习法。你首先了解了学习确定性策略的 DDPG 法。正因为这类方法学习确定性策略，所以使用异策探索策略并更新方程。例如，在 DDPG 和 TD3 中，我们在动作选择过程中注入高斯噪声，使确定性策略成为探索性策略。

此外，你还了解到，TD3 通过三个关键的调整对 DDPG 进行改进。首先，TD3 采用了一种类似于 DDQN 的双学习技术，即利用双 Q 网络“交叉验证”由值函数得到的估计。第二，TD3 除了对传递到环境中的动作加入高斯噪声外，还对目标动作加入高斯噪声，以确保策略不会根据假的 Q 值估计学习动作。第三，TD3 延迟策略网络更新，这样一来，在我们使用价值网络改变策略之前，价值网络能得到更好的估计。

随后，我们探索了一种称为 SAC 的熵最大化法，该方法最大化值函数和策略熵的联合目标，直观转化为以最多样化的策略获得最大回报。与 DDPG 和 TD3 类似，SAC 智能体以异策方式学习，可以重复使用经验来改进策略。然而，与 DDPG 和 TD3 不同的是，SAC 学习随机策略，其探索可以是同策的，并能嵌入所学的策略中。

最后，我们探索了一种称为 PPO 的算法，它是 A2C 更为直接的衍生，是一种同策学习方法，也使用同策的探索策略。然而，剪裁目标使得 PPO 改进所学策略的方式变得更保守，因此 PPO 能在其策略改进步骤中重新使用过去的经验。

下一章，我们将回顾 DRL 相关的研究领域，这些领域正在推动通用人工智能(Artificial General Intelligence，AGI)领域的发展，AGI 通过重新创造人类智能来理解人类智慧。物理学家 Richard Feynman 说过：“如果我无法创造出一样东西，我就不了解它。”了解智能不是很好吗？

至此，你已经：

- 了解了更多高级的 actor-critic 法和相关技巧。
- 能实现最先进的深度强化学习算法，也许还能设计出相应改进，并与他人分享。
- 能将最先进的深度强化学习算法应用于各种环境，甚至有望应用于自己的环境。

分享成果

独立学习，分享发现

有一些想法可以帮助你将所学知识提升到一个新的水平。如果你愿意的话，可以把你的研究结果分享出来，也一定要看看别人的成果。这是一个双赢的机会，希望你能把握住。

#gdrl_ch12_tf01：选择一个连续动作空间环境，并在同一环境中测试本章所学的所有智能体。请注意，你必须为此更改PPO。但是，这些算法之间的对比很值得一学。

#gdrl_ch12_tf02：抓取PPO，并将其添加到上一章的笔记中，在类似的环境中进行测试并比较结果。请注意，该PPO实现在进行更新之前缓冲了一些经验。请确保调整代码或超参数，以使比较公平。PPO如何比较？请确保在比Cart-pole环境更具挑战性的环境中进行测试！

#gdrl_ch12_tf03：还有其他熵最大化的深度强化学习法，如soft Q-learning。找到一个实现最大熵目标的算法列表，从中选择一个，然后自己实现它。对它进行测试，并将实现与其他智能体(包括SAC)进行比较。写一篇博客，解释这些方法的利弊。

#gdrl_ch12_tf04：在一个具有连续动作空间的高维观察空间环境中测试本章的所有算法。例如，查看car-racing环境(https://gym.openai.com/envs/CarRacing-v0/)，任何其他类似的环境都可以。修改代码，使智能体能够在这些环境中学习。

#gdrl_ch12_tf05：在每一章中，我都会将最后的标签作为一个概括性标签。欢迎用这个标签讨论与本章相关的其他任何内容。没有什么任务比为自己布置的任务更令人兴奋的了。一定要分享你的调查内容和结果。

用你的发现写一条推特，打上@mimoralea标签(我会转发)，并使用这个列表中的特定标签来帮助感兴趣的人看到你的成果。成果没有对错之分，你分享自己的发现并核对别人的发现。借此机会进行交流、做出贡献、有所进步！我们等你的好消息！

推特样例：

嘿，@mimoralea。我写了一篇博文，里面列出了研究深度强化学习的资源。请单击<link>.#gdrl_ch01_tf01。

我一定会转发以帮助其他人看到你的成果。

第13章 迈向通用人工智能

本章内容：

- 回顾本书所涉及的算法，并学习本书未深入探讨的深度强化学习方法。
- 学习高级深度强化学习技巧，将其结合可使智能体展现更多的通用智能。
- 深入了解如何为人工智能、深入强化学习领域做出贡献。

> “我们的最终目标是使从经验习得的程序与人类智能一样有效。”
>
> ——John McCarthy
>
> 人工智能领域创始人，LISP程序设计语言之父

本书中，从第 3 章的规划方法到上一章的最先进的深度强化学习智能体，我们学习了大量的解决决策算法与强化学习智能体。本书旨在讲授算法的来龙去脉，然而，DRL 领域的知识远比书中涵盖的内容要多，希望大家可以有的放矢。

本章中，我重点强调几点。在第一部分，我将重述全书要点。希望你们能脱离局部，再次纵观整体，了解已学知识，然后决定今后的研究方向。我也会提及几类之前没有提到的重要智能体。但需要谨记，无法列举算法，但你在本书中所学涵盖了基础方法与概念。

了解到已学过与未涉及的知识后，我将介绍几个在 DRL 中更先进的研究领域。这些研究领域或将带来 AGI(通用人工智能)领域的最终创建。我知道 AGI 是热门话题，而许多人却没有正确利用它。AGI 这样一个如此振奋人心又具有争议的话题却被人们用来博取眼球。千万不要理会这些人，也不要被他们误导。相反，你应该关注当前面临的真正重要的、正确的事。坚持初心，向着目标前进。

我确信人类可以创造 AGI，因为我们将为之奋斗。几个世纪以来，我们热衷于理解智能和自动化任务，为之付出不懈努力，这是永远也不会改变的。我们通过哲学和对人类自身的理解来探索智能；通过不断反思来寻找关于智能的答案。我认为，大部分 AI 研究者同时也是哲学家。他们利用在强化学习中学得的知识来完善自己，反之亦然。

同时，人类爱着智能所创造的自动化。我们将为人类生活的自动化而持续努力，并且会完成这一理想的。现今，尽管仍有 AGI 是不是超越这个世界的类人机器的开端的争论，我们仍然不能在超出常人的水平训练任何一个智能体来玩所有 Atari 游戏。也就是说，尽管可对单个通用算法进行单独训练，但一个受过训练的智能体无法适用于所有游戏。但在考虑 AGI 时我们应该谨慎。

本章将为你们的后续学习提供建议。我收到了很多关于在自己的环境中使用 DRL 时出现的问题。这是我的全职工作，我以之为荣。所以，关于如何处理这些问题，我可以发表一些意见。我也为有兴趣的人提供职业建议，并提供赠言。让我们开始吧！

13.1 已涵盖的以及未特别提及的内容

从各种 MDP 和它们的内部工作原理，到最先进的 actor-critic 算法以及如何在复杂环境中训练它们，本书已涵盖了大部分深度强化学习的基础内容。深度强化学习这一研究领域充满活力，每个月都会有新算法发表出来。这一领域正在迅猛发展中，但美中不足的是当前没有任何一本可以对该领域内一切内容进行高质量讲解的书籍。

幸好，剩下的内容是在大部分应用中并非必需的高级概念。但这并不是说它们毫无用处，我强烈建议你们继续学习 DRL 相关期刊论文。学习过程中遇到困难你可以联系我，我会为你解答。目前，本书剩下内容我只考虑两个必要部分：基于模型的深度强化学习方法和无梯度优化方法(derivative-free optimization methods)。

在这一节，我们将快速复习本书中学过的算法和方法，并且接触前面未详细介绍的两个重要方法。

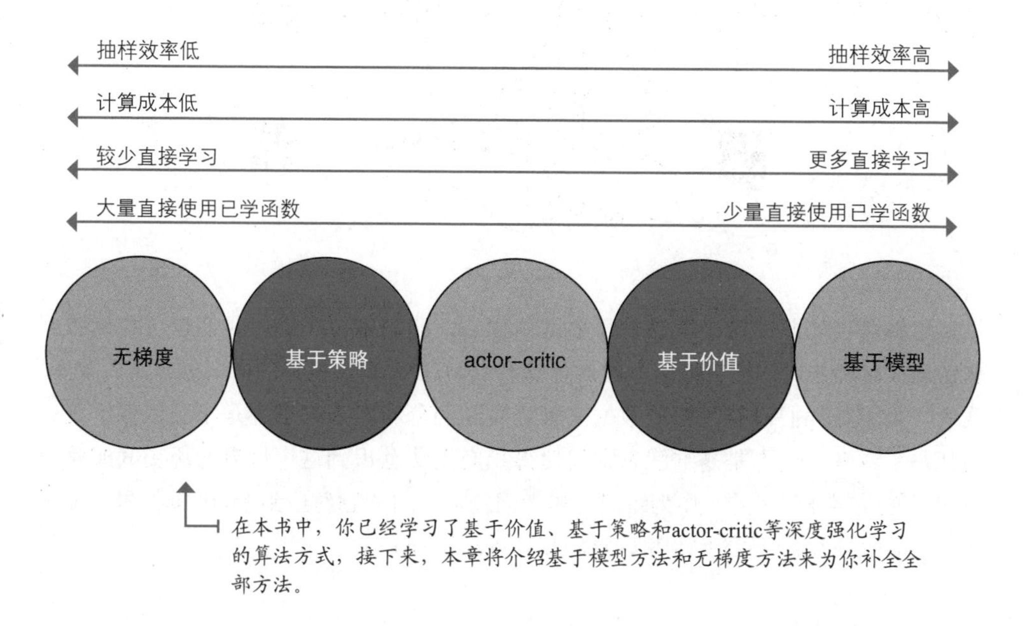

13.1.1 马尔可夫决策过程

前两章是对强化学习领域和我们试图解决问题方法的介绍。MDP 的概念很重要，即使看起来很简单也有局限，实则非常强大。这一领域里还有许多需要我们探索的地方。目标是培养你们将问题看作 MDP 的能力。这要你们自己实践。思考一个问题，将其分解成状态、观察、动作以及其他 MDP 组成部分。

冻湖环境的转移函数

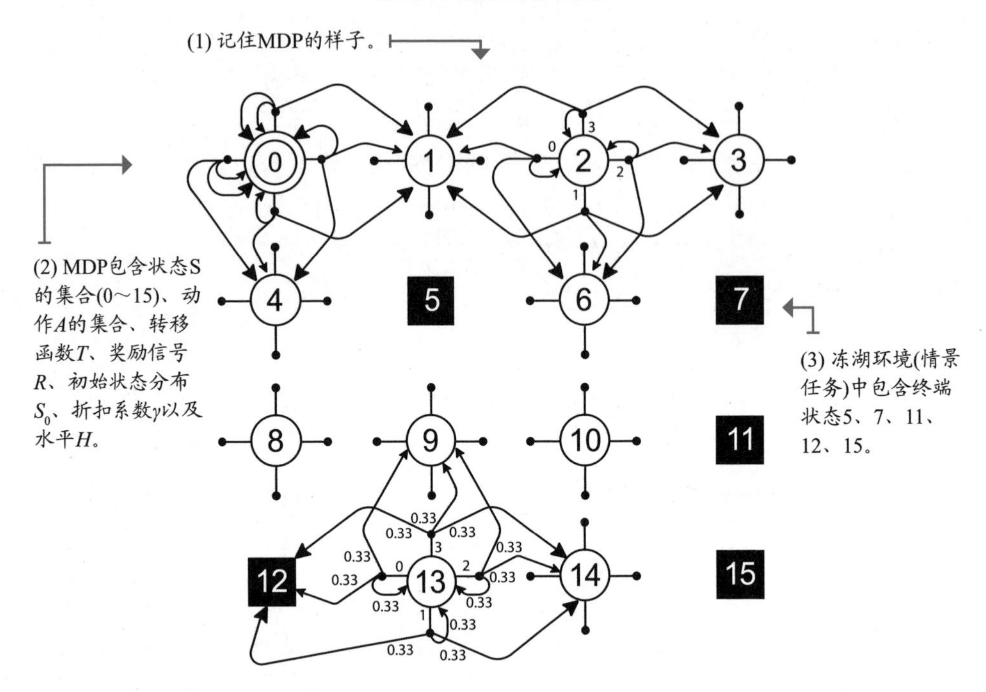

你将发现，即使这个世界看起来是非状态、非马尔可夫的，我们也可将一些问题转化成这种方式，然后将这个世界看成一个 MDP。真实世界的概率分布是否改变，或者，是不是我们没有足够的数据来确定实际的分布？未来世界是不是依赖于过去的状态，或者，是不是高维状态空间使得我们无法意识到这个世界的历史其实是单一状态的一部分？另外，作为练习，思考问题，并将问题对应到 MDP 框架里。如果你想将 DRL 应用到你的问题里，这将使你受益匪浅。

13.1.2 规划法

在第 3 章中，我们讨论了可帮助你找到可解决 MDP 问题的最优策略的方法。如价值迭代、策略迭代以及迭代计算最优值函数。这些方法使得我们可以快速得到最优策略。策略就是适用于所有情况的通用规划方法。

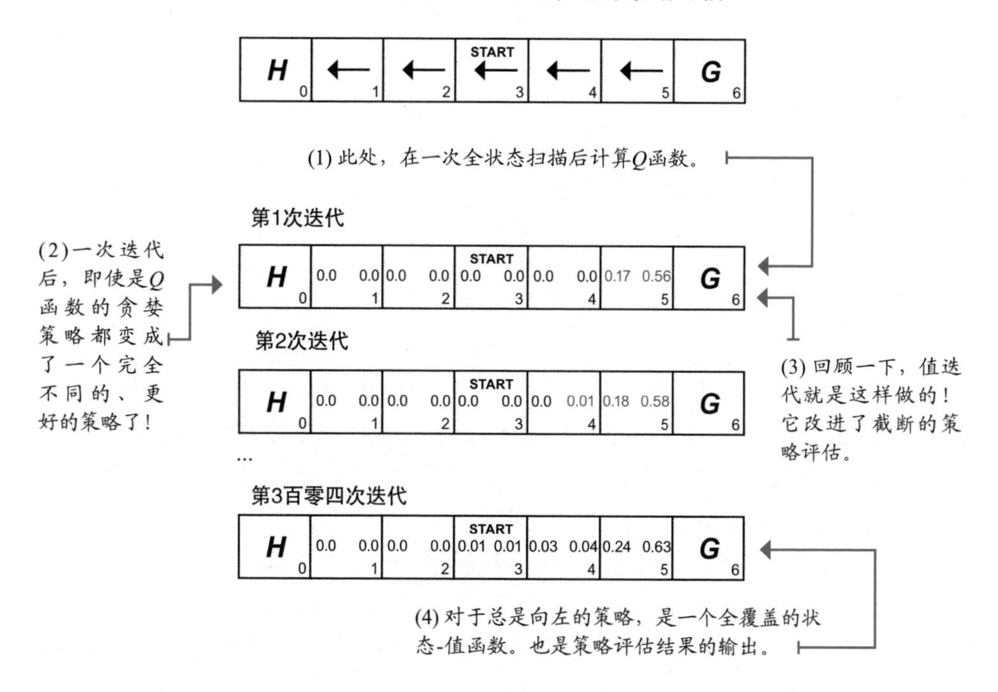

首先，这些算法分离了惯序决策问题。因为它们需要 MDP，所以不存在不确定性；同时也因为它们只适用于离散状态和动作空间，所以不存在复杂性。其次，存在这样一个普遍现象：我们对行为评估的兴趣，也许和我们对改进行为的兴趣一样多。我过去有段时间没有意识到这一点。对我来说，改进和优化听起来更有趣，所以我曾经不是很看重策略评估。但学到后面你就会发现，如果你得到正确的评估，那么改进就是小事一桩。主要挑战通常是准确地评估策略。但是，如果你有 MDP，就可以直接而准确地计算这些值。

13.1.3 Bandit法

第 4 章讲述从评估反馈中学习。通过去掉 MDP 学习了强化学习的不确定性。我们隐藏了 MDP，却让 MDP 变得异常简单；单一状态、单界 MDP 里，挑战是用最少的迭代找到最优动作或动作分布，使总后悔值最低。

在第4章中，你学习了更多有效的方法来权衡探索与利用

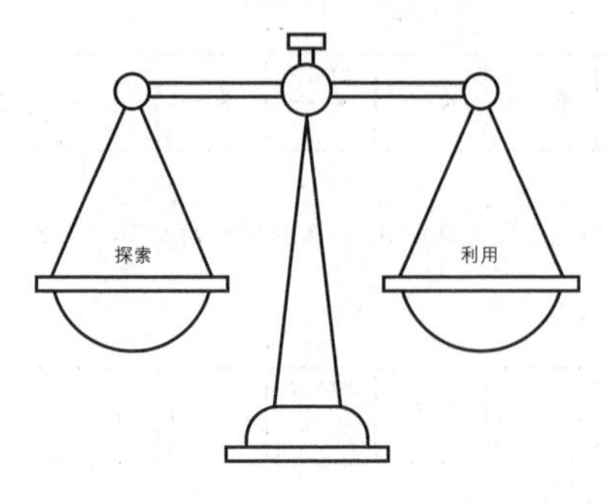

我们已经学了一些不同的探索策略并在许多 Bandit 环境中对其进行了测试。但这一切的最后，我的目的是通过第 4 章告诉你它自身不确定性带来的挑战值得分别研究。关于这个主题有许多不错的书籍，如果你感兴趣的话，应当深入研究下去，这条路值得你花心思走下去。

结束本章并进入强化学习的前提是我们脑子里有这个概念：强化学习是具有挑战性的，因为我们无法使用 MDP，正如第 3 章中的规划方法一样。没有 MDP 会引起不确定性，这使得我们只能通过探索来应对不确定性。探索策略是智能体能够通过试错法自主学习的原因，这一领域也因此变得有趣。

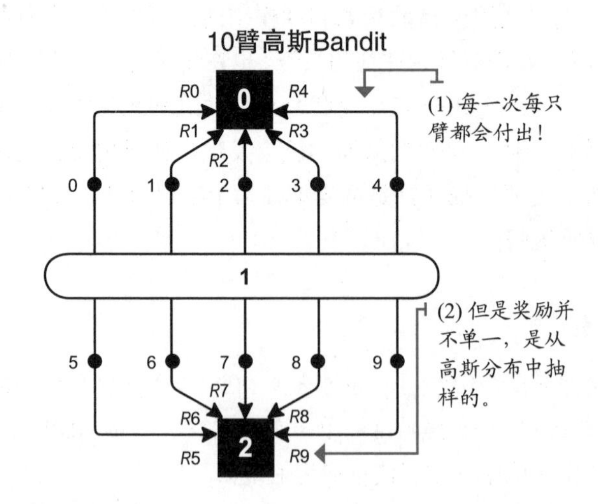

13.1.4 表格型强化学习

第 5 ～ 7 这三章讲述混合了惯序性和不确定性的强化学习。在易学的前提下，不确定环境下的惯序决策问题是强化学习的核心。也就是说，没有复杂、大量、高维的状态或行动空间。

第 5 章讲述评估策略，第 6 章讲述优化策略，第 7 章讲述评估和优化策略的高级方法。于我而言，这是强化学习的核心，这些概念也有助于你更快地理解深度强化学习。不要将 DRL 和表格型强化学习分裂开来，这种思想不可取。复杂性仅是问题的一个维度，但同样是一个具体问题。你经常会看见顶级深度强化学习实验室发表文章，分析如何解决离散状态和动作空间中的问题。这并不可耻，是一种聪明的方法；你做实验时，脑子里要有这种印象。不要从最复杂的问题开始，相反，先把问题分解成小问题，然后逐个击破，最后慢慢增加复杂度。

在这 3 章里，我们接触了各类算法：评估方法、控制方法和基于模型的方法。其中，评估方法包括首次访问及每次访问蒙特卡洛预测、时序差分预测、*n*-step TD 及 TD(λ)。控制方法包括首次访问及每次访问蒙特卡洛控制、SARSA、Q 学习、双重 Q 学习以及更高级的 SARSA(λ) 和 $Q(\lambda)$，这两者都有替换迹和累积迹。基于模型的方法包括 Dyna-Q 和轨迹抽样。

深度强化学习是强化学习更广阔领域的一部分

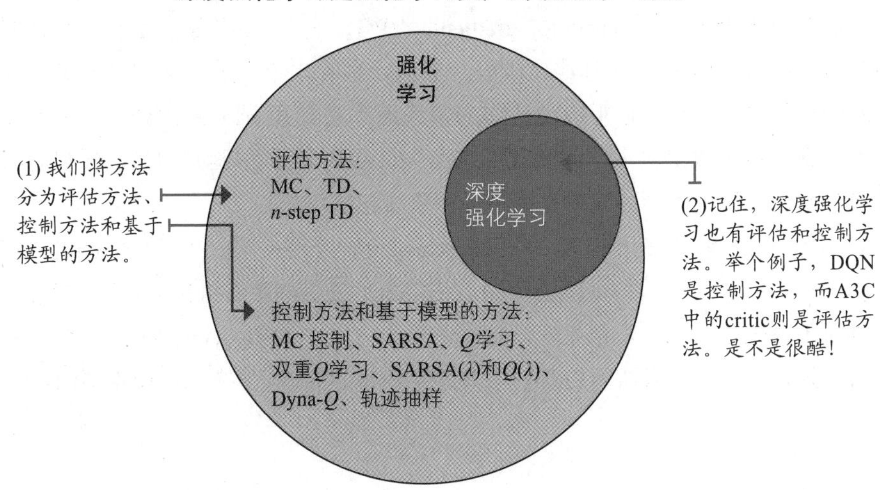

13.1.5 基于值函数的深度强化学习

第 8 ～ 10 章介绍关于基于值函数深度强化学习方法之间的细微差别。我们已经涉及了神经拟合 Q 迭代(neural fitted Q-iteration，NFQ)、深度 Q 网络(deep Q-networks，DQN)、双重深度 Q 网络(double deep Q-networks，DDQN)、Dueling DDQN 和优先级经验回放(Prioritized Experienced Replay，PER)。最先学的是 DQN 并对这个基线方法进行了一次又一次的改进。我们测试了 Cart-pole 环境中的所有算法。

对于这个基线算法，我们可以实现更多改进，我推荐你试一试。检验一个叫做 Rainbow 的算法，并执行本书中没有的 DQN 改进。创建一个博客，把它发表上去，分享成果。在执行基于价值深度强化学习方法时学到的技术，对于其他深度强化学习方法极其重要，包括在各种 actor-critic 方法中学习评论。有许多改进之处和技术需要我们去发掘。继续练习这些方法。

13.1.6 基于策略的深度强化学习和actor-critic深度强化学习

第 11 章介绍了基于策略方法和 actor-critic 方法。在那时，基于策略的方法是本书中的深度强化学习的新方法。因此，我们通过一个直接算法(即 REINFORCE 算法) 介绍了这一概念。这种算法只参数化了策略。因此，可直接近似估算策略，根本不需要使用任何值函数。在 REINFORCE 中我们用来优化策略的信号是蒙特卡洛回报(Monte Carlo return)，这个值是智能体在经历一次迭代后的实际回报。

然后我们探索了一种学习值函数以减少 MC 回报方差的算法。我们把这种算法称为 vanilla 策略梯度(vanilla policy gradient，VPG)。这个名字有些随意，或许叫它策略梯度 REINDORCE 中的基线比较好。然而，尽管这个算法可学习值函数，却不是 actor-critic 方法，因为它用值函数作为基线而不是作为 critic。此处一个要点是：我们并不使用值函数来枚举。因为我们也用 MC 回报训练值-函数模型，所以存在最小偏差。这个算法中的唯一偏差是由神经网络引起的偏差。

接下来涉及更多使用枚举的高级 actor-critic 方法：A3C(使用 n-step 回报)，GAE(一种针对策略更新的 λ 回报形式)以及 A2C(使用同步方式更新策略)。综上，这些都属于最先进的方法，都是广泛应用的可靠方法。例如，A3C 的优点之一(也是其独特之处) 在于 A3C 只需要 CPU，在缺少 GPU 时可比其他方法运作得更快。

13.1.7 高级actor-critic技术

尽管 A3C、GAE 和 A2C 都属于 actor-critic 方法，但是它们不会以独特方式运用 critic。在第 12 章中，我们探索了这样做的方法。比如，许多人认为 DDPG 和 TD3 是 actor-critic 方法，但在连续动作空间中，称这两者为基于值方法更贴切。比如，如果你研究一下使用 actor 和 critic 方法的 A3C 算法，会发现 DDPG 中的许多不同之处。不管怎样，DDPG 和 A3C 是最先进的方法，并且无论是否属于 actor-critic 方法，处理问题时都没什么区别。但需要注意的是这两种方法只能处理连续动作-空间环境。可以是高维动作空间，但动作必须是连续的。其他诸如 A3C 的方法可处理连续空间和离散空间。

SAC 是一种独特类型。SAC 居于 DDPG 和 TD3 之后的唯一原因是它使用大量与 DDPG 和 TD3 相同的技术。不同之处在于，SAC 是一种熵-最大化方法。值函数最大化的除了回报，还有策略熵。这些方法都很有发展前景，如果从 SAC 中衍生出更高级的方法，我也不会觉得惊讶。

最后，我们学习了另一种令人激动的 actor-critic 方法，PPO。或许你也发现了 PPO 是一种 actor-critic 方法，因为我们再次使用了许多 A3C 中的代码。PPO 中的关键内核就是策略更新步骤。简而言之，PPO 每次都会改善一点策略：我们可以确定每次更新带来的策略改变不会很大。你可以把它看作一个对比策略优化方法。PPO 可以很轻易地应用于连续的和离散的动作空间中，并且在很多振奋人心的 DRL 成果中，可以看到 PPO 的身影，如 OpenAI Five。

在这几章中，我们提及了很多极好的方法，但更重要的是，我们提及了可以加深你对这一领域的了解的基础方法。许多算法都从本书中的算法中演变而来。但有几个例外，即基于模型深度强化学习方法和无梯度优化方法。在后面两节中，我带你们深入了解了这些方法，这样你们就可以继续探索深度强化学习这一领域了。

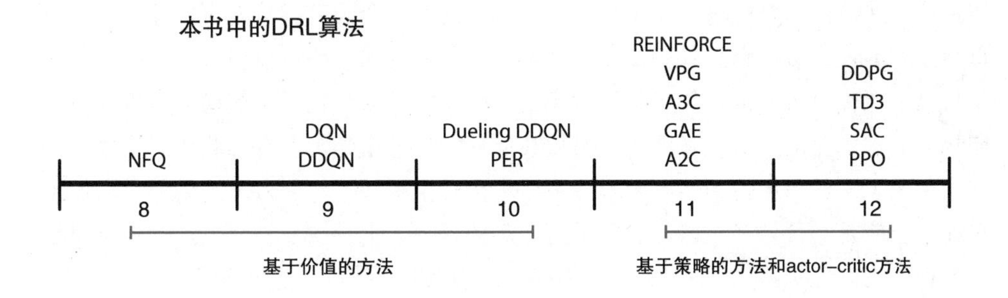

13.1.8 基于模型的深度强化学习

第 7 章中，你学习了基于模型深度强化学习方法，如 Dyna-Q 和轨迹抽样。基于模型深度强化学习的核心是使用深度强化学习技术来学习转换或奖励函数，然后以此做出决策。就像你在第 7 章中所学习的方法一样，基于模型深度强化学习的一个显著优势是抽样效率；基于模型方法是强化学习中最具抽样效率的方法。

需要记牢基于模型的强化学习算法

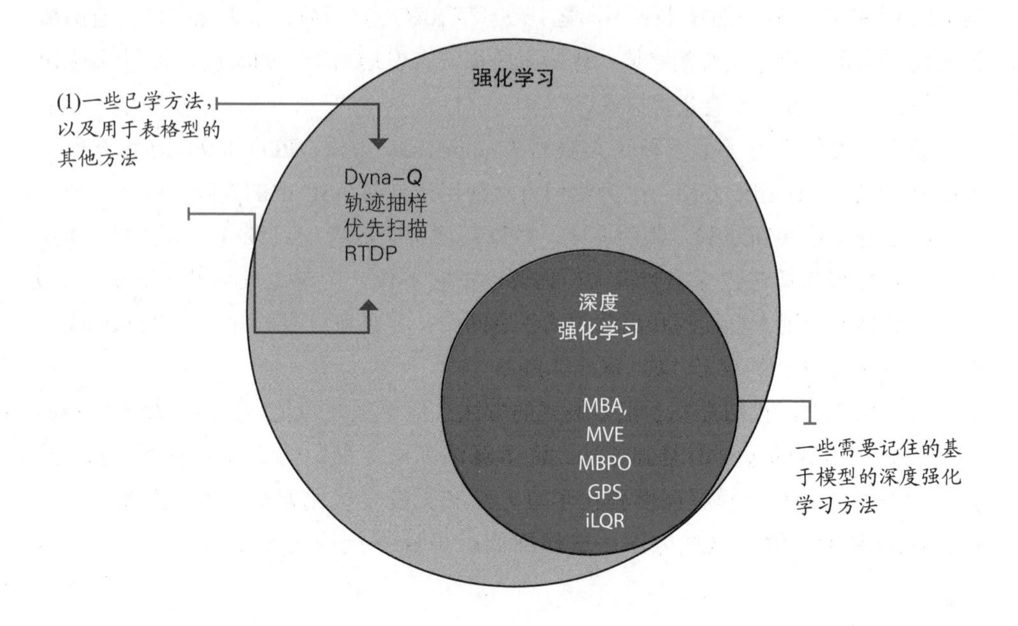

除了抽样效率方法外，使用基于模型方法的另一个固有优势是可转移性。学习世界动态的模型可以帮助你完成不同的相关任务。例如，你可以训练一个智能体控制机器手臂来抓取物体；如果基于模型的智能体能学习环境，了解如何对智能体移向物体的意图作出反应，将能更容易地在以后的任务中学习获取该物体。注意，在这个情况下，学习模型的奖励函数并不适用于转换函数。但学习环境如何对动作指令作出反应是一种转换技能，有助于完成其他任务。上一次我检查过，物理定律已经上百年没有变过了，一直都是关于慢速运动领域的！

值得一提的其他几个优点如下。第一，学习模型通常是一项监督学习任务，这比强化学习更稳定、性能更好。第二，如果我们有一个确切的环境模型，就可以运用基础理论算法进行规划，如轨迹优化、模型预测控制，或者运用启发式搜索算法，如蒙特卡洛树搜索。最后，学习模型可使我们更加得心应手地应用经验，因为可最大限度地从环境中获取信息，从而提高做出更好决策的可能性。

然而事物总有两面性。基于模型的学习也有挑战性。当你使用基于模型的方法时，你需要格外注意这种方法的几个缺点。首先，除了策略和值函数，学习一个环境的动态模型更需要完成大量计算。另外，如果你只学习动态模型，来自模型的混合模型错误将使算法变得不切合实际。

并不是动态的所有方面都直接对策略有利。想象一个倒水任务(task)，如果你只是想要拿起杯子然后倒出里面的液体，而你却先学习掌握流体动力学、流体黏度和流体流动，那么这个任务就被过度复杂化了。试着学习环境模型比直接学习策略更复杂。

值得强调的是深度学习模型需要大量数据。正如你所知，为了充分利用深度神经网络，你需要大量数据，这对于基于模型的深度强化学习方法是一大挑战。这个问题与神经网络中很难估计模型不确定性的事实结合在一起。已知神经网络尝试泛化，忽略模型的不确定性，你可以得出长期的预测，而这些却全然无用。

这一问题使得基于模型的方法是最具抽样效率的论断不那么使人信服，因为相对于学习无模型方法下的优秀策略，学习一个有用的模型需要更多数据。然而，如果你已经有了模型，或获得了这个任务单独的模型，就可以在其他任务中再使用这个模型。另外。如果你习惯用高斯过程(Gaussian processed)、高斯混合模型(Gaussian mixture models)之类的"阴影"模型，就又回到原点了，认为基于模型的方法是最具抽样效率的。

我希望你知道，这并不是基于模型和无模型的对抗。你可将基于模型的方法和无模型方法结合，最终得到喜人结果，但这都不是编程。同样，基于值和基于策略之间的对抗也不是十分重要，这也不是 actor-critic 方法。当你需要螺丝刀时，锤子对你来说是没有用的。我的工作是告诉你哪种类型的算法是合适的，但能否正确使用这些知识取决于你。当然，不断探索、享受乐趣，这两点很重要。解决问题时，请谨慎选择。

13.1.9 无梯度优化方法

深度学习使用多层函数逼近器来学习函数。传统的深度学习是按照以下步骤进行的。首先，建立参数模型，反映感兴趣的函数。然后，定义目标函数，以了解任一时段模型的误差程度。接着，计算在何处移动参数、使用反向传播来反复优化模型。最后，使用梯度下降，更新参数。

反向传播和梯度下降都是优化神经网络的实用算法。这些方法对于在给定范围内找到函数的最高或最低点来说是十分有用的，如找到损失或目标函数的局部最优值。但有趣的是，这些并不是优化参数模型的仅有方法，如深度神经网络并不是总是有效，这一点很重要。

无梯度优化(如遗传算法或进化策略)是不同的模型优化方法。这一方法近来年获得了来自深度强化学习社群的广泛关注。无梯度方法也被叫做无陡度方法(gradient-free method)、黑盒方法(black-box method)和零阶方法(zeroth-order method)。它不需要推导，在基于梯度的优化方法难以适用的情况下仍然适用。当优化的函数具有离散、不连续或多模型等特点时，基于梯度的优化方法就变得不实用。

很多情况下，无梯度方法是简单实用的。甚至是在随机打乱神经网络权值的情况下，如果给予足够计算，也可以完成工作。无梯度方法的主要优点是可以优化任意函数，无梯度方法的工作并不需要梯度。另一个优点就是便于并行处理；成百上千或成千上万的 CPU 使用无梯度方法已经不是新鲜事了，因为抽样效率低下，无梯度方法易于并行是件好事。黑盒优化方法不利用强化学习问题结构。它忽略了强化学习问题的惯序特性，可为优化方法提供有价值的信息。

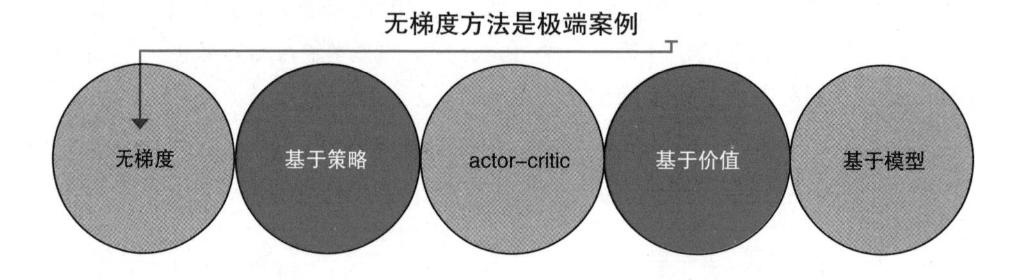

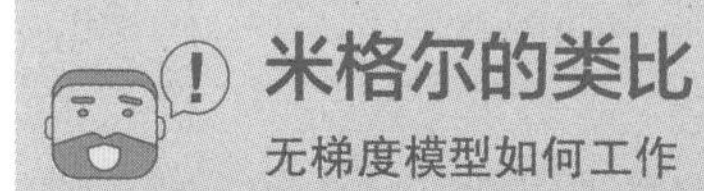

米格尔的类比

无梯度模型如何工作

为了能直观地了解基于梯度的方法和无梯度方法之间的不同，想象一下冰火 (Hot and Cold) 游戏。对，就是孩子们爱玩的那个游戏。游戏规则是，其中一个孩子是猎人，他需要找到一个隐藏目标，其他孩子知道目标在哪里。如果猎人距离目标远就喊 cold，距离近就喊 hot。在这个类比中，猎人的位置就是神经网络的参数。隐藏的目标就是总体最优值，最优值不是损失函数最小化的最小值，就是目标函数最大化的最大值。目的就是使猎人与目标之间的距离最优化。因此，在这个游戏中，你利用孩子喊 cold 或者 hot 来优化猎人的位置。

这时类比变得有趣了。想象一下，当猎人接近目标的时候，喊 cold 或者 hot 的孩子会喊得更大声。你知道的，孩子很容易变得激动，他们是保守不了秘密的。当孩子喊 cold 的声音从轻柔变得越来越激动时，作为一个猎人，你就知道你的方向是对的。距离可以用“梯度”信息来优化。基于梯度的方法就是这样用信息接近目标的。如果信息是连续的，就意味着孩子们每秒喊两次，并随着距离的改变从 cold 到 hot 的喊声会有轻重变化，然后你可以通过增加或减少信息的等级(即梯度)来达到目标。非常好！

另一方面，如果孩子们喊出的信息是有限的，或者不完整的。当信息不连续时，比如，当猎人到达特定区域时，孩子不可以给出任何信息，他们喊出的信息会产生两个“轻柔 cold”之间的信息空白。或者也有可能是这样，目标在一堵墙中间部分的正后方时，猎人接近了目标，但根据梯度信息，猎人不能得到目标。猎人会接近目标，这时要做的就是喊出 hot，但是现实情况是，目标在墙后面，无法触碰。在这些例子中，也许基于梯度的优化方法并不是最佳策略，但无梯度的方法(即使是随机移动的)可能更适合找到对象。

无梯度的方法可以像上面一样简洁。猎人的移动是随机的，在到达目标位置时，会忽略梯度信息，然后核对孩子们给出的信息，接着尝试另一个随机位置。经过几个随机位置(可能是 10 个)的尝试后，猎人会选择 3 个最佳位置，然后在这 3 个位置中随机变化以找出最佳位置。在这个案例中，梯度信息并不实用。

相信我，这个类比会有用的，但是我点到为止。要点是不管是基于梯度的方法还是无梯度方法，它们都只是达到目标点的策略。这些策略的有效性取决于遇到的问题。

13.2 更多AGI高级概念

在上一节中，我们复习了本书涉及的深度强化学习基础概念，并且接触了两种没有深入讨论过的重要方法。但是，就像我之前提到的，很多高级概念即使在介绍深度强化学习时不做要求，但对设计AGI却至关重要。AGI是多数AI研究者的终极目标。

在这一节，我们首先进一步学习 AGI，并论证一些 AI 智能体的特点。我将在较高层次解释这些特点是什么以及它们的目标是什么，这样你就可以继续你的 AI 学习之路，或许能在未来某一天为这些前沿研究领域做出贡献。

13.2.1 什么是AGI

本书中，你已经见过很多给你深刻印象的 AI 智能体例子。十分引人注目的是，同样的计算机程序可以学习处理各种任务。AlphaZero 学习国际象棋、围棋和日本象棋，OpenAI 5 在 Dota2 游戏中打败人类玩家，AlphaStar 曾打败高级专业玩家。这些都是引人注目的多用途算法。但这些多用途算法展现出任何通用智能迹象了吗？首先，第一个问题，什么是通用智能？

通用智能是结合多种认知能力以解决新问题的能力。对于通用人工智能(AGI)，我们期望有一个计算机程序能展示一般智能。现在提出以下问题：本书中提到过的算法或AlphaZero、OpenAI 5、AlphaStar之类的先进方法是通用人工智能的例子吗？你或许不清楚答案，我的回答是否定的。

另一方面，你可以看到许多包括感知和学习在内的能运用“多种认知能力”来完成一项新任务(如Pong游戏)的算法。如果我们坚持之前给出的定义，这些使用多种认知能力解决新问题的算法就是更高级的。然而，这些算法其中一个最不令人满意的部分是除非接受训练，否则这些智能体中没有一个擅长解决新问题，而且在得到满意的结果前还需要上百万的样本。换句话说，如果你训练一个DQN智能体在像素中玩Pong游戏，这个训练过的智能体在Pong游戏中可以达到超人类水平，却玩不了Breakout游戏，并且在它展示任何技能之前必须训练数百万帧。

人类则没有这种问题。如果你学习过Pong游戏，我非常确定，两秒左右你就可以学会Breakout。这两种游戏的共同任务都是用球拍击球。另一方面，即使是AlphaZero智能体(一种掌握各种棋盘类游戏的高超技能的计算机程序)可以打败职业玩家，但它永远不可能帮你洗衣服。

某些AI研究者声称他们的目标就是创造可以感知、学习、思考甚至是像人类一样感受情绪的AI系统，这绝对是个疯狂的想法。其他研究者的目标则更实际，他们不要求AI一定要像人类一样思考。或许情绪可以让做出的食物更好也说不定，谁知道呢。关键是有些人想要AGI代表、阻止世俗的任务时，其他人的目标则更具有哲学性。创造AGI可以是一条理解智慧本身、理解自我的道路，而这本身对人类来说将是一项非凡成就。

不管怎样，每个AI研究者都认同的一点是：不管最终目标为何，我们仍然需要展现更多通用的、可迁移技能的AI算法。在可以做更多类人任务之前，AI需要具备许多特性，如洗衣、做饭或洗碗。有趣的是这些平淡乏味的任务是AI最难攻克的难题。让我们一起回顾一些目前正在为深度强化学习和人工智能更具通用智能特点进行开拓的前沿研究领域。

后面几节将介绍的一些概念会是你继续学习高级的深度强化学习方法时想要深入研究的。这些会使得AI更向人类层面的智能靠拢。我会用几句话概括，尽可能在你脑海中留下更多印象。我的任务就是告诉你有多少种可能，至于未来往哪个方向方向发展，则全看你自己。

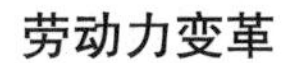

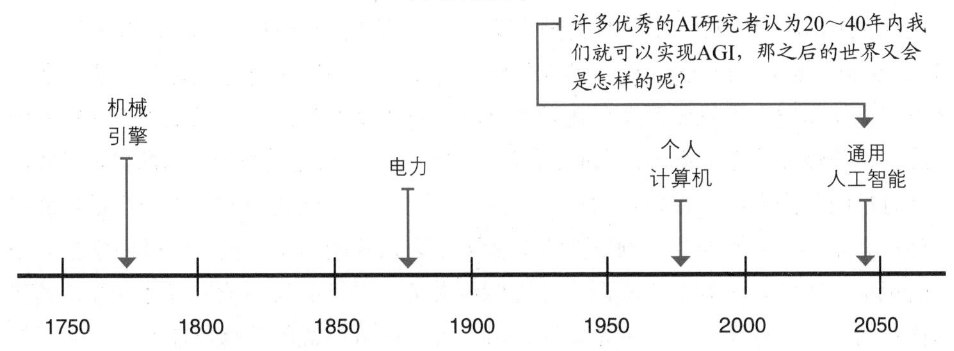

13.2.2 高级探索策略

但凡有令人激动成果出现的研究领域，都与奖励函数有关。通览全书，你会发现智能体的学习活动依赖于奖励信号。但有趣的是，最近有研究表明，就算完全没有奖励智能体也可以学习。从事物(而非奖励)中学习的想法很奇妙，这也许对发展类人智能至关重要。婴儿的学习过程中充满了无监督和自我监督。当然，在他们成长的阶段，会收到来自父母的奖励。你知道得到 A 或 B 时，对应的薪水是 x 或 y。但是智能体并不总是根据我们提前设置的奖励行事。生活中的奖励函数是什么呢？是事业的成功吗？是养育自己的孩子吗？这很难回答。

现在，将奖励函数从强化学习问题中移除有些可怕。如果没有为智能体定义需要最大化的奖励函数，如何知道智能体的目标与我们的目标一致呢？我们又将怎样按照人类喜欢的方式创造通用人工智能呢？或许在创造类人智能这件事上，我们应该给予智能体决定自身命运的自由。不管怎样，对我来说，这是需要追求的关键研究领域之一。

13.2.3 逆强化学习

不需要奖励函数的学习行为的方法有很多，并且，即使我们通常更喜欢奖励函数，首先学习模仿人类可以帮助我们用更少的样本学习策略。这里需要注意几个相关领域。行为克隆(behavioral cloning)是在从示范(通常来自于人类)中学习策略时对监督学习技术的应用。顾名思义，这其中没有推理，只是泛化。一个与此有关的研究领域叫做逆强化学习，由对示范中的奖励函数的推理组成。这种情况下，我们不是单纯地复制行为，而是学习另一个智能体的意图。推断意图(inferring intentions)是实现多个目标的有力工具。比如，在多智能体强化学习中，不管是对抗性设置还是合作性设置，知道其他智能体的目标都是有用的。如果我们知道一个智能体的目标，以及它反抗目标的方法，我们可以在一切难以挽回前制定策略阻止它。

但是，逆强化学习允许智能体学习新的策略。从其他智能体(如人类)身上学习奖励函数，从这个习得的奖励函数中学习策略的方法，通常被称为学徒学习(apprenticeship learning)。进行逆强化学习时要考虑的一个有趣点是奖励函数通常比策略更加简明。尝试学习奖励函数在许多案例中都行得通。从示范中学习策略的方法也叫做模仿学习(imitation learning)，通常不是在策略之前被推导出的奖励函数，就是直接的行为克隆。模仿学习的一个常见用例是将智能体初始化为一个足够好的策略。比如，如果智能体必须从随机行为中学习，智能体将花费大量时间学会一个好的策略。即使未达到最优标准，通过模仿人类，也可能与环境进行更少互动就得到优化的策略。然而，并非总是如此，用人类示例再训练的策略可能产生不必要的偏差，并且阻碍智能体找到最优策略。

13.2.4 迁移学习

你可能会注意到，通常情况下，在环境中训练的智能体无法迁移到新环境。强化学习算法具有通用性，即一个智能体可以在不同的环境中进行训练，但不具备通用智能，并且所学的知识不能直接转移到新环境中。

迁移学习是研究如何将知识从一组环境转移到一个新环境的研究领域。例如，如果你有深厚的学习背景，有一种方法对你来说可能是直观的，那就是所谓的微调(fine-tuning)。类似于在监督学习中重新使用预训练网络的权值，在相关环境中训练的智能体可以重用卷积层在不同任务上学习的特征。如果环境是相关的，例如 Atari 游戏，那么一些特性可能是可转移的。在某些环境中，甚至可转移策略。

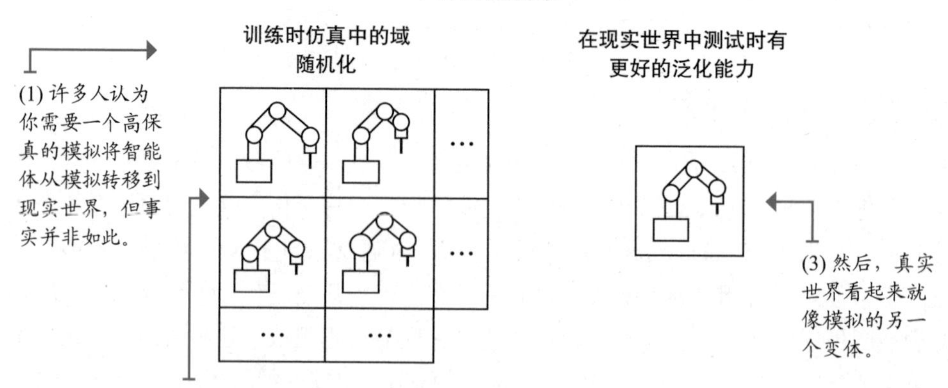

使智能体学习更多通用技能的一般研究领域称为迁移学习(transfer learning)。迁移学习的另一个常用方法是将模拟学习的策略转移到现实世界中。模拟到真实的迁移学习是机器人学中的一个常见需求，这种情况下，受训智能体对机器人的控制可能会很棘手、成本高昂且危险。一个常见的需求是在模拟中训练智能体，然后将策略迁移到现实世界中。一个常见的误解是为了将智能体从模拟转移到现实世界，模拟需要高保真和真实。有研究表明，情况恰恰相反。正是这种多样性使智能体更容易迁移。领域随机化等技术是这一研究领域的前沿，具有广阔的前景。

13.2.5 多任务学习

一个叫做多任务学习(multi-task learning)的相关研究领域从不同的角度看待迁移学习。多任务学习的目标是在多个(而非单一)任务中学习，然后转移到新的任务中。这种情况下，人们想到了基于模型的强化学习方法。例如，在机器人领域，用同一个机器人学习各种任务可以帮助智能体学习动态的环境动力学模型。智能体学习重力，了解如何向左或向右移动等。无论任务是什么，所学的动力学模型都可以迁移到新任务中。

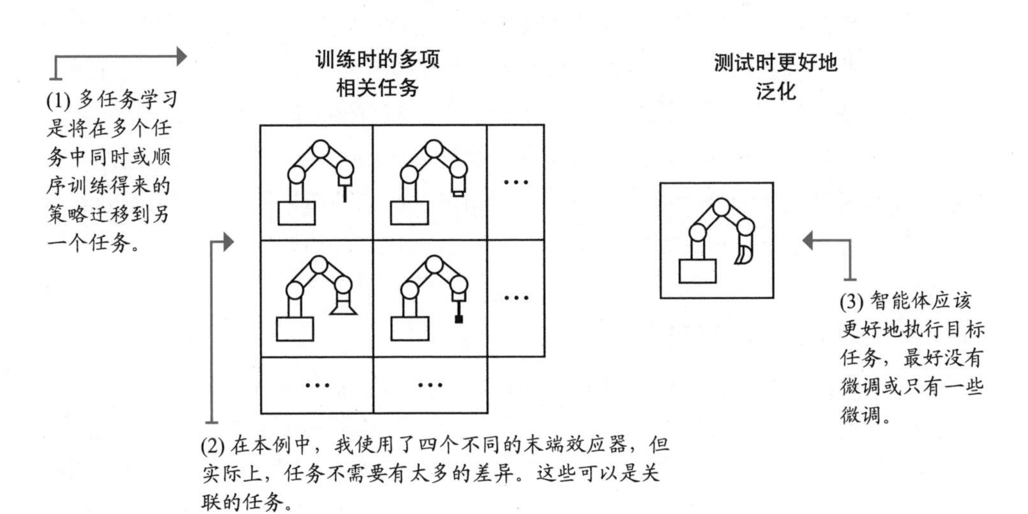

13.2.6 课程学习

多任务学习的一个常见用例场景是将一个任务分解成多个按难度级别排序的任务。这种情况下，智能体通过学习课程，逐步学习更复杂的任务。课程学习(curriculum learning)是有意义的，并且在开发场景时是有用的。如果你需要为智能体创建一个需要解决的环境，那么创建最直接的密度奖励函数场景通常是有意义的。通过这种方式，智能体可快速向学习目标逼近，这就证明你的环境正常运作了。然后，你可以增加复杂性，使奖励函数更稀疏。在少数场景执行此操作后，你自然创建了一个智能体可以使用的课程。然后，你可在逐渐复杂的环境中训练智能体，理想情况下，让智能体更快地达到所需行为。

13.2.7 元学习

另一个极其令人兴奋的研究领域是元学习(meta learning)。如果你想一想，我们手动编码使智能体学习许多不同的任务。某程度上，这成为瓶颈。如果我们能开发出可以自己学习的智能体(不是为解决挑战性任务而学习)，就可以把人类从智能体的学习中剔除。或许不完全如此发展，但至少朝着那个方向努力。学会学习是一种令人兴奋的方法，可以利用学习多个任务的经验来提高智能体的学习能力。这是很直观的。元学习产生的其他令人兴奋的研究途径是自动发现神经网络结构和优化方法。留意这些动向。

13.2.8 分层强化学习

通常，我们发现自己正在开发的环境存在多层次的问题。例如，如果我们希望一个智能体找到最佳的高级策略，但只给它低级的动作控制命令，那么该智能体需要学习从低级到高级的动作空间。直观地说，大多数智能体的策略都有层次结构。当我计划的时候，我在一个高层次的动作空间里这样做。如果我想去商店，我不会爬过去。分层强化学习使智能体能够在内部创建层次化动作来处理长期问题。智能体不再考虑向左还是向右的指令，而是考虑实际目的。

13.2.9 多智能体强化学习

如果没有其他智能体，这个世界会无趣许多。在多智能体强化学习中，我们研究了当周围有多个智能体时让智能体学习的技术。在多智能体环境中学习时出现的一个主要问题是，当智能体学习时，其他智能体也在学习，智能体的行为也会因此产生变化。这种变化使观察变得不稳定，因为你的智能体学习的东西在其他智能体学习之后就过时了，因此学习变得很有挑战性。

辅助多智能体强化学习(muti-agent reinforcement learning)的一个有效方法是使用 critic 方法，其中 critic 在训练期间使用所有智能体的全部状态信息。这样做的好处是智能体可以通过 critic 学习合作，然后可以在测试期间使用更真实的观察空间来使用策略。分享完整的状态听起来不切合实际，但是你可以把它想象成与团队训练类似的方法。在团队训练中，一切都是允许的。假设你是一名足球运动员，你可以告诉其他智能体，你打算在做这一举动时在边路奔跑，等等。在训练时，你将用所有信息来练习移动。然后在测试中，你只能利用信息有限的策略。

多智能体强化学习的另一个优点就是可以把分层强化学习当作另一种多智能体强化学习的例子。如何做到？想想看，多个智能体决定了不同的视野。这种多视野结构类似于多数公司的经营方式。高层管理者为未来几年制定更高层次的目标，其他员工则决定达到目标的方法，并日复一日，月复一月地执行。处于高层的管理者为底层员工设定目标。整个系统因所有智能体的表现而得到奖励。

当然，除了合作案例，对抗案例同样适用多智能体强化学习。这也是最令人兴奋的。人们通常自觉地将竞争和对手归纳为不幸，但是多智能体强化学习表明，拥有对手往往是让自己变得更好的最佳方式。在许多最近的强化学习成功案例的背后，是包括对手在内的训练技巧，对于全部匹配后形成的其他智能体，只有最好的智能体能够留存。无论对手使我们变得更好或是更弱，实现最佳行为也需要它们的存在。

13.2.10 可解释AI、安全、公平和道德标准

还有一些其他关键研究领域，即使暂未直接推动人类水平的智能的发展，也为成功开发、发展和采用人工智能解决方案打下基础。

可解释人工智能(explainable artificial intelligence)是一个尝试创造人类更容易理解的智能体的研究领域。目的显而易见。法院可以审问任何触犯法律的公民，然而，机器学习模型却不是为解释而设计的。为确保社会快速采用人工智能解决方法，研究人员必须找到简化解释性问题的方法。简而言之，这并不是必需品。对我而言，AI 可以更准确地预测证券市场，无论它是否可以让我明白其中的原理。然而，这两个决定都不是直截了当的。在人类的生死抉择问题中，事情就会变得错综复杂。

安全性是另一个值得更多关注的研究领域。通常情况是 AI 在对人类十分明显的地方出现灾难性失败。另外，对人类没有影响的攻击对 AI 来说是致命的。我们需要保证在发展 AI 的同时，知道各种系统对各种情况的反应。目前 AI 并不具备传统的软件的确认和验证(validation and verification，V&V)方法，这使得 AI 的普及面临巨大挑战。

公平是另一个关键问题。我们现在就需要思考 AI 由谁控制这一问题。如果一个公司创造了一个 AI，以减少社会回报来实现利润最大化，那么 AI 技术又有什么意义呢？广告已经可以达到类似目的了。顶级公司通过一种操纵形式，利用 AI 来实现

利益最大化。是否应该允许这些公司以这种方法牟利？当AI发展得越来越好时，又当如何呢？这样做的目的是什么，通过控制来毁灭人类？这些问题全部需要谨慎对待。

最后，AI道德标准是另一个问题，因“人工智能负责任发展的蒙特利尔宣言”(Montreal Declaration for Responsible Development of Artificial Intelligence)而广受关注。宣言中提出服务社会利益的10条道德准则，不仅只针对营利性公司。这些是你打算深耕这一行业需要考虑的最重要的几个问题。

13.3 接下来是什么

这一节标志本书的完结，也标志着你在AI和DRL领域的开端或贡献的开始。我撰写此书不仅旨在让你了解DRL基础知识，也意在助你打开这一奇妙世界的大门。除了承诺为这一事业做出努力，你不需要其他。接着，你要做的事情就多了，在这一节中，我希望你可以有开始这一事业的意识。记住，世界就像合唱团，需要不同类型的声音和人才。你的任务就是接受你的天赋，培养出最强大的技能，然后用你的已学知识让它发光发热。我可以告诉你这些，但是接下来如何做完全取决于你。这个世界需要你，等待你大放异彩。

13.3.1 如何用DRL解决特定问题

在学习其他类型智能体时，我想让你记住RL算法中的一些亮点。事实上，多数RL智能体可以解决你选择的任何问题，只要你可以为这些问题提供正确的MDP即可。当你问自己，“*X*或*Y*算法能解决什么问题？”答案是：与其他算法能解决的问题是一样的。虽然在本书中，我们关注少数算法，所有提供的智能体都可以调整一些超参数来解决许多其他环境的问题。许多人都有解决自定义环境的问题的需求，但可能需要另外一本书才能做到。我的建议是看看网上的一些例子。例如，Atari环境在后端使用名为Stella模拟器。该环境在环境和模拟器之间来回传送用于观察和动作的图像。同样，MuJoCo和Bullet物理模拟引擎是驱动连续控制环境的后端。看看这些环境的工作方式。

注意观察结果是如何从模拟器传递到环境，然后传递到智能体的。之后，智能体选择的动作将传递至环境，而后传递至模拟引擎。这种模式很普遍，所以如果想要创造自定义环境，可以学习他人经验，然后动手实践。你想要创造一个让智能体学习证券市场投资的环境吗？想想哪些平台提供允许你这样做的API。然后，你可以使用相同的 API 创建不同的环境。例如，一个环境买股票，另一个环境买期权，等等。最先进的深度强化学习方法有如此大的潜在应用，很遗憾我们拥有的优质环境数量有限。这方面的贡献无疑是受欢迎的。如果你想创造一个环境，却没有找到，可以考虑花时间自己创造一个，记得分享你的成果。

13.3.2 继续前进

你学到了很多，这是毫无疑问的。但是如果从全局看，你还有很多东西要学，还有更多的未知的东西等待探索。如你所见，AI 领域的追求并非易事，我们试图了解大脑的工作机制。

事实上，其他领域(如心理学、哲学、经济学、语言学、运筹学、控制理论等)都在追寻同一个目标。只不过是从各自的角度、语言出发罢了。但归根结蒂，所有这些领域都将受益于对大脑的工作机制的理解：人类如何做出决策，以及如何做出最佳决策。为帮助我们继续前进，我列出以下几点拙见。

首先，找到你的动机、明确你的目标，并专注于此。有的人只想要通过探索去发现人脑的奥秘；而有的人想要让世界变得更好。不管你的动机为何，找到它，找到你的动力所在。如果你不习惯阅读研究论文，就无法体会其中的乐趣，除非你知道自己的动机。当你找到自己的动机和动力时，你必须保持冷静、谦虚、低调的态度。你的动力驱使你向着目标坚持不懈地努力。别让兴奋妨碍了你。你必须学会牢记初心，不断进步。我们总是会因各种外物的干扰而无法集中注意力。我确定每 15 分钟我的手机就会弹出新的消息通知。在潜移默化中，我们会认为这是一件好事。但这不是。我们必须拿回自己生活的掌控权，拥有在自己感兴趣的、热爱的事物上长时间能长时、有效地集中注意力的能力。训练自己的注意力。

其次，平衡学习与贡献，给自己留出休息时间。如果接下来的 30 天里，我每天摄入 5000 卡热量，消耗量为 1000 卡，你觉得会发生什么？如果反过来，摄入 1000 卡，消耗 5000 卡，又会如何？如果我是一位运动员，每天热量的摄入和消耗量都是 5000 卡，但每天都在训练，又会如何？以上任何一种情况都会给身体带来问题。大脑也是一样的。有的人认为在他可以做出任何贡献之前，需要经过多年的学习，所以他们阅读、看视频，但是从不实践。还有人认为他们不再需要阅读任何论文，毕竟他们已经可以实施 DNQ 智能体，并且将之发表在博客上。他们很快就会变得墨守成规，缺乏思考能力。有些人正确看待了学习与实践的问题，却从来不让自己放松、享受家庭，也从不反思。那是错误的方法。我们需要找到一种方法来平衡学习、实践与休息。我们的大脑就像运动员，给大脑太多“营养”，无缘无故输入过多信息，你就会变得迟缓。没有做任何研究就发表的大量博客，只会是过时、重复且枯燥的。没有足够的休息，你就不会有好的长期计划。

第三，你得接受你无法学习所有知识这件事。再次声明，我们研究的是人脑，这一领域的成果纷繁庞杂。聪明一点，要有选择地阅读。作者是谁？其背景如何？了解这些之后再去阅读，就会对现在所做之事有更深的理解。试着经常给予，你应该能够用另一种方式解释你的所学。“不要重新发明轮子”这句话充其量只能是误导。最好是自己亲身尝试，这很重要。在未来学习中可能发现自己今日的伟大想法不过是明日黄花，这种事是无法避免的。但是不要为此感到羞耻，对你来说，保持长足进步比等待他人成果更重要。我听到 Rich Sutton 说了一些“你最大的价值是你最大的贡献”之类的话。但是如果你不试着“重新发明轮子”，你很有可能没有展示“你最大价值”的机会，并且认为“你最大的价值”一文不值。我不是说你要发表一篇关于你所思考的有关 Q 学习新算法的论文。我是说，不要让对“无用功”的恐惧阻止你继续探索。最重要的是不断阅读，不断探索，不断贡献，让一切成为习惯。这一个良性循环，要一直保持。

最后，享受过程，沉浸其中。你的梦想只是让你前进的一种方式，但你在前进中实现你的梦想。深入其中，不要随波逐流，要追寻本心。理性对待你的想法，进行试验，收集数据，努力理解结果，把自己从结果中分离出来。不要盲目崇拜自己的实验结果，要去发现事实真相。如果你长时深入钻研，你就会变成专家，那么目的就达成了。这一领域太过广泛，样样精通是不太可能的。然而，如果你长时间跟随自己的兴趣和直觉前进，你就会自动在特定事情上花更多的时间，而非其他事务。继续前进。有些人认为必须保持无所不知的形象，一旦遇到无法解释的问题，就会放在一边，苦苦维持形象。但是，不要怕问困难的问题，要努力获知答案。没有愚蠢的问题，每个问题都是解开谜团的线索。继续提问题，继续玩游戏，享受其中。

13.3.3 从现在开始，放下本书

假设你刚读完了本书，一定要马上放下本书，想想如何把所有知识融会贯通，为这个神奇的领域做贡献。可将书中没有涉及的有趣算法发表到博客上；研究一下本章中讨论的一些高级概念，分享一下你的发现；写一篇博客，制作一个视频，分享出来。为这一事业添砖加瓦，一起弄清智能的真相，一起建立智能系统。最好的开始时间就是当下。

13.4 小结

结束了！你做到了！这是本书的全部内容了，后面就看你了！

第1章，我将深度强化学习定义为：深度强化学习是让机器学习人工智能的方法，并编写可以解决智能相关问题的计算机程序。DRL 程序的明显特征就是通过试错法从反馈中学习。这些反馈同时具有惯序性、评估性，可通过使用强大的非线性函数逼近列举。”

我说过，只要你看完这本书并且可以准确理解、应用这个定义，能讲出我为什么用了这些词、在深度强化学习背景下这些词又代表什么意思，那么我的目的就达到了。

我成功了吗？你是否直观地理解了这个概念？现在轮到你反馈书本后的智能体了。这是一个什么项目呢？是 a-1、a0 还是 a+1 呢？不管你的回答是什么，我知道，就像 DRL 智能体一样，都来自于反馈，我非常期待看到你的评论以及你想说的话。现在，我的任务已经完成了。

最后一章，我们复习了本书讲授的所有内容，也讨论了我们跳过的核心学习方法，以及可能对于人工智能创造最后阶段十分重要的一些先进概念。

作为结束篇，我首先要感谢你给我这个机会与你分享我对于 DRL 这个领域的浅显见解。同时我希望你可以带着你的过人天赋坚持下去，专注每一天，多多思考下一步能够做什么。

现在，你已经：

- 直观地了解了什么是深度强化学习，知道了最重要的深度强化学习方法的细节，不管是最基本的方法，还是目前最先进的方法。
- 理解了接下来的目标，因为你知道我们应该怎样让所学知识适用于深度强化学习和人工智能这两个领域。
- 准备好了向我们展示所得到的成果、你的过人天赋以及研究兴趣。加油吧，成为 RL 领域的骄傲。接下来就看你的了。

分享成果

独立学习，分享发现

在每章的最后，我会与你分享一些想法，告诉你如何将你所学的知识提升到新的水平。如果你愿意的话，可以把你的研究结果分享出来，也一定要看看别人的成果。这是一个双赢的机会，希望你能把握住。

- #gdrl_ch13_tf01：执行基于模型的深度强化学习方法。
- #gdrl_ch13_tf02：执行无梯度的深度强化学习方法。

- #gdrl_ch13_tf03：执行多智能体环境或使用多个智能体，并分享。
- #gdrl_ch13_tf04：使用本书未讨论过的高级深度学习技术，从深度强化学习智能体获得最好的结果。变分自编码器(variational autoencoders，VAE)会压缩观察空间，会给你提供一些想法。这样智能体也能学得更快一点。还有其他 DL 技术吗？
- #gdrl_ch13_tf05：列一个资源清单，写出发展通用人工智能要学习的高级技巧，不论书中是否提及。
- #gdrl_ch13_tf06：从本章 AGI 方法中选出你最喜欢的算法，准备一个笔记本，建立博客，并在上面展示细节。
- #gdrl_ch13_tf07：列一个已学过的有趣的环境清单。
- #gdrl_ch13_tf08：为你热爱的事情创建一个专门的环境，如 AI 玩游戏的包装器或股票市场等。
- #gdrl_ch13_tf09：更新简历，然后发给我，我会转发的。务必确保你 DRL 相关的所有项目都在里面。
- #gdrl_ch13_tf10：在每一章中，我都会将最后的标签作为一个概括性标签。欢迎用这个标签讨论与本章相关的任何其他内容。没有什么任务是比你为自己布置的任务更令人兴奋的了。一定要分享你的调查内容和结果。

把你的发现编写发到推特上，打上 @mimoralea 标签 (我会转发)，并使用这个列表中的特定标签来帮助感兴趣的人看到你的成果。成果没有对错之分，你分享自己的发现并核对别人的发现。借此机会进行交流、做出贡献、有所进步！我们等你的好消息！

推特样例：

嘿，@mimoralea。我写了一篇博文，里面列出了研究深度强化学习的资源。请访问 <link>.#gdrl_ch01_tf01。

我一定会转发，以帮助其他人看到你的成果。